普通高等教育“十三五”规划教材

工程测试技术

Measurement Technology on Engineering

主　编　杨建伟
副主编　杨　超　郭　宏
参　编　陈永会　周素霞　刘　畅　姚德臣

机械工业出版社
CHINA MACHINE PRESS

本书系统地阐述了工程测试技术的研究对象、理论基础以及典型物理量的测试方法。全书共 12 章。前 6 章介绍测试技术的理论基础，主要包括测量的本质，信号理论和测试信号的分析与处理，测试系统的特性描述，信号的传感、调理与输出以及计算机测试系统。后 6 章为典型测试技术的应用，主要介绍振动（位移、速度、加速度）、力（压力）、温度、流体参量和噪声等常见物理量的测试方法与应用，以及大型测试系统的组成与应用。本书在突出实用性和可操作性的同时，也力图满足卓越工程师培养的需求，可作为普通高等学校本科的教材，同时也可供从事工程测试相关工作的人员学习和参考。

图书在版编目（CIP）数据

工程测试技术/杨建伟主编．—北京：机械工业出版社，2015.10（2024.8 重印）
普通高等教育“十三五”规划教材
ISBN 978-7-111-51690-3

Ⅰ．①工…　Ⅱ．①杨…　Ⅲ．①工程测试—高等学校—教材
Ⅳ．①TB22

中国版本图书馆 CIP 数据核字（2015）第 227037 号

机械工业出版社（北京市百万庄大街 22 号　邮政编码 100037）
策划编辑：舒　恬　　　责任编辑：舒　恬　王　荣
责任校对：张　征　　　封面设计：张　静
责任印制：邓　博

北京盛通数码印刷有限公司印刷

2024 年 8 月第 1 版第 5 次印刷
184mm×260mm・21.75 印张・494 千字
标准书号：ISBN 978-7-111-51690-3
定价：55.00 元

电话服务　　　　　　　　网络服务
客服电话：010-88361066　　机　工　官　网：www.cmpbook.com
　　　　　010-88379833　　机　工　官　博：weibo.com/cmp1952
　　　　　010-68326294　　金　　书　　网：www.golden-book.com
封底无防伪标均为盗版　　机工教育服务网：www.cmpedu.com

前　　言

“工程测试技术”是一门技术基础课。通过对本课程的学习，学生能较正确地选用测试装置和初步掌握进行动态测试所需要的基本理论、基本知识和基本技能。

全书共12章，前6章着重介绍工程测试技术的基本知识，包括测试信号分析与处理、测试系统特性分析、常用传感器及测试信号的调理与记录、现代测试系统等。为了加深对上述基础知识的理解，本书介绍了几种典型参数的测试方法。第7到12章介绍工程测试中典型物理量（力、转矩、温度等）的测量方法和应用，不同的专业可以根据其教学要求从中选择相应内容进行教授。

本书的编写特点如下：

（1）突出以注重物理概念为主线、工程实践应用为目的的特色，做到重点突出、条理清晰、分析透彻，便于教与学。

（2）在阐述测试理论的基础上，主要结合实例讲解及其应用，突出实际应用和系统集成，形成一套从理论到实际的完整的学习体系，便于学生理解和掌握后续专业课程中所需测试实践环节。

（3）理论学习结合MATLAB工具实现，使抽象的问题具体化，激发学生的学习兴趣。

本书适用面广，既可作为大专院校相关工科专业的教学用书，也可作为从事工程测试技术人员的学习参考书。

参加本书编写的有：北京建筑大学杨建伟（第1章、第12章），太原科技大学陈永会（第2～3章），华东交通大学杨超（第4章、第11章），太原科技大学郭宏（第5章），北京建筑大学姚德臣（第9章、第7～8章实例部分），太原科技大学刘畅（第6章、第10章），北京建筑大学周素霞（第7～8章），并由杨建伟担任主编，杨超、郭宏担任副主编，太原科技大学研究生蔡志宇和北京建筑大学研究生温敏健、杨明瀚、王金海、赵春青、王富民、王贺玺、白永亮、武慧杰、钱盈、王雯雯参与了文字处理和绘图工作。全书由杨建伟统稿。

本书承蒙北京交通大学博士生导师刘志明教授担任主审。刘教授提出了很多宝贵意见和建议，在此表示衷心感谢。

由于出版时间紧迫、作者水平有限，本书难免有不当之处，欢迎广大读者提出宝贵意见和建议，联系方法如下：电子邮件 railyjw@163.com。

编者

目　录

前言

第 1 章　绪论 1

1.1　测试技术的发展与研究的内容 1

1.2　测试的基本概念 3

1.3　测试系统的一般组成 3

习题 4

第 2 章　测试信号分析与处理 5

2.1　信号描述 5

2.2　信号的相关分析 28

2.3　数字信号处理 34

2.4　其他频谱分析技术简介 48

习题 49

第 3 章　测试系统特性分析 52

3.1　概述 52

3.2　测量误差 54

3.3　测试装置的静态响应特性 58

3.4　测试装置动态特性的数学描述 60

3.5　测试系统实现精确测量的条件 69

3.6　测试系统的负载效应 72

习题 74

第 4 章　常用传感器 76

4.1　传感器的分类 76

4.2　机械式传感器 80

4.3　电阻式传感器 81

4.4　电感式传感器 93

4.5　电容式传感器 103

4.6　压电式传感器 110

4.7　磁电式传感器 120

4.8　光电传感器 123

4.9　新型传感器 132

4.10　传感器的选用原则 141

习题 143

第 5 章　测试信号的调理与记录 146
5.1　信号的放大 146
5.2　电桥 149
5.3　调制与解调 154
5.4　滤波 161
5.5　模-数和数-模转换器 167
5.6　信号的传输与记录 171
习题 174
第 6 章　现代测试系统 176
6.1　计算机测试系统的基本组成 176
6.2　虚拟仪器的构成 178
6.3　虚拟测试系统的应用 190
习题 193
第 7 章　力及转矩的测量 194
7.1　概述 194
7.2　基本测力方法 195
7.3　测力传感器 196
7.4　转矩测量 206
7.5　应用实例 209
习题 220
第 8 章　振动测试 221
8.1　概述 221
8.2　机械振动的电测法及测试系统的构成 222
8.3　测振传感器 223
8.4　激振器 236
8.5　测振仪器的校准 241
8.6　车辆振动测量 243
8.7　动车组齿轮箱箱体模态测试 244
习题 250
第 9 章　温度的测量 251
9.1　温度标准和测量方法 251
9.2　热电偶温度计 253
9.3　热电阻温度计 261
9.4　非接触式测温法 265
习题 269

第 10 章　流体参量的测量……270
10.1　流体的特性……270
10.2　不同的流量测量方法及仪器……273
10.3　不同的压力测量方法及仪器……289
10.4　应用实例……299
习题……302
第 11 章　噪声测量……303
11.1　噪声评价指标……303
11.2　噪声测量仪器……317
11.3　噪声测量方法……321
11.4　噪声测量应用——发动机的安装和噪声测量工况……326
习题……327
第 12 章　测试系统实例……329
12.1　建筑机械、材料及设备的性能测试系统……329
12.2　车辆综合性能测试系统——铁路隧道提速列车的振动测试……334
习题……340
参考文献……341

第1章 绪 论

1.1 测试技术的发展与研究的内容

1.1.1 测试技术的发展方向

先进技术的发展日新月异，测试技术应该适应这种发展。根据先进制造技术发展的要求以及测试技术自身的发展规律，新的测量原理、测试方法及测试信息处理技术不断拓展着，具体体现在：

1）传感器向新型、微型、智能型方向发展。

2）测试仪器向高精度、多功能、小型化、在线监测、性能标准化和低成本发展。

3）参数测量与数据处理以计算机为核心，使测量、分析、处理、打印、绘图、状态显示及故障预报向自动化、集成化、网络化发展。

4）软测量技术（Soft Sensing Technique）迅速发展。软测量是以易测过程变量（辅助变量或二次变量）为基础，利用易测过程变量和待测过程变量（难测主导变量）之间的数学关系（软测量型），通过各种数学计算和估计实现对待测过程变量的测量。软测量是目前过程检测和控制研究发展的重要方向。

而就机械工程而言，测试技术在以下几个方面需要发展：

（1）测量方式的多样化

1）采用多传感器融合技术。多传感器融合是解决测量过程中测量信息获取的方法，它可以提高测量信息的准确性。由于多传感器是以不同的方法或从不同的角度获取信息的，因此可以通过它们之间的信息融合去伪存真，提高测量精度。

2）采用积木式、组合式测量方法。这种方法可以增加测试系统的柔性，实现不同层次、不同目标的测试目的。

3）采用便携式测量仪器。便携式光纤干涉测量仪、便携式大量程三维测量系统等便携式测量仪器，用于解决现场大尺寸的测量问题。

4）采用虚拟仪器。虚拟仪器是虚拟现实技术在精密测试领域的应用。一种是将多种数字化的测试仪器虚拟成一台以计算机为硬件支撑的数字式智能化测试仪器；另一种是研究虚拟制造中的虚拟测量，如虚拟量块、虚拟坐标测量机等。

5）采用智能结构。它属于结构检测与故障诊断，是一种仿生结构体系，使监测的概念过渡到在线、动态、主动的实时监测与控制。

（2）视觉测试技术　视觉测试技术是建立在计算机视觉研究基础上的一门新兴测试技术。与计算机视觉的视觉模式识别、视觉理解等内容不同，视觉测试技术重点研究物体的几何尺寸及物体的位置测量，如三维面形的快速测量、大型工件同轴度测量、共面性测量等。它可以广泛应用于在线测量、逆向工程等主动、实时测量过程。

(3)测量尺寸继续向两个极端发展　两个极端就是指相对于现在测量尺寸的大尺寸和小尺寸。通常尺寸的测量已被广为注意，也开发了多种多样的测试方法。近年来，由于国民经济的快速发展和迫切需要，使得很多方面的生产和工程中测试的要求超过了测试的范围，如飞机外形的测量、大型机械关键部件测量、高层建筑电梯导轨的准直测量、油罐车的现场校准等都要求进行大尺寸测量；随着微电子技术、生物技术的快速发展，探索物质微观世界的需求增加，不仅要求测量精度不断提高，还要求进行微米、纳米测试。纳米测量也多种多样，有光干涉测量仪、量子干涉仪、电容测微仪、X 射线干涉仪、频率跟踪式法珀（F-P）标准具、扫描电子显微镜（SEM）、扫描隧道显微镜（STM）、原子力显微镜（AFM）和分子测量机（Molecular Measuring Machine．M3）等。

1.1.2　测试技术的内容与任务

1．测试技术的内容

测试技术研究的主要内容为被测量的测量原理、测量方法、测量系统及数据处理四个方面。

测量原理是指实现测量所依据的物理、化学、生物等现象及有关定律的总体。例如，用压电晶体测振动加速度时所依据的是压电效应；用电涡流式位移传感器测静态位移和振动位移时所依据的是电磁效应；用热电偶测量温度时所依据的是热电效应等。不同性质的被测量用不同的原理去测量，同一性质的被测量亦可用不同的原理去测量，如位移、温度等的测量。

测量原理确定后，根据对测量任务的具体要求和现场实际情况，需要采用不同的测量方法，如直接测量法或间接测量法、电测法或非电测法、模拟量测量法或数字量测量法、等精度或不等精度测量法等。

在确定了被测量的测量原理和测量方法以后，就要设计或选用装置组成测量系统。

最后，实际测试所得数据必须加以处理，才可得正确可靠的结果。

2．测试技术的任务

测试技术的任务主要有以下五个方面：

1）在设备设计中，通过对新旧产品的模型试验或现场实测，为产品质量和性能提供客观的评价，为技术参数的优化和效率的提高提供基础数据。

2）在设备改造中，为了挖掘设备的潜力，以便提高产量和质量，经常需要实测设备或零件的载荷、应力、工艺参数和电机参数，为设备强度校验和承载能力的提高提供依据。

3）在工作和生活环境的净化及监测中，经常需要测量振动和噪声的强度及频谱，经过分析源，并采取相应的减振、防噪措施，改善劳动条件与工作环境，保证人的身心健康。

4）科学规律的发现和新的定律、公式的诞生都离不开测试技术。从实验中可以发现规律，验证理论研究结果，实验与理论可以相互促进，共同发展。

5）在工业自动化生产中，通过对工艺参数的测试和数据采集，实现对设备的状态监测、质量故障诊断。

1.2 测试的基本概念

测试技术属于信息科学的范畴，与计算机技术、自动控制技术、通信技术共同构成了完整的信息技术学科。

测量是指确定被测对象属性量值为目的的全部操作。测试是具有试验性质的测量，或者可以理解为测量和试验的综合。

在工程实际中，无论是工程研究、产品开发，还是质量监控、性能试验等，都离不开测试技术。测试技术是人类认识客观世界的手段，是科学研究的基本方法。

1.3 测试系统的一般组成

测试系统是指由相关的器件、仪器和测试装置有机组合而成的具有获取某种信息之功能的整体（见图 1-1）。

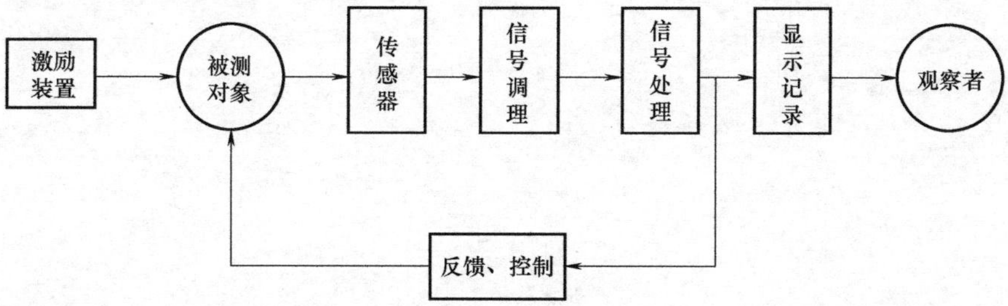

图 1-1 测试系统的组成

一个被测对象的信息总是通过一定的物理量——信号表现出来。有些信息可以在被测对象处于自然状态时所表现出的物理量中显现出来，而有些信息却无法显现或显现得不明显。在后一种情况下，需要通过激励装置作用于被测对象，使之产生出一种新的信号，使要获取的信息载于其中。

传感器是将被测信息转换成某种电信号的器件。它包括敏感元件和转换元件两部分。敏感元件一般是将被测量如温度、压力、位移、振动、噪声和流量等转换成某种容易检测的信号，而转换元件则是将这种信号变成某种易于传输、记录、处理的电信号。

信号的调理环节是把来自传感器的信号转换成更适合于进一步传输和处理的形式。这种信号的转换多数是电信号之间的转换，如幅值放大、将阻抗的变化转换成电压的变化或频率的变化等。

信号处理环节是对来自信号调理环节的信号进行各种运算、滤波和分析。

信号显示、记录环节是将来自信号处理环节的信号以观察者易于观察的形式来显示或存储测试的结果。

而反馈、控制环节主要用于闭环控制系统中的测试系统。

图 1-1 中信号调理、信号处理、反馈、控制、显示记录等环节，目前的发展趋势是经 A-D（模-数）转换后采用计算机等进行分析、处理，并经 D-A（数-模）转换控制

被测对象。

在这里，需要指出的是，为了准确地获得被测对象的信息，要求测试系统中的每一个环节的输出量与输入量之间必须具有一一对应的关系，而且其输出的变化能够准确地反映出其输入的变化，即实现不失真的测试。

习　题

1-1　简述测试技术的发展方向。

1-2　简述测试系统的一般组成。

1-3　简述测试技术的任务。

第 2 章　测试信号分析与处理

2.1　信号描述

2.1.1　信号的分类

通常按照不同的分类方法，信号的分类也会有很大区别，为了深入了解信号的物理实质，将其分类研究是非常必要的。下面讨论几种比较常见的分类方法。

1．确定性信号与非确定信号

（1）确定性信号　可用明确的数学关系式描述的信号称为确定性信号。它可以进一步分为周期信号、非周期信号。

周期信号是按一定时间间隔周而复始重复出现，无始无终的信号，可表达为

$$x(t) = x\left(t + nT_0\right) \quad n = 1,2,3,\cdots \tag{2-1}$$

式中　T_0——周期，$T_0 = 2\pi/\omega_0$，ω_0为基频。

例如，机械系统中，回转体不平衡引起的振动，往往就是一种周期性运动。另外，集中参量的单自由度振动系统做无阻尼振动时，其位移也是确定性的周期信号。

非周期信号是指确定性信号中那些不具有周期重复性的信号。它有两种：准周期信号和瞬变非周期信号。准周期信号是由两种以上的周期信号合成的，但其组成分量间无法找到公共周期，因而无法按某一时间间隔周而复始重复出现。例如

$$x(t) = \sin t + \sin\sqrt{3}t \tag{2-2}$$

这种信号往往出现在通信、振动系统，应用于语音分析、机械转子振动分析、齿轮噪声分析等。

除准周期信号之外的其他非周期信号，是一些或在一定时间区间内存在，或随着时间的增长而衰减至零的信号，称为瞬变非周期信号。例如，单自由度有阻尼振动系统的质点位移$x(t)$可以表示为

$$x\left(t\right) = x_0 \mathrm{e}^{-at} \sin\left(\omega_0 t + \varphi_0\right) \tag{2-3}$$

其图形如图 2-1 所示，它是一种瞬变非周期信号，随着时间的无限增长而衰减至零。

（2）非确定信号　非确定信号即随机信号是一种不能准确预测其未来瞬时值，也无法用数学关系式来描述的信号。但是，它具有某些统计特征，可以用概率统计方法由其过去来估计其未来。随机信号所描述的现象是随机过程。自然界和生活中有许多随机过程，例

如汽车奔驰时产生的振动、树叶随风飘动、环境噪声等。

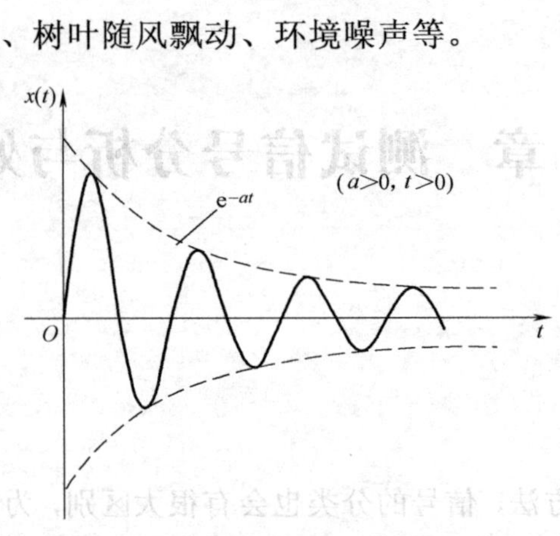

图 2-1　衰减振动信号

但是，需要指出的是：实际物理过程往往是相当复杂的，既无理想的确定性，也无理想的非确定性，而是相互掺杂的。

2．连续信号与离散信号

根据函数取值的连续性与离散性，可分为连续信号与离散信号。

若信号数学表达式中的独立变量取值是连续的，则称为连续信号（见图 2-2a）。若独立变量取离散值，则称为离散信号。图 2-2b 是将连续信号等时距采样后的结果，它就是离散信号。离散信号可用离散图形表示，或用数字序列表示。连续信号的幅值可以是连续的，也可以是离散的。如果独立变量和幅值均取连续值的信号称为模拟信号。若离散信号的幅值也是离散的，则称为数字信号。数字计算机的输入、输出信号都是数字信号。

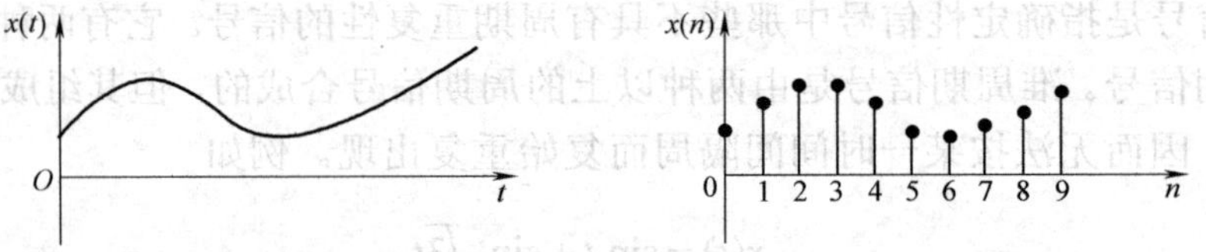

图 2-2　连续信号和离散信号

3．能量信号和功率信号

在非电量测量中，常把被测信号转换为电压或电流信号来处理。显然，电压信号 $U(t)$ 加到电阻 R 上，其瞬时功率 $P(t)=U^2(t)/R$；或者电流信号 $I(t)$加到电阻 R 上，其瞬时功率 $P(t)=RI^2(t)$。当 R=1 时，$P(t)=U^2(t)$或 $P(t)=I^2(t)$。瞬时功率对时间积分就是信号在该积分时间内的能量。因此，不考虑信号实际的量纲，而把信号 $x(t)$的二次方 $x^2(t)$及其对时间的积分分别称为信号的功率和能量。当在所分析的区间$(-\infty，\infty)$，$x(t)$满足时，

$$\int_{-\infty}^{\infty} x^2(t)\mathrm{d}t < \infty$$

则认为信号的能量是有限的，并称之为能量有限信号或称为能量信号，例如，矩形脉冲(t_1, t_2)、减幅正弦波、衰减指数函数等。

有许多信号，如周期信号、随机信号等，它们在区间（$-\infty$，∞）内能量不是有限值，在这种情况下，研究信号的平均功率更为合适。

若信号在区间（$-\infty$，∞）的能量是无限的，即

$$\int_{-\infty}^{\infty} x^2(t)\mathrm{d}t \to \infty \tag{2-4}$$

但它在有限区间(t_1, t_2)的平均功率是有限的，即

$$\frac{1}{t_1 - t_2}\int_{t_1}^{t_2} x^2(t)\mathrm{d}t < \infty \tag{2-5}$$

这种信号称为功率有限信号，或功率信号。

显而易见，一个能量信号具有零平均功率，而一个功率信号具有无限大能量。但是必须注意，信号的功率和能量，未必具有真实功率和能量的量纲。

4．时限与频限信号

时域有限信号是指在有限区间(t_1, t_2)内有定义，而在其外恒等于零，例如，矩形脉冲、三角脉冲、余弦脉冲等。而周期信号、指数衰减信号、随机过程等，则称为时域无限信号。

频域有限信号是指信号经过傅里叶变换，在频域内占据一定带宽(f_1, f_2)，其外恒等于零，例如，正弦信号、sinc(t)函数、限带白噪声等，为时域无限频域有限信号；而δ函数、白噪声、理想采样信号等，则为频域无限信号。

时域有限信号的频谱，在频率轴上可以延伸至无限远。由时、频域对称性可推论，一个具有有限带宽的信号，必然在时间轴上延伸至无限远处。因此，一个信号不可能在时域和频域都是有限的。也就是，一个严格的频域有限信号，不能同时又是时间有限信号，反之亦然。

2.1.2　信号的时域和频域描述

在信号描述中，直接观测或记录到的信号，一般是以时间为独立变量的，称其为信号的时域描述。信号时域描述能反映信号幅值随时间变化的关系，而不能明显揭示信号的频率组成关系。为了研究信号的频率结构和各频率成分的幅值、相位关系，应对信号进行频谱分析，把信号的时域描述通过适当方法变成信号的频域描述，也就是以频率为独立变量来表示信号。

例如，图 2-3 是一个周期方波的一种时域描述，而下式则是其时域描述的另一种形式

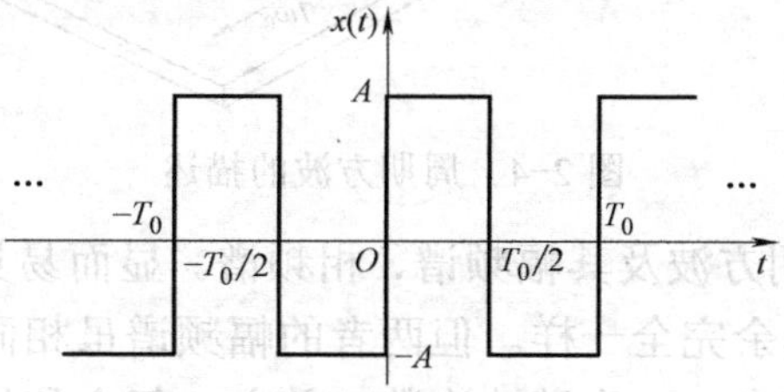

图 2-3　周期方波

$$\begin{cases} x(t)=x(t+nT_0) & n=0,\pm1,\pm2,\cdots \\ x(t)=\begin{cases} A & 0<t<\dfrac{T_0}{2} \\ -A & -\dfrac{T_0}{2}<t<0 \end{cases} \end{cases} \tag{2-6}$$

如果该周期方波应用傅里叶级数展开，即得

$$x(t)=\frac{4A}{\pi}\left(\sin\omega_0 t+\frac{1}{3}\sin3\omega_0 t+\frac{1}{5}\sin5\omega_0 t+\frac{1}{7}\sin7\omega_0 t+\cdots\right) \tag{2-7}$$

式中 $\omega_0=\dfrac{2\pi}{T_0}$。

式（2-7）表明该周期方波是由一系列幅值和频率不等、相角为零的正弦信号叠加而成的。式（2-7）还可以改写成

$$x(t)=\frac{4A}{\pi}\left(\sum_{n=1}^{\infty}\frac{1}{n}\sin\omega t\right) \tag{2-8}$$

式中 $\omega=n\omega_0$，n=1，3，5，…。可见，此式除 t 之外还有另一变量 ω—— 各正弦成分的频率。若视 t 为参变量，以 ω 为独立变量，则式（2-8）即为该周期方波的频域描述。

在信号分析中，将组成信号的各频率成分找出来，按序排列，得出信号的“频谱”。若以频率为横坐标、分别以幅值或相位为纵坐标，便分别得到信号的幅频谱或相频谱。图 2-4 表示出了该周期方波的时域图形、幅频谱和相频谱三者的关系。

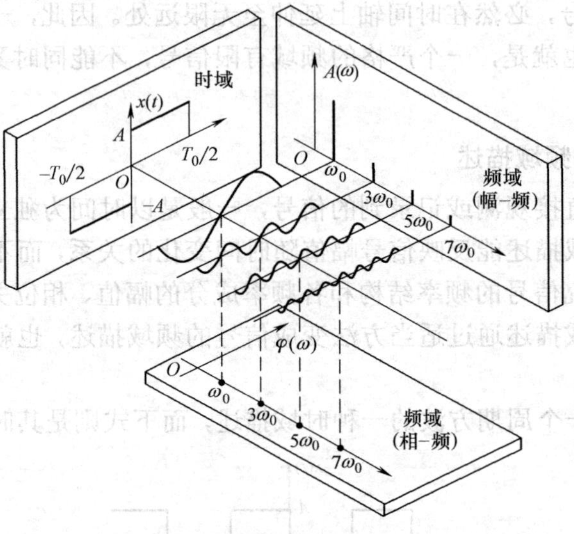

图 2-4　周期方波的描述

表 2-1 列出两个同周期方波及其幅频谱、相频谱。显而易见，在时域中，两方波除彼此相对平移 $T_0/4$ 之外，其余完全一样。但两者的幅频谱虽相同，相频谱却不同。平移使各频率分量产生了 $n\pi/2$ 相角，n 为谐波次数。总之，每个信号有其特有的幅频谱和相频谱。所以在频域中每个信号都需同时用幅频谱和相频谱来描述。

表 2-1　周期方波的频谱

时 域 波 形	幅 频 谱	相 频 谱
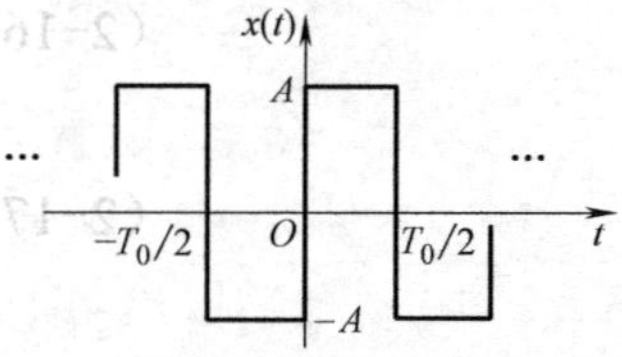	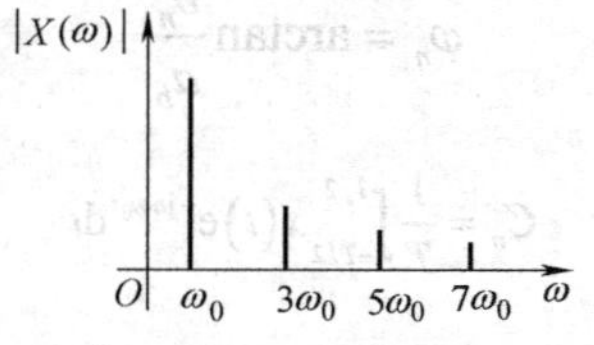	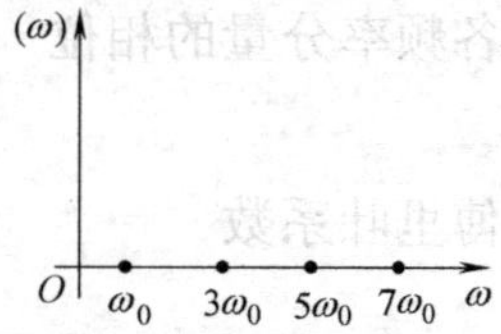
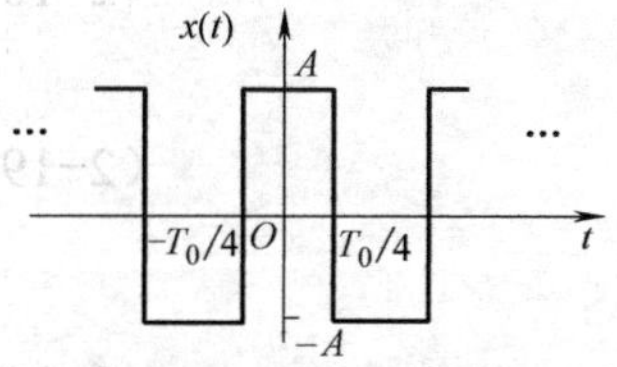	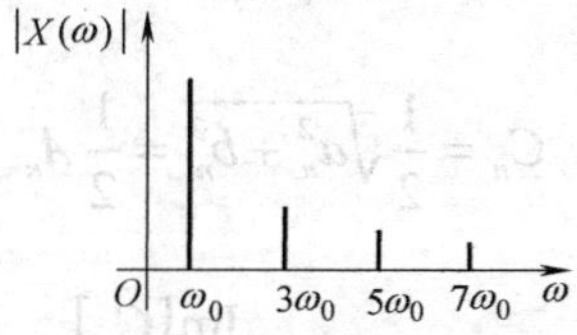	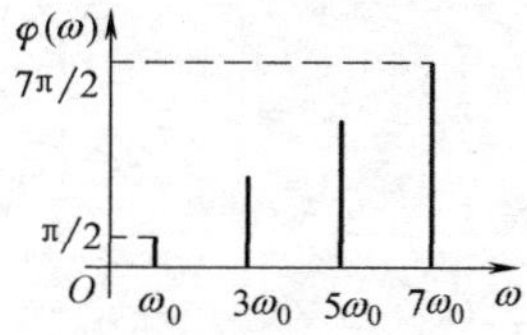

信号时域描述直观地反映出信号瞬时值随时间变化的情况；频域描述则反映信号的频率组成及其幅值、相角的大小。为了解决不同问题，往往需要掌握信号不同方面的特征，因而可以采用不同的描述方式。例如，评定机器振动烈度，需用振动速度的方均根值作为判据。若速度信号采用时域描述，就能很快求得方均根值。而在寻找振源时，需要掌握振动信号的频率分量，这就需采用频域描述。实际上，两种描述方法能相互转换，而且包含同样的信息。

2.1.3　周期信号的频域描述

从数学分析已知，任何周期函数在满足狄里赫利（Dirichlet）条件下，都可以展开成傅里叶级数。

傅里叶级数的三角函数展开式如下：

$$x(t)=\frac{a_0}{2}+\sum_{n=1}^{\infty}\left(a_n\cos n\omega_0 t+b_n\sin n\omega_0 t\right)\qquad n=1,2,\cdots\tag{2-9}$$

$$x(t)=\frac{a_0}{2}+\sum_{n=1}^{\infty}A_n\cos\left(n\omega_0 t-\varphi_n\right)\qquad n=1,2,\cdots\tag{2-10}$$

复数形式表达式为

$$x(t)=\sum_{n=-\infty}^{\infty}C_n e^{jn\omega_0 t}\qquad n=0,\pm1,\pm2,\cdots\tag{2-11}$$

三式中各参数及相应关系如下：

常值分量 $$a_0=\frac{2}{T}\int_{-T/2}^{T/2}x(t)\,dt\tag{2-12}$$

余弦分量的幅值 $$a_n=\frac{2}{T}\int_{-T/2}^{T/2}x(t)\cos n\omega_0 t dt\tag{2-13}$$

正弦分量的幅值 $$b_n=\frac{2}{T}\int_{-T/2}^{T/2}x(t)\sin n\omega_0 t dt\tag{2-14}$$

各频率分量的幅值 $$A_n=\sqrt{a_n^2+b_n^2} \tag{2-15}$$

各频率分量的相位 $$\varphi_n=\arctan\frac{b_n}{a_b} \tag{2-16}$$

傅里叶系数 $$C_n=\frac{1}{T}\int_{-T/2}^{T/2}x(t)\mathrm{e}^{-\mathrm{j}n\omega_0 t}\mathrm{d}t \tag{2-17}$$

$$C_n=|C_n|\mathrm{e}^{\mathrm{j}\varphi_n} \tag{2-18}$$

$$C_n=\frac{1}{2}\sqrt{a_n^2+b_n^2}=\frac{1}{2}A_n \tag{2-19}$$

$$\varphi_n=\arctan\frac{\mathrm{Im}[C_n]}{\mathrm{Re}[C_n]} \tag{2-20}$$

平均功率

$$\varPsi_x^2=\frac{1}{T}\int_{-T/2}^{T/2}x^2(t)\,\mathrm{d}t=\sum_{n=-\infty}^{\infty}|C_n|^2 \tag{2-21}$$

或 $$\varPsi^2=\frac{a_0^2}{4}+\frac{1}{2}\sum_{n=1}^{\infty}A_n^2 \tag{2-22}$$

以上，$A_n-\omega$、$|C_n|-\omega$关系称为幅频谱；$\varphi_n-\omega$关系称为相频谱；$A_n^2-\omega$、$|C_n|^2-\omega$关系称为功率谱。

从式（2-10）可见，周期信号是由一个或几个、乃至无穷多个不同频率的谐波叠加而成的。以圆频率为横坐标，幅值A_n或相角φ_n为纵坐标作图，则分别得其幅频谱和相频谱图。由于n是整数序列，各频率成分都是ω_0的整倍数，相邻频率的间隔$\Delta\omega=\omega_0=2\pi/T_0$，因而谱线是离散的。通常把$\omega_0$称为基频，并把成分$A_n\cos(n\omega_0 t-\varphi_n)$称为$n$次谐波。

把周期函数$x(t)$展开为傅里叶级数的复指数函数形式后，除了作幅频谱图和相频谱图，还可以分别以C_n的实部或虚部与频率的关系作幅频图，并分别称为实频谱图和虚频谱图。比较傅里叶级数的两种展开形式可知：复指数函数形式的频谱为双边谱（ω从$-\infty$到$+\infty$），三角函数形式的频谱为单边谱（ω从0到$+\infty$）；两种频谱各谐波幅值在量值上有确定的关系，即$|C_n|=\frac{1}{2}A_n$，$|C_0|=a_0$。双边幅频谱为偶函数，双边相频谱为奇函数。

在式（2-11）中，n可取正、负值。当n为负值时，谐波频率$n\omega_0$为“负频率”。出现“负”的频率似乎不好理解，实际上角速度按其旋转方向可以有正有负，一个向量的实部可以看成是两个旋转方向相反的矢量在其实轴上投影之和，而虚部则为其在虚轴上投影之差（见图2-5）。

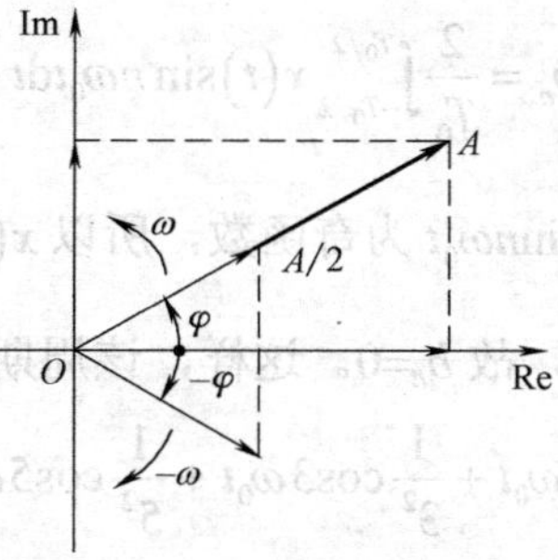

图 2-5　负频率的说明

由傅里叶级数展开构成的幅值谱具有下列性质：①谐波性，各次谐波频率比为有理数；②离散性，即各次谐波在频率轴上取离散值；③收敛性，即各次谐波分量随频率增加而衰减。因此，在频谱分析中有时没有必要取那些次数过高的谐波分量。

例 2-1　求图 2-6 中周期性三角波的傅里叶级数。

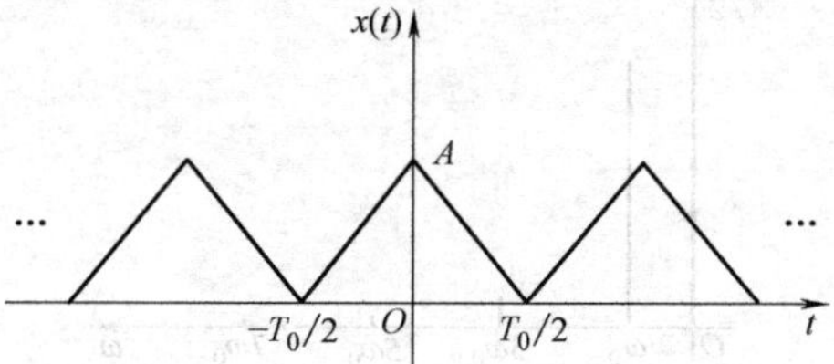

图 2-6　周期性三角波

解：在 $x(t)$的一个周期中可表示为

$$x(t)=\begin{cases}A+\dfrac{2A}{T_0}t & -\dfrac{T_0}{2}\leqslant t\leqslant 0\\ A-\dfrac{2A}{T_0}t & 0\leqslant t\leqslant \dfrac{T_0}{2}\end{cases}$$

常数分量为

$$a_0=\frac{1}{T_0}\int_{-T_0/2}^{T_0/2}x(t)\,\mathrm{d}t=\frac{2}{T_0}\int_0^{T_0/2}\left(A-\frac{2A}{T_0}t\right)\mathrm{d}t=\frac{A}{2}$$

余弦分量的幅值为

$$a_n=\frac{2}{T_0}\int_{-T_0/2}^{T_0/2}x(t)\cos n\omega_0 t\mathrm{d}t=\frac{4}{T_0}\int_0^{T_0/2}\left(A-\frac{2A}{T_0}t\right)\cos n\omega_0 t\mathrm{d}t$$

$$=\frac{4A}{n^2\pi^2}\sin^2\frac{n\pi}{2}=\begin{cases}\dfrac{4A}{n^2\pi^2} & n=1,\ 3,\ 5,\cdots\\ 0 & n=2,\ 4,\ 6,\cdots\end{cases}$$

正弦分量的幅值为

$$b_n = \frac{2}{T_0}\int_{-T_0/2}^{T_0/2} x(t)\sin n\omega_0 t \mathrm{d}t = 0$$

其中，由于 $x(t)$ 为偶函数，$\sin n\omega_0 t$ 为奇函数，所以 $x(t)\sin n\omega_0 t$ 也为奇函数，而奇函数在上下限对称区间积分之值等于零，故 b_n=0。这样，该周期性三角波的傅里叶级数展开式为

$$x(t) = \frac{A}{2} + \frac{4A}{\pi^2}\left(\cos\omega_0 t + \frac{1}{3^2}\cos 3\omega_0 t + \frac{1}{5^2}\cos 5\omega_0 t + \frac{1}{7^2}\cos 7\omega_0 t + \cdots\right)$$

$$= \frac{A}{2} + \frac{4A}{\pi^2}\sum_{n=1}^{\infty}\frac{1}{n^2}\cos n\omega_0 t \qquad n = 1, 3, 5\cdots$$

周期性三角波的频谱图如图 2-7 所示，其幅频谱只包含常值分量、基波和奇次谐波的频率分量，谐波的幅值以 $1/n^2$ 的规律收敛。在其相频谱中基波和各次谐波的初相位为 φ_n 均为零。

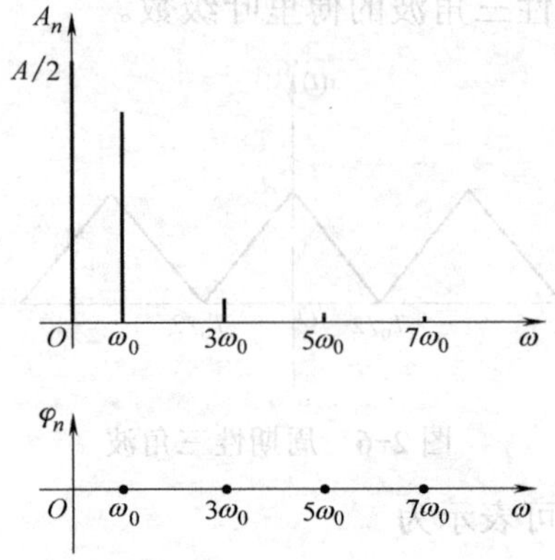

图 2-7　周期性三角波的频谱

例 2-2　已知周期矩形脉冲信号在一个周期内的表达式为

$$x(t) = \begin{cases} A & |t| < \tau/2 \\ 0 & |t| > \tau/2 \end{cases}$$

试求其复数形式的幅值谱与相位谱。

解：根据式（2-17）和式（2-11）有

$$C_n = \frac{1}{T}\int_{-\tau/2}^{\tau/2} A\mathrm{e}^{-\mathrm{j}n\omega_0 t}\mathrm{d}t = \frac{A\tau}{T}\mathrm{sinc}\frac{n\omega_0\tau}{2}$$

则复数形式的傅里叶级数展开式为

$$x(t) = \frac{A\tau}{T}\sum_{n=-\infty}^{\infty}\mathrm{sinc}\left(\frac{n\omega_0\tau}{2}\right)\mathrm{e}^{\mathrm{j}n\omega_0 t} \qquad n = 0, \pm 1, \pm 2, \cdots$$

其幅值与相位分别为

$$|C_n| = \left|\frac{A\tau}{T}\mathrm{sinc}\left(\frac{n\omega_0\tau}{2}\right)\right|$$

$$\varphi_n = 0,\ \pi,\ -\pi,$$

周期矩形脉冲信号的时、频域图形如图 2-8 所示。

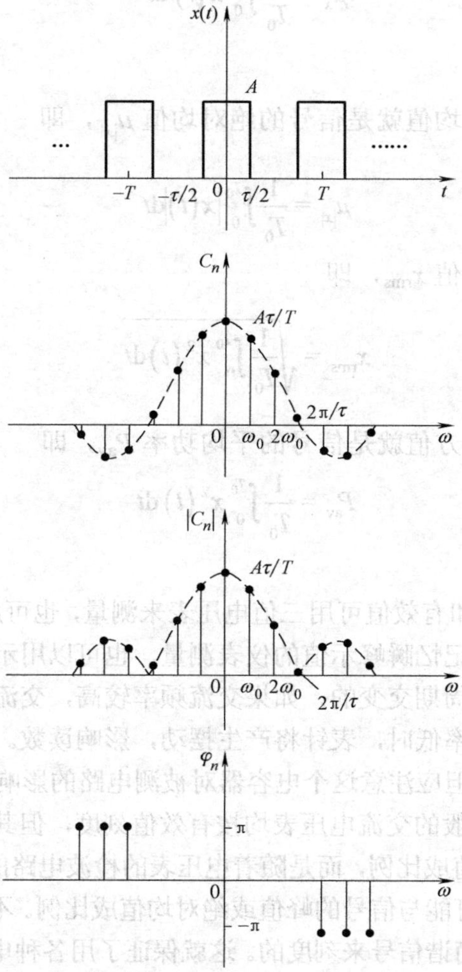

图 2-8　周期矩形脉冲信号的时、频域图形

2.1.4　周期信号的强度描述

周期信号的强度以峰值、绝对均值、有效值和平均功率来表述。

峰值 x_p 是信号可能出现的最大瞬时值，即

$$x_p = |x(t)|_{max} \tag{2-23}$$

峰-峰值 x_{p-p} 是在一个周期中最大瞬时值与最小瞬时值之差。

对信号的峰值和峰-峰值应有足够的估计，以便确定测试系统的动态范围。一般希望信号的峰-峰值在测试系统的线性区域内，使所观测（记录）到的信号正比于被测量的变

化状态。如果进入非线性区域，则信号将发生畸变，结果不但不能正比于被测信号的幅值，而且会增生大量谐波。

周期信号的均值 μ_x 为

$$\mu_x = \frac{1}{T_0}\int_0^{T_0} x(t)\,\mathrm{d}t \tag{2-24}$$

它是信号的常值分量。

周期信号全波整流后的均值就是信号的绝对均值 $\mu_{|x|}$，即

$$\mu_{|x|} = \frac{1}{T_0}\int_0^{T_0} |x(t)|\mathrm{d}t \tag{2-25}$$

有效值是信号的方均根值 x_{rms}，即

$$x_{\mathrm{rms}} = \sqrt{\frac{1}{T_0}\int_0^{T_0} x^2(t)\,\mathrm{d}t} \tag{2-26}$$

有效值的二次方——均方值就是信号的平均功率 P_{av}，即

$$P_{\mathrm{av}} = \frac{1}{T_0}\int_0^{T_0} x^2(t)\,\mathrm{d}t \tag{2-27}$$

它反映信号的功率大小。

信号的峰值、绝对均值和有效值可用三值电压表来测量，也可用普通的电工仪表来测量。峰值可根据波形折算或用能记忆瞬峰示值的仪表测量，也可以用示波器来测量。均值可用直流电压表测量。因为信号是周期交变的，如果交流频率较高，交流成分只影响表计的微小晃动，不影响均值读数。当频率低时，表针将产生摆动，影响读数。这时可用一个电容器与电压表并接将交流分量旁路，但应注意这个电容器对被测电路的影响。

值得指出的是，虽然一般的交流电压表均按有效值刻度，但其输出量（例如指针的偏转角）并不一定和信号的有效值成比例，而是随着电压表的检波电路的不同，其输出量可能与信号的有效值成正比例，也有可能与信号的峰值或绝对均值成比例。不同检波电路的电压表上的有效值刻度，都是依照单一简谐信号来刻度的。这就保证了用各种电压表在测量单一简谐信号时都能正确测得信号的有效值，获得一致的读数。然而，由于刻度过程实际上相当于把检波电路输出和简谐信号有效值的关系“固化”在电压表中。这种关系不适用于非单一简谐信号，因为随着波形的不同，各类检波电路输出和信号有效值的关系已经改变了，从而造成电压表在测量复杂信号有效值时的系统误差。这时应根据检波电路和波形来修正有效值读数。

2.1.5　非周期信号的频域描述

非周期信号包括准周期信号和瞬变非周期信号两种，其频谱各有独自的特点。

如前所述，周期信号可展开成许多乃至无限项简谐信号之和，其频谱具有离散性且简谐分量的频率具有一个公约数——基频。但几个简谐信号的叠加，不一定是周期信号。也就是说，具有离散频谱的信号不一定是周期信号。只有其各简谐成分的频率比是有理数，从而它们能在某个时间间隔后周而复始，合成后的信号才是周期信号。若各简谐成分的频

率比不是有理数，例如 $x(t)=\sin\omega_0 t+\sin\sqrt{3}\omega_0 t$，许多简谐成分在合成后不可能经过某一时间间隔后重演，其合成信号就不是周期信号。但这种信号有离散频谱，故称为准周期信号。多个独立振源激励某对象的振动往往是这类信号。

通常所说的非周期信号是指瞬变非周期信号。常见的这种信号如图 2-9 所示。图 2-9a 为矩形脉冲信号，图 2-9b 为指数衰减信号，图 2-9c 为衰减振荡信号，图 2-9d 为单一脉冲信号。

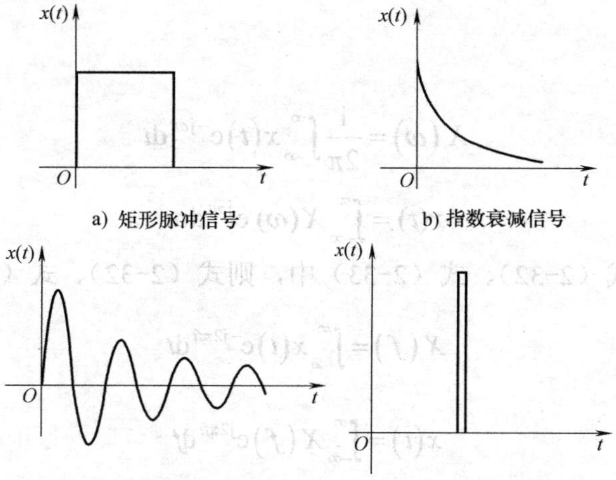

图 2-9　非周期信号

1．傅里叶变换

周期为 T_0 的信号 $x(t)$ 其频谱是离散的。当 $x(t)$ 的周期 T_0，趋于无穷大时，则该信号就成为非周期信号了。周期信号频谱谱线的频率间隔 $\Delta\omega=\omega_0=2\pi/T_0$，当周期 T_0 趋于无穷大时，其频率间隔 $\Delta\omega$ 趋于无穷小，谱线无限靠近，变量 ω 连续取值以致离散谱线的顶点最后演变成一条连续曲线。所以非周期信号的频谱是连续的。可以将非周期信号理解为由无限多个频率无限接近的频率成分所组成的。

设有一个周期信号 $x(t)$，在 $\left(-\dfrac{T_0}{2},\dfrac{T_0}{2}\right)$ 区间以傅里叶级数表示为

$$x(t)=\sum_{n=-\infty}^{+\infty} c_n \mathrm{e}^{jn\omega_0 t} \tag{2-28}$$

式中

$$c_n=\frac{1}{T_0}\int_{-T_0/2}^{T_0/2} x(t)\,\mathrm{e}^{-jn\omega_0 t}\mathrm{d}t \tag{2-29}$$

将式（2-29）代入式（2-28）则得

$$x(t)=\sum_{n=-\infty}^{+\infty}\left[\frac{1}{T_0}\int_{-T_0/2}^{T_0/2} x(t)\,\mathrm{e}^{-jn\omega_0 t}\mathrm{d}t\right]\mathrm{e}^{jn\omega_0 t} \tag{2-30}$$

当 T_0 趋于无穷大时，频率间隔 $\Delta\omega$ 成为 $d\omega$，离散谱中相邻的谱线紧靠在一起，$n\omega_0$ 就变成为连续变量 ω，求和符号 $\sum$ 就变为积分符号 $\int$ 了，于是有

$$x(t)=\int_{-\infty}^{\infty}\frac{d\omega}{2\pi}\left[\int_{-\infty}^{\infty}x(t)e^{-j\omega t}dt\right]e^{j\omega t}=\int_{-\infty}^{\infty}\frac{1}{2\pi}\left[\int_{-\infty}^{\infty}x(t)e^{-j\omega t}dt\right]e^{j\omega t}d\omega \tag{2-31}$$

这就是傅里叶积分。

式（2-30）中括号里的积分，由于时间 t 是积分变量，故积分之后仅是 ω 的函数，记作 $X(\omega)$，这样

$$X(\omega)=\frac{1}{2\pi}\int_{-\infty}^{\infty}x(t)e^{-j\omega t}dt \tag{2-32}$$

$$x(t)=\int_{-\infty}^{\infty}X(\omega)\,e^{j\omega t}d\omega \tag{2-33}$$

把 $\omega=2\pi f$ 代入式（2-32）、式（2-33）中，则式（2-32）、式（2-33）变成

$$X(f)=\int_{-\infty}^{\infty}x(t)e^{-j2\pi ft}dt \tag{2-34}$$

$$x(t)=\int_{-\infty}^{\infty}X(f)e^{j2\pi ft}df \tag{2-35}$$

这样就避免了在傅里叶变换中出现 $1/2\pi$ 的常数因子，使公式形式简化，其关系是

$$X(f)=2\pi X(\omega) \tag{2-36}$$

一般 $X(f)$ 是实变量 f 的复函数，可以写成

$$X(f)=\left|X(f)\right|e^{j\varphi(f)} \tag{2-37}$$

式中 $\left|X(f)\right|$——信号 $x(t)$ 的连续幅值谱；

$\varphi(f)$——信号 $x(t)$ 的连续相位谱。

必须着重指出，尽管非周期信号的幅值谱 $\left|X(f)\right|$ 和周期信号的幅值谱 $\left|c_n\right|$ 很相似，但是两者是有差别的。其差别突出表现在 $\left|c_n\right|$ 的量纲与信号幅值的量纲一样，而 $\left|X(f)\right|$ 的量纲则与信号幅值的量纲不一样，它是单位频宽上的幅值，所以更确切地说，$X(f)$ 是频谱密度函数。本书为方便起见，在不会引起紊乱的情况下，仍称 $X(f)$ 为频谱。

例 2-3 求矩形窗函数 $x(t)$（见图 2-10）的频谱。

解：函数 $x(t)$ 为

$$x(t)=\begin{cases}1 & |t|<\dfrac{T}{2}\\[2mm] 0 & |t|>\dfrac{T}{2}\end{cases}$$

其频谱为

$$X(f)=\int_{-\infty}^{\infty}x(t)\,\mathrm{e}^{-\mathrm{j}2\pi ft}\mathrm{d}t=\int_{-T/2}^{T/2}\mathrm{e}^{-\mathrm{j}2\pi ft}\mathrm{d}t$$

$$=\frac{-1}{\mathrm{j}2\pi f}\left(\mathrm{e}^{-\mathrm{j}\pi fT}-\mathrm{e}^{\mathrm{j}\pi fT}\right)=T\frac{\sin\pi fT}{\pi fT}=T\mathrm{sinc}\left(\pi fT\right)$$

上式中定义 $\mathrm{sinc}\theta\overset{\mathrm{def}}{=\!=}\frac{\sin\theta}{\theta}$，该函数在信号分析中很有用。$\mathrm{sinc}\theta$ 的函数值有专门的数学表可查得，它以 2π 为周期并随 θ 的增加而做衰减振荡。$\mathrm{sinc}\theta$ 函数是偶函数，在 $n\pi\left(n=\pm1,\pm2,\pm3,\cdots\right)$ 处其值为零。

$X(f)$函数只有实部，没有虚部。其幅值频谱为

$$\left|X\left(f\right)\right|=T\left|\mathrm{sinc}\left(\pi fT\right)\right|$$

其相位频谱视 $\mathrm{sinc}\left(\pi fT\right)$ 的符号而定。当 $\mathrm{sinc}\left(\pi fT\right)$ 为正值时，相角为零；当 $\mathrm{sinc}\left(\pi fT\right)$ 为负值时，相角为 π 或 $-\pi$。

矩形窗函数的频谱图如图 2-10 所示。

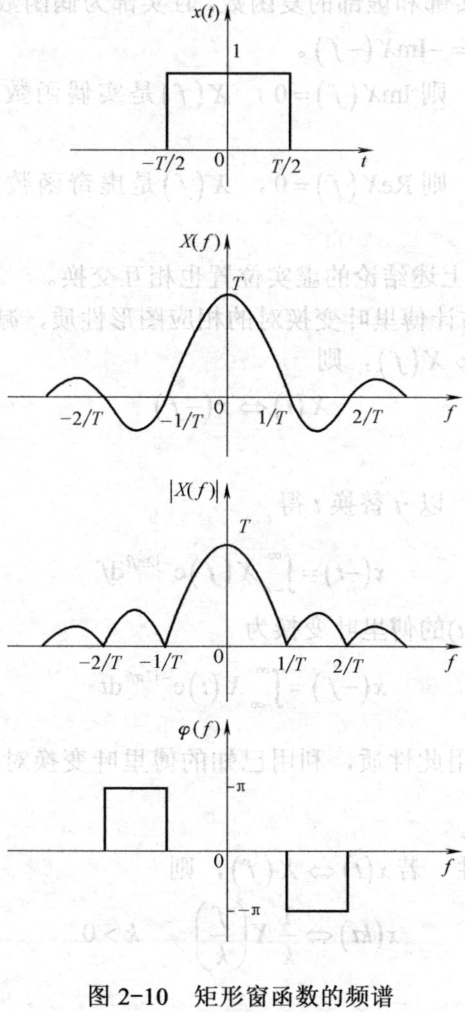

图 2-10 矩形窗函数的频谱

2．傅里叶变换的主要性质

一个信号的时域描述和频域描述依靠傅里叶变换来确立彼此一一对应的关系。熟悉傅里叶变换的主要性质，有助于了解信号在某个域中的变化和运算将在另一域中产生何种相应的变化和运算关系，最终有助于对复杂工程问题的分析和简化计算工作。

傅里叶变换的主要性质有：

（1）奇偶虚实性　一般 $X(f)$ 是实变量 f 的复变函数。它可以写成

$$X(f)=\int_{-\infty}^{\infty}x(t)\mathrm{e}^{-\mathrm{j}2\pi ft}\mathrm{d}t=\mathrm{Re}X(f)-\mathrm{j}\mathrm{Im}X(f) \tag{2-38}$$

式中

$$\mathrm{Re}X(f)=\int_{-\infty}^{\infty}x(t)\cos 2\pi ft\mathrm{d}t \tag{2-39}$$

$$\mathrm{Im}X(f)=\int_{-\infty}^{\infty}x(t)\sin 2\pi ft\mathrm{d}t \tag{2-40}$$

余弦函数是偶函数，正弦函数是奇函数。由式（2-38）～式（2-40）可知，如果 $x(t)$ 是实函数，则 $X(f)$ 一般为具有实部和虚部的复函数，且实部为偶函数，即 $\mathrm{Re}X(f)=\mathrm{Re}X(-f)$，虚部为奇函数，即 $\mathrm{Im}X(f)=-\mathrm{Im}X(-f)$。

如果 $x(t)$ 为实偶函数，则 $\mathrm{Im}X(f)=0$，$X(f)$ 是实偶函数，即 $X(f)=\mathrm{Re}X(f)=\mathrm{Re}X(-f)$。

如果 $x(t)$ 为实奇函数，则 $\mathrm{Re}X(f)=0$，$X(f)$ 是虚奇函数，即 $X(f)=-\mathrm{j}\mathrm{Im}X(f)=-X(-f)$。

如果 $x(t)$ 为虚函数，则上述结论的虚实位置也相互交换。

了解这个性质有助于估计傅里叶变换对的相应图形性质，减少不必要的变换计算。

（2）对称性　若 $x(t)\Leftrightarrow X(f)$，则

$$X(t)\Leftrightarrow x(-f) \tag{2-41}$$

证明：

$x(t)=\int_{-\infty}^{\infty}X(f)\mathrm{e}^{\mathrm{j}2\pi ft}\mathrm{d}f$，以 $-t$ 替换 t 得

$$x(-t)=\int_{-\infty}^{\infty}X(f)\mathrm{e}^{-\mathrm{j}2\pi ft}\mathrm{d}f$$

将 t 与 f 互换，即得 $X(t)$ 的傅里叶变换为

$$x(-f)=\int_{-\infty}^{\infty}X(t)\mathrm{e}^{-\mathrm{j}2\pi ft}\mathrm{d}t$$

所以 $X(t)\Leftrightarrow x(-f)$ 应用此性质，利用已知的傅里叶变换对即可得出相应的变换对。

图 2-11 是对称性应用举例。

（3）时间尺度改变特性　若 $x(t)\Leftrightarrow X(f)$，则

$$x(kt)\Leftrightarrow \frac{1}{k}X\left(\frac{f}{k}\right)\qquad k>0 \tag{2-42}$$

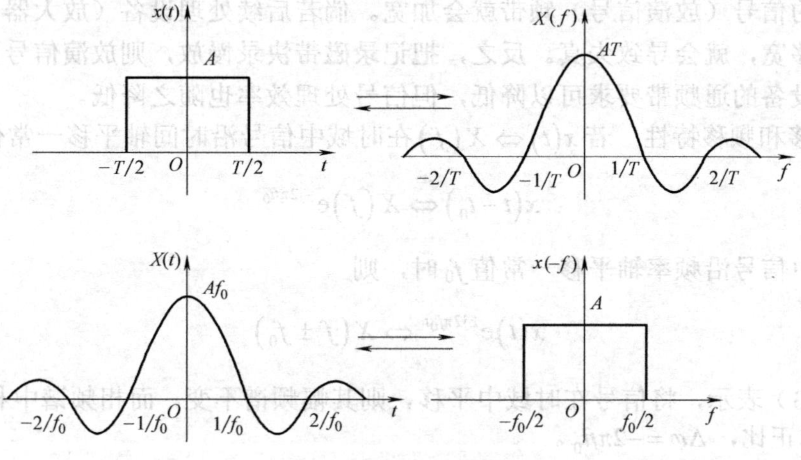

图 2-11 对称性举例

证明：

$$\int_{-\infty}^{\infty} x(kt)\mathrm{e}^{\mathrm{j}2\pi ft}\mathrm{d}t = \frac{1}{k}\int_{-\infty}^{\infty} x(kt)\mathrm{e}^{-\mathrm{j}2\pi\frac{f}{k}(kt)}\mathrm{d}(kt)$$

$$= \frac{1}{k}X\left(\frac{f}{k}\right)$$

当时间尺度压缩（$k>1$）时（见图 2-12），频谱的频带变宽，幅值降低；当时间尺度扩展（$k<1$）时（见图 2-12），频谱的频带变窄，幅值增高。

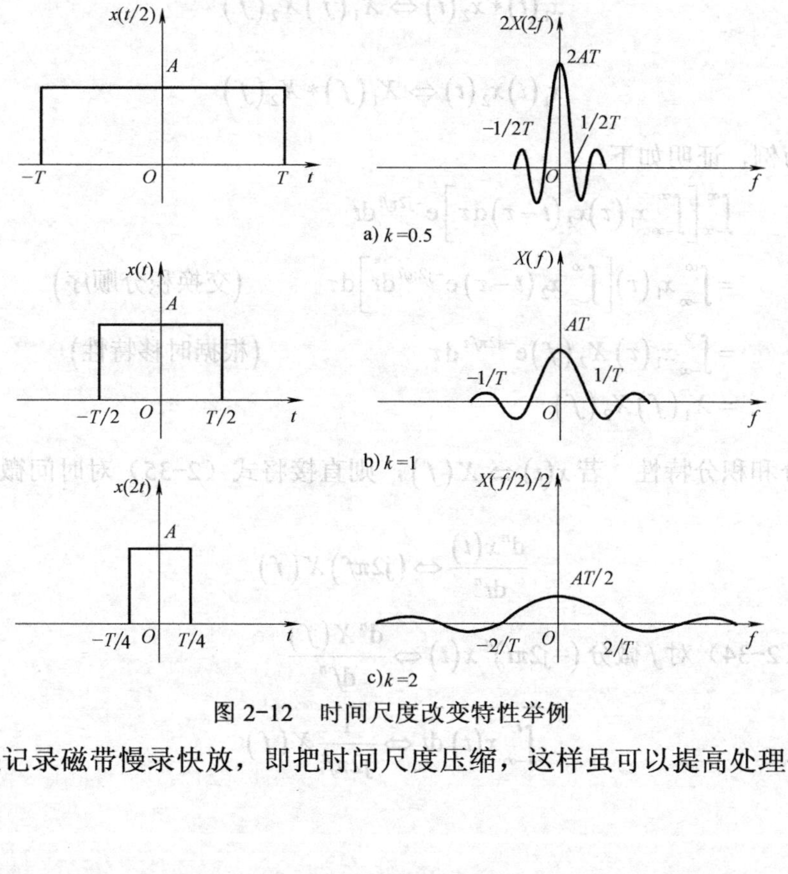

图 2-12 时间尺度改变特性举例

例如，把记录磁带慢录快放，即把时间尺度压缩，这样虽可以提高处理信号的效率，但是所得到的信号（放演信号）频带就会加宽。倘若后续处理设备（放大器、滤波器等）的通频带不够宽，就会导致失真。反之，把记录磁带快录慢放，则放演信号的带宽变窄，对后续处理设备的通频带要求可以降低，但信号处理效率也随之降低。

（4）时移和频移特性　若 $x(t) \Leftrightarrow X(f)$ 在时域中信号沿时间轴平移一常值 t_0 时，则

$$x(t-t_0) \Leftrightarrow X(f)\mathrm{e}^{-\mathrm{j}2\pi f t_0} \tag{2-43}$$

在频域中信号沿频率轴平移一常值 f_0 时，则

$$x(t)\mathrm{e}^{\pm \mathrm{j}2\pi f_0 t} \Leftrightarrow X(f \pm f_0) \tag{2-44}$$

式（2-43）表示，将信号在时域中平移，则其幅频谱不变，而相频谱中相角的改变量 $\Delta\varphi$ 和频率成正比，$\Delta\varphi = -2\pi f t_0$。

根据欧拉公式可知，式（2-44）等号左侧是时域信号 $x(t)$ 与频率为 f_0 时正、余弦信号之和的乘积。

（5）卷积特性　两个函数 $x_1(t)$ 与 $x_2(t)$ 的卷积定义为 $\int_{-\infty}^{\infty} x_1(\tau)x_2(t-\tau)\mathrm{d}\tau$，记作 $x_1(t)*x_2(t)$。在很多情况下，卷积积分用直接积分的方法来计算是很困难的，但它可以利用变换的方法来解决，从而使信号分析工作大为简化。因此，卷积特性在信号分析中占有重要的地位。若

$$x_1(t) \Leftrightarrow X_1(f)\text{；}\ x_2(t) \Leftrightarrow X_2(f)$$

则

$$x_1(t)*x_2(t) \Leftrightarrow X_1(f)X_2(f) \tag{2-45}$$

$$x_1(t)x_2(t) \Leftrightarrow X_1(f)*X_2(f) \tag{2-46}$$

以时域卷积为例，证明如下：

$$\begin{aligned}
&\int_{-\infty}^{\infty}\left[\int_{-\infty}^{\infty} x_1(\tau)x_2(t-\tau)\mathrm{d}\tau\right]\mathrm{e}^{-\mathrm{j}2\pi f t}\mathrm{d}t \\
&= \int_{-\infty}^{\infty} x_1(\tau)\left[\int_{-\infty}^{\infty} x_2(t-\tau)\mathrm{e}^{-\mathrm{j}2\pi f t}\mathrm{d}t\right]\mathrm{d}\tau \qquad \text{(交换积分顺序)} \\
&= \int_{-\infty}^{\infty} x_1(\tau)X_2(f)\mathrm{e}^{-\mathrm{j}2\pi f \tau}\mathrm{d}\tau \qquad \text{(根据时移特性)} \\
&= X_1(f)X_2(f)
\end{aligned}$$

（6）微分和积分特性　若 $x(t) \Leftrightarrow X(f)$，则直接将式（2-35）对时间微分，可得

$$\frac{\mathrm{d}^n x(t)}{\mathrm{d}t^n} \Leftrightarrow (\mathrm{j}2\pi f)X(f) \tag{2-47}$$

又将式（2-34）对 f 微分 $(-\mathrm{j}2\pi t)^n x(t) \Leftrightarrow \dfrac{\mathrm{d}^n X(f)}{\mathrm{d}f^n}$

$$\int_{-\infty}^{t} x(t)\,\mathrm{d}t \Leftrightarrow \frac{1}{\mathrm{j}2\pi f}X(f) \tag{2-48}$$

在振动测试中，如果测得振动系统的位移、速度或加速度中之任一参数，应用微分、积分特性就可以获得其他参数的频谱。

3．几种典型信号的频谱

（1）矩形窗函数的频谱　矩形窗函数的频谱已在例 2-3 中讨论了。由此可见，一个在时域有限区间内有值的信号，其频谱却延伸至无限频率。若在时域中截取信号的一段记录长度，则相当于原信号和矩形窗函数之乘积，因而所得频谱将是原信号频域函数和 sinc 函数的卷积，它将是连续的、频率无限延伸的频谱。从其频谱图（见图 2-10）中可以看到，在 $f=0 \sim \pm 1/T$ 之间的谱峰，幅值最大，称为主瓣。两侧其他各谱峰的峰值较低，称为旁瓣。主瓣宽度为 $2/T$，与时域窗宽度 T 成反比。可见时域窗宽 T 越大，即截取信号时长越大，主瓣宽度越小。

（2）δ 函数及其频谱

1）函数的定义。在 ε 时间内激发一个矩形脉冲 $S_\varepsilon(t)$（或三角形脉冲、双边指数脉冲、钟形脉冲等），其面积为 1（见图 2-13）。当 $\varepsilon \to 0$ 时，$S_\varepsilon(t)$ 的极限就称为 δ 函数，记作 $\delta(t)$。δ 函数也称为单位脉冲函数。$\delta(t)$的特点有：

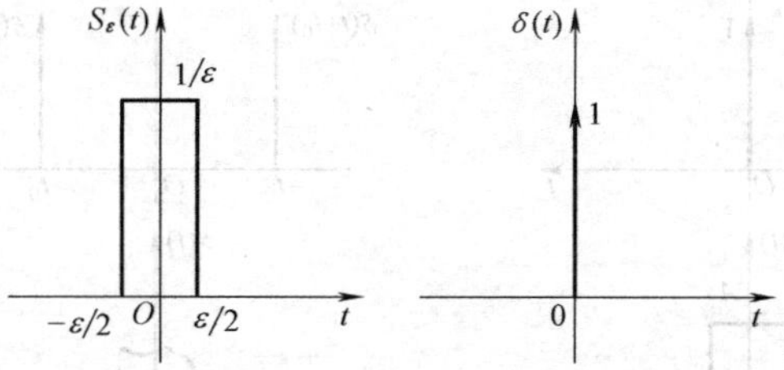

图 2-13　矩形脉冲与 δ 函数

从函数值极限角度看

$$\delta(t)=\begin{cases}\infty & t=0\\ 0 & t\neq 0\end{cases} \tag{2-49}$$

从面积（通常也称其为 δ 函数的强度）的角度来看

$$\int_{-\infty}^{\infty}\delta(t)\,\mathrm{d}t=\lim_{\varepsilon\to 0}\int_{-\infty}^{\infty}S_\varepsilon(t)\,\mathrm{d}t=1 \tag{2-50}$$

2）函数的采样性质。如果 δ 函数与某一连续函数 $f(t)$相乘，显然其乘积仅在 $t=0$ 处为 $f(0)\delta(t)$，其余各点($t\neq 0$)的乘积均为零。其中 $f(0)\delta(t)$是一个强度为 $f(0)$的 δ 函数；也就是说，从函数值来看，该乘积趋于无限大，从面积（强度）来看，则为 $f(0)$。如果 δ 函数与某一连续函数 $f(t)$相乘，并在（$-\infty$，∞）区间中积分，则有

$$\int_{-\infty}^{\infty}\delta(t)f(t)\,\mathrm{d}t=\int_{-\infty}^{\infty}\delta(t)f(0)\,\mathrm{d}t=f(0)\int_{-\infty}^{\infty}\delta(t)\,\mathrm{d}t=f(0) \tag{2-51}$$

同理，对于有延时 t_0 的 δ 函数 $\delta(t-t_0)$，它与连续函数 $f(t)$的乘积只有在 $t=t_0$ 时刻不等于零，而等于强度为 $f(t_0)$的 δ 函数；在（$-\infty$，∞）区间内，该乘积的积分

$$\int_{-\infty}^{\infty}\delta(t-t_0)f(t)\,\mathrm{d}t=\int_{-\infty}^{\infty}\delta(t-t_0)f(t_0)\,\mathrm{d}t=f(t_0)\int_{-\infty}^{\infty}\delta(t-t_0)\,\mathrm{d}t=f(t_0) \tag{2-52}$$

式（2-51)和式（2-52）表示 δ 函数的采样性质。此性质表明任何函数 $f(t)$和 $\delta(t-t_0)$ 的乘积是一个强度为 $f(t_0)$的 δ 函数 $\delta(t-t_0)$，而该乘积在无限区间的积分则是 $f(t)$在 $t=t_0$ 时刻的函数值 $f(t_0)$。这个性质对连续信号的离散采样是十分重要的，在以后学习中将会得到广泛应用。

3）δ 函数与其他函数的卷积。任何函数和 δ 函数 $\delta(t)$卷积是一种最简单的卷积积分。例如，一个矩形函数 $x(t)$与 δ 函数 $\delta(t)$的卷积为（见图 2-14a）

$$x(t)*\delta(t)=\int_{-\infty}^{\infty}x(\tau)\delta(t-\tau)\mathrm{d}\tau=\int_{-\infty}^{\infty}x(\tau)\delta(\tau-t)\mathrm{d}\tau=x(t) \tag{2-53}$$

同理，当 δ 函数为 $\delta(t\pm t_0)$时（见图 2-14b）

$$x(t)*\delta(t\pm t_0)=\int_{-\infty}^{\infty}x(\tau)\delta(t\pm t_0-\tau)\mathrm{d}\tau=x(t\pm t_0) \tag{2-54}$$

可见函数 $x(t)$与 δ 函数卷积的结果，就是在发生 δ 函数的坐标位置上（以此作为坐标原点）简单地将 $x(t)$重新构图。

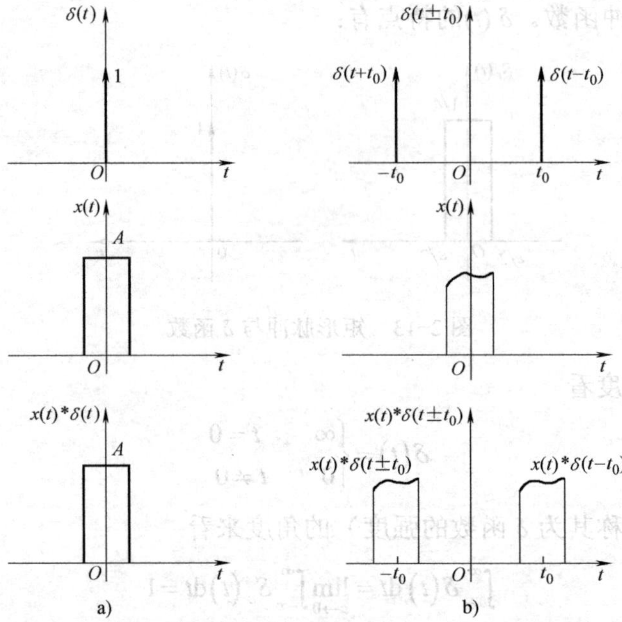

图 2-14 δ 函数与其他函数的卷积示例

4）$\delta(t)$的频谱。将 $\delta(t)$进行傅里叶变换

$$\Delta(f)=\int_{-\infty}^{\infty}\delta(t)\mathrm{e}^{-\mathrm{j}2\pi ft}\mathrm{d}t=\mathrm{e}^{0}=1 \tag{2-55}$$

其逆变换为

$$\delta(t)=\int_{-\infty}^{\infty}1\mathrm{e}^{\mathrm{j}2\pi ft}\mathrm{d}f \tag{2-56}$$

由此可知，时域的 δ 函数具有无限宽广的频谱，而且在所有的频段上都是等强度的（见图 2-15），这种频谱常称为“均匀谱”。

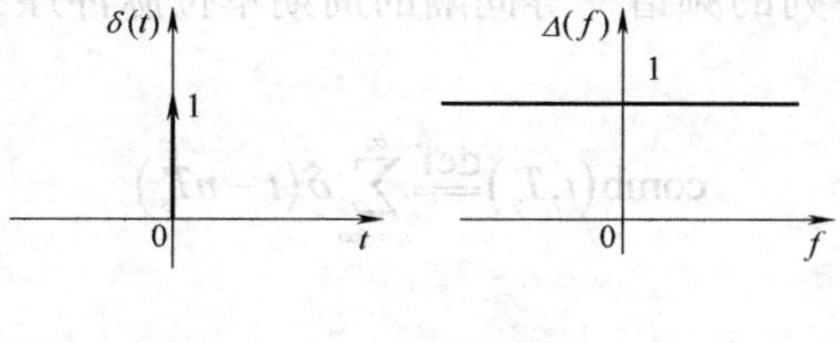

图 2-15　δ 函数及其频谱

根据傅里叶变换的对称性质和时移、频移性质，可以得到下列傅里叶变换对：

（单位瞬时脉冲）$\delta(t) \Leftrightarrow 1$（均匀频谱密度函数）

（幅值为 1 的直流量）$1 \Leftrightarrow \delta(f)$（在 f=0 处有脉冲谱线）

（δ 函数时移 t_0）$\delta(t-t_0) \Leftrightarrow \mathrm{e}^{-\mathrm{j}2\pi f t_0}$（各频率成分分别相移 $2\pi f t_0$）

（复数指数函数）$\mathrm{e}^{\mathrm{j}2\pi f_0 t} \Leftrightarrow \delta(f-f_0)$（将 $\delta(f)$频移到 f_0）

（3）正、余弦函数的频谱密度函数　由于正、余弦函数不满足绝对可积条件，因此不能直接应用式（2-34）进行傅里叶变换，而需在傅里叶变换时引入 δ 函数。

根据欧拉公式，正、余弦函数可以写成

$$\begin{cases} \sin 2\pi f_0 t = \mathrm{j}\dfrac{1}{2}\left(\mathrm{e}^{-\mathrm{j}2\pi f_0 t} - \mathrm{e}^{\mathrm{j}2\pi f_0 t}\right) \\ \cos 2\pi f_0 t = \dfrac{1}{2}\left(\mathrm{e}^{-\mathrm{j}2\pi f_0 t} + \mathrm{e}^{\mathrm{j}2\pi f_0 t}\right) \end{cases} \tag{2-57}$$

应用上述复指数函数的频谱，可认为正、余弦函数是把频域中的两个 δ 函数向不同方向频移后之差或和的傅里叶逆变换。因而可求得正、余弦函数的傅里叶变换如下（见图 2-16）

$$\begin{cases} \sin 2\pi f_0 t \Leftrightarrow \mathrm{j}\dfrac{1}{2}\left[\delta(f+f_0) - \delta(f-f_0)\right] \\ \cos 2\pi f_0 t \Leftrightarrow \dfrac{1}{2}\left[\delta(f+f_0) + \delta(f-f_0)\right] \end{cases} \tag{2-58}$$

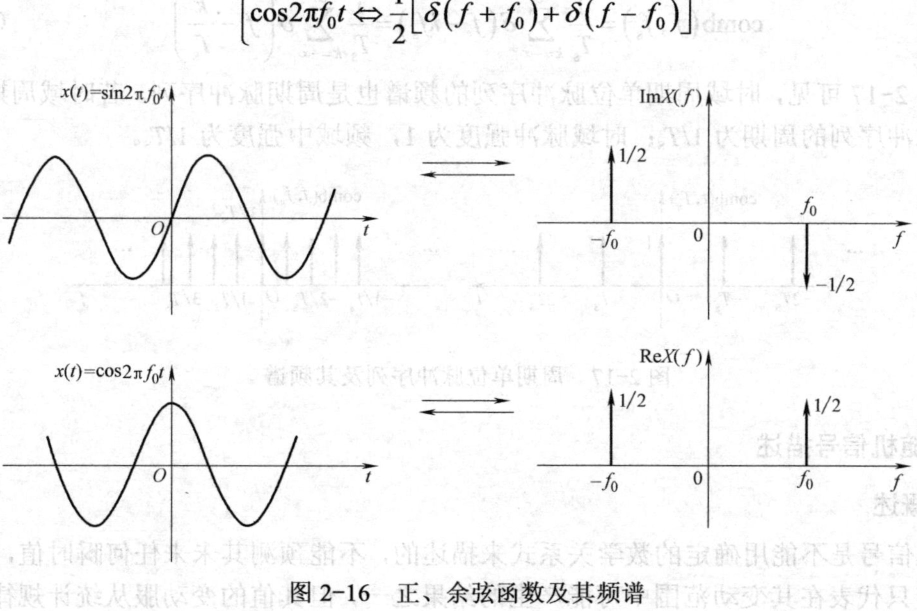

图 2-16　正、余弦函数及其频谱

（4）周期单位脉冲序列的频谱　等间隔的周期单位脉冲序列常称为梳状函数，并用 $\mathrm{comb}(t, T_s)$表示

$$\mathrm{comb}(t,T_s) \overset{\mathrm{def}}{=\!=} \sum_{n=-\infty}^{\infty} \delta(t-nT_s) \tag{2-59}$$

式中　T_s——周期；

n——整数，$n=0$，±1，±2，…。因为此函数是周期函数，所以可以把它表示为傅里叶级数的复指数函数形式：

$$\mathrm{comb}(t,T_s) \overset{\mathrm{def}}{=\!=} \sum_{k=-\infty}^{\infty} c_k \mathrm{e}^{\mathrm{j}2\pi n f_s t} \tag{2-60}$$

式中

$$f_s=1/T_s$$

$$c_k=\frac{1}{T_s}\int_{-T_s/2}^{T_s/2}\mathrm{comb}(t,T_s)\,\mathrm{e}^{-\mathrm{j}2\pi k f_s t}\mathrm{d}t$$

因为在$(-T_s/2, T_s/2)$区间内，式(2-59)只有一个 δ 函数 $\delta(t)$，而当 $t=0$ 时，$\mathrm{e}^{-\mathrm{j}2\pi f_s t}=\mathrm{e}^0=1$，所以

$$c_k=\frac{1}{T_s}\int_{-T_s/2}^{T_s/2}\delta(\mathrm{t})\,\mathrm{e}^{-\mathrm{j}2\pi k f_s t}\mathrm{d}t=\frac{1}{T_s}$$

这样，式（2-60）可写成

$$\mathrm{comb}(t,T_s)=\frac{1}{T_s}\sum_{k=-\infty}^{\infty}\mathrm{e}^{\mathrm{j}2\pi n f_s t} \tag{2-61}$$

根据复指数函数的频谱

$$\mathrm{e}^{\mathrm{j}2\pi n f_s t} \Leftrightarrow \delta(f-kf_s)$$

可得 $\mathrm{comb}(t, T_s)$频谱（见图 2-17）$\mathrm{comb}(f, f_s)$，也是梳状函数

$$\mathrm{comb}(f,f_s)=\frac{1}{T_s}\sum_{k=-\infty}^{\infty}\delta(f-kf_s)=\frac{1}{T_s}\sum_{k=-\infty}^{\infty}\delta\left(f-\frac{k}{T_s}\right) \tag{2-62}$$

由图 2-17 可见，时域周期单位脉冲序列的频谱也是周期脉冲序列。若时域周期为 T_s，则频域脉冲序列的周期为 $1/T_s$；时域脉冲强度为 1，频域中强度为 $1/T_s$。

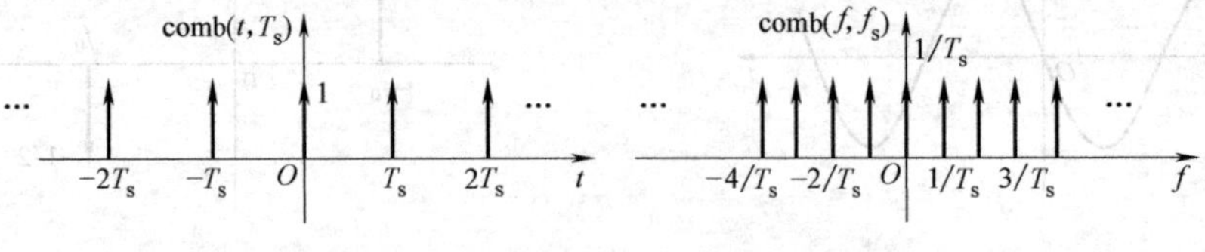

图 2-17　周期单位脉冲序列及其频谱

2.1.6　随机信号描述

1．概述

随机信号是不能用确定的数学关系式来描述的，不能预测其未来任何瞬时值，任何一次观测值只代表在其变动范围中可能产生的结果之一，但其值的变动服从统计规律。描述

随机信号必须用概率和统计的方法。对随机信号按时间历程所做的各次长时间观测记录称为样本函数，记作 $x_i(t)$（见图 2-18）。样本函数在有限时间区间上的部分称为样本记录。在同一试验条件下，全部样本函数的集合（总体）就是随机过程，记作$\{x(t)\}$，即

$$\{x(t)\}=\{x_1(t),\ x_2(t),\cdots,\ x_i(t),\cdots\} \tag{2-63}$$

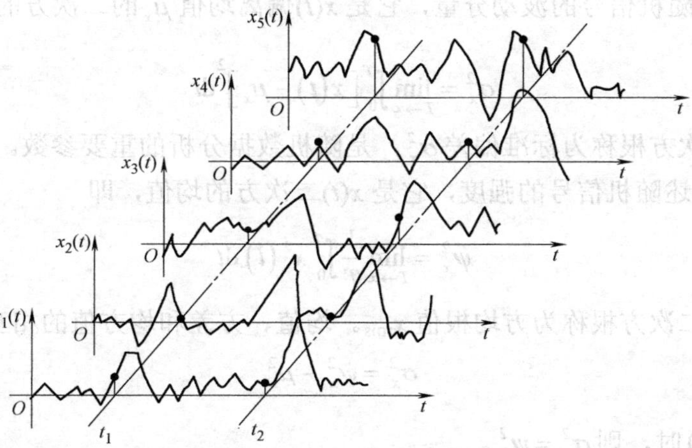

图 2-18　随机过程与样本函数

随机过程的各种平均值（均值、方差、均方值和方均根值等）是按集合平均来计算的。集合平均的计算不是沿某单个样本的时间轴进行，而是将集合中所有样本函数对同一时刻 t_i 的观测值取平均。为了与集合平均相区别，把按单个样本的时间历程进行平均的计算叫作时间平均。

随机过程有平稳过程和非平稳过程之分。所谓平稳随机过程是指其统计特征参数不随时间而变化的随机过程，否则为非平稳随机过程。在平稳随机过程中，若任一单个样本函数的时间平均统计特征等于该过程的集合平均统计特征，这样的平稳随机过程叫作各态历经（遍历性）随机过程。工程上所遇到的很多随机信号具有各态历经性，有的虽不是严格的各态历经过程，但也可以当作各态历经随机过程来处理。事实上，一般的随机过程需要足够多的样本函数（理论上应为无限多个）才能描述它，而要进行大量的观测来获取足够多的样本函数是非常困难或做不到的。实际的测试工作常把随机信号按各态历经过程来处理，进而以有限长度样本记录的观察分析来推断、估计被测对象的整个随机过程。也就是说，在测试工作中常以一个或几个有限长度的样本记录来推断整个随机过程，以其时间平均来估计集合平均。在本书中仅限于讨论各态历经随机过程的范围。

随机信号广泛存在于工程技术的各个领域中。确定性信号一般是在一定条件下出现的特殊情况，或者是忽略了次要的随机因素后抽象出来的模型。测试信号总是受到环境噪声污染的，故研究随机信号具有普遍、现实的意义。

2．随机信号的主要特征参数

描述各态历经随机信号的主要特征参数有：均值、方差和均方值，概率密度函数，相关函数等。

（1）均值 μ_x、方差 σ_x^2 和均方值 ψ_x^2　各态历经信号的均值 μ_x 为

$$\mu_x = \lim_{T\to\infty}\frac{1}{T}\int_0^T x(t)\,\mathrm{d}t \tag{2-64}$$

式中 $x(t)$——样本函数；

T——观测时间。均值表示信号的常值分量。

方差 σ_x^2 描述随机信号的波动分量，它是 $x(t)$ 偏离均值 μ_x 的二次方的均值，即

$$\sigma_x^2 = \lim_{T\to\infty}\int_0^T\left[x(t)-\mu_x\right]^2\mathrm{d}t \tag{2-65}$$

方差的正二次方根称为标准偏差 σ_x^2，是随机数据分析的重要参数。

均方值 ψ_x^2 描述随机信号的强度，它是 $x(t)$ 二次方的均值，即

$$\psi_x^2 = \lim_{T\to\infty}\frac{1}{T}\int_0^T x^2(t)\,\mathrm{d}t \tag{2-66}$$

均方值的正二次方根称为方均根值 x_{rms}。均值、方差和均方值的相互关系是

$$\sigma_x^2 = \psi_x^2 - \mu_x^2 \tag{2-67}$$

当均值 $\mu_x = 0$ 时，则 $\sigma_x^2 = \psi_x^2$。

对于集合平均，则 t_1 时刻的均值和均方值为

$$\mu_{x,\ t_1} = \lim_{M\to\infty}\frac{1}{M}\sum_{i=1}^{M}x_i(t_1) \tag{2-68}$$

$$\psi_{x,\ t_1} = \lim_{M\to\infty}\frac{1}{M}\sum_{i=1}^{M}x_i^2(t_1) \tag{2-69}$$

式中 M——样本记录总数；

i——样本记录序号；

t_1——观察时刻。

MATLAB 均值函数 mean()

用法：m=mean(x)

功能：返回 $x(n)$ 按 $\frac{1}{N}\sum_{n=1}^{N}x(n)$ 估计的均值，其中 x 为样本序列 $x(n)$（n=1，2，…，N−1）构成的数据矢量。

MATLAB 方差函数 var()

用法：sigma2=var(x)

功能：返回 $x(n)$ 按 $\frac{1}{N-1}\sum_{n=0}^{N-1}[x[n]-\hat{m}_x]^2$ 估计的方差，这一估计是无偏估计。在实际中也经常采用式 $\frac{1}{N}\sum_{n=0}^{N-1}[x[n]-\hat{m}_x]^2$ 估计方差。

（2）概率密度函数 随机信号的概率密度函数是表示信号幅值落在指定区间内的概率。对图 2-19 所示的信号，$x(t)$ 值落在 $(x,\ x+\Delta x)$ 区间内的时间为

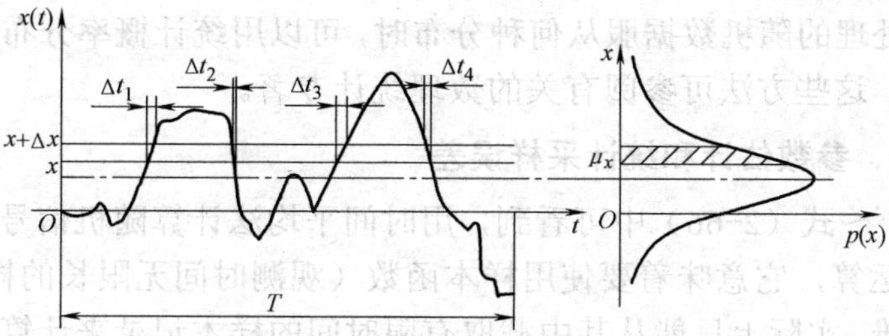

图 2-19　概率密度函数的计算

$$T_x = \Delta t_1 + \Delta t_2 + \cdots + \Delta t_n = \sum_{i=1}^{n} \Delta t_i \tag{2-70}$$

当样本函数的记录时间 T 趋于无穷大时，T_x/T 的比值就是幅值落在$(x,\ x+\Delta x)$区间的概率，即

$$P_r\left[x < x(t) \leqslant x + \Delta x\right] = \lim_{T\to\infty} \frac{T_x}{T} \tag{2-71}$$

定义幅值概率密度函数 $p(x)$为

$$p(x) = \lim_{\Delta x\to 0} \frac{P_r\left[x < x(t) \leqslant x + \Delta x\right]}{\Delta x} \tag{2-72}$$

概率密度函数提供了随机信号幅值分布的信息，是随机信号的主要特征参数之一。不同的随机信号有不同的概率密度函数图形，可以借此来识别信号的性质。图 2-20 是常见的四种典型信号的概率密度函数图形。

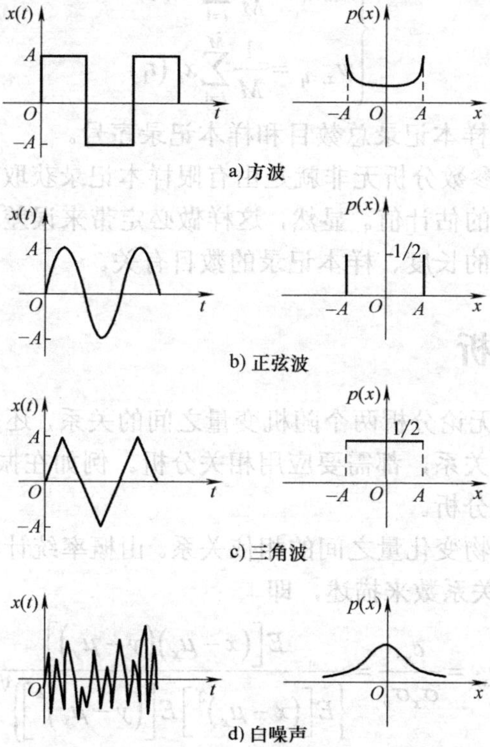

图 2-20　典型信号的概率密度函数图形

当不知道所处理的随机数据服从何种分布时，可以用统计概率分布图和直方图法来估计概率密度函数。这些方法可参阅有关的数理统计专著。

3．样本参数、参数估计和统计采样误差

从式（2-64）～式（2-66）中可看到，用时间平均法计算随机信号特征参数，需要进行$T \to \infty$的极限运算，它意味着要使用样本函数（观测时间无限长的样本记录）。这是一个无法克服的困难。实际上只能从其中截取有限时间的样本记录来计算出相应的特征参数（称为样本参数），并用它们来作为随机信号特征参数的估计值。它显然是样本参数随所采用的样本记录而异的，因而它们本身也是随机变量。若把参数$\varPhi$的估计值记为$\hat{\varPhi}$，则随机信号的均值μ_x、均方值ψ_x^2的估计值$\hat{\mu}_x$、$\hat{\psi}_x^2$按下式计算

$$\begin{cases} \hat{\mu}_x = \dfrac{1}{T}\displaystyle\int_0^T x(t)\,\mathrm{d}t \\ \hat{\psi}_x^2 = \dfrac{1}{T}\displaystyle\int_0^T x^2(t)\,\mathrm{d}t \end{cases} \tag{2-73}$$

用集合平均法计算随机信号特征参数时，也同样存在这种困难。其困难表现在要求使用无限多个样本记录，即如式（2-68）、式（2-69）中$M \to \infty$的极限运算。实际上也只能使用有限数目的样本记录来计算相应样本参数，并作为随机信号特征参数的估计值。例如，t_1样本均值、均方值的估计值用下式计算

$$\begin{cases} \mu_{x,\ t_1} = \dfrac{1}{M}\displaystyle\sum_{i=1}^{M} x_i(t_1) \\ \psi_{x,\ t_1} = \dfrac{1}{M}\displaystyle\sum_{i=1}^{M} x_i^2(t_1) \end{cases} \tag{2-74}$$

式中　M、i——所采用的样本记录总数目和样本记录序号。

总之，随机信号特征参数分析无非就是由有限样本记录获取样本参数，然后以样本参数作为随机信号特征参数的估计值。显然，这样做必定带来误差，这类误差称为统计采样误差，其大小和样本记录的长度、样本记录的数目有关。

2.2　信号的相关分析

在测试技术领域中，无论分析两个随机变量之间的关系，还是分析两个信号或一个信号在一定时移前后之间的关系，都需要应用相关分析。例如在振动测试分析、雷达测距、声发射探伤等都用到相关分析。

所谓相关是指客观事物变化量之间的相依关系。由概率统计学可知，两个随机变量x、y之间的相关性，可用相关系数来描述，即

$$\rho_{xy} = \frac{c_{xy}}{\sigma_x \sigma_y} = \frac{E\left[(x-\mu_x)(y-\mu_y)\right]}{\left\{E\left[(x-\mu_x)^2\right]E\left[(y-\mu_y)^2\right]\right\}^{1/2}} \tag{2-75}$$

式中　c_{xy}——两个随机变量波动量之积的数学期望，称之为协方差或相关矩，表征x、y

之间的相关程度；

σ_x、σ_y——随机变量 x、y 的均方差，是随机变量波动量二次方的数学期望；

ρ_{xy}——随机变量 x、y 的归一化协方差，是一个无量纲系数。

利用柯西-许瓦兹不等式

$$E\left[\left(x-\mu_x\right)\left(y-\mu_y\right)\right]^2 \leqslant E\left[\left(x-\mu_x\right)^2\right]E\left[\left(y-\mu_y\right)^2\right] \tag{2-76}$$

故可知，ρ_{xy} 在-1 和 1 之间。当 $\rho_{xy}=\pm 1$ 时，表示 x、y 两变量是理想的线性相关；当 $\rho_{xy}=0$ 时，表示 x、y 两变量是完全无关，但仍可能存在着某种非线性的相关关系甚至函数关系；当 $0<\left|\rho_{xy}\right|<1$ 时，表示 x、y 两变量之间有部分相关。图 2-21 所示表示 x、y 两变量不同的相关情况。

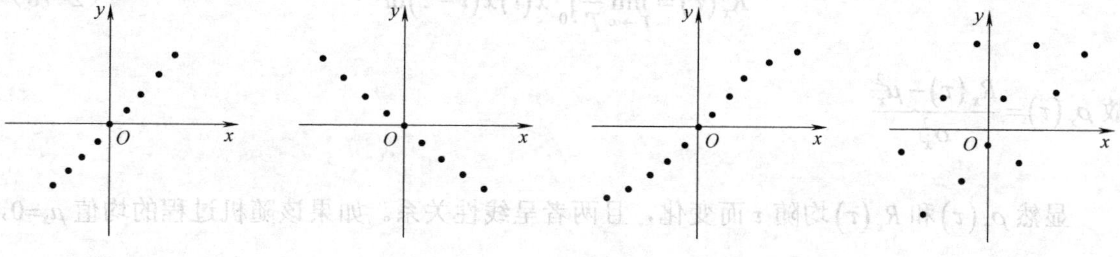

图 2-21　变量 x、y 之间的不同相关情况

2.2.1　信号的相关函数

假如 $x(t)$是某各态历经随机过程的一个样本记录，$x(t-\tau)$是 $x(t)$时移 τ 后的样本（见图 2-22），在任何 $t=t_i$ 时刻，从两个样本上可以分别得到两个量值 $x(t_i)$和 $x(t_i-\tau)$，而且 $x(t)$和 $x(t-\tau)$具有相同的均值和标准差。假如把 $\rho_{x(t)x(t-\tau)}$ 简写成 $\rho_x(\tau)$，那么有

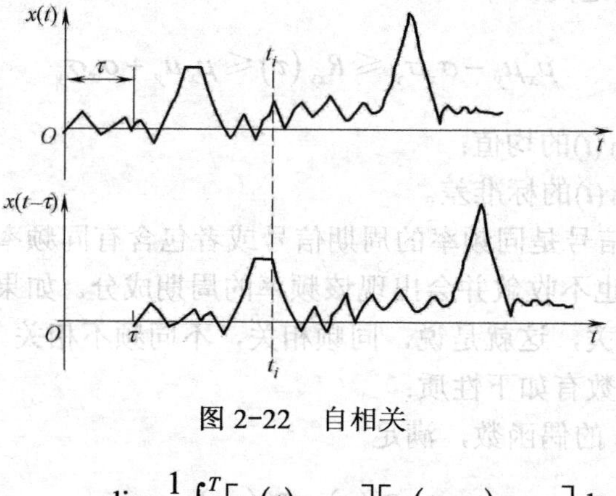

图 2-22　自相关

$$\rho_x(\tau)=\frac{\lim\limits_{T\to\infty}\frac{1}{T}\int_0^T\left[x(t)-\mu_x\right]\left[x(t-\tau)-\mu_x\right]\mathrm{d}t}{\sigma_x^2}$$

将分子展开并注意到

$$\lim_{T\to\infty}\frac{1}{T}\int_0^T x(t)\,\mathrm{d}t=\mu_x$$

$$\lim_{T\to\infty}\frac{1}{T}\int_0^T x(t-\tau)\,\mathrm{d}t=\mu_x$$

从而得

$$\rho_x(\tau)=\frac{\lim\limits_{T\to\infty}\frac{1}{T}\int_0^T x(t)x(t-\tau)\,\mathrm{d}t-\mu_x^2}{\sigma_x^2} \tag{2-77}$$

对各态历经随机信号及功率信号可定义自相关函数 $R_x(\tau)$ 为

$$R_x(\tau)=\lim_{T\to\infty}\frac{1}{T}\int_0^T x(t)x(t-\tau)\,\mathrm{d}t \tag{2-78}$$

故 $\rho_x(\tau)=\dfrac{R_x(\tau)-\mu_x^2}{\sigma_x^2}$

显然 $\rho_x(\tau)$ 和 $R_x(\tau)$ 均随 τ 而变化，且两者呈线性关系。如果该随机过程的均值 μ_x=0，则 $\rho_x(\tau)=R_x(\tau)/\sigma_x^2$ 。

对两个各态历经过程的随机信号 $x(t)$ 和 $y(t)$ 的互相关函数 $R_{xy}(\tau)$ 定义为

$$R_{xy}(\tau)=\lim_{T\to\infty}\frac{1}{T}\int_0^T x(t)y(t-\tau)\,\mathrm{d}t \tag{2-79}$$

当时移 τ 足够大或 $\tau\to\infty$ 时，互不相关，$\rho_{xy}\to 0$，而 $R_{xy}(\tau)\to\mu_x\mu_y$。$R_{xy}(\tau)$ 的最大变动范围在 $\mu_x\mu_y\pm\sigma_x\sigma_y$ 之间，即

$$\mu_x\mu_y-\sigma_x\sigma_y\leqslant R_{xy}(\tau)\leqslant\mu_x\mu_y+\sigma_x\sigma_y \tag{2-80}$$

式中　μ_x、μ_y——$x(t)$、$y(t)$的均值；

σ_x、σ_y——$x(t)$、$y(t)$的标准差。

如果 $x(t)$和 $y(t)$两信号是同频率的周期信号或者包含有同频率的周期成分，那么，即使 $\tau\to\infty$，互相关函数也不收敛并会出现该频率的周期成分。如果两信号含有频率不等的周期成分，则两者不相关，这就是说，同频相关，不同频不相关。

根据定义，相关函数有如下性质：

1）自相关函数是 τ 的偶函数，满足

$$R_x(\tau)=R_x(-\tau) \tag{2-81}$$

互相关函数不是 τ 的偶函数，也不是 τ 的奇函数，但是满足

$$R_{xy}(-\tau)=R_{yx}(\tau) \tag{2-82}$$

2）当 τ=0 时，自相关函数具有最大值，此时能量信号为

$$R_x(\tau)=\int_{-\infty}^{\infty}x^2(t)\,\mathrm{d}t \tag{2-83}$$

功率信号为

$$R_x(\tau)=\lim_{T\to\infty}\frac{1}{T}\int_{-T/2}^{T/2}x^2(t)\,\mathrm{d}t \tag{2-84}$$

显而易见，在 τ=0 时，功率信号的平均功率就等于自相关函数。如果均值，$\mu_x=0$，此时信号的平均功率、自相关函数、方差都相等，即 $\psi_x^2=R_x(\tau)=\sigma_x^2$。

3）周期信号的自相关函数仍然是同频率的周期信号，但不具有原信号的相位信息。

4）两个周期信号的互相关函数仍然是同频率的周期信号，但保留了原信号的相位信息。

5）两个非同频率的周期信号互不相关，可根据正（余）弦函数的正交性来证明。

6）随机信号的自相关函数随着 $|\tau|$ 值的增大而很快趋于零。

相关函数是 τ 的函数，τ 称为时延或时差，因此，相关分析也被称为时延域分析或时差域分析。

MATLAB 相关函数估计 xcorr

```
c=xcorr(x,y)
c=xcorr(x)
c=xcorr(x,y,‘option’)
c=xcorr(x,‘option’)
```

c=xcorr(x,y)计算 x 与 y 的互相关，矢量 $\boldsymbol{x}$ 表示序列 $x(n)$，矢量 $\boldsymbol{y}$ 表示序列 $y(n)$。c=xcorr(x)计算 x 的自相关。option 选项是：

选项为‘biased’时，$\hat{R}_x(m)=\dfrac{1}{N}\sum\limits_{n=0}^{N-|m|-1}x_{n+m}x_n$。

选项为‘unbiased’时，$\hat{R}_x(m)=\dfrac{1}{N-|m|}\sum\limits_{n=0}^{N-|m|-1}x_{n+m}x_n$。

例 2-4 求正弦信号 $x(t)=A\sin(\omega_0 t+\varphi)$ 的自相关函数。

解：正弦信号是一个具有一定周期的功率信号，因此可以计算一周期内的平均值，故该正弦信号的自相关函数为

$$R_x(\tau)=\frac{1}{T}\int_0^T x(t)x(t-\tau)\mathrm{d}t=\frac{\omega_0}{2\pi}\int_0^{T_0}A\sin(\omega_0 t+\varphi)A\sin(\omega_0 t-\omega_0\tau+\varphi)\mathrm{d}t$$

令 $\omega_0 t+\varphi=\alpha$，则 $\mathrm{d}t=\mathrm{d}\alpha/\omega_0$，即

$$R_x(\tau)=\frac{A^2}{2\pi}\int_{0\pi}^{2\pi}\sin\alpha\sin(\alpha-\omega_0\tau)\mathrm{d}\alpha=\frac{A^2}{2\pi}\int_0^{2\pi}\sin\alpha(\sin\alpha\cos\omega_0\tau-\cos\alpha\sin\omega_0\tau)\mathrm{d}\alpha=\frac{A^2}{2}\cos\omega_0\tau$$

可见，正弦函数的自相关函数是一个余弦函数，在 τ=0 时具有最大值，但它不随 τ 的增加而衰减至零。它保留了原正弦信号的幅值和频率信息，而丢失了初始相位信息。

例 2-5 已知两个同频率正弦信号 $x(t)=A\sin(\omega_0 t+\theta)$，$y(t)=B\sin(\omega_0 t+\theta-\varphi)$，求其互相关函数。

解：因为是周期函数，所以做一个周期内的时间平均

$$R_{xy}(\tau)=\frac{1}{T}\int_0^T A\sin(\omega_0 t+\theta)B\sin\left[\omega_0(t-\tau)+\theta-\varphi\right]\mathrm{d}t$$

令 $\omega_0 t+\theta=\alpha$、$\omega_0\tau+\varphi=\beta$，则有 $\mathrm{d}t=\mathrm{d}\alpha/\omega_0$，故

$$R_{xy}(\tau)=\frac{AB}{\omega_0 T}\int_0^{2\pi}\sin\alpha\sin(\alpha-\beta)\mathrm{d}\alpha=\frac{AB}{4\pi}\int_0^{2\pi}\left[\cos\beta-\cos(2\alpha-\beta)\right]\mathrm{d}\alpha=\frac{AB}{2}\cos(\omega_0\tau+\varphi)$$

另外，$R_{yx}(\tau)=\dfrac{1}{T}\displaystyle\int_0^T B\sin(\omega_0 t+\theta-\varphi)A\sin\left[\omega_0(t-\tau)+\theta\right]\mathrm{d}t$

令 $\omega_0 t+\theta-\varphi=\alpha$、$\omega_0\tau-\varphi=\beta$，则有 $\mathrm{d}t=\mathrm{d}\alpha/\omega_0$，故

$$R_{yx}(\tau)=\frac{AB}{\omega_0 T}\int_0^{2\pi}\sin\alpha\sin(\alpha-\beta)\mathrm{d}\alpha=\frac{AB}{4\pi}\int_0^{2\pi}\left[\cos\beta-\cos(2\alpha-\beta)\right]\mathrm{d}\alpha=\frac{AB}{2}\cos(\omega_0\tau-\varphi)$$

由此例可知，两个均值为零且具有相同频率的周期信号，其互相关函数中保留了这两个信号的圆频率 ω_0、对应的幅值 A 和 B 以及相位差值 φ 的信息。另外，$R_{xy}(\tau)$与 $R_{yx}(\tau)$ 是有区别的，主要是因为互相关函数计算中参考信号不同，结果也会有所不同，在工程应用中要特别注意。

2.2.2 相关分析的工程应用

相关函数描述了信号波形的相关性（或相似程度），揭示了信号波形的结构特性。作为时域分析方法之一，在工程实际中有很重要的应用，特别是对于在噪声背景下提取有用信息，更显示出它的实用价值。下面列举一些工程应用的实例。

1. 机械加工表面粗糙度的自相关分析

图 2-23 为用电感式轮廓仪测量工件表面粗糙度的示意图。金刚石触针将工件表面的凸凹不平度，通过电感式传感器转换为时域信号，再经过相关分析得到自相关图形。可以看出，这是一种随机信号中混杂有周期信号的波形，随机信号在原点处有较大相关性，随着 τ 值的增大而减小，此后呈现出周期性。这表明造成表面粗糙度的原因中包含有某种周期因素。从自相关图可以确定该周期因素的频率，从而可以进一步分析其起因。例如沿工件轴向，可能是走刀运动的周期；沿工件切向，则可能是由于主轴回转振动的周期性等。

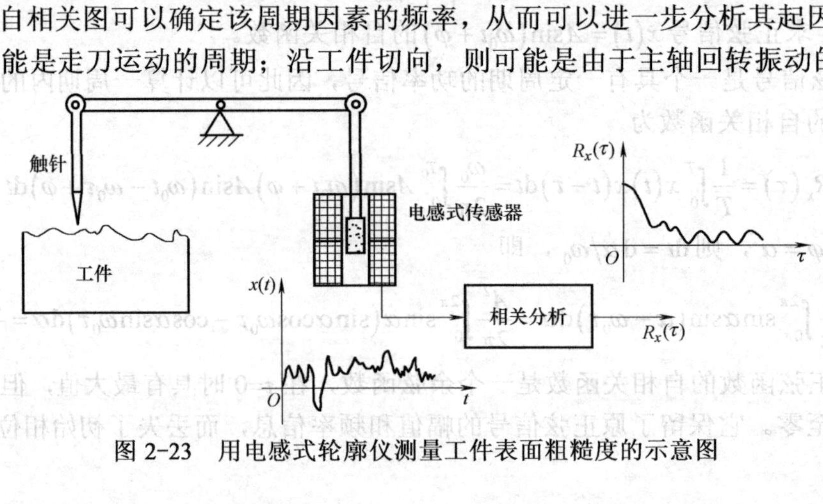

图 2-23 用电感式轮廓仪测量工件表面粗糙度的示意图

2．地下输油管道漏损位置的探测

图 2-24 为埋在地下的输油管，输油管由于长期使用而在位置 K 处漏油。这样漏损处 K 为一振动源，向管道两侧传播声音。在两侧打一通道，在输油管表面沿轴向放置传感器 1 和 2，因为放传感器的两点距漏损处的距离不等，则漏油声波传至两传感器就有时差 τ，将检测的两拾音器测得的音响信号 $x(t)$和 $y(t)$进行互相关分析，找出互相关值最大的延时 τ_m，即可由 τ_m 确定漏损处的位置

$$S=\frac{1}{2}v\tau_m$$

式中 S——两传感器的中点至漏损处的距离；

v——声波通过管道的传播速度。

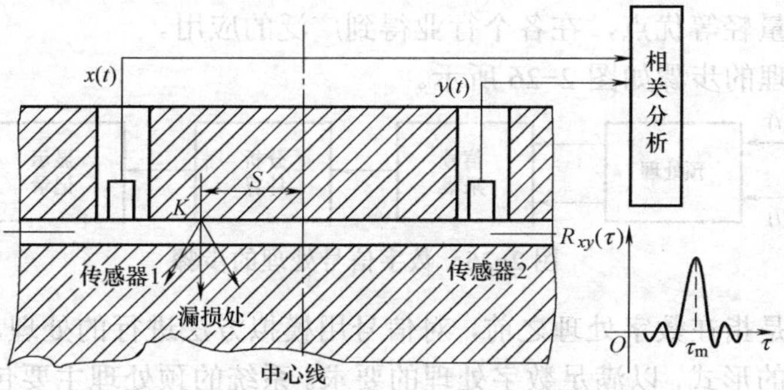

图 2-24 地下输油管道漏损位置的检测

3．测定热轧钢带运动速度的检测

图 2-25 是测定热轧钢带运动速度的示意图。钢带表面的反射光经透镜聚焦在相距为 d 的两个光电池上。反射光发光强度的波动，顺次通过光电池转换为电信号，再进行相关处理。当可调延时 τ 等于钢带上某点在两个测点之间经过所需的时间 τ_m 时，互相关函数为最大值。则该钢带的运动速度 $v=d/\tau_m$ 。

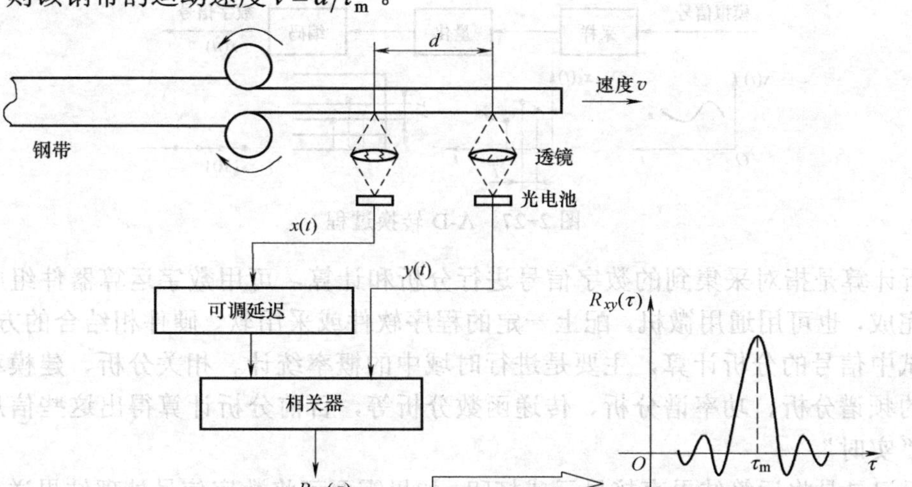

图 2-25 测定热轧钢带运动速度的示意图

2.3 数字信号处理

测试工作的目的是获取反映被测对象的状态和特征的信息。但是有用的信号总是和各种噪声混杂在一起的，有时本身也不明显、不突出，难以直接识别和利用。只有分离信、噪并经过必要的处理和分析、消除和修正系统误差之后，才能比较准确地提取测得信号中所含的有用信息。因此，信号处理的目的是：①分离信、噪，提高信噪比；②从信号中提取有用的特征信号；③修正测试系统的某些误差，如传感器的线性误差、温度影响等。

数字信号处理是用数字方法处理信号，它既可在通用计算机上借助程序来实现，也可以用专用信号处理机来完成。数字信导处理具有稳定、灵活、快速、高效、应用范围广、设备体积小、质量轻等优点，在各个行业得到广泛的应用。

数字信号处理的步骤如图 2-26 所示。

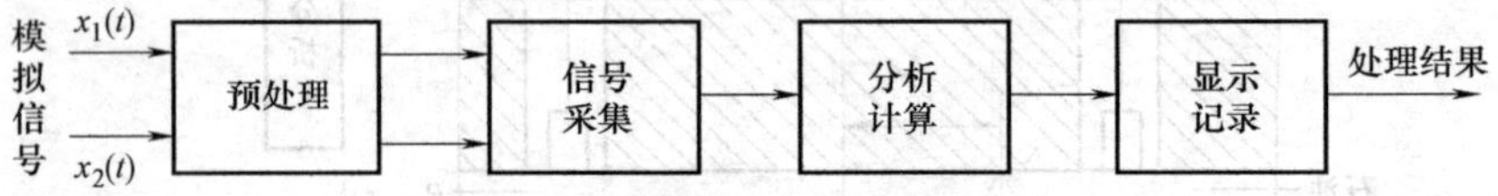

图 2-26 数字信号处理的步骤

信号预处理是指在数字处理之前，对信号用模拟方法进行的处理，其目的是把信号变成适于数字处理的形式，以满足数字处理的要求。系统的预处理主要包括以下内容：解调、输入放大（或衰减）、抗混滤波、隔直流分量等。

信号采集是将预处理后的模拟信号变为数字信号，并存入到指定的地方，其核心是 A-D 转换器，信号处理系统的性能指标与信号采集装置有密切的关系。A-D 转换过程包括采样、量化、编码，转换过程如图 2-27 所示。

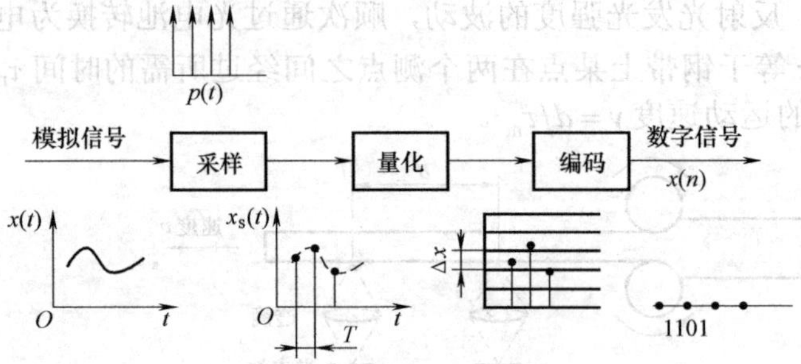

图 2-27 A-D 转换过程

分析计算是指对采集到的数字信号进行分析和计算，可用数字运算器件组成的信号处理器完成，也可用通用微机，配上一定的程序软件或采用软、硬件相结合的方法完成。工程测试中信号的分析计算，主要是进行时域中的概率统计、相关分析、建模和识别；频域中的频谱分析、功率谱分析、传递函数分析等，目前分析计算得出这些信息的速度已近乎“实时”。

显示记录是将运算结果直接显示或打印，如果需要可将数字信号处理结果送入后接计算机或通过专门程序做进一步分析使用。

2.3.1　时域采样、混叠和采样定理

数字信号处理首先把一个连续变化的模拟信号转化成数字信号，然后由计算机处理，从中提取有关的信息。信号数字化过程包含着一系列步骤，每一步骤都可能引起信号和其蕴涵信息的失真。现以计算一个模拟信号的频谱为例来说明可能出现的问题以及解决的方法。

1. 时域采样

理论上时域采样是通过周期脉冲信号 $p(t)$与连续时间信号 $x(t)$相乘完成的。设采样时间间隔（即周期）为 T_s，采样频率则为 $f_s=1/T_s$ 或 $\omega_s=2\pi/T_s$。

采样信号为

$$x_s(t)=x(t)p(t) \tag{2-85}$$

周期采样脉冲信号的频谱函数为

$$P(\omega)=2\pi\sum_{n=-\infty}^{\infty}C_n\delta(\omega-n\omega_s) \tag{2-86}$$

根据频域卷积定理，采样后信号的频谱函数为

$$X_s(\omega)=\frac{1}{2\pi}X(\omega)*P(\omega)=\sum_{n=-\infty}^{\infty}C_nX(\omega-n\omega_s) \tag{2-87}$$

时域采样可分为理想脉冲采样和矩形脉冲采样。理想脉冲采样如图 2-28 所示。采样脉冲为周期单位脉冲信号，其傅里叶系数

$$C_n=\frac{1}{T_s}\int_{-T_s/2}^{T_s/2}p(t)\mathrm{e}^{-\mathrm{j}n\omega_s t}\mathrm{d}t=\frac{1}{T_s} \tag{2-88}$$

所以理想采样后信号的频谱函数由式（2-87）可得

$$X_s(\omega)=\frac{1}{2\pi}X(\omega)*P(\omega)=\sum_{n=-\infty}^{\infty}C_nX(\omega-n\omega_s)=\frac{1}{T_s}\sum_{n=-\infty}^{\infty}X(\omega-n\omega_s) \tag{2-89}$$

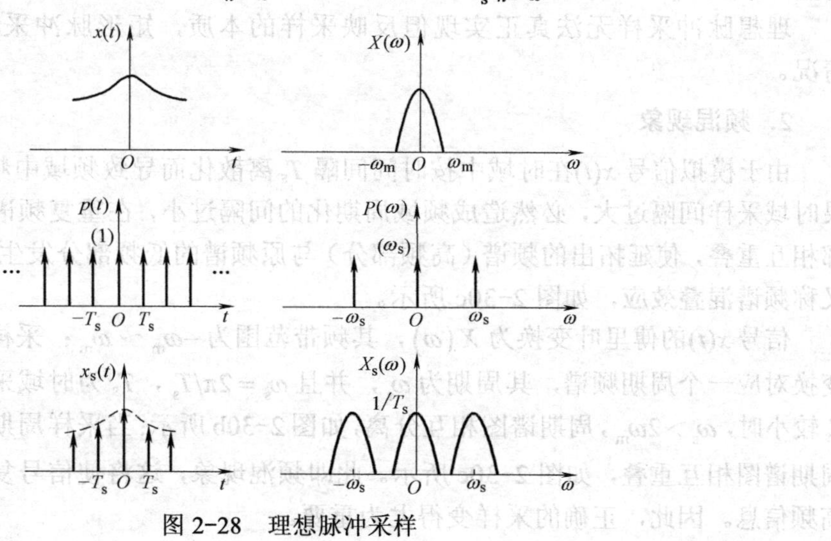

图 2-28　理想脉冲采样

式（2-89）表明，一个连续信号经过理想采样以后，它的频谱将沿着频率轴每隔一个采样频率 ω_s（$2\pi/T_s$），重复出现一次，即频谱产生周期延拓，呈周期化频谱。其幅值被傅里叶系数 C_n 所加权，因为 $C_n=1/T_s$ 为一常数，故延拓出的频谱形状不变。

矩形脉冲采样如图 2-29 所示。采样脉冲为周期矩形脉冲信号。与周期脉冲不同，其傅里叶系数 $C_n=\dfrac{E\tau}{T_s}\mathrm{sinc}\left(\dfrac{n\omega_s\tau}{2}\right)$，所以矩形采样信号后的傅里叶变换为

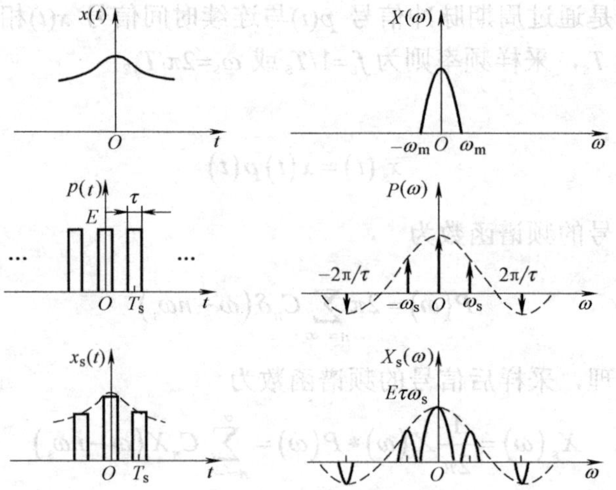

图 2-29　矩形脉冲采样

$$X_s(\omega)=\frac{E\tau}{T_s}\sum_{n=-\infty}^{\infty}\mathrm{sinc}\left(\frac{n\omega_s\tau}{2}\right)X(\omega-\omega_s) \tag{2-90}$$

可见，频谱 $X_s(\omega)$ 是 $X(\omega)$ 在频率轴上以 ω_s 为周期的重复过程中，其幅值按 $\mathrm{sinc}(n\omega_s\tau/2)$ 规律变化的函数。与理想采样所不同的是频谱的形状有所变化，此变化取决于矩形脉冲的傅里叶系数 C_n。

理想脉冲采样无法真正实现但反映采样的本质，矩形脉冲采样则对应采样的实际情况。

2．频混现象

由于模拟信号 $x(t)$ 在时域中按时间间隔 T_s 离散化而导致频域中频谱按 $1/T_s$ 周期化，如果时域采样间隔过大，必然造成频域周期化的间隔过小，在重复频谱的交界处就会出现局部相互重叠，使延拓出的频谱（高频部分）与原频谱的低频部分发生混叠，此为频混现象，又称频谱混叠效应，如图 2-30c 所示。

信号 $x(t)$ 的傅里叶变换为 $X(\omega)$，其频带范围为 $-\omega_m\sim\omega_m$；采样后信号 $x_s(t)$ 的傅里叶变换对应一个周期频谱，其周期为 ω_s，并且 $\omega_s=2\pi/T_s$，T_s 为时域采样周期。当采样周期 T_s 较小时，$\omega_s>2\omega_m$，周期谱图相互分离，如图 2-30b 所示；当采样周期 T_s 较大时，$\omega_s<2\omega_m$，周期谱图相互重叠，如图 2-30c 所示。此即频混现象，这将使信号复原时丢失原信号中的高频信息。因此，正确的采样变得尤为重要。

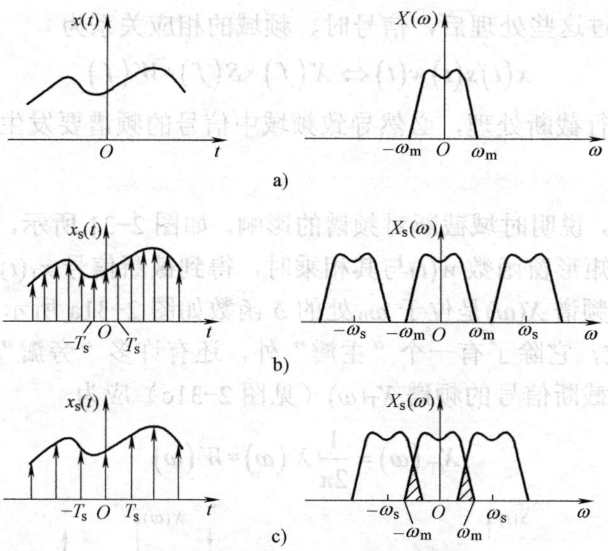

图 2-30　采样信号的频混现象

3．采样定理

以上两种情况表明，如果 $\omega_s \geqslant 2\omega_m$，则不发生频混现象，因此对采样脉冲的间隔 T_s 须加以限制，即采样频率 $\omega_s(2\pi/T_s)$或 $f_s\ (1/T_s)$必须大于或等于信号 $x(t)$中的最高频率 ω_m 的两倍，即 $\omega_s \geqslant 2\omega_m$，或 $f_s \geqslant 2f_m$，这称为采样定理。

对采样定理可做如下物理解释：一个频带有限的信号 $x(t)$，如果频谱之占据 $-\omega_m \sim \omega_m$ 范围，则该信号可用等时间间隔上的采样值来唯一地表示，要求采样间隔必须不大于 $1/(2f_m)$，或者说最低采样频率为 $2f_m$。

总之，如要求不产生频率混叠，首先应使被采样的模拟信号 $x(t)$成为有限带宽的信号，为此，对不满足此要求的信号，在采样之前，使其先通过模拟低通滤波器滤去高频成分，使其成为带限信号，为满足下面要求创造条件，这种处理称为抗混叠滤波预处理。其次，应符合采样定理。在满足此两条件之下，采样后的频谱就不会发生混叠。

另外，在实际工程测试中，考虑到实际滤波器不可能有理想的截止特性，在其截止频率之后总有一定的过渡带，故采样频率常取最高频率的 2.5～3.5 倍。此外，从理论上说，任何低通滤波器都不可能把高频噪声完全衰减干净，因此不可能彻底消除混叠。

2.3.2　时域截断、泄漏和窗函数

1．时域截断

数字信号处理的主要工具是傅里叶变换。应该注意到，傅里叶变换是研究整个时间域和频率域的关系，然而，当运用计算机实现工程测试信号处理时，不可能对无限长的信号进行运算，而是取其有限的时间间隔进行分析，这相当于在时域中对信号进行截断。时域截断就是被测信号与时域有限宽的窗函数（Window Function）相乘，即加窗处理。“窗”的意思是指透过窗口能够看到外景（信号）的一部分，窗以外的信号被遮蔽（视其为零）。

从采样信号 $x(t)s(t)$上截取一段，如果不做特殊要求，就相当于在时域中自然加了一个

矩形窗函数 $w(t)$，经过这些处理后，信号时、频域的相应关系为

$$x(t)s(t)w(t) \Leftrightarrow X(f)*S(f)*W(f) \tag{2-91}$$

时域中对信号进行截断处理，必然导致频域中信号的频谱要发生相应的改变。

2．频谱泄漏

以余弦信号为例，说明时域截断对频谱的影响。如图 2-31 所示，余弦信号 $x(t)$的时域分布为无限长，当用矩形窗函数 $w(t)$与其相乘时，得到截断信号 $x_T(t)=x(t)w(t)$。根据傅里叶变换，余弦信号的频谱 $X(\omega)$是位于 ω_0 处的 δ 函数如图 2-31a 所示，而矩形窗函数 $w(t)$的频谱为 sinc(ω)函数，它除了有一个“主瓣”外，还有许多“旁瓣”，如图 2-31b 所示。按照频域卷积定理，截断信号的频谱 $X_T(\omega)$（见图 2-31c）应为

$$X_T(\omega)=\frac{1}{2\pi}X(\omega)*W(\omega) \tag{2-92}$$

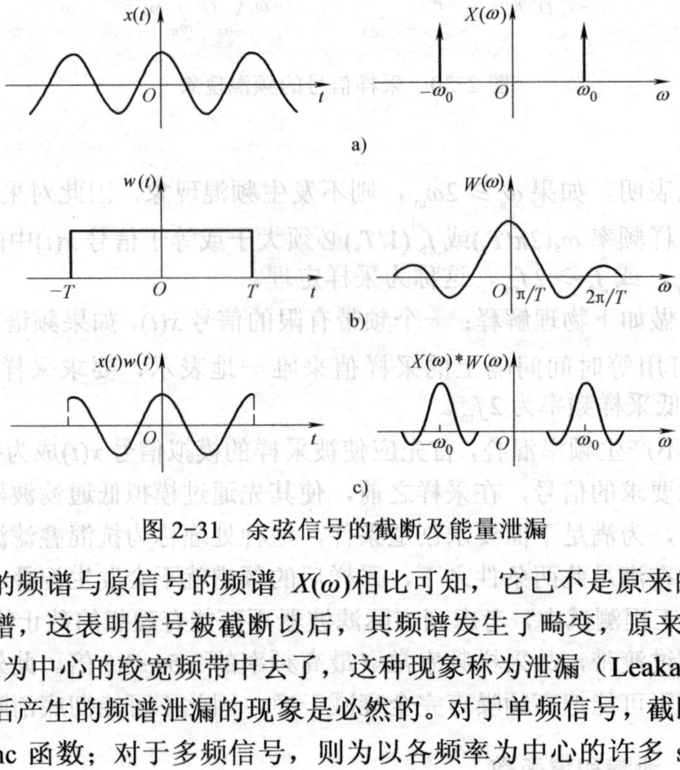

图 2-31 余弦信号的截断及能量泄漏

将截断信号的频谱与原信号的频谱 $X(\omega)$相比可知，它已不是原来的两条谱线，而是两段振荡的连续谱，这表明信号被截断以后，其频谱发生了畸变，原来集中在 ω_0 处的能量被分散到以 ω_0 为中心的较宽频带中去了，这种现象称为泄漏（Leakage）。

信号截断以后产生的频谱泄漏的现象是必然的。对于单频信号，截断后的频谱为以该频率为中心的 sinc 函数；对于多频信号，则为以各频率为中心的许多 sinc 函数的叠加，其最终结果表现为使截断信号的频谱曲线出现皱褶，使频谱产生失真。

显然泄漏所带来的频谱误差与“窗”有关，因为窗函数 $w(t)$是一个频带无限的函数，所以即使原信号 $x(t)$是带限信号，在截断以后也必然变成无限带宽的函数，即信号在频域的能量与分布被扩散了。而且从采样定理可知，无论采样频率多高，只要信号被截断，就不可避免地引起混叠，因此信号截断必然导致一些误差，这是信号分析中不容忽视的问题。

当然，可以采取以下两种措施来减小因截断而带来的误差：

1）增大窗的宽度。这样可以使 sinc 函数的主瓣变窄，旁瓣向主瓣密集，从而减小泄漏。但截断长度的增加使数据增多，这与信号分析与处理的速度产生矛盾，使截断长度的

增加受到限制。

2）采用不同的窗函数。除自然实现截断的矩形窗函数之外，专门采用其他一些类型的窗函数来截断信号，这些窗的频谱与矩形窗相比可以有所改进，根据具体需要来选用。

3．常用的窗函数

为了减小或抑制泄漏，提出了各种不同形式的窗函数来对时域信号进行加权处理，以改善时域截断处的不连续状况。所选择的窗函数应力求其频谱的主瓣宽度窄些、旁瓣幅度小些。窄的主瓣可以提高频率分辨能力，小的旁瓣可以减小泄漏。这样，窗函数的优劣大致从最大旁瓣峰值与主瓣峰值之比、最大旁瓣 10 倍频程衰减率和主瓣宽度等三方面来评价。

实际应用的窗函数，可分为以下几种类型：①幂窗——采用时间变量某种幂次的函数，如矩形、三角形、梯形或其他时间的高次幂；②三角函数窗——应用三角函数，即由正弦或余弦函数等组合的复合函数，例如汉宁窗、汉明窗等；③指数窗——采用指数时间函数，如 e^{-at} 形式，例如高斯窗等。

下面介绍几种常用窗函数各自的特点。

（1）矩形窗　矩形窗属于时间变量的零次幂窗，其函数形式为

$$w(t)=\begin{cases}\dfrac{1}{T} & |t|<T\\ 0 & |t|>T\end{cases}$$

相应的谱窗为

$$W(\omega)=\frac{2\sin\omega T}{\omega T} \tag{2-93}$$

矩形窗是使用最多的窗。在信号处理时，凡是将信号截断、分块都相当于对信号加了矩形窗。和其他窗比较，矩形窗主瓣最窄，比较集中，但旁瓣则较高，并有负旁瓣，泄漏较大（见图 2-32），导致变换中带进了高频干扰和泄漏，甚至出现负谱现象。只有在需要获得精确频谱主峰的所在频率，而对幅值精度要求不高的场合，才可选用矩形窗。

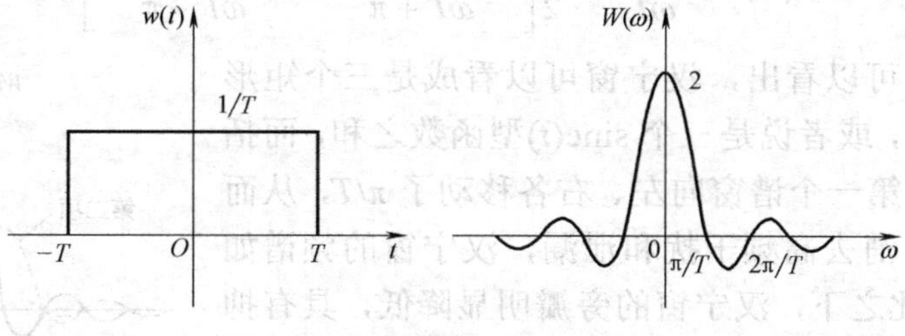

图 2-32　矩形窗

在 MATLAB 中，实现矩形窗的函数为 boxcar 和 rectwin，其调用格式如下：

```
w=boxcar(N)
w=rectwin (N)
```

其中，N 是窗函数的长度，返回值 w 是一个 N 阶的向量，它的元素由窗函数的值组成。其中 w=boxcar(N)等价于 w=ones(N,1)。

（2）三角窗　三角窗又称费杰（Fejer）窗，是幂窗的一次方程式，其定义为

$$w(t)=\begin{cases}\dfrac{1}{T}\left(1-\dfrac{|t|}{T}\right) & |t|<T\\ 0 & |t|>T\end{cases}$$

谱窗为

$$W(\omega)=\left(\frac{\sin\omega T/2}{\omega T/2}\right)^2 \tag{2-94}$$

三角窗与矩形窗比较，主瓣宽约等于矩形窗的两倍，但旁瓣小，而且无负旁瓣，如图 2-33 所示。

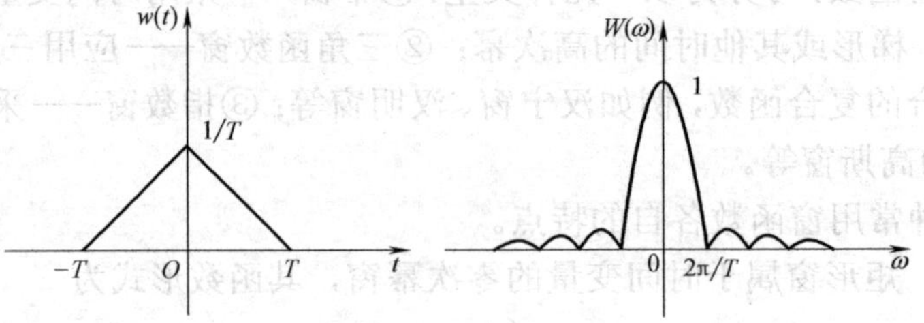

图 2-33　三角窗

在 MATLAB 中，实现三角窗的函数为 triang，其调用格式如下：

w=triang (N)

（3）汉宁（Hanning）窗　汉宁窗又称升余弦窗，其时间函数为

$$w(t)=\begin{cases}\dfrac{1}{T}\left(\dfrac{1}{2}+\dfrac{1}{2}\cos\dfrac{\pi t}{T}\right) & |t|\leqslant T\\ 0 & |t|>T\end{cases}$$

其谱窗为

$$W(\omega)=\frac{\sin\omega T}{\omega T}+\frac{1}{2}\left[\frac{\sin(\omega T+\pi)}{\omega T+\pi}+\frac{\sin(\omega T-\pi)}{\omega T-\pi}\right] \tag{2-95}$$

由式（2-95）可以看出，汉宁窗可以看成是三个矩形时间窗的频谱之和，或者说是三个 sinc(t)型函数之和，而括号中的两项相对于第一个谱窗向左、右各移动了 π/T，从而使旁瓣互相抵消，消去高频干扰和泄漏，汉宁窗的频谱如图 2-34 所示。相比之下，汉宁窗的旁瓣明显降低，具有抑制泄漏的作用；但主瓣较宽，致使频率分辨能力较差。

在截断随机信号或非整周期截断周期函数时，DFT 的周期延拓功能会在信号中出现间断点，造成新的泄漏。为了平滑或削弱截取信号的两端，减小泄漏，宜加汉宁窗。

在 MATLAB 中，实现汉宁窗的函数为 hanning 和 bartthannwin，其调用格式如下：

w=hanning (N)

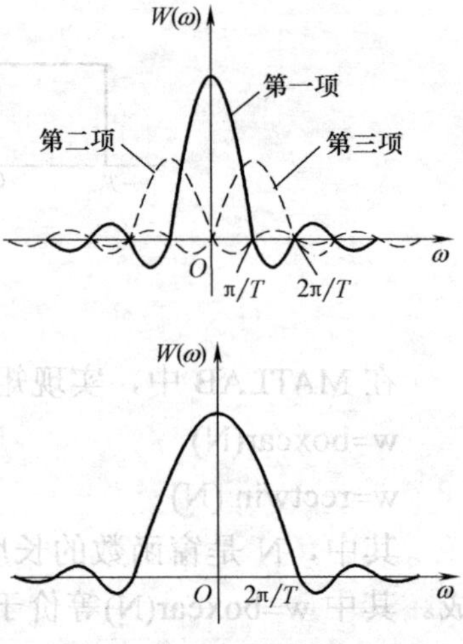

图 2-34　汉宁窗的频谱

w=bartthannwin (N)

（4）汉明（Hamming）窗　汉明窗也是余弦窗的一种，又称改进的升余弦窗，其时间函数为

$$w(t)=\begin{cases}\dfrac{1}{T}\left(0.54+0.46\cos\dfrac{\pi t}{T}\right) & |t|\leqslant T\\ 0 & |t|>T\end{cases}$$

其谱窗为

$$W(\omega)=1.08\frac{\sin\omega T}{\omega T}+0.46\left[\frac{\sin(\omega T+\pi)}{\omega T+\pi}+\frac{\sin(\omega T-\pi)}{\omega T-\pi}\right] \tag{2-96}$$

汉明窗与汉宁窗都是余弦窗，只是加权系数不同。汉明窗加权的系数能使旁瓣达到更小。分析表明，汉明窗的第一旁瓣衰减为-42dB。汉明窗的频谱也是由三个矩形时窗的频谱合成，但其旁瓣的衰减速度比汉宁窗衰减速度慢。汉明窗与汉宁窗都是很有用的窗函数。

在 MATLAB 中，实现汉明窗的函数为 hamming，其调用格式如下：

w=hamming(N)

（5）指数窗　指数窗的时域函数为

$$w(t)=\begin{cases}\mathrm{e}^{-at} & t\geqslant 0\\ 0 & t<0\end{cases}$$

式中　a——衰减系数，a>0。

其幅值谱为

$$|W(f)|=\frac{1}{\sqrt{a^2+(2\pi f)^2}} \tag{2-97}$$

指数窗的特点是无旁瓣，但主瓣很宽，频率分辨能力低（见图 2-35），常被用来截断一些非周期信号。例如，将脉冲响应信号加上指数窗，并适当选择衰减系数 a，就可较显著地衰减信噪比差的后一部分的信号，起到抑制噪声的作用，从而所得到的频谱曲线就会平滑些。

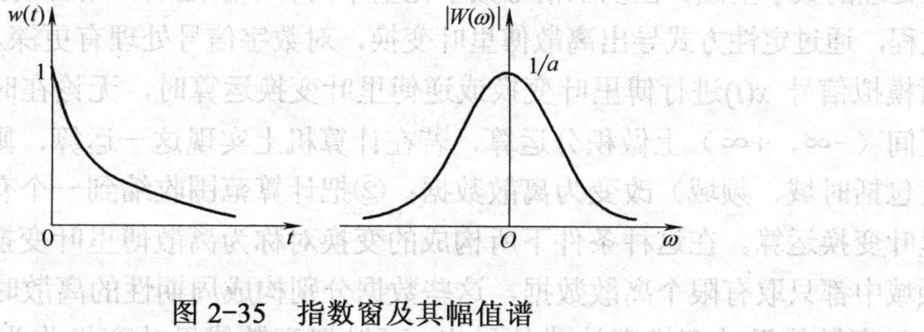

图 2-35　指数窗及其幅值谱

表 2-2 列出了几种典型窗函数的性能特点。

表 2-2　典型窗函数的性能特点

窗函数类型	−3dB 带宽 $B/\Delta f$	旁瓣幅度/dB	旁瓣衰减速度/[dB/(10oct)]
矩　形	0.89B	−13	−20
三角形	1.28B	−27	−60
汉　宁	1.20B	−32	−60
汉　明	1.30B	−42	−20

对于窗函数的选择，应考虑被分析信号的性质与处理要求。如果仅要求精确读出主瓣频率，而不考虑幅值精度，则可选用主瓣宽度比较窄而便于分辨的矩形窗；如果分析窄带信号，且有较强的干扰噪声，则应选用旁瓣幅度小的窗函数，如汉宁窗、汉明窗等；对于随时间按指数衰减的函数，可采用指数窗来提高信噪比。

2.3.3　频域采样、时域延拓和栅栏效应

经过时域采样和截断后，其频谱在频域仍是连续的。如果要用数字信号描述频谱，就意味着还必须使频谱离散化，进行频域采样。频域采样与时域采样相似，在频域中用周期脉冲信号 $D(f)$与信号的频谱相乘。这一过程在时域中相当于将信号与一周期脉冲信号 $d(t)$做卷积，其结果是将时域信号平移至各脉冲处重新构图，从而相当于在时域中将窗内的信号波形在窗外进行周期延拓。所以频域的离散化将时域信号“改造”成为周期信号。总之，经过时域采样、截断、频域采样之后信号$[x(t)s(t)w(t)]*d(t)$是一个与原信号是不一样的周期信号。

对信号进行采样，实质上就是“摘取”采样点上对应的函数值，其效果犹如透过栅栏的缝隙观看外景一样，只有落在缝隙上的少数景象被看到，其余景象都被栅栏挡住，视为零。这种现象被称为栅栏效应。不管是时域采样还是频域采样，都有相应的栅栏效应。只不过时域采样若满足采样定理要求，栅栏效应就不会对时域波形有什么影响。然而频域采样的栅栏效应则对频谱影响很大，“挡住”或丢失的频率成分有可能是重要的或具有特征的成分，以至于整个信号分析处理失去意义。

为了克服栅栏效应对频谱的影响，可以采用在原信号时间记录的末端补“0”的方法，或采用“频谱细化技术（ZOOM）”，以获得较为满意的频谱。

2.3.4　离散傅里叶变换（DFT）

离散傅里叶变换（Discrete Fourier Transform，DFT）是为适应计算机而提出来的，它是数字信号处理的数学基础。在以上信号数字化基本内容了解之后，结合模拟信号的数字谱分析的图解过程，通过定性方式导出离散傅里叶变换，对数字信号处理有更深入的认识。

对模拟信号 $x(t)$进行傅里叶变换或逆傅里叶变换运算时，无论在时域或在频域都需要在无限区间（$-\infty$，$+\infty$）上做积分运算，若在计算机上实现这一运算，则必须做到：①把连续信号（包括时域、频域）改变为离散数据；②把计算范围收缩到一个有限区间；③实现正、逆傅里叶变换运算。在这种条件下所构成的变换对称为离散傅里叶变换对。其特点是，在时域和频域中都只取有限个离散数据，这些数据分别构成周期性的离散时间函数和频率函数。

关于离散傅里叶变换表达式的导出，可以把离散傅里叶变换作为连续信号的傅里叶变换的一种特殊情况来导出。对连续信号进行离散傅里叶变换，一般概括为下列步骤，整个过程如图 2-36 所示。

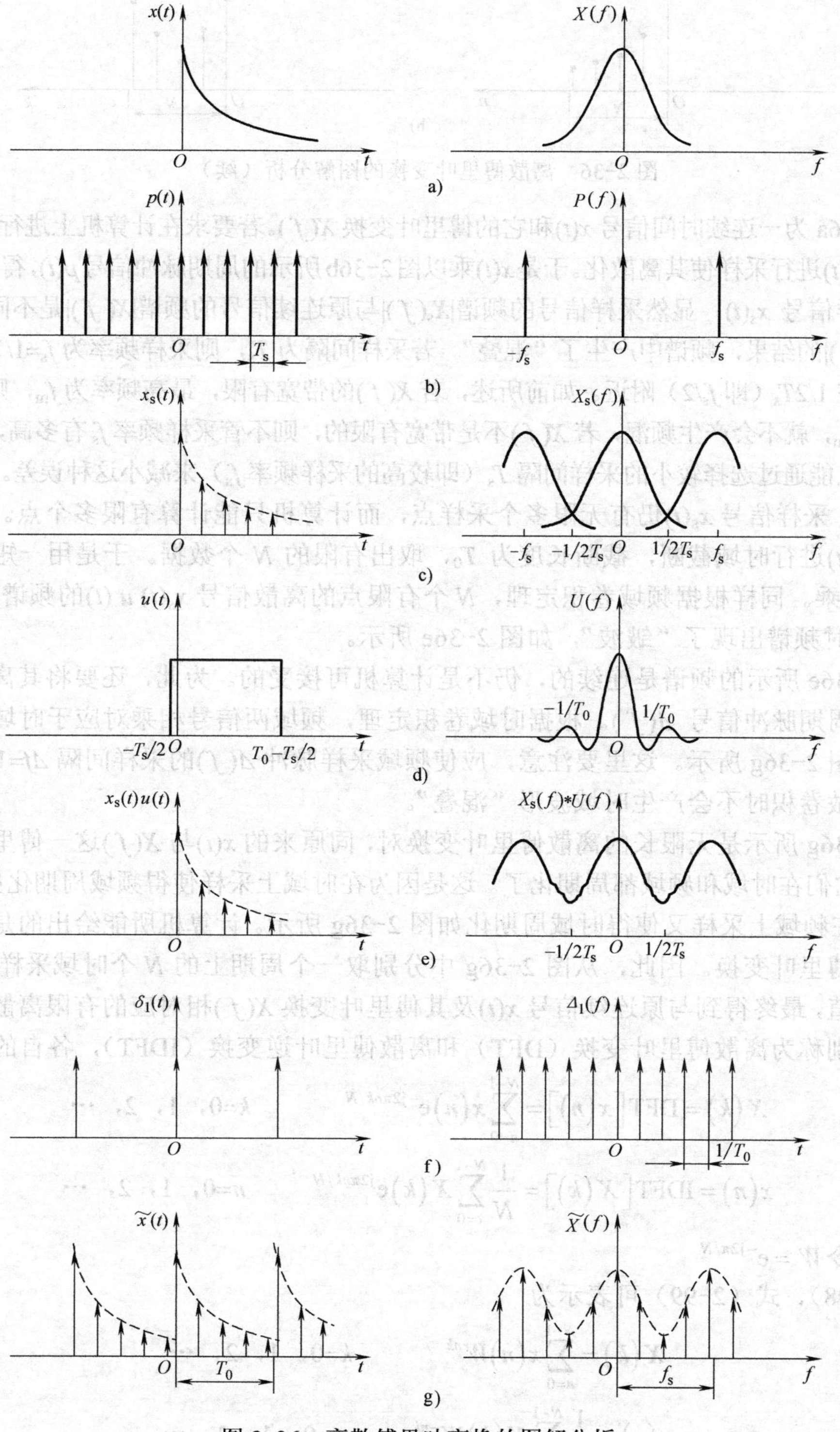

图 2-36　离散傅里叶变换的图解分析

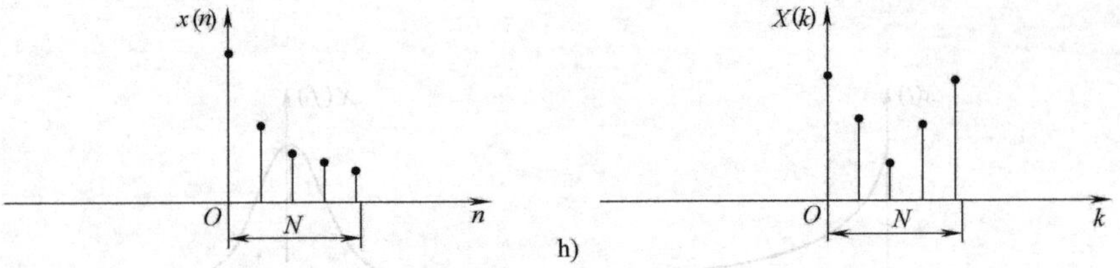

h)

图 2-36　离散傅里叶变换的图解分析（续）

图 2-36a 为一连续时间信号 $x(t)$和它的傅里叶变换 $X(f)$。若要求在计算机上进行频谱分析，首先要对 $x(t)$进行采样使其离散化。于是 $x(t)$乘以图 2-36b 所示的周期脉冲信号 $p(t)$，得到图 2-36c 所示的采样信号 $x_s(t)$，显然采样信号的频谱$|X_s(f)|$与原连续信号的频谱$|X(f)|$是不同的，它是$|X(f)*P(f)|$的结果，频谱中产生了“混叠”。若采样间隔为 T_s，则采样频率为 $f_s=1/T_s$，该频率混叠出现在 $1/2T_s$（即 $f_s/2$）附近。如前所述，若 $X(f)$的带宽有限，最高频率为 f_m，则只要采样频率 $f_s \geqslant 2f_m$，就不会产生频混，若 $X(f)$不是带宽有限的，则不管采样频率 f_s 有多高，频混都不可避免。只能通过选择较小的采样间隔 T_s（即较高的采样频率 f_s）来减小这种误差。

至此，采样信号 $x_s(t)$仍有无限多个采样点，而计算机只能计算有限多个点。因此，还需要对 $x_s(t)$进行时域截断，截断长度为 T_0，取出有限的 N 个数据。于是用一矩形窗函数 $u(t)$与其相乘。同样根据频域卷积定理，N 个有限点的离散信号 $x_s(t)\,u(t)$的频谱为 $X_s(f)*U(f)$，此时频谱出现了“皱波”，如图 2-36e 所示。

图 2-36e 所示的频谱是连续的，仍不是计算机可接受的。为此，还要将其离散化，即乘以频域周期脉冲信号 $\Delta(f)$。根据时域卷积定理，频域两信号相乘对应于时域做卷积，其结果如图 2-36g 所示。这里要注意，应使频域采样脉冲 $\Delta(f)$的采样间隔 $\Delta f=1/T_0$，以保证在时域做卷积时不会产生时域波形“混叠”。

图 2-36g 所示是无限长的离散傅里叶变换对，同原来的 $x(t)$与 $X(f)$这一傅里叶变换对相比较，它们在时域和频域都周期化了。这是因为在时域上采样使得频域周期化如图 2-36c 所示；而在频域上采样又使得时域周期化如图 2-36g 所示。计算机所能给出的是有限区间上的离散傅里叶变换。因此，从图 2-36g 中分别取一个周期上的 N 个时域采样值和 N 个频域采样值，最终得到与原连续信号 $x(t)$及其傅里叶变换 $X(f)$相对应的有限离散傅里叶变换对，分别称为离散傅里叶变换（DFT）和离散傅里叶逆变换（IDFT），各自的定义式为

$$X(k)=\mathrm{DFT}[x(n)]=\sum_{n=0}^{N-1}x(n)\mathrm{e}^{-\mathrm{j}2\pi nk/N}\qquad k=0,1,2,\cdots \tag{2-98}$$

$$x(n)=\mathrm{IDFT}[X(k)]=\frac{1}{N}\sum_{k=0}^{N-1}X(k)\mathrm{e}^{\mathrm{j}2\pi nk/N}\qquad n=0,1,2,\cdots \tag{2-99}$$

如果令 $W=\mathrm{e}^{-\mathrm{j}2\pi/N}$

则式（2-98）、式（2-99）可表示为

$$X(k)=\sum_{n=0}^{N-1}x(n)W^{nk}\qquad k=0,1,2,\cdots \tag{2-100}$$

$$x(n)=\frac{1}{N}\sum_{k=0}^{N-1}X(k)W^{-nk}\qquad n=0,1,2,\cdots \tag{2-101}$$

以上分析表明，通过对连续傅里叶变换的改造，将 N 个时域采样点与 N 个频域采样点联系起来，导出了离散傅里叶变换式，建立起时、频域关系，提供了利用计算机做傅里叶变换运算的一种数学方法。

2.3.5　快速傅里叶变换（FFT）

通过上一节的介绍知道，DFT 为离散信号的分析从理论上提供了变换工具，但是很难实现，因为计算时间太长，例如，对采样点 N=1000，DFT 算法运算量约为 200 万次。然而，自 1965 年由美国的库利（J.W.Cooley）和图基（J.W.Tukey）提出快速傅里叶变换（Fast Fourier Transform，FFT）以后，大大提高了运算效率。快速傅里叶变换是一种减少 DFT 计算时间的算法，它的出现被认为是信号分析技术的划时代的进步。下面介绍 FFT 算法的基本原理。

1．DFT 的计算量

为了说明 FFT 算法的原理，首先研究 DFT 变换对计算所需的工作量。由离散傅里叶变换分析已知，DFT 计算式为

$$X(k)=\sum_{n=0}^{N-1}x(n)W^{nk}\qquad 0\leqslant k\leqslant N-1 \tag{2-102}$$

$$x(n)=\frac{1}{N}\sum_{k=0}^{N-1}X(k)W^{-nk}\qquad 0\leqslant n\leqslant N-1 \tag{2-103}$$

将此二式写成矩阵形式，得

$$\begin{pmatrix}X(0)\\X(1)\\\vdots\\X(N-1)\end{pmatrix}=\begin{pmatrix}W^0 & W^0 & W^0 & \cdots & W^0\\W^0 & W^{1\times1} & W^{2\times1} & \cdots & W^{(N-1)\times1}\\\vdots & \vdots & \vdots & & \vdots\\W^0 & W^{1\times(N-1)} & W^{2\times(N-1)} & \cdots & W^{(N-1)\times(N-1)}\end{pmatrix}\begin{pmatrix}x(0)\\x(1)\\\vdots\\x(N-1)\end{pmatrix} \tag{2-104}$$

$$\begin{pmatrix}x(0)\\x(1)\\\vdots\\x(N-1)\end{pmatrix}=\frac{1}{N}\begin{pmatrix}W^0 & W^0 & W^0 & \cdots & W^0\\W^0 & W^{-1\times1} & W^{-1\times2} & \cdots & W^{-1\times(N-1)}\\\vdots & \vdots & \vdots & & \vdots\\W^0 & W^{-(N-1)\times1} & W^{-(N-1)\times2} & \cdots & W^{-(N-1)\times(N-1)}\end{pmatrix}\begin{pmatrix}X(0)\\X(1)\\\vdots\\X(N-1)\end{pmatrix} \tag{2-105}$$

由此可知，$\boldsymbol{X}(k)$与$\boldsymbol{x}(n)$分别为 N 列的列矩阵，元素写作 $X(0),\cdots,X(N-1)$；以及 $x(0),\cdots,x(N-1)$。而 $\boldsymbol{W}^{nk}$ 与 $\boldsymbol{W}^{-nk}$ 分别为 $N\times N$ 方阵，其中各元素分别以 W^{nk} 或 W^{-nk} 表示。这两个方阵都是对称矩阵，即

$$\boldsymbol{W}^{nk}=\left(\boldsymbol{W}^{nk}\right)^{\mathrm{T}},\quad \boldsymbol{W}^{-nk}=\left(\boldsymbol{W}^{-nk}\right)^{\mathrm{T}}$$

由矩阵式（2-104）可以看出，将 $\boldsymbol{x}(n)$与 $\boldsymbol{W}^{nk}$ 两两相乘再取和即可得到 $\boldsymbol{X}(k)$。每计算一个 $X(k)$值，需要进行 N 次复数相乘和$(N-1)$次复数相加，当计算 $X(0)$，…，$X(N-1)$共 N 个 $X(k)$值时，则需要 N^2 次复数相乘，$N(N-1)$次复数相加。

随着 N 值的加大，运算工作量将迅速增大，例如，当 N=10 时，需要 100 次复数相乘，而当 N=1024 时，就需要一百多万（1048576）次复数乘法运算。按照这种规律，如果在 N 较大时，要求对信号进行实时处理，所需的运算时间就难以实现。

2．减少运算工作量的途径

由以上分析可知，在 $\boldsymbol{W}$ 与 $\boldsymbol{x}(n)$相乘过程中存在着不必要的重复运算。避免这种重复，则是简化运算的关键。

为了便于说明，设 N=4，则矩阵表达式为

$$\begin{pmatrix} X(0) \\ X(1) \\ X(2) \\ X(3) \end{pmatrix} = \begin{pmatrix} W^0 & W^0 & W^0 & W^0 \\ W^0 & W^1 & W^2 & W^3 \\ W^0 & W^2 & W^4 & W^6 \\ W^0 & W^3 & W^6 & W^9 \end{pmatrix} \begin{pmatrix} x(0) \\ x(1) \\ x(2) \\ x(3) \end{pmatrix}$$

此时，复数乘法次数 N^2=16，复数加法次数为 $N(N-1)$=12。

进一步分析矩阵式，可以发现，有些不必要进行运算，例如：

1）$W^0=1$

2）$W^{N/2}=\left[\mathrm{e}^{-\mathrm{j}2\pi/N}\right]^{N/2}=-1$

还存在一些可利用的特性，例如：

1）W^{nk} 的周期性，即 $W^{nk}=W^{n(k+N)}=W^{k(n+N)}$。

运用此式，当 N=4 时，有 $W^2=W^6$，$W^1=W^9$ 等。

2）W^{nk} 的对称性，即 $W^{\left(nk+\frac{N}{2}\right)}=-W^{nk}$。

运用此式，当 N=4 时，有 $W^3=-W^1$，$W^2=-W^0$ 等，

把以上特性用于 N=4 的 $\boldsymbol{W}$ 矩阵，可将该矩阵简化为

$$\begin{pmatrix} W^0 & W^0 & W^0 & W^0 \\ W^0 & W^1 & W^2 & W^3 \\ W^0 & W^2 & W^4 & W^6 \\ W^0 & W^3 & W^6 & W^9 \end{pmatrix} = \begin{pmatrix} W^0 & W^0 & W^0 & W^0 \\ W^0 & W^1 & W^2 & W^3 \\ W^0 & W^2 & W^0 & W^2 \\ W^0 & W^3 & W^2 & W^1 \end{pmatrix} = \begin{pmatrix} W^0 & W^0 & W^0 & W^0 \\ W^0 & W^1 & -W^0 & -W^1 \\ W^0 & -W^0 & W^0 & -W^0 \\ W^0 & -W^1 & -W^0 & W^1 \end{pmatrix}$$

（原计算式）　→　（周期性简化）　→　（对称性简化）

可见，经周期性与对称性简化后，矩阵 $\boldsymbol{W}$ 中，若干数量的元素相同，这样就使 DFT 运算过程大大简化，这就是库利-图基 FFT 算法的基本思想。

3．FFT 算法

FFT 算法类型有很多种，但每种算法的建立，多是考虑了被分析数据的特性，或者利用计算机特性，或者利用专用计算机 FFT 硬件特性等。FFT 算法的典型形式是库利-图基算法，一般是时域抽取基 2 算法，即对时间序列 $x(n)$进行分解，选取采样点数 N 为 2 的幂，即 $N=2^M$，M 是正整数。例如，一般 FFT 算法的采样点数 N 为 256（2^8），512（2^9），1024（2^{10}）等。

基 2 算法的出发点是，把 N 点 DFT 运算分解为两组 N/2 点的 DFT 运算，即把时间序列 $x(n)$按 n 为偶数和 n 为奇数分解成两部分（见图 2-37），分组算出两个 N/2 点的 DFT，又组合成 N 点 DFT。

图 2-38 是 N=8（2^3）时的分组运算框图。由图可以看出，首先对时间序列 $x(n)$按 n 为偶数、奇数分为四组，分别计算出 N/4 点的 DFT，再组合为 N/2 点的 DFT，最后组合为 N=8 点的 DFT。

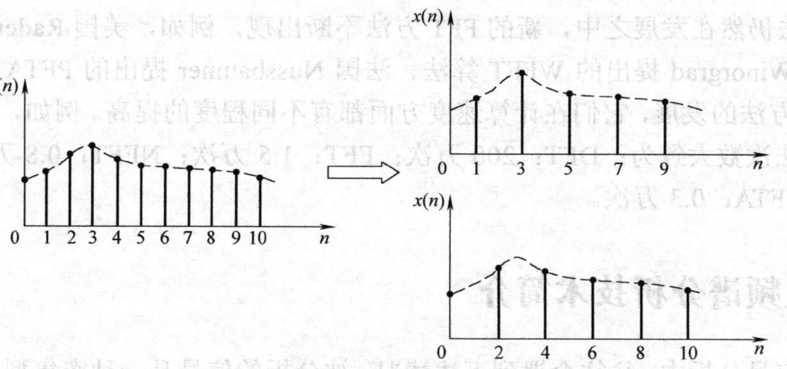

图 2-37　将 $x(n)$ 的 DFT 运算分为奇、偶两部分

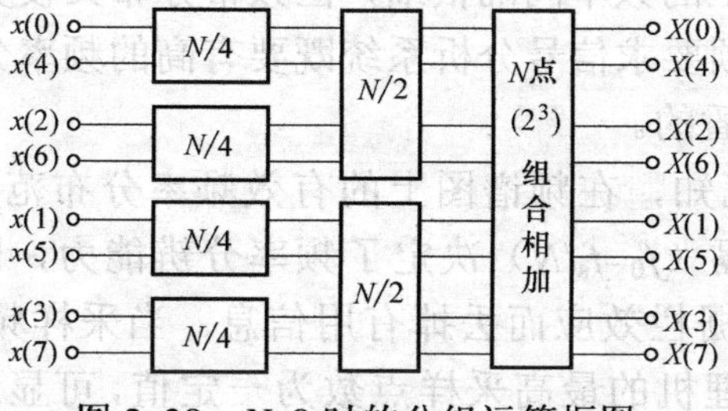

图 2-38　N=8 时的分组运算框图

图 2-39 所示是 N=8 时的 FFT 运算流程图，共分三级蝶形运算。按照这一思路实现 DFT 运算，可以证明，FFT 算法的运算工作量是：复数乘法为 $\frac{N}{2}\log_2 N$，复数加法为 $N\log_2 N$ 次。比较直接用 DFT 与 FFT 算法次数可知，N 值越大，两者运算量悬殊越大。例如，当 N=256 时，两者比值为 64；当 N=1024 时，两者比值为 204.8，即这时用 DFT 算法直接运算的乘法次数是用 FFT 算法次数的 204.8 倍。

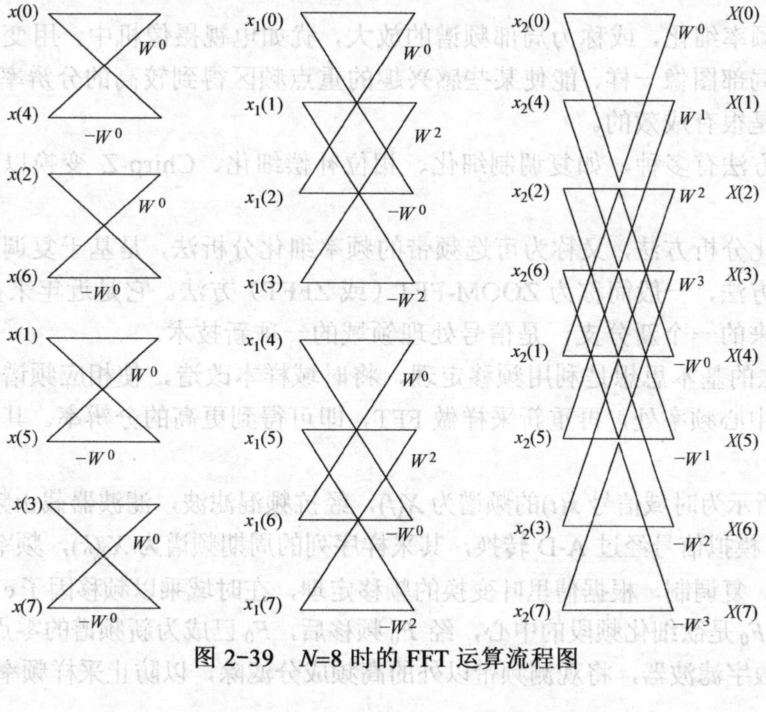

图 2-39　N=8 时的 FFT 运算流程图

FFT 算法仍然在发展之中，新的 FFT 方法不断出现，例如，美国 Rader 提出的 NFFT 算法、美国 Winorgrad 提出的 WFFT 算法、法国 Nussbaumer 提出的 PFTA 算法等，都可认为是 FFT 方法的发展，它们在计算速度方面都有不同程度的提高。例如，当 N=1000 时，所需乘法加法次数大致为：DFT：200 万次；FFT：1.5 万次；NFFT：0.8 万次；WFFT：0.35 万次；PFTA：0.3 万次。

2.4　其他频谱分析技术简介

在工程信号分析中，往往会遇到下述情况：被分析的信号是一种密集型频谱，如语音、振动、噪声等，其频谱图上的频率间隔很细，但频带分布又较宽。在这种情况下，为了识别谱图的细微结构，就必须要求信号分析系统既要有高的频率分辨率，又要有较宽的频率范围。但这两者之间是矛盾的。

从 FFT 分析方法中已知，在频谱图上的有效频率分布范围是从 0Hz 到折叠频率 f_c（$f_s/2$）为止。而谱线间隔（$f_0=f_s/N$）决定了频率分辨能力，即 f_0 越小，谱图的分辨率越高，f_0 较大时，将由于栅栏效应而丢掉有用信息。当采样频率 f_s 选定时，f_0 值决定于采样点数 N，一般信号处理机的最高采样点数为一定值，可显示的谱线条数则约为 $N/2$。例如，当 N=l024 点时，其谱线条数为 500 或 400。因此，一台信号处理机的频率分辨率往往用其谱线条数来表示。可见，若要提高频率分辨率，又要求上限频率（$f_s/2$）不变，则需要增加时窗长度（T_0），即增加采样点数，这样计算工作量就要增大。因此，对于常用的专用信号处理机，在内存和采样长度有限制的情况下，既要不损失上限频率，而又要增加分辨率是很困难的。为此，促使人们逐步提出了计算窄带谱的频率细化分析方法。

窄带谱的频率细化，或称为局部频谱的放大，犹如电视摄像机中，用变焦距镜头放大整个画面中的局部图像一样，能使某些感兴趣的重点频区得到较高的分辨率，这对分析频率的细微结构是很有成效的。

频率细化方法有多种，如复调制细化、相位补偿细化、Chirp-Z 变换以及最大熵谱分析等。

复调制细化分析方法，又称为可选频带的频率细化分析法，是基于复调制的高分辨率的傅里叶分析方法，一般简称为 ZOOM-FFT（或 ZFFT）方法。它是近年来在 FFT 算法的基础上发展起来的一个新分支，是信号处理领域的一项新技术。

ZFFT 方法的基本思想是利用频移定理，将时域样本改造，使相应频谱原点移到感兴趣的高频段的中心频率处，再重新采样做 FFT，即可得到更高的分辨率。其运算过程如图 2-40 所示。

图 2-40a 所示为时域信号 $x(t)$的频谱为 $X(f)$，经抗频混滤波，滤波器截止频率为 $f_c \leqslant f_s/2$，f_s 为采样频率。模拟信号经过 A-D 转换，其采样序列的周期频谱为 $X_0(k)$，频率间隔为 f_0，如图 2-40b 所示。复调制，根据傅里叶变换的频移定理，在时域乘以频移因子 $e^{-j2\pi F_0 t}$，在频域有 F_0 的频移，F_0 是欲细化频段的中心，经 F_0 频移后，F_0 已成为新频谱的零点，如图 2-40c 所示。用低通数字滤波器，将观测频带以外的高频成分滤除，以防止采样频率降低后引起无

用频带对有用频带成分的混叠，如图 2-40d 所示。重采样，采样的周期为 T_sD，D 是细化倍数，在频域则按 f_s/D 做周期化，如图 2-40e 所示。对时域做仍为 N 点的 FFT 处理，在频域得到 N 点谱线。由于时域重采样时采样频率降低为原来的 $1/D$，而采样点仍保持不变，这就使总时间窗长增长为原来的 D 倍，所以使频率分辨率提高为原来的 D 倍，使 FFT 后在所截取的频段内得到了细化 D 倍的频谱，如图 2-40f 所示。

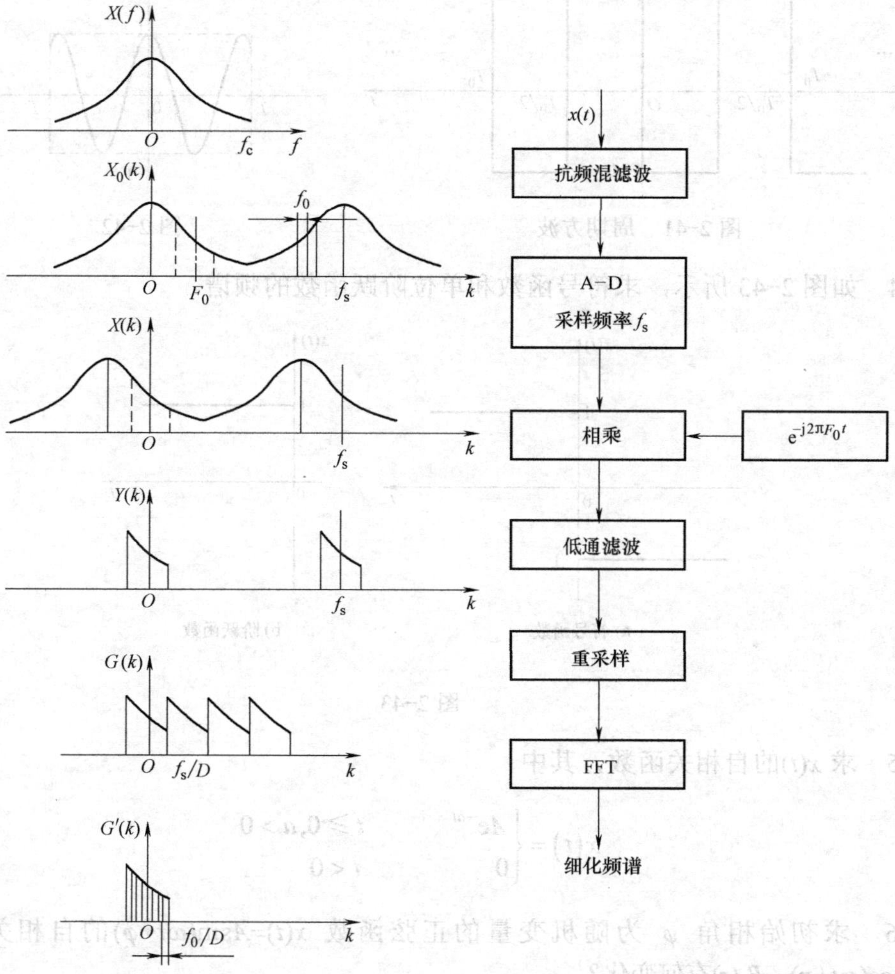

图 2-40　ZOOM-FFT 原理图

复调制细化包括幅值细化与相位细化，由于复调制过程中需要通过数字滤波器，产生附加相移，所以一般要按滤波器的相位特性予以修正，才能得到真实的细化相位谱。

习　题

2-1　求如图 2-41 所示周期方波的傅里叶级数（复指数函数形式），画出$|c_n|$-ω 和 φ-ω 图。

2-2　求正弦信号 $x(t)=x_0\sin\omega t$ 的绝对均值 $\mu_{|x|}$ 和方均根值 x_{rms}。

2-3　求如图 2-42 所示被截断的余弦函数 $x(t)=\begin{cases}\cos\omega_0 t & |t|\leqslant T\\ 0 & |t|>T\end{cases}$ 的傅里叶变换。

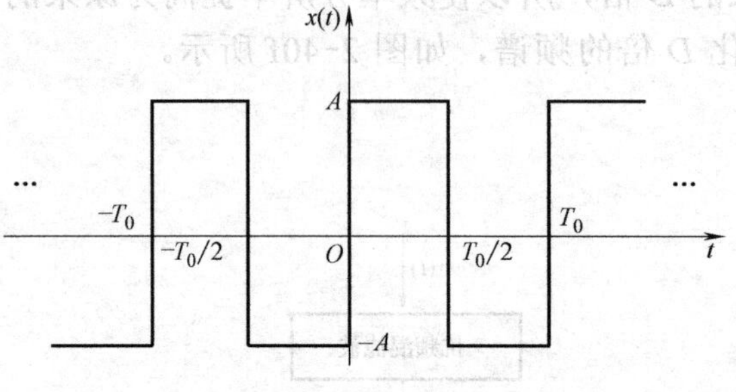

图 2-41　周期方波

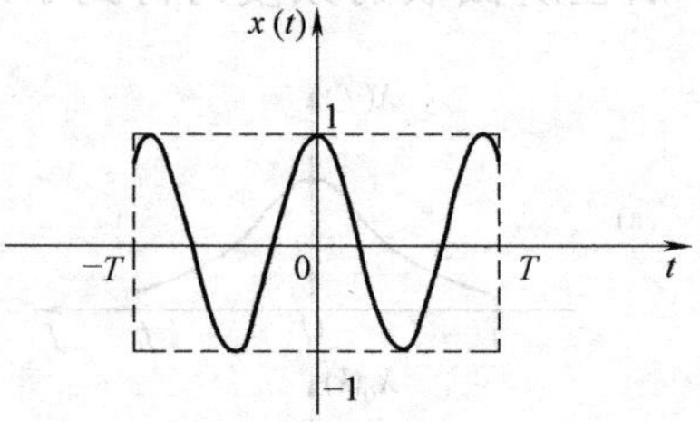

图 2-42

2-4　如图 2-43 所示，求符号函数和单位阶跃函数的频谱。

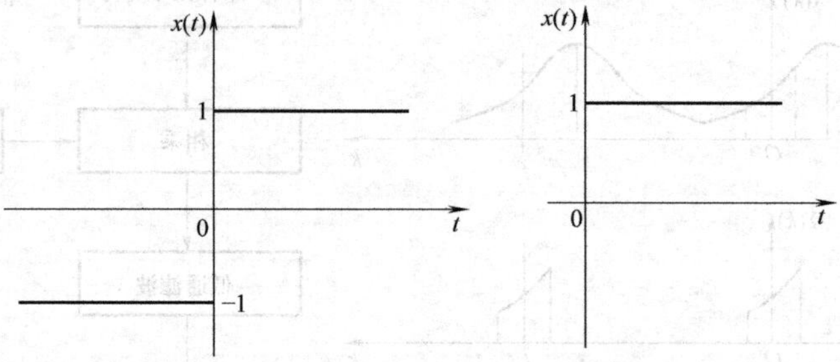

a) 符号函数　　b) 阶跃函数

图 2-43

2-5　求 $x(t)$ 的自相关函数，其中

$$x(t)=\begin{cases}A\mathrm{e}^{-at} & t\geqslant 0, a>0\\ 0 & t<0\end{cases}$$

2-6　求初始相角 φ 为随机变量的正弦函数 $x(t)=A\sin(\omega t+\varphi)$ 的自相关函数，若 $x(t)=A\cos(\omega t+\varphi)$，$R_x(\tau)$ 有何变化？

2-7　求指数衰减函数 $x(t)=\mathrm{e}^{-at}\cos\omega_0 t$ 的频谱函数 $X(f)$（$a>0$，$t>0$），并定性画出信号及其频谱图形。

2-8　已知限带白噪声的功率谱密度为

$$S_y(f)=\begin{cases}S_0 & |f|\leqslant B\\ 0 & |f|>B\end{cases}$$

求其自相关函数 $R_x(\tau)$。

2-9　利用矩形窗函数求积分 $\int_{-\infty}^{\infty}\mathrm{sinc}^2(t)\,\mathrm{d}t$ 的值。

2-10　已知信号的自相关函数 $R_x(\tau)=A\cos\omega\tau$，求该信号的均方值 Ψ_x^2 和方均根值 x_{rms}。

2-11　数字信号处理的一般步骤是什么？有哪些问题值得注意？

2-12　对三个余弦信号 $x_1(t)=\cos 2\pi t$，$x_2(t)=\cos 6\pi t$，$x_3(t)=\cos 10\pi t$ 分别做理想采样，采样频率为 $f=4\text{Hz}$，求三个采样输出序列，画出信号波形和采样点的位置并解释混叠现象。

2-13　什么是窗函数？描述窗函数的各项频域指标能说明什么问题？

2-14　什么是泄漏？为什么产生泄漏？窗函数为什么能减少泄漏？

2-15　什么是“栅栏效应”？如何减少“栅栏效应”的影响？

2-16　频率混叠是怎样产生的？有什么解决办法？

第 3 章　测试系统特性分析

测试装置是执行测试任务的仪器和设备的总称。当测试的目的、要求不同时，所用的测试装置差别很大。在测试过程中，借助测试装置，通过合适的试验方法和必要的数学处理方法，求得所研究对象的有关信息。测试装置的特性直接影响到测试结果的正确性。因此，在测试之前，应对所选用测试装置的基本特性有足够的了解。

本章主要讨论测试装置及其与输入、输出的关系。

3.1　概述

随着测试目的和要求的不同，测试装置的组成、复杂程度都有很大差别。简单的温度测试装置只是一个液柱式温度计；但较完整的机床动态特性测试系统，其本身的组成也相当复杂。因此，本书中所称的“测试装置”，有时是指由众多环节组成的复杂的测试装置，有时则是指测试装置小的各组成环节，例如传感器、放大器、各种中间变换器、记录器，甚至一个简单的 *RC* 滤波单元等。另外，本书也常常将“装置”作为“系统”来看待。

1．对测试装置的基本要求

在实际工程测试中，总是处理输入量、装置的传输特性和输出量三者之间的关系（见图 3-1）。

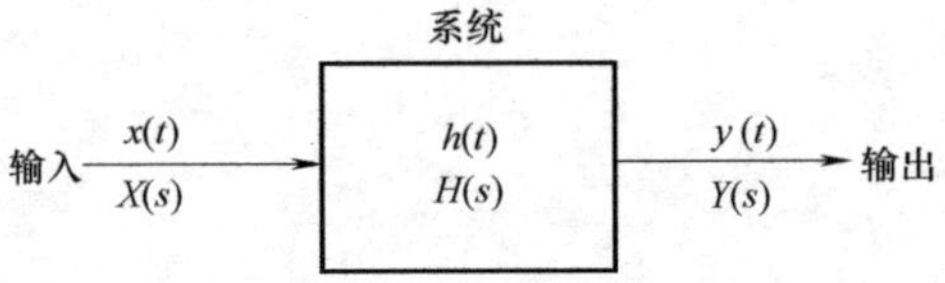

图 3-1　系统、输入和输出三者之间的关系

1）如果输入、输出是可以观察（已知或可测）的量，那么通过输入、输出就可以推断系统的传输特性。

2）如果系统特性已知，输出可测，那么通过该特性和输出可以推断导致该输出的输入量。

3）如果输入和系统特性已知，则可以推断和估计系统的输出量。

在实际测试工作中，测试装置（例如激振器和某些传感器）会对被测对象产生反作用，从而对输出量产生影响，所以应该把研究对象和测试装置作为一个系统来考察。也就是说，只有首先确定测试装置的特性，才能从测试结果中正确评价所研究对象的特性。如果所研究的对象就是测试装置本身，那么图 3-1 所反映的就是测试装置的传输特性的问题，也就是它的标定问题。

理想的测试系统应该具有单值的、确定的输入-输出关系。对于每一输入量都应该只有单一的输出量与之对应，知道其中一个量就可以确定另一个量，其中以输出和输入呈线性关系最佳。许多实际测量装置无法在较大工作范围内满足线性要求，但可以在有效测量范围内近似满足线性测量关系要求。

2．线性系统及其主要性质

当系统的输入 $x(t)$和输出 $y(t)$之间的关系可用常系数线性微分方程

$$a_n\frac{\mathrm{d}^n y(t)}{\mathrm{d}t^n}+a_{n-1}\frac{\mathrm{d}^{n-1} y(t)}{\mathrm{d}t^{n-1}}+\cdots+a_1\frac{\mathrm{d}y(t)}{\mathrm{d}t}+a_0 y(t)$$

$$=b_m\frac{\mathrm{d}^m x(t)}{\mathrm{d}t^m}+b_{m-1}\frac{\mathrm{d}^{m-1} x(t)}{\mathrm{d}t^{m-1}}+\cdots+b_1\frac{\mathrm{d}x(t)}{\mathrm{d}t}+b_0 x(t) \qquad (3\text{-}1)$$

来描述时，则称该系统为时不变线性系统，也称定常线性系统。

式中　t——时间自变量。

从数学来看，这种系统的系数 a_n，a_{n-1}，…，a_1，a_0 和 b_m，b_{m-1}，…，b_1，b_0 均为常数，既不随时间而变化，也不是自变量 x、因变量 y 及它们各阶导数的函数。

严格地说，很多物理系统是时变的，因为构成物理系统的材料、元件、部件的特性并非稳定的。例如，弹性材料的弹性模量，电子元件中的电阻、电容，半导体器件的特性都受温度的影响，而环境温度也是一个随时间而缓慢变化的量。它们的不稳定，会导致微分方程式的系数的时变性。但是在工程上，常可以以足够的精确度认为多数常见物理系统中的参数 a_n，a_{n-1}，…，a_1，a_0 和 b_m，b_{m-1}，…，b_1，b_0 是时不变的常数，而把一些时变线性系统当作时不变线性系统来处理。本书在无特殊说明时，都是以时不变线性系统进行讨论的。

对于时不变线性系统具有以下一些主要性质。

（1）叠加原理　几个输入所产生的总输出是各个输入所产生的输出叠加的结果，即若 $x_1(t)\to y_1(t)$，$x_2(t)\to y_2(t)$，则

则

$$x_1(t)\ \pm x_2(t)\to y_1(t)\ \pm y_2(t) \qquad (3\text{-}2)$$

符合叠加原理，意味着作用于线性系统的各个输入所产生的输出是互不影响的；一个输入的存在绝不影响另一输入所引起的输出，而在分析众多输入同时加在系统上所产生的总效果时，可以先分别分析单个输入（假定其他输入不存在）的效果，然后将这些效果叠加起来表示总的效果。

（2）比例特性　对于任意常数 a，必有

$$ax(t)\to ay(t) \qquad (3\text{-}3)$$

此特性也称为均匀性。

（3）微分特性　系统对输入导数的响应等于对原输入响应的导数，即

$$\frac{\mathrm{d}x(t)}{\mathrm{d}t}\to\frac{\mathrm{d}y(t)}{\mathrm{d}t} \qquad (3\text{-}4)$$

（4）积分特性　若系统的初始状态均为零，则系统对输入积分的响应等同于对原输入响应的积分，即

$$\int_0^{t_0} x(t)\,\mathrm{d}t \to \int_0^{t_0} y(t)\,\mathrm{d}t \tag{3-5}$$

（5）频率保持特性　若输入为某一频率的简谐（正弦或余弦）信号，则系统的稳态输出必是、也只是同频率的简谐信号。

由于 $x(t) \to y(t)$ ，按线性系统的比例特性，对于某一已知频率 ω，有 $\omega^2 x(t) \to \omega^2 y(t)$ ，又根据线性系统的微分特性，有 $\dfrac{\mathrm{d}^2 x(t)}{\mathrm{d}t^2} \to \dfrac{\mathrm{d}^2 y(t)}{\mathrm{d}t^2}$，应用叠加原理，有 $\left[\dfrac{\mathrm{d}^2 x(t)}{\mathrm{d}t^2} + \omega^2 x(t)\right] \to \left[\dfrac{\mathrm{d}^2 y(t)}{\mathrm{d}t^2} + \omega^2 y(t)\right]$

令输入为某一单频率的简谐信号，记作 $x(t) = X_0 \mathrm{e}^{\mathrm{j}\omega t}$ ，那么其二阶导数应为

$$\frac{\mathrm{d}^2 x(t)}{\mathrm{d}t^2} = \frac{\mathrm{d}^2\left(X_0 \mathrm{e}^{\mathrm{j}\omega t}\right)}{\mathrm{d}t^2} = (\mathrm{j}\omega)^2 X_0 \mathrm{e}^{\mathrm{j}\omega t} = -\omega^2 x(t)$$

由此可得，$\dfrac{\mathrm{d}^2 x(t)}{\mathrm{d}t^2} + \omega^2 x(t) = 0$

相应的输出也应该为 $\dfrac{\mathrm{d}^2 y(t)}{\mathrm{d}t^2} + \omega^2 y(t) = 0$

于是输出 $y(t)$ 的唯一可能解只能是

$$y(t) = Y_0 \mathrm{e}^{\mathrm{j}(\omega t + \varphi_0)} \tag{3-6}$$

线性系统的这些主要特性，特别是叠加原理和频率保持特性，在测试工作中具有重要的作用。假如系统是线性的，并已知其输入的频率，那么依据频率保持特性，可以认定测得信号中只有与输入频率相同的成分才真正是由该输入引起的输出，而其他频率成分都是噪声（干扰）。进而可以依据这一特性，采用相应的滤波技术，在很强的噪声干扰下，把有用的信息提取出来。在第 2 章已经指出，信号的频域函数，实际上是用信号的各频率成分的叠加来描述的。根据叠加原理和频率保持特性，研究复杂输入信号所引起的输出时，就可以转换到频域中去研究，研究输入频域函数所产生的输出的频域函数。实际上在频域处理问题，往往比较方便和简捷。

3．测试装置的特性

为了获得准确的测试结果，对测试装置提出多方面的性能要求。这些性能大致上分为两种：静态特性和动态特性。对于那些用于静态测量的测量装置，一般只需利用静态特性指标来考察其质量。在动态测量中，不仅需要用静态特性指标而且需要用动态特性指标来描述测试仪器的质量，因为两方面的特性都将影响测量结果。

尽管两方面的特性都影响测试结果，并且两者彼此也有某些联系，但是它们的分析和测试方法都有明显的差异，因此为了简明、方便，在目前阶段上，通常仍然把它们分开处理。

3.2　测量误差

在实际测试过程中，应当清楚认识到，测量结果总是有误差的。误差自始至终存在于

一切科学实验和测量过程中。

1．测量误差定义

测量结果与被测量真值之差称为测量误差，即

$$测量误差=测量结果-真值 \tag{3-7}$$

测量误差常简称为误差。定义中的三个量，只需已知其中两个量，就能得到第三个量。但是，在现实中却往往只有测量结果知道，其余两个量却是未知的。这就带来许多问题，例如：测量结果究竟能不能代表被测量、有多大的可置信度，测量误差的规律是怎样的，如何评估它等。

（1）真值　真值是被测量在被观测时所具有的量值。从测量的角度来看，真值是不能确切获知的，是一个理想的概念。

在测量中，一方面无法获得真值，而另一方面又往往需要运用真值。因此引进了所谓的“约定真值”。约定真值是指对给定的目的而言，它被认为充分接近于真值，因而可以代替真值来使用的量值。在实际测量中，被测量的实际值、已修正过的算术平均值，均可作为约定真值。实际值是指高一等级的计量标准器具所复现的量值，或测量实际表明它满足规定准确度要求、可用来代替真值使用的量值。

（2）测量结果　由测量所得的被测量值。在测量结果的表述中，还应包括测量不确定度和有关影响量的值。

2．误差分类

（1）根据产生误差的原因分类

1）测量装置误差：此类误差是由标准量具、仪器及其附件等本身存在的缺陷而产生的。它与测量装置的工作原理、结构设计、制造、安装调整等因素有关。

2）方法误差：此类误差是由于测量方法不完善所引起的。例如测量方法中使用了近似的数学模型，比如说用直线代替弧线。

3）调整误差：此类误差是由于测量前未能将测量器具和被测对象调整到正确位置和状态所引起的。例如，被测量实为零，而测量器具的示值却偏离零位（即所谓的零位误差），就属于此类误差。

4）观测误差：此类误差是由于在测量过程中观测者主观判断不当所引起的。

5）环境误差：此类误差是由于各种环境因素与规定的标准状态不一致而引起的测量装置和被测量本身的变化所造成的误差。

其中，调整误差和观测误差两项合称为人员误差。它们都是由于观测者主观因素或操作失误所引起的。

总之，要消除或减少测量误差就必须从上述几方面分析原因并采取相应措施。

（2）根据误差的特点和性质分类

1）系统误差：在对同一被测量进行多次测量过程中，出现某种保持恒定或按确定的方式变化着的误差，这就是系统误差。在测量偏离了规定的测量条件时，或测量方法引入了会引起某种按确定规律变化的因素时就会出现此类误差。

通常按系统误差的正负号和绝对值是否已经确定了，可将系统误差分为已定系统

误差和未定系统误差。在测量中，已定系统误差可以通过修正来消除它，也应当消除此类误差。

2）随机误差：当对同一量进行多次测量中，误差的正负号和绝对值以不可预知的方式变化着，则此类误差称为随机误差（也称偶然误差）。测量过程中有着众多、微弱的随机影响因素存在，它们是产生随机误差的原因。

随机误差就其个体而言是不确定的，但其总体却有一定的统计规律可循。随机误差不可能被修正。但在了解其统计规律性之后，还是可以控制和减少它们对测量结果的影响。

3）粗大误差：超出规定条件下预期误差范围的误差称为粗大误差或称“寄生误差”。此误差值较大，明显歪曲测量结果。在数据处理时，允许也应该剔除含有粗大误差的数据，但必须有充分依据。

3．误差表示方法

根据误差的定义，误差的量纲、单位应当和被测量一样。这是误差表述的根本出发点。然而习惯上却常用与被测量量纲、单位不同的量来表述误差。严格地说，它们只是误差的某种特征的描述，而不是误差量值本身，应注意它们的区别。

常用的误差表示方法有下列几种：

（1）绝对误差　绝对误差可直接用式（3-7）来表示。它是一个量纲、单位和被测量一样的量。

（2）相对误差　相对误差的公式为

$$相对误差=误差\div 真值 \tag{3-8}$$

当误差值较小时，可采用

$$相对误差\approx 误差\div 测量结果 \tag{3-9}$$

很显然，相对误差是无量纲量，其大小是描述误差和真值的比值的大小，而不是误差本身的绝对大小。在多数情况下，相对误差常用%、‰或百万分数来表示。

（3）引用误差　这种表示方法只用于表示计量器具特性的情况中。计量器具的引用误差就是计量器具的绝对误差与引用值之比。而引用值一般是指计量器具的标称范围的最高值或量程。例如，温度计标称范围为−30～60℃，其量程为90℃，引用值为60℃。

（4）分贝误差　分贝误差的定义为

$$分贝误差=20\lg(测量结果\div 真值) \tag{3-10}$$

分贝误差的单位为dB。对于一部分的量（如广义功），其分贝误差需改用式（3-11），即

$$分贝误差=10\lg(测量结果\div 真值) \tag{3-11}$$

单位仍为dB。根据此定义，当测量结果等于真值，即误差为零时，分贝误差必定等于0dB。

分贝误差本质上是无量纲量，是一种特殊形式的相对误差；在数值上分贝误差和相对误差有着一定关系。

4．测量精度和不确定度

（1）测量精度　精度是反映测量结果与真值接近程度的量，它与误差的大小相对应，因此可用误差大小来表示精度的高低，误差小则精度高，误差大则精度低。精度可分为正确度、精密度、精确度。

1）正确度表示测量结果中系统误差大小的程度；它反映了在规定条件下测量结果中所有系统误差的综合。

2）精密度表示测量结果中随机误差大小的程度；也是指在一定条件下进行多次测量时所得结果彼此符合的程度。它通常是用随机误差来表示。

3）精确度表示测量结果中，系统误差与随机误差的综合，即精密正确的程度。它表示测量结果与真值的一致程度。精确度反映了测量的各类误差的综合。

图 3-2 所示的打靶结果，子弹着靶点有三种情况：图 3-2a 为系统误差和随机误差都大，即正确度、精密度都低；图 3-2b 为系统误差大，随机误差小，即正确度低、精密度高；图 3-2c 为系统误差和随机误差都小，即精确度高。

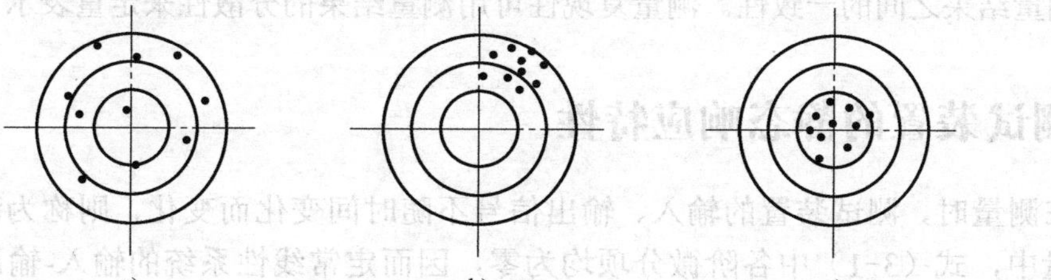

图 3-2　打靶结果示意图

（2）测量不确定度　测量不确定度表示对被测量真值所处量值范围的评定；或者说，对被测量真值不能肯定的误差范围的一种评定。不确定度是测量误差量值分散性的指标，它表示对测量值不能肯定的程度。测量结果应带有这样一个指标。只有知道测量结果的不确定度时，此测量结果才有意义和用处。完整的测量结果不仅应包括被测量的量值，还应包括它的不确定度。用测量不确定度来表明测量结果的可信赖程度。不确定度越小，测量结果可信度越高，其使用价值越高。

测量不确定度的概念、符号和表达式长期存在着不同程度的分歧。根据国家技术监督局的有关规定，本书以国际计量局（Bureau International des Poids et Measures，BIPM）于 1980 年提出的建议《实验不确定度的规定建议书 INC-1（1980）》为依据来介绍测量不确定度的概念、符号和表达式。

不确定度一般包含多种分量，按其数值的评定方法可以把它归入两类：A 类分量和 B 类分量。

A 类分量是用统计方法算出来的；即根据测量结果的统计分布进行估计，并用实验标准偏差 s（即样本标准偏差）来表征。

B 类分量是根据经验或其他信息来估计的，并可用近似的、假设的“标准偏差”u 来表征。

最后，有三个问题值得注意：

1）精密度、准确度和正确度都是用它们的反面不精密、不精确和不正确的程度来作定量表征的。例如，人们规定精确度为若干计量单位或真值的百分之几，其意思是所得测量结果和真值之间的差（即误差的绝对值）或相对误差将不超过该规定的范围。这种表征方式意味着这个数值越大，精密度、精确度和正确度越低，也就是越不精密、越不精确和越不正确。

2）在实际中，很少使用“正确度”一词，尤其当近年来广泛使用不确定度以及国际计量大会建议尽量避免使用系统不确定度和随机不确定度两个术语以后，系统不确定度的反面正确度就更少用了。

3）测量重复性和复现性也是评价测量质量的重要概念。测量重复性是指在实际相同测量条件（即同一测量程序、同一测量器具、同一观测者、同一地点、同一使用条件）下，在短时间内对同一被测量进行连续多次测量时，其测量结果之间的一致性。测量重复性可用测量结果的分散性来定量表示。测量复现性是指在不同测量条件（即不同测量原理和方法、不同测量器具、不同观测者、不同地点、不同使用条件、不同时间）下，对同一被测量进行测量时，其测量结果之间的一致性。测量复现性可用测量结果的分散性来定量表示。

3.3 测试装置的静态响应特性

若在测量时，测试装置的输入、输出信号不随时间变化而变化，则称为静态测量。在静态测量中，式（3-1）中各阶微分项均为零，因而定常线性系统的输入-输出微分方程式（3-1）就变成

$$y=\frac{b_0}{a_0}x=Sx \tag{3-12}$$

也就是说，理想的定常线性系统，其输出将是输入的单调、线性比例函数，其中斜率 S 应是常数。然而，实际的测量装置并非理想的定常线性系统，其微分方程式的系数（例如 a_0，b_0）并非常数。在静态测量中，式（3-1）实际上变成

$$y=S_1x+S_2x^2+S_3x^3+S_4x^4+\cdots=\left(S_1+S_2x+S_3x^2+S_4x^3+\cdots\right)x \tag{3-13}$$

总的说来，测试装置的静态特性就是在静态测量情况下描述实际测试装置与理想定常线性系统的接近程度。静态测量时，测试装置表现出的响应特性称为静态响应特性。表示静态响应特性的参数，主要有线性度、灵敏度、回程误差、稳定度和漂移等。下面来讨论一些重要的静态特性。

1．线性度

线性度是指测量装置输出、输入之间保持常值比例关系的程度。

在静态测量的情况下，用实验来确定被测量的实际值和测量装置示值之间的函数关系的过程称为静态校准，所得到的关系曲线称为校准曲线。通常校准曲线并非直线。为了使用简便，总是以线性关系来代替实际关系。为此，需用直线来拟合校准曲线。校准曲线接近拟合直线的程度（见图 3-3）就是线性度。作为技术指标，则采用线性误差来表示，即用在装置标称输出范围 A 内，校准曲线与该拟合直线的最大偏差 B 来表示。线性误差也可用相对误差来表示，如

$$\text{线性误差}=\frac{B}{A}\times 100\% \tag{3-14}$$

由此可知，线性误差是以一定的拟合直线或理想直线为基准直线算出来的，因而，基准直线不同，所得线性度也不同。目前关于拟合直线的计算方法不尽相同，较常用的有两种：端基法（即端基直线）和最小二乘法（独立直线）。端基法是画出一条通过测量范围的上下限点的直线（见图 3-3），称为端基法拟合直线，由此直线计算出的线性度称为端基线性度。用最小二乘法原则拟合直线，可使拟合精度最高。要求拟合的直线与校准曲线间的偏差 B_i 的二次方和最小，即 $\sum_i B_i$ 最小，由此法得到的拟合直线称为最小二乘法拟合直线（或称独立直线），则由此直线计算出的线性度称为最小二乘法线性度。

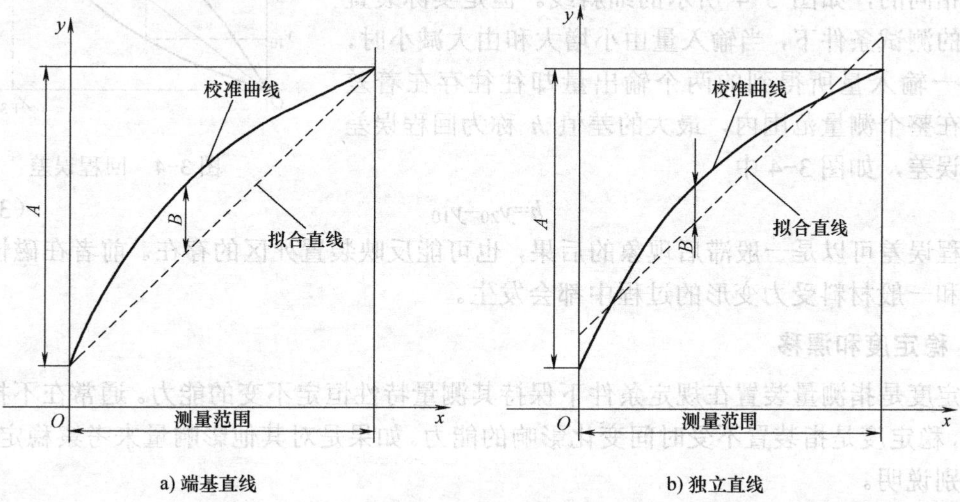

图 3-3　校准曲线与线性度

2．灵敏度、鉴别力阈、分辨力

灵敏度、鉴别力阈都是用来描述测量装置对被测量变化的反应能力的。

当装置的输入 x 有一个变化量 Δx，它引起输出 y 发生相应的变化量 Δy，则定义灵敏度

$$S=\frac{\Delta y}{\Delta x} \tag{3-15}$$

显然，对于理想的定常线性系统，灵敏度应当为

$$S=\frac{\Delta y}{\Delta x}=\frac{y}{x}=\frac{b_0}{a_0}=\text{常数} \tag{3-16}$$

但是，一般的测试装置总不是理想定常线性系统，其校准曲线不是直线，曲线上各点的斜率（即各点的灵敏度）也不是常数。尽管如此，却总是用其拟合直线的斜率来作为该装置的灵敏度。灵敏度是一个有量纲的量，其单位取决于输入、输出量的单位。当输入、输出两者单位一样，则灵敏度实际上是一个无量纲的比例常数，这时也称之为“放大比”或“放大倍数”。

通常，把引起测量装置输出值产生一个可察觉变化的最小被测量变化值称为鉴别力阈（也称为灵敏阈或灵敏限）。它用来描述装置对输入微小变化的响应能力。

某些测试装置使用了一般术语“分辨力”，它是指指示装置有效地辨别紧密相邻量值

的能力。一般认为数字装置的分辨力就是最后位数的一个字，模拟装置的分辨力为指示标尺分度值的一半。

3. **回程误差**

回程误差也称为滞后或变差。它是描述测试装置的输出同输入变化方向有关的特性。如图 3-4 所示，理想装置的输出、输入有完全单调的一一对应的关系，不管输入是由小增大，还是由大减小，对一个给定输入，输出总是相同的，如图 3-4 所示的细斜线。但是实际装置在同样的测试条件下，当输入量由小增大和由大减小时，对于同一输入量所得到的两个输出量却往往存在着差值。把在整个测量范围内，最大的差值 h 称为回程误差或滞后误差，如图 3-4 中

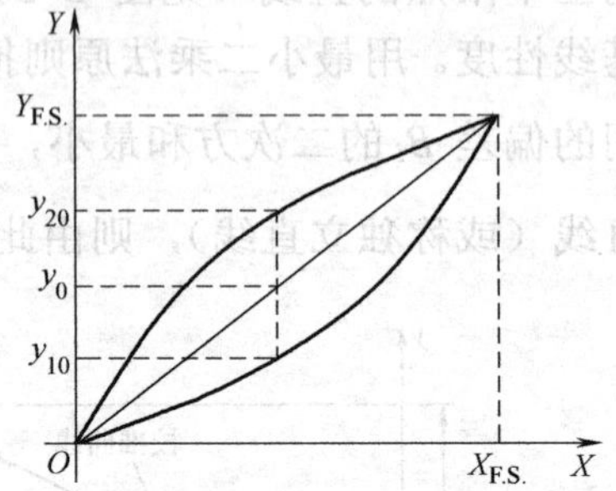

图 3-4　回程误差

$$h=y_{20}-y_{10} \tag{3-17}$$

回程误差可以是一般滞后现象的后果，也可能反映装置死区的存在。前者在磁性材料的磁化和一般材料受力变形的过程中都会发生。

4. **稳定度和漂移**

稳定度是指测量装置在规定条件下保持其测量特性恒定不变的能力。通常在不指明影响量时，稳定度是指装置不受时间变化影响的能力。如果是对其他影响量来考察稳定度时，则需特别说明。

测量装置的测量特性随时间的慢变化，称为漂移。在规定条件下，对一个恒定的输入在规定时间内的输出变化，称为点漂；标称范围最低值处的点漂，称为零点漂移，简称零漂。对于温度的变化引起测量装置的输出变化，称为温漂。

3.4　测试装置动态特性的数学描述

作为定常线性系统的测试装置，可用式（3-1）这一常系数线性微分方程来描述该系统以及它和输入 $x(t)$、输出 $y(t)$之间的关系，但使用时有许多不便。因此，可以通过拉普拉斯变换建立其相应的“传递函数”，通过傅里叶变换建立其相应的“频率响应函数”，以便更简便地描述装置或系统的特性。

1. **传递函数**

设 $X(s)$和 $Y(s)$分别为输入 $x(t)$、输出 $y(t)$拉普拉斯变换。在零初始条件下，对式（3-1）取拉普拉斯变换得

$$Y(s)=H(s)X(s) \tag{3-18}$$

$$H(s)=\frac{Y(s)}{X(s)}=\frac{b_m s^m+b_{m-1}s^{m-1}+\cdots+b_1 s+b_0}{a_n s^n+a_{n-1}s^{n-1}+\cdots+a_1 s+a_0} \tag{3-19}$$

式中　s——复变量，$s=\sigma+j\omega$；

$H(s)$——系统的传递函数，$H(s)$与系统初始条件及输入无关，只反映系统本身的特性。

应用式（3-18）时，切记其前提条件是：系统初始条件均为零。相应地，将传递函数简单地说成输出、输入两者拉普拉斯变换之比也是不妥的。今后若未加说明而引用式（3-18），便认为系统初始条件均为零。

传递函数有以下几个特点：

1）$H(s)$与输入 $x(t)$及系统的初始状态无关，它只表达了系统的传输特性。$H(s)$描述的系统对任一具体输入 $x(t)$都确定地给出相应的输出 $y(t)$。

2）$H(s)$是把物理系统的微分方程，即式（3-1）取拉普拉斯变换而求得的，它只反映系统传输特性而不拘泥于系统的物理结构。同一形式的传递函数可以表征具有相同传输特性的不同物理系统。例如液柱温度计和 RC 低通滤波器同是一阶系统，具有形式相似的传递函数，而其中一个是热学系统，另一个却是电学系统，两者的物理性质完全不同。

3）对于实际的物理系统，输入 $x(t)$和输出 $y(t)$都具有各自的量纲。用传递函数描述系统传输、转换特性理应真实地反映量纲的这种变换关系。这关系正是通过系数 a_n，a_{n-1}，…，a_1，a_0 和 b_m，b_{m-1}，…，b_1，b_0 来反映的。a_n、b_m 等系数的量纲将因具体物理系统和输入、输出的量纲而不同。

4）$H(s)$中的分母取决于系统的结构。分母中最高幂次 n 代表系统微分方程的阶数。分子则和系统同外界之间的关系，如输入（激励）点的位置、输入方式、被测量以及测点布置情况有关。

一般测试装置总是稳定系统，并且分母中 s 的幂次总是高于分子中 s 的幂次（$n>m$）。

2．频率响应函数

传递函数是在复数域中来描述和考察系统的特性的，比在时域中用微分方程来描述考察系统特性有许多优点。但是工程中的许多系统却极难建立其微分方程式和传递函数，而且传递函数的物理概念也很难理解。

频率响应函数也是在频率域中描述和考察系统特性的。与传递函数相比较，频率响应的物理概念明确，也易通过实验来建立；利用它和传递函数的关系，由它极易求出传递函数；因此频率响应函数是实验研究系统的重要工具。

（1）幅频特性、相频特性和频率响应函数　根据定常线性系统的频率保持性，系统在简谐信号 $x(t)=X_0\sin\omega t$ 的激励下，所产生的稳态输出也是简谐信号 $y(t)=Y_0\sin(\omega t+\phi)$。这一结论也可从微分方程解的理论得出。此时输入和输出虽为同频率的简谐信号，但两者的幅值并不一样，其幅值比 $A=Y_0/X_0$ 随频率 ω 而变，是 ω 的函数。相位差 ϕ 也是频率 ω 的函数。

因此，定常线性系统在简谐信号的激励下，其稳态输出信号和输入信号的幅值比被定义为该系统的幅频特性，记为 $A(\omega)$；稳态输出对输入的相位差被定义为该系统的相频特性，记为 $\varphi(\omega)$。两者统称为系统的频率特性。因此系统的频率特性是指系统在简谐信号激励下，其稳态输出对输入的幅值比、相位差随激励频率 ω 变化的特性。

注意到任何一个复数 $z=a+\mathrm{j}b$，也可以表达为 $z=|z|\mathrm{e}^{\mathrm{j}\varphi}$，其中模 $|z|=\sqrt{a^2+b^2}$；相角 $\varphi=\arctan(b/a)$。它表示可以将某个比值（模）和相位角两个量组合成一个复数。现用 $A(\omega)$、$\varphi(\omega)$ 构成一个复数 $H(\omega)$，即

$$H(\omega)=A(\omega)\mathrm{e}^{\mathrm{j}\varphi(\omega)} \tag{3-20}$$

$H(\omega)$是以$A(\omega)$为模，以$\varphi(\omega)$为辐角的复数。显然，$H(\omega)$表示了系统的频率特性。通常也将$H(\omega)$称为系统的频率响应函数，它是激励频率ω的函数。

（2）频率响应函数的求法　在系统的传递函数$H(s)$已知的情况下，只要令$H(s)$中$s=\mathrm{j}\omega$便可求得频率响应函数$H(\omega)$。例如，对$H(s)$用式（3-19）表达的系统

$$H(s)=\frac{b_m s^m+b_{m-1}s^{m-1}+\cdots+b_1 s+b_0}{a_n s^n+a_{n-1}s^{n-1}+\cdots+a_1 s+a_0}$$

令$s=\mathrm{j}\omega$代入，使得该系统的频率响应函数$H(\omega)$

$$H(\omega)=\frac{b_m(\mathrm{j}\omega)^m+b_{m-1}(\mathrm{j}\omega)^{m-1}+\cdots+b_1(\mathrm{j}\omega)+b_0}{a_n(\mathrm{j}\omega)^n+a_{n-1}(\mathrm{j}\omega)^{n-1}+\cdots+a_1(\mathrm{j}\omega)+a_0} \tag{3-21}$$

频率响应函数有时记为$H(\mathrm{j}\omega)$，以此来强调它来源于$H(s)\big|_{s=\mathrm{j}\omega}$。另一方面，若研究在$t$=0 时刻将激励信号接入稳定常系数线性系统时，令$s=\mathrm{j}\omega$代入拉普拉斯变换中，实际上就是将拉普拉斯变换变成傅里叶变换。同时考虑到系统在初始条件均为零时，有$H(s)$为$Y(s)$和$X(s)$之比的关系，因而系统的频率响应函数$H(\omega)$就成为输出$y(t)$的傅里叶变换$Y(\omega)$和输入$x(t)$的傅里叶变换$X(\omega)$之比，即

$$H(\omega)=\frac{Y(\omega)}{X(\omega)} \tag{3-22}$$

这一结论有着广泛的用途。也可在初始条件全为零的情况下，同时测得输入$x(t)$和输出$y(t)$，由其傅里叶变换$X(\omega)$和$Y(\omega)$求得频率响应函数$H(\omega)=Y(\omega)/X(\omega)$。

其实，用频率响应函数来描述系统的最大优点是它可以通过实验来求得。实验求得频率响应函数的原理，比较简单明了，依次用不同频率ω_i的简谐信号去激励被测系统，同时测出激励和系统的稳态输出的幅值$X_{\mathrm{o}i}$、$Y_{\mathrm{o}i}$和相位差φ_i。这样对于某个ω_i，便有一组$Y_{\mathrm{o}i}/X_{\mathrm{o}i}=A_i$和$\varphi_i$，全部的$A_i-\omega_i$和$\varphi_i-\omega_i$，$i$=1，2，…便可表达系统的频率响应函数，也可在初始条件全为零的情况下，同时测得输入$x(t)$和输出$y(t)$，由其傅里叶变换$X(\omega)$和$Y(\omega)$求得频率响应函数$H(\omega)=Y(\omega)/X(\omega)$。

需要特别指出，频率响应函数是描述系统的简谐输入和其稳态输出的关系。因此在测量系统频率响应函数时，应当在系统响应达到稳态阶段时才测量。

尽管频率响应函数是对简谐激励而言的，但是在第2章中，已经说明了任何信号都可分解成简谐信号的叠加。因而在任何复杂信号输入下，系统频率特性也是适用的。这时，幅频、相频特性分别表征系统对输入信号中各个频率分量幅值的缩放能力和相位角前后移动的能力。

（3）幅、相频率特性和其图像描述　将$A(\omega)-\omega$和$\varphi(\omega)-\omega$分别作图，即得幅频特性曲线和相频特性曲线。

实际作图时，常对自变量ω或$f=\dfrac{\omega}{2\pi}$取对数标尺，幅值比$A(\omega)$的坐标取分贝数（dB）标尺；相角取实数标尺。由此所作的曲线分别称为对数幅频特性曲线和对数相频特性曲线，

总称为伯德图（Bode 图）。

如将 $H(\omega)$ 的虚部和实部分开，记作

$$H(\omega)=P(\omega)+\mathrm{j}Q(\omega)$$

则 $P(\omega)$ 和 $Q(\omega)$ 就都是 ω 的实函数。显然，$A(\omega)=\sqrt{P^2(\omega)+Q^2(\omega)}$，$\varphi(\omega)=\arctan\dfrac{Q(\omega)}{P(\omega)}$。据此画出的 $P(\omega)-\omega$ 曲线和 $Q(\omega)-\omega$ 曲线就分别称为该系统的实频特性和虚频特性曲线。

如果将 $H(\omega)$ 的虚部 $Q(\omega)$ 和实部 $P(\omega)$ 分别作为纵、横坐标，同出 $Q(\omega)-P(\omega)$ 曲线并在曲线某些点上分别注明相应的频率，则所得的图像称为乃奎斯特图（Nyquist 图）。图中自原点所画出的矢量向径，其长度和与横轴夹角分别是该频率 ω 点的 $A(\omega)$ 和 $\varphi(\omega)$。

3．脉冲响应函数

若输入为单位脉冲，即 $x(t)=\delta(t)$，则 $X(s)=L[\delta(t)]=1$。根据式（3-18），装置的相应输出将是 $Y(s)=H(s)X(s)=H(s)$，其时域描述可通过对 $Y(s)$ 的拉普拉斯逆变换得到

$$y(t)=L^{-1}[H(s)]=h(t) \tag{3-23}$$

$h(t)$ 常称为系统的脉冲响应函数或权函数。脉冲响应函数可作为系统特性的时域描述。

至此，系统特性在时域可用脉冲响应函数 $h(t)$ 来描述，在频域可用频率响应函数 $H(\omega)$ 来描述，在复数域可用传递函数 $H(s)$ 来描述。三者的关系也是一一对应的。$h(t)$ 和传递函数 $H(s)$ 是一对拉普拉斯变换对；$h(t)$ 和频率响应函数 $H(\omega)$ 又是一对傅里叶变换对。

4．环节的串联和并联

两个传递函数各为 $H_1(s)$ 和 $H_2(s)$ 的环节，串联（见图 3-5）时，它们之间没有能量交换，则串联后所组成的系统之传递函数 $H(s)$ 在初始条件为零时为

$$H(s)=\frac{Y(s)}{X(s)}=\frac{Z(s)}{X(s)}\frac{Y(s)}{Z(s)}=H_1(s)H_2(s) \tag{3-24}$$

类似地，对 n 个环节串联组成的系统，有

$$H(s)=\prod_{i=1}^{n}H_i(s) \tag{3-25}$$

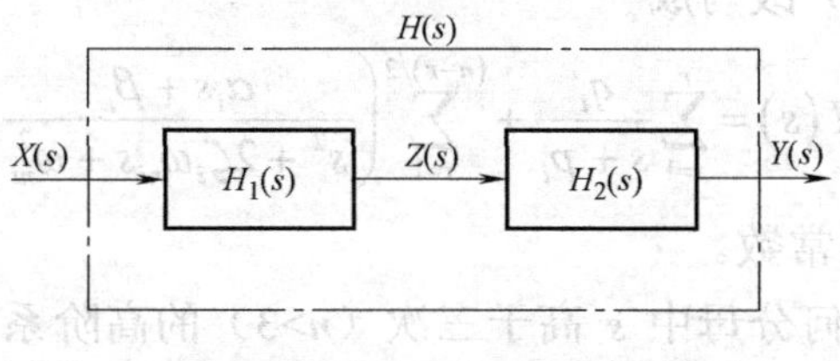

图 3-5　两个环节的串联

若两个环节并联（见图 3-6），则因

$$Y(s)=Y_1(s)+Y_2(s)$$

而有

$$H(s)=\frac{Y(s)}{X(s)}=\frac{Y_1(s)}{X_1(s)}+\frac{Y_2(s)}{X_2(s)}=H_1(s)+H_2(s) \tag{3-26}$$

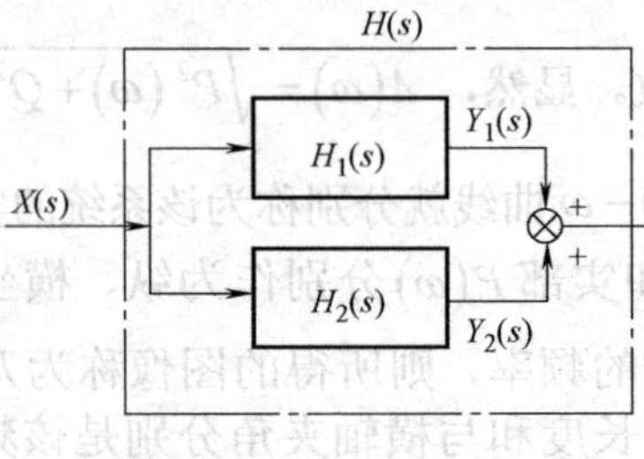

图 3-6　两个环节的并联

因此由 n 个环节并联组成的，也类似地有

$$H(s)=\sum_{i=1}^{n}H_i(s) \tag{3-27}$$

同样，令 s=jω 代入式（3-27），即可得到 n 个环节串联时系统的频率响应函数。

$$H(\omega)=\prod_{i=1}^{n}H_i(\omega) \tag{3-28}$$

其幅频相频特性分别为

$$A(\omega)=\prod_{i=1}^{n}A_i(\omega),\quad \varphi(\omega)=\sum_{i=1}^{n}\varphi_i(\omega) \tag{3-29}$$

而 n 个环节并联时系统的频率响应函数为

$$H(\omega)=\sum_{i=1}^{n}H_i(\omega) \tag{3-30}$$

注意到式（3-19）是代数式，可以将式中的分母分解为 s 的一次和二次实系数因子式，即

$$a_n s^n+a_{n-1}s^{n-1}+\cdots+a_1 s+a_0=a_n\prod_{i=1}^{r}(s+p_i)\prod_{i=1}^{(n-r)/2}\left(s^2+2\zeta_i\omega_{ni}s+\omega_{ni}^2\right)$$

式中　p_i、ζ_i、ω_{ni}——实常数；其中 $\zeta_i^2<1$。

据此，可把式（3-19）改写成

$$H(s)=\sum_{i=1}^{r}\frac{q_i}{s+p_i}+\sum_{i=1}^{(n-r)/2}\left(\frac{\alpha_i s+\beta_i}{s^2+2\zeta_i\omega_{ni}s+\omega_{ni}^2}\right) \tag{3-31}$$

式中　q_i、α_i、β_i——实常数。

式（3-31）表明，任何分母中 s 高于三次（n>3）的高阶系统都可以看作是若干个一阶环节和二阶环节的并联（也自然可转化为若干一阶环节和二阶环节的串联）。因此，分析并了解一、二阶环节的传输特性是分析并了解高阶、复杂系统传输特性的基础。

5．一阶、二阶系统的特性

（1）一阶系统　一阶系统的输入、输出关系用一阶微分方程来描述。

如图 3-7 所示，两种系统分属于力学、电学范畴的装置，但它们均属于一阶系统，均可用一阶微分方程来描述。以最常见的 RC 电路为例，令 $y(t)$ 为输出电压，$x(t)$ 为输入电压，则有

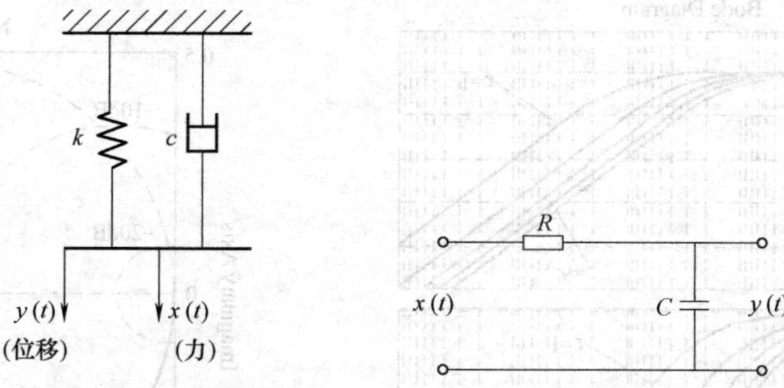

a) 忽略质量的单自由度振动系统　　b) RC积分电路

图 3-7　一阶系统

$$RC\frac{\mathrm{d}y(t)}{\mathrm{d}t}+y(t)=x(t)$$

令 $RC=\tau$

$$\tau\frac{\mathrm{d}y(t)}{\mathrm{d}t}+y(t)=x(t)$$

式中　τ——时间常数。

实际上，最一般形式的一阶微分方程为

$$a_1\frac{\mathrm{d}y(t)}{\mathrm{d}t}+a_0y(t)=b_0x(t)$$

改写成

$$\tau\frac{\mathrm{d}y(t)}{\mathrm{d}t}+y(t)=Sx(t) \tag{3-32}$$

式中　τ——时间常数，$\tau=a_1/a_0$；

S——系统灵敏度，$S=b_0/a_0$。对于具体系统而言，S 是一个常数。在考察系统动态待性时，为分析方便起见，对系统进行归一化处理，令 S=1，即

$$\tau\frac{\mathrm{d}y(t)}{\mathrm{d}t}+y(t)=x(t)$$

根据式（3-1）和式（3-18）可得其传递函数

$$H(s)=\frac{1}{\tau s+1} \tag{3-33}$$

其频率响应函数为

$$H(\omega)=\frac{1}{\mathrm{j}\tau s+1}=\frac{1}{1+(\tau\omega)^2}-\mathrm{j}\frac{\tau\omega}{1+(\tau\omega)^2} \tag{3-34}$$

其幅频、相频率特性表达式分别为

$$A(\omega)=\frac{1}{\sqrt{1+(\tau\omega)^2}}，\quad \varphi(\omega)=-\arctan(\tau\omega) \tag{3-35}$$

其中负号表示输出信号滞后于输入信号。

一阶系统的 Bode 图和 Nyquist 图分别如图 3-8、图 3-9 所示（其中 τ=1、3、5、7、9）。

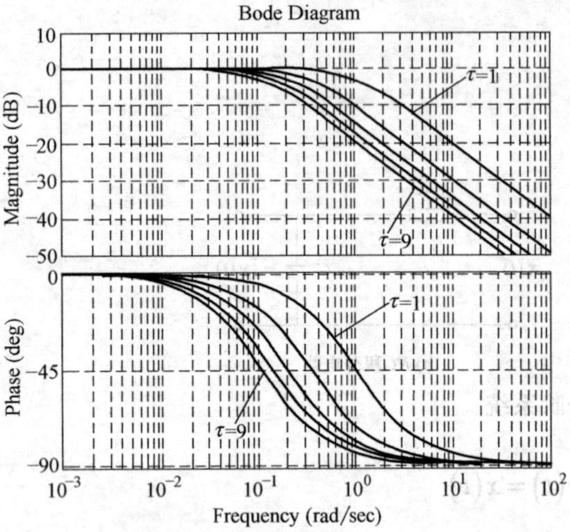

图 3-8　一阶系统的 Bode 图

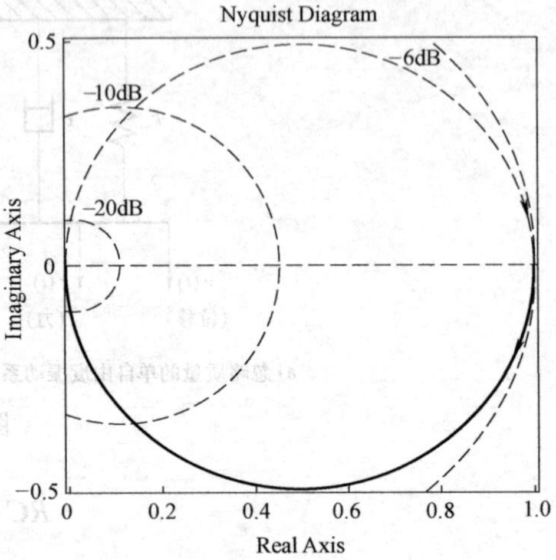

图 3-9　一阶系统的 Nyquist 图

一阶装置的脉冲响应函数为

$$h(t)=\frac{1}{\tau}\mathrm{e}^{-t/\tau} \tag{3-36}$$

其图形如图 3-10 所示（其中 τ=1、3、5、7、9）。

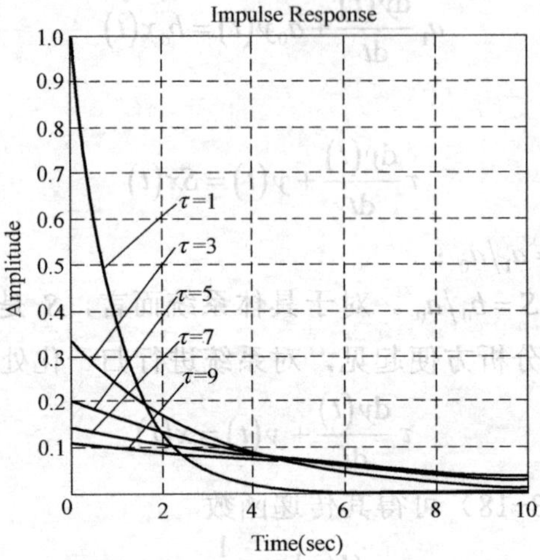

图 3-10　一阶系统的脉冲响应函数

在一阶系统特性中，有几点应该特别注意：

1）当激励频率 ω 远小于 $1/\tau$ 时（约 $\omega=1/5\tau$），其 $A(\omega)$值接近于 1（误差不超过 2%），输出、输入幅值几乎相等。当 $\omega>(2\sim3)/\tau$ 时，即 $\omega\tau>>1$时，$H(\omega)\approx\dfrac{1}{\mathrm{j}\omega\tau}$，与之相应的微分方程式为 $y(t)=\dfrac{1}{\tau}\int_0^t x(t)\,\mathrm{d}t$，输出和输入的积分成正比，系统相当于一个积分器。其中 $A(\omega)$几乎与激励频率成反比，相位滞后近 90°。一阶测量装置适用于测量缓变或低频的被测量。

2）时间常数 τ 是反映一阶系统特性的重要参数。在 $\omega=1/\tau$ 处，$A(\omega)$为 0.707(−3dB)，相角滞后 45°。时间常数 τ 实际上决定了该装置适用的频率范围。

3）一阶系统的伯德图可以用一条折线来近似描述。这条折线在 $\omega<1/\tau$ 段为 $A(\omega)=1$ 的水平线，在 $\omega>1/\tau$ 段为一条斜率为−20dB/dec 的直线。$1/\tau$ 点称转折频率，在该点折线偏离实际曲线的误差最大(−3dB)。

（2）二阶系统　如图 3-11 所示的两种系统均属于二阶系统。其中图 3-11a 中，$y(t)$ 为输出位移，$x(t)$为输入力；图 3-11b 中，$y(t)$为输出电量，$x(t)$为输入电压。

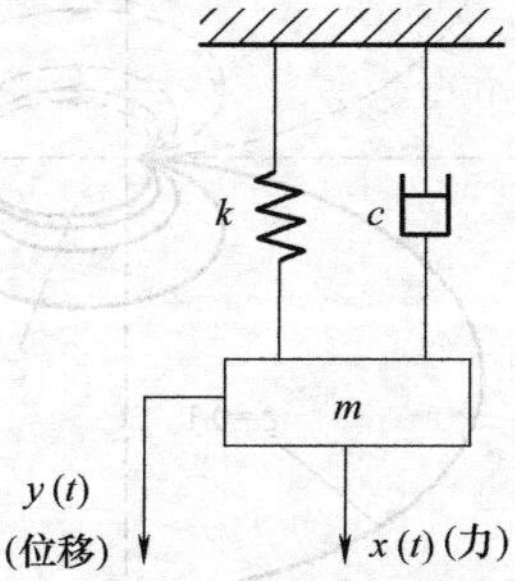

a）质量-阻尼-弹簧振动系统

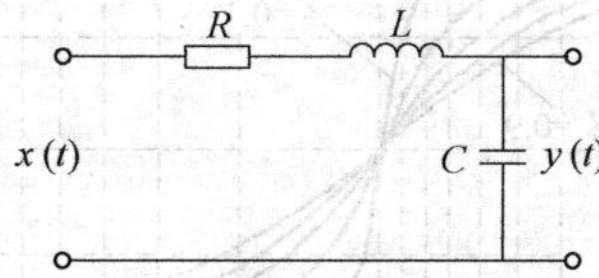

b）RLC 电路

图 3-11　二阶系统

现以 RLC 电路为例来讨论其基本特性。可用二阶微分方程式描述该系统，即

$$LC\frac{\mathrm{d}^2y(t)}{\mathrm{d}t^2}+RC\frac{\mathrm{d}y(t)}{\mathrm{d}t}+y(t)=Cx(t)$$

令 $\omega_n=1/\sqrt{LC}$、$\zeta=RC/\left(2\sqrt{LC}\right)$ 和 $S=C$，则上式可改写成

$$\frac{\mathrm{d}^2y(t)}{\mathrm{d}t^2}+2\zeta\omega_n\frac{\mathrm{d}y(t)}{\mathrm{d}t}+\omega_n^2y(t)=S\omega_n^2x(t) \tag{3-37}$$

其中，对于具体系统而言、S 是一常数。令 $S=1$，便可得到归一化的二阶微分方程式，可作为研究二阶系统特性的标准式。式中，ω_n 称为系统的固有频率，ζ 称为系统的阻尼比；而 S 显然就是系统的静态灵敏度。

根据式（3-1）和式（3-18），并令 $S=1$，可求得二阶系统传递函数为

$$H(s)=\frac{\omega_n^{\ 2}}{s^2+2\zeta\omega_n s+\omega_n^{\ 2}} \tag{3-38}$$

相应的频率响应函数、幅频特性和相频特性分别为

$$H(\mathrm{j}\omega)=\frac{\omega_n^{\ 2}}{(\mathrm{j}\omega)^2+2\zeta\omega_n(\mathrm{j}\omega)+\omega_n^{\ 2}}=\frac{1}{\left[1-\left(\frac{\omega}{\omega_n}\right)^2\right]+\mathrm{j}2\zeta\frac{\omega}{\omega_n}} \tag{3-39}$$

$$A(\omega)=\frac{1}{\sqrt{\left[1-\left(\frac{\omega}{\omega_n}\right)^2\right]^2+4\zeta^2\left(\frac{\omega}{\omega_n}\right)^2}},\quad \varphi(\omega)=-\arctan\frac{2\zeta\left(\frac{\omega}{\omega_n}\right)}{1-\left(\frac{\omega}{\omega_n}\right)^2} \tag{3-40}$$

相应的 Bode 图和 Nyquist 图分别如图 3-12、图 3-13 所示（其中 ζ=0.1、0.3、0.5、0.7、0.9；ω_n=1）。

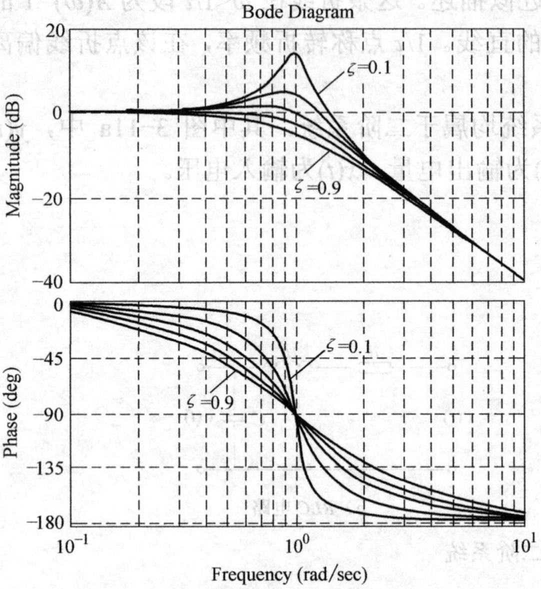

图 3-12　二阶系统的 Bode 图

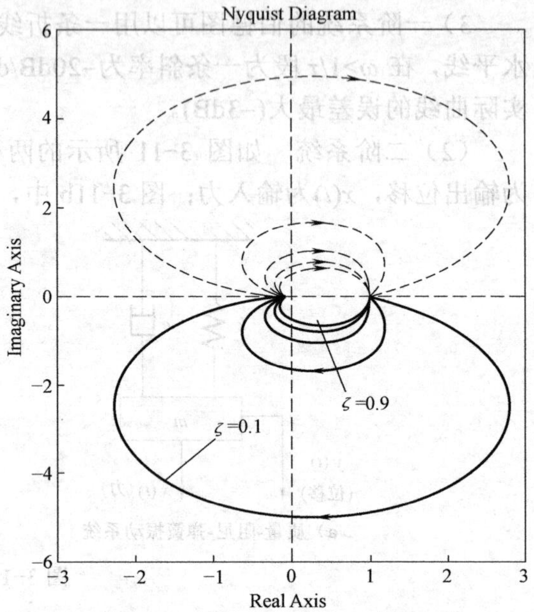

图 3-13　二阶系统的 Nyquist 图

二阶系统的脉冲响应函数为

$$h(t)=\frac{\omega_n}{\sqrt{1-\zeta^2}}e^{-\zeta\omega_n t}\sin\sqrt{1-\zeta^2}\,\omega_n t \qquad 0<\zeta<1 \tag{3-41}$$

其图形如图 3-14 所示（其中 ζ=0.1、0.3、0.5、0.7、0.9；ω_n=1）。

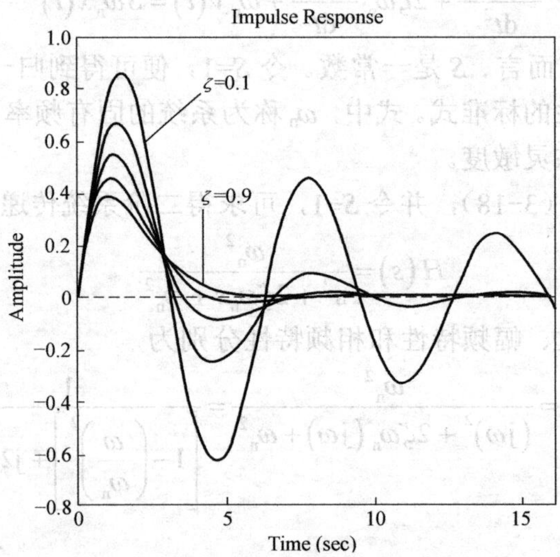

图 3-14　二阶系统的脉冲响应函数

二阶系统有以下几个特点：

1）当 $\omega \ll \omega_n$ 时，$H(\omega)\approx 1$；当 $\omega \gg \omega_n$ 时，$H(\omega)\to 0$。

2）影响二阶系统动态特性的参数有固有频率和阻尼比。然而在通常使用的频率范围中，又以固有频率的影响最为重要。所以二阶系统固有频率 ω_n 的选择应以其工作频率范围为依据。在 $\omega=\omega_n$ 附近，系统幅频特性受阻尼比影响极大，且当 $\omega\approx\omega_n$ 时，系统发生共振。因此作为实用装置，极少选用这种频率关系。但这种关系在确定系统本身的参数时却很重要。这时，$A(\omega)=1/2\zeta$，$\varphi(\omega)=-90°$，且不因阻尼比的不同而改变。

3）二阶系统的 Bode 图可用折线来近似。在 $\omega<0.5\omega_n$ 段，$A(\omega)$ 可用 0dB 水平线近似。在 $\omega>2\omega_n$ 段，可用斜率为−40dB/dec 的直线来近似。在 $\omega\approx(0.5\sim2)\omega_n$ 区间，因共振现象，近似折线偏离实际曲线较大。

4）在 $\omega<<\omega_n$ 段，$\varphi(\omega)$ 甚小，且和频率近似成正比减小。在 $\omega>>\omega_n$ 段，$\varphi(\omega)$ 趋近于−180°，即输出信号几乎和输入反相。在 $\omega\approx\omega_n$ 区间，$\varphi(\omega)$ 随频率的变化而剧烈变化，而且 ζ 越小，这种变化越剧烈。

5）二阶系统是一个振荡环节。从测试工作的角度来看，总是希望测试装置在宽广的频率范围内由于频率特性不理想所引起的误差尽可能小。为此，要选择恰当的固有频率和阻尼比的组合，以便获得较小的误差和较宽的工作频率范围。一般取 ω 小于等于 $(0.6\sim0.8)\omega_n$，ζ 在 0.65 与 0.707 之间。

（3）MATLAB 工程实现

1）绘制 Bode 图

```
bode(sys)
bode(sys,w)
[mag,phase,w]=bode(sys)
```

计算系统的频率响应的幅值、相位，绘制幅相曲线。参数 w 表示要求的频率范围。

```
bode(a,b,c,d)        % x=ax+bu y=bx+du 的每个 Bode 图
bode(a,b,c,d,iu)
bode(num,den)
```

在同一屏幕中的上下两部分分别生成伯德幅值图（以 dB 为单位）和伯德相平面图（以 rad 为单位）。

```
[mag,phase,w]=bode(num,den)
```

计算系统的频率响应及对应频率向量

```
[mag,phase]=bode(num,den,w)
```

2）绘制 Nyquist 图

```
[re,im]=nyquist(num,den,w)
```

nyquist 命令可计算 G(jw)的实部和虚部，在复平面上绘制虚部与实部的轨迹，即 Nyquist 图。

3.5　测试系统实现精确测量的条件

设有一个测试装置，其输出 $y(t)$ 和输入 $x(t)$ 满足

$$y(t)=A_0x(t-t_0) \tag{3-42}$$

式中 A_0、t_0——常量。

式（3-42）表明这个装置输出波形和输入波形精确地一致，只是幅值放大为 A_0 倍和在时间上延迟了 t_0 而已（见图 3-15）。这种情况，被认为测试装置实现了不失真测量。

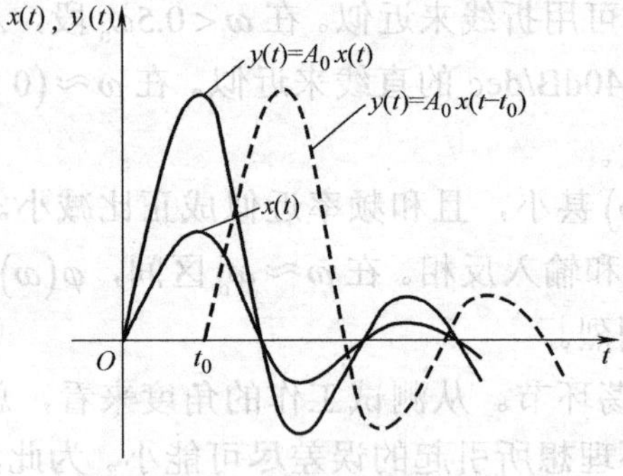

图 3-15　波形不失真复现

现在根据式（3-42）来考察能实现测试不失真的测试装置的频率特性。对该式做傅里叶变换，则

$$Y(\omega)=A_0e^{-j\omega t_0}X(\omega) \tag{3-43}$$

若考虑当 $t<0$ 时，$x(t)=0$、$y(t)=0$，于是有

$$H(\omega)=A(\omega)e^{j\varphi(\omega)}=\frac{Y(\omega)}{X(\omega)}=A_0e^{-j\omega t_0}$$

可见，若要求装置的输出波形不失真，则其幅频和相频特性应分别满足

$$\begin{cases}A(\omega)=A_0=\text{常数}\\ \varphi(\omega)=-\omega t_0\end{cases} \tag{3-44}$$

$A(\omega)$ 不等于常数时所引起的失真称为幅值失真，$\varphi(\omega)$ 与 ω 之间的非线性关系所引起的失真称为相位失真。

应当指出，满足式（3-43）和式（3-44）所示的条件后，装置的输出仍滞后于输入一定的时间。如果测试的目的只是精确地测出输入波形，那么上述条件完全满足不失真测试的要求。但如果测试的结果要用来作为反馈控制信号，那么还应当注意到输出对输入的时间滞后有可能破坏系统的稳定性。这时应根据具体要求，力求减小时间滞后。

实际测量装置不可能在非常宽广的频率范围内都满足式（3-43）和式（3-44）的要求，所以一般既有幅值失真，也有相位失真。图 3-16 就表示四个不同频率的信号通过一个具有图中 $A(\omega)$ 和 $\varphi(\omega)$ 特性的装置后的输出信号。四个输入信号都是正弦信号（包括直流信号），在某参考时刻 $t=0$，初始相角均为零。图中形象地显示各输出信号相对输入信号有不同的幅值增益和相角滞后。对于单一频率成分的信号，因为定常线性系统只有频率保持性，只要其幅值未进入非线性区，输出信号的频率也是单一的，也就无所谓失真问题。对于含有多种频率成分的，显然既引起幅值失真，又引起相位失真，特别是频率成分跨越 ω_n 前、后的信号失真尤为严重。

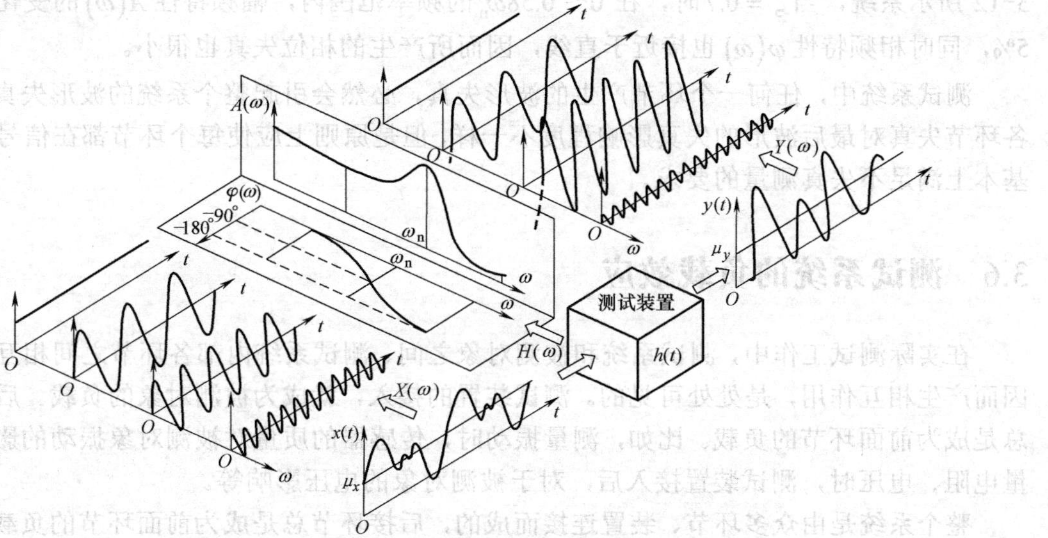

图 3-16　信号中不同频率成分通过测试装置后的输出

对实际的测试装置，即使在某一频段范围内工作，也难以完全理想地实现不失真测试。只能努力把波形失真限制在一定的误差范围内。为此首先要选用合适的测试装置，在测试频率范围内，其幅、相频率特性应接近不失真测试条件。其次，应对输入信号做必要的前置处理，及时滤去非信号频带内的噪声，以免某些频率位于测试装置共振区的噪声的进入，而使信噪比变低。

在测试装置特性的选择时也应分析并权衡幅值失真、相位失真对测试的影响。例如在振动测量中，有时只要求了解振动中的频率成分和其强度，并不关心其确切的波形变化，如只要求了解其幅值谱而对相位谱无要求。因而测试装置的幅频特性应是首先要注意的。又如某些测量要求测得特定波形的延迟时间，这时对测试装置的相频特性就应有严格的要求，以减小相位失真引起的测试误差。

从实现测试不失真条件和其他工作性能综合来看，对一阶装置而言，如果时间常数 τ 越小，则装置的响应越快，近似满足测试不失真条件的通频带也越宽。所以一阶装置的时间常数 τ 原则上越小越好。

对于二阶装置来说，其特性曲线上有两段值得注意。一般而言，在 $\omega<0.3\omega_n$ 范围内，$\varphi(\omega)$ 的数值较小，且 $\varphi(\omega)-\omega$ 特性曲线接近直线。$A(\omega)$ 在该频率范围内的变化不超过 10%，若用于测试，则波形输出失真很小。在 $\omega>(2.5-3)\omega_n$ 范围内，$\varphi(\omega)$ 接近 180°，且随 ω 变化甚小。此时如果在实际测试电路中或数据处理中减去固定相位差或把测试信号反相 180°，则其相频特性基本上满足不失真测试的条件。但是此时幅频特性 $A(\omega)$ 过小，输出幅值太小。

若二阶装置输入信号的频率 ω 在 $(0.3\omega_n,2.5\omega_n)$ 区间，装置的频率特性受 ζ 的影响很大，需做具体分析。

一般来说，ζ 在 0.6 与 0.8 之间时，可以获得较为合适的综合特性。计算表明，对图 3-12 所示系统，当 $\zeta=0.7$ 时，在 $0\sim0.58\omega_n$ 的频率范围内，幅频特性 $A(\omega)$ 的变化不超过 5%，同时相频特性 $\varphi(\omega)$ 也接近于直线，因而所产生的相位失真也很小。

测试系统中，任何一个环节产生的波形失真，必然会引起整个系统的波形失真。虽然各环节失真对最后波形的失真影响程度不一样，但是原则上应使每个环节都在信号频带内基本上满足不失真测量的要求。

3.6 测试系统的负载效应

在实际测试工作中，测试系统和被测对象之间、测试系统内部各环节之间相互连接并因而产生相互作用，是处处可见的。测试装置的接入，就成为被测对象的负载。后接环节总是成为前面环节的负载。比如，测量振动时，传感器的质量对被测对象振动的影响；测量电阻、电压时，测试装置接入后，对于被测对象的电压影响等。

整个系统是由众多环节、装置连接而成的，后接环节总是成为前面环节的负载，两者总是存在能量交换和相互影响的，以致系统的传递函数不再是各组成环节传递函数的叠加（如并联时）或连乘（如串联时）。

1. 负载效应

尽管前面曾在假设相连接环节之间没有能量交换，因而在环节互连前后各环节仍保持原有的传递函数的基础下，导出了环节串、并联后所形成的系统的传递函数式(3-24)、式(3-26)。然而这种只有信息传递而没有能量交换的连接，在实际系统中很少遇到。只有用非接触的辐射源信息探测器，如可见光和红外探测器或其他射线探测器，才可算是这类互连。

所谓负载效应是指某装置由于后接另一装置而产生的种种现象。当一个装置连接到另一装置上，并发生能量交换时，就会发生两种现象：①前装置的连接处甚至整个装置的状态和输出都将发生变化；②两个装置共同形成一个新的整体，该整体虽然保留其两组成装置的某些主要特征，但其传递函数已不能用式（3-24）和式（3-26）来表达。

负载效应产生的后果，有的可以忽略，有的却是很严重的，不能对其掉以轻心。下面举一些例子来说明负载效应的严重后果。

集成电路芯片温度虽高，但功耗很小，约几十毫瓦，相当是一种功率小的热源。若用一个带探针的温度计去测其结点温度，显然温度计会从芯片吸收可观的热量而成为芯片的散热元件。这样不仅不能测出正确的结点工作温度，而且整个电路的工作温度都会下降。又如，若在一个单自由度振动系统的质量块 m 上连接一个质量为 m_f 的传感器，致使参与振动的质量成为 $m+m_f$，从而导致系统固有频率的下降。

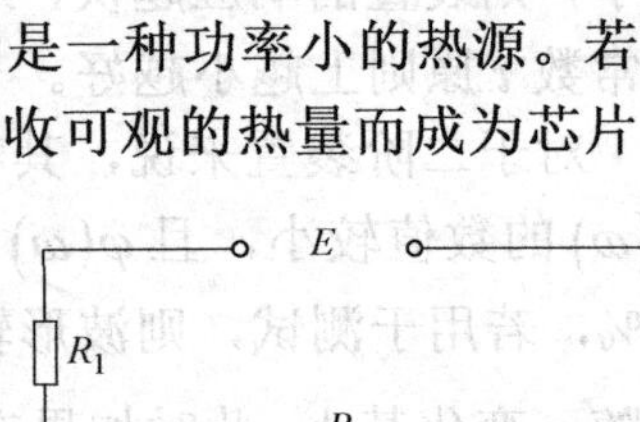

图 3-17　直流电压测量

图 3-17 是一个简单的直流电路。不难算出电阻器 R_2 的电压降 U_o 为 $U_o=\dfrac{R_2}{R_1+R_2}E$。为测量该量，可在 R_2 两端并联一个内阻为 R_m 的电压表。这时，由于 R_m 的接入，R_2 和 R_m

两端的电压降 U 为

$$U=\frac{R_m R_2}{R_1\left(R_m+R_2\right)+R_m R_2}E \tag{3-45}$$

显然，由于接入测试装置（电表），被测系统（原电路）状态及被测量（R_2 的电压降）都发生了变化。原来电压降为 U_o，接入电表后，变为 U，$U\neq U_o$，两者的差值随 R_m 的增大而减小。为了定量说明这种负载效应的影响程度，令 $R_1=100\text{k}\Omega$，$R_2=R_m=150\text{k}\Omega$，$E$=150V，代入式（3-45），可以得到 U_o=90V，U=64.3V，误差竟然达到 28.6%。若 R_m 改为 1MΩ，其余不变，则 U=84.9V，误差为 5.7%。此例充分说明了负载效应对测量结果影响有时是很大的。

图 3-18 中，两个 RC 电路（一阶环节）的传递函数分别是

$$H_1(s)=\frac{1}{1+\tau_1 s}\text{；}\quad \tau_1=R_1C_1 \text{ 和 } H_2(s)=\frac{1}{1+\tau_2 s}\text{；}\quad \tau_2=R_2C_2$$

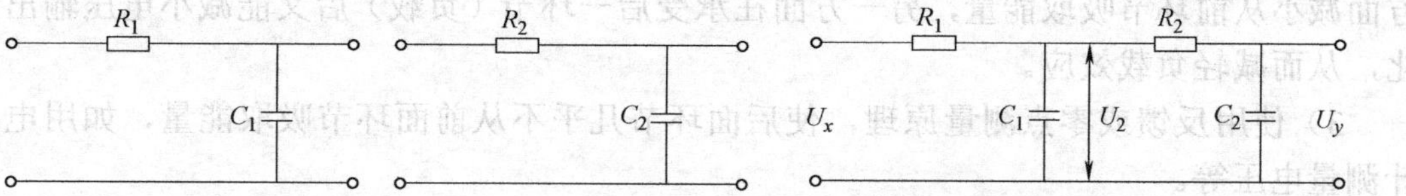

a) 一阶环节一　　b) 一阶环节二　　c) 两环节不加隔离地直接串联

图 3-18　两个一阶环节的联接

若未加任何隔离措施而将它们直接串联，则令 $U_2(t)$ 为连接点的电压，可写成

$$\frac{U_y(s)}{U_2(s)}=\frac{1}{1+\tau_2 s}$$

两环节相连后，连接点右侧的阻抗为

$$Z_2=R_2+\frac{1}{C_2 s}=\frac{1+R_2C_2 s}{C_2 s}=\frac{1+\tau_2 s}{C_2 s}$$

令 Z 表示自 R_1 后的右侧电路的阻抗，它由电容 C_1 的阻抗和 Z_2 并联而成，则

$$Z=\left(\frac{1}{C_1 s}\right)//Z_2=\frac{1+\tau_2 s}{\left(C_1+C_2\right)s+\tau_2 C_1 s^2}$$

由于 $\dfrac{U_x}{R_1+Z}=\dfrac{U_2}{Z}$

故 $\dfrac{U_2(s)}{U_x(s)}=\dfrac{Z}{R_1+Z}=\dfrac{1+\tau_2 s}{1+\left(\tau_1+\tau_2+R_1C_2\right)s+\tau_1\tau_2 s^2}$

连接后的传递函数为

$$H(s)=\frac{U_y(s)}{U_x(s)}=\frac{U_2(s)}{U_x(s)}\cdot\frac{U_y(s)}{U_2(s)}=\frac{1}{1+\left(\tau_1+\tau_2+R_1C_2\right)s+\tau_1\tau_2 s^2}$$

注意到 $H_1(s)H_2(s)=\dfrac{1}{1+\tau_1 s}\cdot\dfrac{1}{1+\tau_2 s}=\dfrac{1}{1+(\tau_1+\tau_2)s+\tau_1\tau_2 s^2}$

可见 $H(s)\neq H_1(s)H_2(s)$

此外，从上面推导过程可以看到，利用电阻抗的概念来求电路的传递函数，是比较简捷的，可免去求电路微分方程式的步骤。

2．减轻负载效应的措施

负载效应所造成的影响，应根据具体环节、装置来具体分析。如果将电阻抗的概念推广为广义阻抗，那么就可以比较简捷地研究各种物理环节之间的负载效应。

对于电压输出的环节，减轻负载效应的办法有：

1）提高后续环节（负载）的输入阻抗。

2）在原来两个相连接的环节之中，插入高输入阻抗、低输出阻抗的放大器，以便一方面减小从前环节吸取能量，另一方面在承受后一环节（负载）后又能减小电压输出的变化，从而减轻负载效应。

3）使用反馈或零点测量原理，使后面环节几乎不从前面环节吸取能量，如用电位差计测量电压等。

总之，在进行测试工作中，应当建立系统整体概念，充分考虑各种装置、环节的连接后可能产生的影响。测量装置的接入就成为被测对象的负载，将会产生测量误差。两环节的连接，后面环节将成为前面环节的负载，并产生相应的负载效应。进行测试工作时，在选择成品传感器时，必须仔细考虑传感器对被测对象的负载效应。在组成测试系统时，要考虑各组成环节之间连接时的负载效应，尽可能减小负载效应的影响。对于成套仪器系统来说，各组成部分间的互相影响，仪器生产厂家应做充分考虑，使用者只需考虑传感器对被测对象所产生的负载效应。

习　题

3-1　说明线性系统的频率保持性在测量中的作用。

3-2　在使用灵敏度为 80nC/MPa 的压电式力传感器进行压力测量时，首先将它与增益为 5mV/nC 的电荷放大器相连，电荷放大器接到灵敏度为 25mm/V 的笔试记录仪上，试求该压力测试系统的灵敏度。当记录仪的输出变化 30mm 时，压力变化为多少？

3-3　某一阶测量装置的传递函数为 $1/(0.04s+1)$，若用它测量频率为 0.5Hz、1Hz、2Hz 的正弦信号，试求其幅度误差和相位误差。

3-4　用一时间常数为 2s 的温度计测量炉温时，当炉温在 200～400℃之间，以 150s 为周期，按正弦规律变化时，温度计输出的变化范围是多少？

3-5　用一阶系统对 100Hz 的正弦信号进行测量时，如果要求振幅误差在 10%以内，时间常数应为多少？如果用该系统对 50Hz 的正弦信号进行测试时，则此时的幅值误差和相位误差是多少？

3-6　用传递函数为 $1/(0.0025s+1)$ 的一阶测量装置进行周期信号测量。若将幅度误差限制在 5%以下，试求所能测量的最高频率成分。此时的相位差是多少？

3-7　设一力传感器作为二阶系统处理。已知传感器的固有频率为 800Hz，阻尼比为 0.14，问使用该传感器作频率为 400Hz 正弦变化的外力测试时，其振幅和相位角各为多少？

3-8　系统不失真的条件是什么？

3-9　试说明二阶装置（系统）阻尼比 ζ 多采用 0.6～0.7 之间的原因。

第4章 常用传感器

工程测量中通常把直接作用于被测量，并能按一定方式将其转换成同种或别种量值输出的器件，称为传感器。

传感器是测试系统的一部分，它把被测量，如力、位移、温度等物理量转换为易测信号或易传输信号，传送给测试系统的调理环节。因而也可以把传感器理解为能将被测量转换为与之对应的，易检测、易传输或易处理信号的装置。直接受被测量作用的元件称为传感器的敏感元件。

传感器也可认为是人类感官的延伸，因为借助传感器可以去探测那些人们无法用或不便用感官直接感知的事物，如高温、高压、振动频率、海水深度、与太阳的距离、地面形貌、河流状态及植被的分布等。因此，可以说传感器是人们认识自然界事物的有力工具，是测量仪器与被测事物之间的接口。

在工程上也把提供与输入量有特定关系的输出量的器件，称为测量变换器。传感器就是输入量为被测量的测量变换器。

传感器处于测试装置的输入端，是测试系统的第一个环节，是感受和拾取被测信号的装置，其性能直接影响整个测试系统，对测试精度至关重要。

传感器普遍应用于军事、公安、工业、纺织、商业、环保、医疗卫生、气象、海洋、航空、航天、家用电器等领域和部门。传感器是生产自动化、科学测试、计量核算、监测诊断等系统中不可缺少的环节。总之，当前，传感器已渗透到诸如工业生产、宇宙开发、海洋探测、环境保护、资源调查、医疗保健、生物工程、文物保护等极为广泛的领域，可以毫不夸张地说，从茫茫的太空，到浩瀚的海洋，以至各种复杂的工程系统，几乎每一个现代化项目，都离不开各种各样的传感器。在讨论传感器的重要地位时，有些专家评论："如果没有传感器检测各种信息，那么支撑现代文明的科学技术，就不可能发展"；"谁掌握和支配了传感器技术，谁就能够支配新时代"。

4.1 传感器的分类

工程中常用传感器的种类繁多，往往一种物理量可用多种类型的传感器来测量，而同一种传感器也可用于多种物理量的测量。

传感器的分类方法很多，概括起来，可按以下几个方面进行分类。

（1）按被测物理量的不同　可分为位移传感器、速度传感器、加速度传感器、力传感器和温度传感器等。

（2）按传感器工作原理的不同　可分为机械式传感器、电气式传感器、光学式传感器、辐射式传感器和流体式传感器等。

（3）按信号变换特征来分　可分为物性型传感器和结构型传感器。

所谓物性型传感器，是利用敏感元件材料本身物理性质的变化来实现信号的检测。例如，用水银温度计测温，是利用了水银的热胀冷缩的现象；用光电传感器测速，是利用了光电器件本身的光电效应；用压电测力计测力，是利用了石英晶体的压电效应等。

所谓结构型传感器则是通过传感器本身结构参数的变化来实现信号转换的传感器。例如，电容式传感器通过极板间距离发生变化而引起电容量的变化；电感式传感器通过活动衔铁的位移引起自感或互感的变化等。

（4）按传感器与被测量之间的能量关系　可分为能量转换型和能量控制型传感器。

能量转换型传感器也称无源传感器，是直接由被测对象输入能量使其工作的，例如热电偶温度计、弹性压力计等。由于这类传感器在转换过程中需要吸收被测物体的能量，容易造成测量误差。

能量控制型传感器也称有源传感器，分为两种形式。其一如图 4-1a 所示，它是从外部供给能量使传感器工作的，并且由被测量来控制外部供给能量的变化。例如，电阻应变计中电阻接于电桥上，电桥工作能源由外部供给，而由被测量变化所引起电阻变化来控制电桥输出。电阻温度计、电容式测振仪等均属此种类型。其二如图 4-1b 所示，由外部能源供给激励信号发生器，而激励信号发生器以信号激励被测对象。传感器获取的信号是被测对象对激励信号的响应，它反映了被测对象的性质或状态，例如超声波探伤仪、γ 射线测厚仪、X 射线衍射仪等。

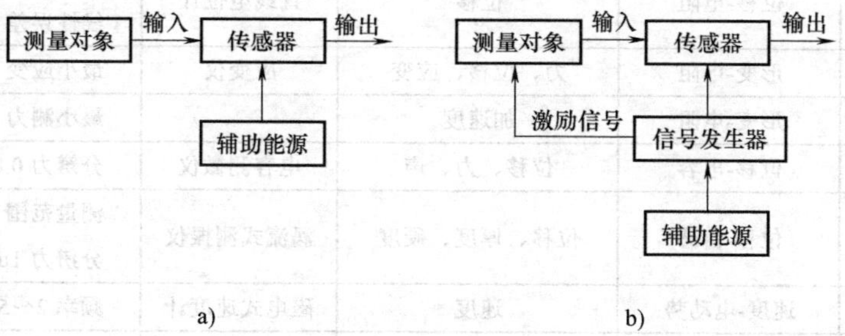

图 4-1　能量控制型传感器框图

（5）按传感器输出量的性质　可分为模拟式和数字式传感器两种，前者的输出量为连续变化的模拟量，而后者的输出量为数字量。由于计算机在工程测试中的应用，数字式传感器是很有发展前途的。当然，模拟量也可以通过 A-D 转换器转换为数字量。

需要指出的是，不同情况下，传感器可能只有一个，也可能有几个换能元件，也可能是一个小型装置。例如，电容式位移传感器是位移-电容变化的能量控制型传感器，可以直接测量位移。而电容式压力传感器，则经过压力-膜片弹性变形（位移）-电容变化的转换过程。此时膜片是一个由机械量-机械量的换能件，由它实现第一次变换；同时它又与另一极板构成电容器，用来完成第二次转换。再如电容型伺服式加速度计（也称力反馈式加速度计），实际上是一个具有闭环回路的小型测量系统，如图 4-2 所示。这种传感器较一般开环式传感器具有更高的精确度和稳定性。

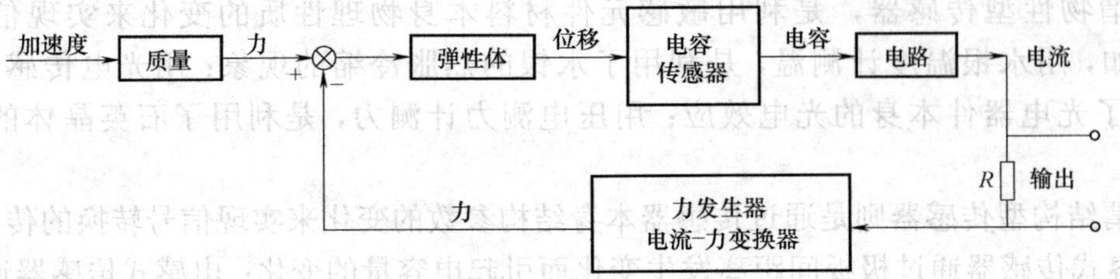

图 4-2　伺服式加速度计框图

表 4-1 汇总了机械工程中常用传感器的基本类型及其名称、被测量、性能指标等。

表 4-1　常用传感器的基本类型

类型	名　　称	变　换　量	被　测　量	应 用 举 例	性能指标（参考）
机械式	测力环	力-位移	力	三等标准测力仪	测量范围 $10\sim10^5$N 示值误差±（0.3～0.5）%
	弹簧	力-位移	力	弹簧秤	测量范围大于 0.1N
	波纹管	压力-位移	压力	压力表	测量范围 500Pa～0.5MPa
	波登管	压力-位移	压力	压力表	测量范围 0.5Pa～10^3MPa
	波纹膜片	压力-位移	压力	压力表	测量范围小于 500Pa
	双金属片	温度-位移	温度	温度计	测量范围 0～300℃
	微型开关	力-位移	物体尺寸、位置、有无	—	位置精度可达微米
电磁及光电子式	电位计	位移-电阻	位移	直线电位计	分辨力 0.025～0.05mm 线性误差（0.05～0.1）%
	电阻丝应变片	形变-电阻	力、位移、应变	应变仪	最小应变 1～2$\mu\varepsilon$
	半导体应变片	形变-电阻	加速度		最小测力 0.1～1N
	电容	位移-电容	位移、力、声	电容测微仪	分辨力 0.025μm
	电涡流	位移-自感	位移、厚度、硬度	涡流式测振仪	测量范围 0～15mm 分辨力 1μm
	磁电	速度-电动势	速度	磁电式速度计	频率 2～500Hz；振幅±1mm
	电感	位移-自感	位移、力	电感测微仪	分辨力 0.5μm
	差动变压器	位移-互感	位移、力	电感比较仪	分辨力 0.5μm
	压敏元件	力-电荷	力、加速度	测力计	分辨力 0.01N
	压敏元件	力-电荷	力、加速度	加速度计	频率 0.1～20kHz 测量范围 $10^{-2}\sim10^5$m/s^2
	压磁元件	力-磁导率	力、转矩	测力计	测量精度 1%
	热电偶	温度-电势	温度	热温度计	测量范围 0～1600℃
	霍尔元件	位移-电势	位移、探伤	位移传感器	测量范围 0～2mm；直线性 1%
	热敏电阻	温度-电阻	温度	半导体温度计	测量范围−10～300℃
	气敏电阻	气体浓度-电阻	可燃气体	气敏检测仪	测量范围 0～100%LEL（爆炸下限）
	光敏电阻	光-电阻	开、关量	光线检测仪	反应时间 100～250ms
	光电池	光-电压	—	硒光电池	灵敏度 500μA/lm
	光敏晶体管	光-电流	转速、位移	光电转速仪	最大截止频率 50kHz

（续）

类型	名　称	变 换 量	被 测 量	应 用 举 例	性能指标（参考）
电磁及光电子式	光纤	声-光相位调制 传光型	声压 温度	水听器 光纤辐射温度计	检测最小声压 1μPa 测量范围 700～1100℃ 测量误差小于 5℃
	光电管	光电、数显	长度、角度	光学测长仪	测量范围 0～500mm 最小划分值 0.1μm
	光栅	光-电	长度 角度	长光栅 圆光栅	测程 3m，分辨力 0.05μm 分辨力 0.1″
辐射式	红外	热-电	温度、物体有无	红外测温仪	测量范围−10～1300℃ 分辨力 0.1℃
	X 射线	散射、干涉、穿透	测厚、探伤、应力成分分析	X 射线应力仪	—
	γ 射线	对物质穿透	测厚、探伤	γ 射线测厚仪	—
	激光	光波干涉	长度、位移转角、加速度	激光测长仪 激光干涉测振仪	测距 2m；分辨力 0.2μm 振幅±（3～5）$\times10^{-4}$mm 频率 5～3kHz
	超声	超声波反射、穿透	测厚、探伤	超声波测厚仪	测量范围 4～40m 测量精度±0.25mm
	β 射线	穿透作用	测厚		—
流体式	气动	尺寸-压力	尺寸、物体大小	气动量仪	可测最小直径 0.05～0.076mm
	气动	间隙-压力	距离	气动量仪	测量间隙 6mm；分辨力 0.025mm
	气动	压力-尺寸	尺寸、间隙	浮标式气动量仪	放大倍率 1000～1000 测量间隙 0.05～0.2mm
	液体	压力平衡	压力	活塞压力计	测量精度（0.02～0.2）%
	液体	液体静压变化	流量	节流式流量计	—
	液体	液体阻力变化	流量	转子式流量计	—

无论何种传感器，尽管它们的原理、结构不同，使用环境、条件、目的不同，其技术指标也不尽相同，但基本要求却是相同的。这就是：

1）灵敏度高，输入和输出之间应具有较好的线性关系。

2）噪声小，并且具有抗外部噪声的性能。

3）滞后、漂移误差小。

4）动态特性良好。

5）接入测量系统时对被测量产生影响小。

6）功耗小，复现性好，有互换性。

7）防水及抗腐蚀等性能好，能长期使用。

8）结构简单，容易维修和校正。

9）低成本，通用性强。

实际的传感器往往很难满足这些性能要求，应根据应用的目的、使用环境、被测对象状况、精度要求和信号处理等具体条件做全面综合考虑。表 4-2 为常用传感器的技术指标。

表 4-2 常用传感器的技术指标

基本参数指标	环境参数指标	可靠性指标	其他指标
量程指标：量程范围、过载能力等 **灵敏度指标**：灵敏度、分辨率、满量程输出、输入阻抗等 **精度有关指标**：精度、误差、线性、滞后、重复性、灵敏度误差、稳定性等 **动态特性指标**：固有频率、阻尼比、时间常数、频率响应范围、频率特性、临界频率、临界速度、稳定时间、过冲量、稳态误差等	**温度指标**：工作温度范围、温度误差、温度漂移、温度系数、热滞后等 **抗冲振指标**：允许各向抗冲振的频率、振幅及加速度、冲振所引入的误差等 **其他环境参数**：抗潮湿、抗介质腐蚀能力、抗电磁干扰能力等	工作寿命、平均无故障时间、保险期、疲劳性能、绝缘电阻、耐压及抗飞弧等	**使用有关指标**：供电方式（交流、直流、频率及波形等）、功率、各项分布参数值、电压范围及稳定度等 **结构方面参数**：外形尺寸、质量、材质、结构特点等 **安装连接方面指标**：安装方式、馈线电缆等

4.2 机械式传感器

机械式传感器应用很广。在测试技术中，常常以弹性体作为传感器的敏感元件，故又称之为弹性敏感元件。它的输入量可以是力、压力、温度等物理量，而输出则为弹性元件本身的弹性变形。这种变形经放大后可成为仪表指针的偏转，借助刻度指示出被测量的大小。这种传感器的典型应用有：用于测力或称重的环形测力计、弹簧秤等；用于测量流体压力的波纹膜片、波纹管等；用于温度测量的双金属片等，如图 4-3 所示。

机械式传感器做成的机械式指示仪表具有结构简单、可靠、使用方便、价格低廉、读数直观等优点。但弹性变形不宜大，以减小线性误差。此外，由于放大和指示环节多为机械传动，不仅受间隙影响，而且惯性大，固有频率低，只宜用于检测缓变或静态被测量。

为了提高测量的频率范围，可先用弹性元件将被测量转换成位移量，然后用其他形式的传感器（如电阻、电容、电涡流式等）将位移量转换成电信号输出。

弹性元件具有蠕变、弹性后效等现象。材料的蠕变与承载时间、载荷大小、环境温度等因素有关。而弹性后效则与材料应力-松弛和内阻尼等因素有关。这些现象最终都会影响到输出与输入的线性关系。因此，应用弹性元件时，应从结构设计、材料选择和处理工艺等方面采取有效措施。

近年来，在自动检测、自动控制技术中广泛应用的微型探测开关亦被看作机械式传感器。这种开关能把物体的运动、位置或尺寸变化，转换为接通、断开信号。图 4-4 表示这种开关中的一种。它由两个簧片组成，在常态下处于断开状态。当它与磁性块接近时，簧片被磁化而接合，成为接通状态。图 4-4 中，只有当钢制工件通过簧片和电磁铁之间时，簧片才会被磁化而接合，从而表达了有一件工件通过。这类开关，可用于探测物体有无、位置、尺寸、运动状态等。

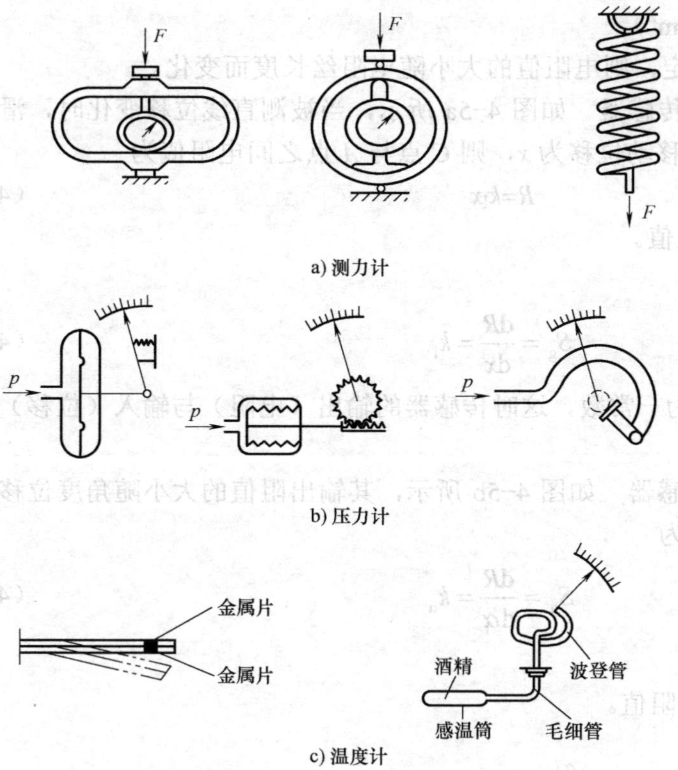

图 4-3 典型机械式传感器

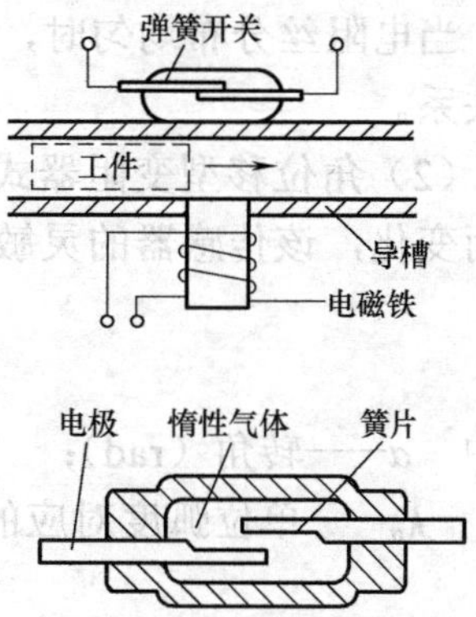

图 4-4 微型探测开关

4.3 电阻式传感器

电阻式传感器种类繁多，应用广泛，是一类根据电阻定律而设计的传感器，其基本原理就是将被测物理量（如位移、力等）的变化转换成电阻值的变化，再经相应的测量电路显示或记录被测量值的变化。常用的电阻式传感器有变阻器式、电阻应变式、热敏电阻式和磁敏电阻式等许多种。

4.3.1 滑动触点式变阻器

滑动触点式变阻器也称为变阻器式传感器或电位差计式传感器，常用的滑动触点式变阻器有直线位移型、角位移型和非线性型等，其结构如图 4-5 所示。不管是哪种类型的传感器，都由线圈、骨架和滑动触头等组成。线圈绕于骨架上，触头可在绕线上滑动，当滑动触头在绕线上的位置改变时，位移变化就转换为电阻变化。根据电阻定律：

$$R=\rho\frac{l}{A} \tag{4-1}$$

式中 R—— 电阻值（Ω）；

ρ—— 电阻率（$\Omega\cdot mm^2/m$）；

l—— 电阻丝长度（m）；

A——电阻丝截面积（mm^2）。

如果电阻丝直径和材质一定，则电阻值的大小随电阻丝长度而变化。

（1）直线位移型变阻器式传感器　如图 4-5a 所示，当被测直线位移变化时，滑动触头的触点 C 沿变阻器移动。若移动位移为 x，则 C 点与 A 点之间电阻值为

$$R=k_l x \tag{4-2}$$

式中　k_l——单位长度内的电阻值。

传感器的灵敏度为

$$S_g=\frac{dR}{dx}=k_l \tag{4-3}$$

当电阻丝分布均匀时，k_l 为一常数，这时传感器的输出（电阻）与输入（位移）呈线性关系。

（2）角位移型变阻器式传感器　如图 4-5b 所示，其输出阻值的大小随角度位移的大小而变化，该传感器的灵敏度为

$$S_g=\frac{dR}{d\alpha}=k_\alpha \tag{4-4}$$

式中　α——转角（rad）；

k_α——单位弧度对应的电阻值。

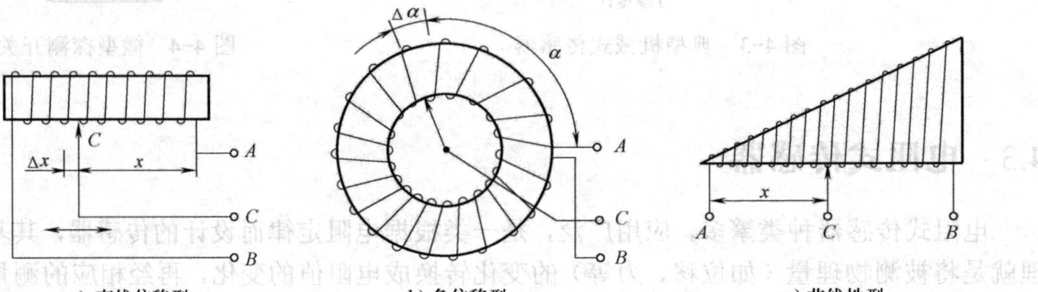

图 4-5　滑动触点式变阻器

（3）非线性变阻器式传感器　或称为函数电位器，如图 4-5c 所示。当输入位移呈非线性变化规律时，为了保证输入、输出的线性关系，利于后续仪表的设计，可以根据输入的函数规律来确定这种传感器的骨架形状。例如，如果输入位移 x 的变化规律为 $f(x)=kx^2$，为使输出电阻值 $R(x)$ 与 $f(x)$ 呈线性关系，变阻器骨架应做成直角三角形；如果输入位移 x 的变化规律为 $f(x)=kx^3$，则应采用抛物线形骨架。

滑动触点式变阻器的后接电路，一般采用电阻分压电路，图 4-6 所示为线性变阻器的电阻分压电路。在直流激励电压 u_e 作用下，这种变阻器将位移变成输出电压的变化。当滑动触头移动 x 距离后，变阻器的输出电压 u_y 可计算为

$$u_y=\frac{u_e}{x_p/x+(R_p/R_L)(1-x/x_p)} \tag{4-5}$$

式中　R_p——变阻器的总电阻；

x_p——变阻器的总长度；

R_L——后接电路的输入电阻。

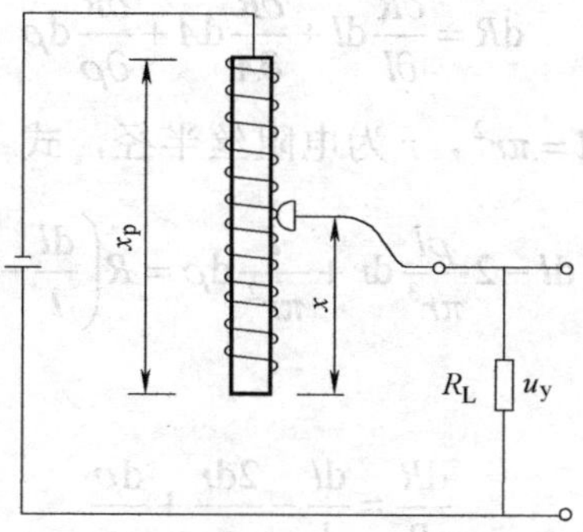

图 4-6　电阻分压电路

式（4-5）表明，传感器经过后接电路后的实际输出和输入为非线性关系，为减小后续电路的影响，应使 $R_L >> R_p$，此时，$u_y \approx u_e x / x_p$。

滑动触点式变阻器的优点如下：结构简单，性能稳定，受环境因素（如温度、湿度、电磁场干扰等）影响小，价格低廉，使用方便，可以实现输出-输入间任意函数关系，输出信号大，一般不需放大。缺点如下：分辨力不高，因为受到骨架尺寸和电阻丝直径的限制，提高分辨力需使用更细的电阻丝，绕制较困难，所以滑动触点式变阻器的分辨力很难高于 20μm。

由于结构上的特点，这种传感器还有较大的噪声。触头和电阻丝之间接触面的变动和磨损、尘埃附着等，都会使触头在滑动中的接触电阻发生不规则的变化，从而产生噪声。磨损不仅影响使用寿命和降低可靠性，而且会降低测量精度，使分辨力较低；动态响应较差，适合于测量变化较缓慢的量。

滑动触点式变阻器被用于线位移、角位移测量，在测量仪器中用于伺服记录仪器或电子电位差计等。

4.3.2　电阻应变式传感器

电阻应变式传感器是通过应变片将被测物理量转换成电阻变化的器件，其敏感元件为电阻应变片。将电阻应变片粘贴在被测试件表面或各种弹性敏感材料上，可构成测量应变、位移、加速度、力、力矩、压力等各种参数的电阻应变式传感器。

电阻应变式传感器具有以下特点：①精度高，测量范围广；②使用寿命长，性能稳定可靠；③结构简单，体积小，质量轻；④动态响应较好，既可用于静态测量，又可用于动态测量；⑤价格低廉，品种多样，便于选择和大量使用。电阻应变式传感器在航空、船舶、机械、化工、建筑等行业内获得广泛应用，成为目前应用最广泛的传感器之一。

电阻应变式传感器可分为金属电阻应变式传感器与半导体应变式传感器两类。

1．工作原理

把电阻应变片用特制胶水粘固在弹性结构体或需要测量变形的物体表面上，当弹性体受外力作用而成比例地发生机械变形（在弹性范围内）时，应变片也随同该物体一起变形，其电阻值也发生相应变化，由此将被测量转换为电阻变化。由于电阻值 $R=\rho l/A$，其中长度 l、截面积 A、电阻率 ρ 均将随电阻丝的变形而变化。而 l、A、ρ 的变化又将引起 R 的变化。当每一可变因素分别有一增量 $\mathrm{d}l$、$\mathrm{d}A$ 和 $\mathrm{d}\rho$ 时，所引起的电阻增量为

$$\mathrm{d}R=\frac{\partial R}{\partial l}\mathrm{d}l+\frac{\partial R}{\partial A}\mathrm{d}A+\frac{\partial R}{\partial \rho}\mathrm{d}\rho \tag{4-6}$$

若导体截面为圆形，则 $A=\pi r^2$，r 为电阻丝半径，式（4-6）可写为

$$\mathrm{d}R=\frac{\rho}{\pi r^2}\mathrm{d}l-2\frac{\rho l}{\pi r^3}\mathrm{d}r+\frac{l}{\pi r^2}\mathrm{d}\rho=R\left(\frac{\mathrm{d}l}{l}-\frac{2\mathrm{d}r}{r}+\frac{\mathrm{d}\rho}{\rho}\right)$$

电阻的相对变化

$$\frac{\mathrm{d}R}{R}=\frac{\mathrm{d}l}{l}-\frac{2\mathrm{d}r}{r}+\frac{\mathrm{d}\rho}{\rho} \tag{4-7}$$

式中　$\mathrm{d}l/l=\varepsilon$——电阻丝轴向相对变形，或称纵向应变；

$\mathrm{d}r/r$——电阻丝径向相对变形，或称横向应变；

$\mathrm{d}\rho/\rho$——电阻丝电阻率相对变化，与电阻丝轴向所受正应力 σ 有关

$$\frac{\mathrm{d}\rho}{\rho}=\lambda\sigma=\lambda E\varepsilon \tag{4-8}$$

式中　E——电阻丝材料的弹性模量；

λ——压阻系数，与材质有关。

当电阻丝沿轴向伸长时，必沿径向缩小，两者之间的关系为

$$\frac{\mathrm{d}r}{r}=-\mu\frac{\mathrm{d}l}{l} \tag{4-9}$$

式中　μ——电阻丝材料的泊松比。

将式（4-8）、式（4-9）代入式（4-7），则有

$$\mathrm{d}R/R=\varepsilon+2\mu\varepsilon+\lambda E\varepsilon=(1+2\mu+\lambda E)\varepsilon \tag{4-10}$$

或

$$S_{\mathrm{g}}=\frac{\mathrm{d}R/R}{\varepsilon}=(1+2\mu)+\lambda E \tag{4-11}$$

式中　S_{g}——电阻丝的应变系数或灵敏度，其物理意义是单位应变所引起的电阻相对变化。

分析式（4-11）可以明显看出，电阻丝的灵敏度受两个因素影响：一个是受力后材料的几何尺寸变化所引起的，即（$1+2\mu$）项，对于同一电阻材料，（$1+2\mu$）是常数；另一个是受力后材料的电阻率变化所引起的，即 λE 项。

由于测试中 R 的变化量微小，可认为 $\mathrm{d}R\approx\Delta R$，则式（4-10）可表示为

$$\Delta R/R\approx S_{\mathrm{g}}\varepsilon \tag{4-12}$$

2．金属电阻应变片

对于金属电阻丝来说，式（4-11）中 λE 项比（$1+2\mu$）项小得多，可忽略。大量实验

表明，在电阻丝拉伸比例极限范围内，电阻的相对变化与其所受的轴向应变成正比，式（4-11）简化为

$$S_{\mathrm{g}}=\frac{\mathrm{d}R/R}{\varepsilon}\approx 1+2\mu \tag{4-13}$$

用于制造电阻应变片的电阻丝的灵敏度 S_{g} 多在 1.7～3.6 之间。

常用的金属电阻应变片分为丝式、箔式和金属膜式。前两种为粘接式应变片（见图 4-7），由绝缘的基片、覆盖层和具有高电阻系数的金属敏感栅及引出线四部分组成。

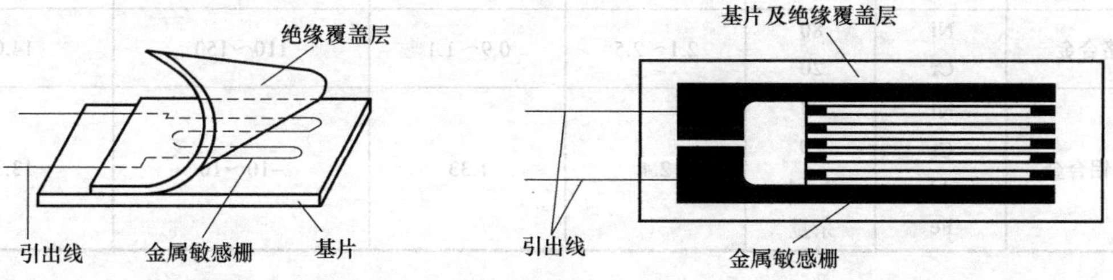

a) 丝式应变片　　b) 箔式应变片

图 4-7　粘接式应变片

金属丝式电阻应变片（又称电阻丝应变片）出现得较早，现在仍广泛采用，采用直径为 0.025mm 左右、具有高电阻率的电阻丝制成的，如图 4-8 所示。为了获得高的电阻值，将电阻丝排列成栅状，称为敏感栅，并粘贴在绝缘的基片上。电阻丝的两端焊接引线。敏感栅上面粘贴有起保护作用的覆盖层。l 为栅长（标距），b 为栅宽（基宽），$b\times l$ 为应变片的使用面积。应变片的规格一般以使用面积和电阻值表示，如 3mm×20mm，120Ω。

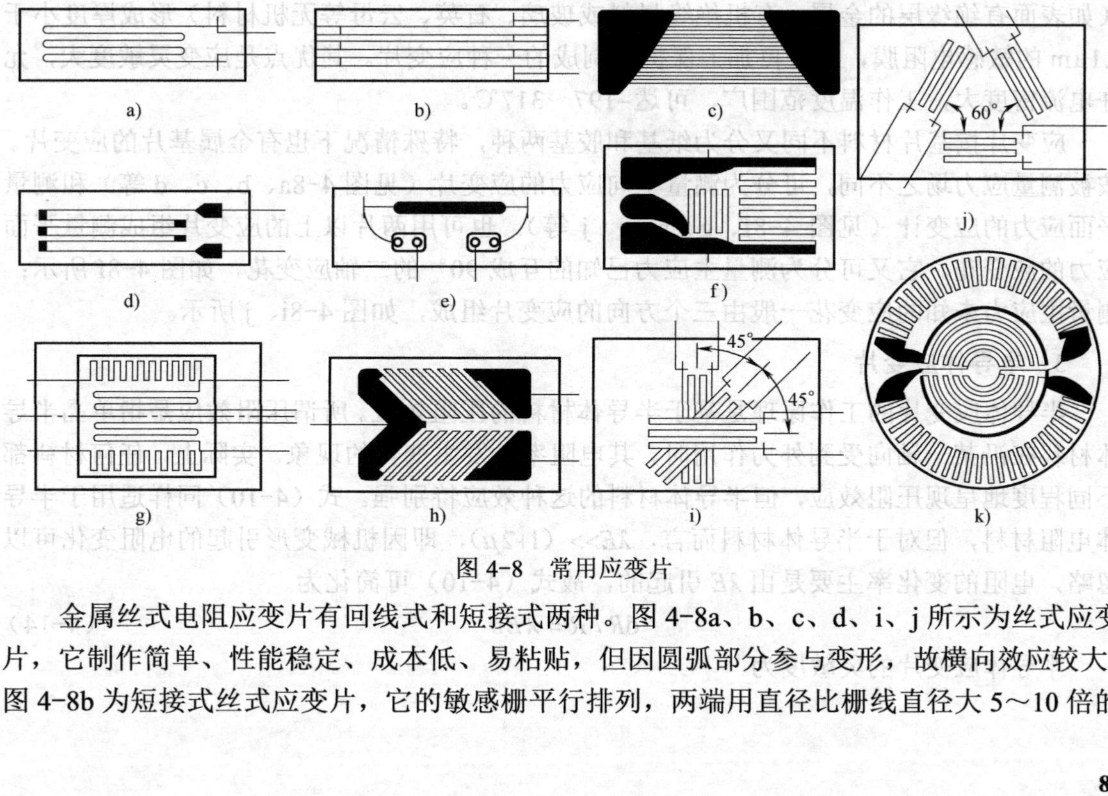

a)　b)　c)　d)　e)　f)　g)　h)　i)　j)　k)

图 4-8　常用应变片

金属丝式电阻应变片有回线式和短接式两种。图 4-8a、b、c、d、i、j 所示为丝式应变片，它制作简单、性能稳定、成本低、易粘贴，但因圆弧部分参与变形，故横向效应较大。图 4-8b 为短接式丝式应变片，它的敏感栅平行排列，两端用直径比栅线直径大 5～10 倍的

镀银丝短接而成，其优点是克服了横向效应。丝式应变片敏感栅常用的材料有康铜、镍铬合金、镍铬铝合金，以及铂、铂钨合金等。图 4-8g、k 为丝式应变花，图 4-8f、h 为金属箔式电阻应变片，图 4-8e 为半导体应变片。几种常用电阻丝材料物理性能见表 4-3。

表 4-3　常用电阻丝材料物理性能

材料名称	成分		灵敏度	电阻率 ρ	电镀稳定系数	膨胀系数
	元素	%	S_g	$\Omega\cdot mm^2/m$	$\times10^{-6}/℃$	$\times10^{-6}/℃$
康铜	Cu Ni	57 43	1.7～2.1	0.49	−20～20	14.9
镍铬合金	Ni Cr	80 20	2.1～2.5	0.9～1.1	110～150	14.0
镍铬铝合金	Ni Cr Al Fe	73 20 3～4 余量	2.4	1.33	−10～10	13.3

金属箔式应变片则是用栅状金属箔片代替栅状金属丝，是利用照相制版或光刻技术，将厚为 0.001～0.01mm 的金属箔片制成敏感栅，如图 4-8f、g、k 所示。箔式应变片具有如下优点：①可制成多种复杂形状、线条均匀、尺寸准确的敏感栅，其栅长最小可做到 0.2mm，以适应不同的测量要求；②横向效应小、阻值一致性好；③散热条件好，允许电流大，提高了输出灵敏度；④蠕变和机械滞后小，疲劳寿命长；⑤黏结情况好，传递试件应变性能好；⑥生产效率高，便于实现大批量自动化生产。金属箔的材料常用康铜和镍铬合金等。

金属膜式应变片是采用真空镀膜（真空蒸发或真空沉积）等方法，在薄的绝缘基片上（如表面有绝缘层的金属、有机绝缘材料或玻璃、石英、云母等无机材料）形成厚度小于 0.1μm 的敏感电阻膜，最后再加上保护层制成的一种应变片。其优点是应变灵敏度大，允许电流密度大，工作温度范围广，可达−197～317℃。

应变片按基片材料不同又分为纸基和胶基两种，特殊情况下也有金属基片的应变片。按被测量应力场之不同，可分为测量单向应力的应变片（见图 4-8a、b、c、d 等）和测量平面应力的应变计（见图 4-8f、g、h、i、j 等）。也可用两片以上的应变片组成测量平面应力的应变花。它又可分为测量主应力已知的互成 90° 的二轴应变花，如图 4-8f 所示；测量主应力未知的应变花一般由三个方向的应变片组成，如图 4-8i、j 所示。

3．半导体应变片

半导体应变片的工作原理是基于半导体材料的压阻效应。所谓压阻效应是指单晶半导体材料在沿某一轴向受到外力作用时，其电阻率 ρ 发生变化的现象。实际上，任何材料都不同程度地呈现压阻效应，但半导体材料的这种效应特别强。式（4-10）同样适用于半导体电阻材料，但对于半导体材料而言，$\lambda E >> (1+2\mu)$，即因机械变形引起的电阻变化可以忽略，电阻的变化率主要是由 λE 引起的，故式（4-10）可简化为

$$dR/R=\lambda E\varepsilon \tag{4-14}$$

半导体应变片的灵敏度为

$$S_g = \frac{dR/R}{\varepsilon} = \lambda E \tag{4-15}$$

半导体应变片的灵敏度 S_g 为 60～170，这一数值比金属丝电阻应变片大 50～70 倍。

半导体应变片有体型、薄膜型和扩散型三种，如图 4-9 所示，主要由胶膜基片、半导体敏感栅、内外引线、焊接电极板等组成，其使用方法与金属电阻应变片相同，即粘贴在弹性构件或被测物体上，其电阻值随被测试件的应变而变化。

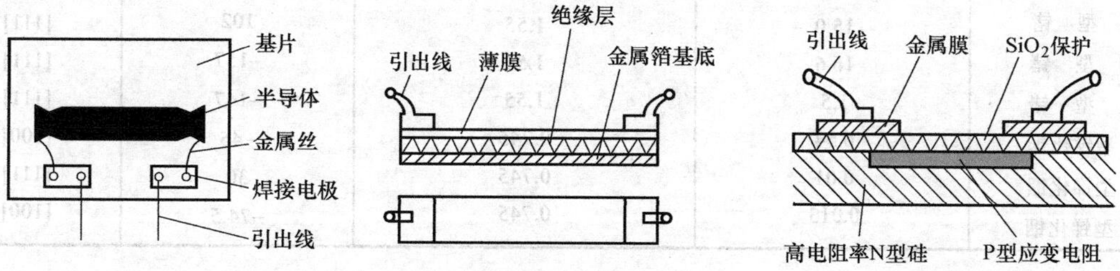

a) 体型　　b) 薄膜型　　c) 扩散型

图 4-9　半导体应变片

扩散型半导体应变式传感器也称固态压阻式传感器，是在半导体材料的基片上用集成电路工艺制成扩散电阻，作为测量传感元件。其工作原理与前述半导体应变片相同，都是利用半导体材料的压阻效应，区别在于，半导体应变片是由单晶半导体材料构成，是利用半导体电阻做成的粘贴式敏感元件。扩散型半导体应变式传感器中的敏感元件则是在半导体材料的基片上用集成电路工艺制成的扩散电阻。这种元件是以单晶硅为基片材料，按一定晶向将 P 型杂质扩散到 N 型硅底层上，形成一层极薄的导电 P 型层。此 P 型层就相当于半导体应变片中的电阻条，连接引线后就构成了扩散型半导体应变片。由于基片（硅片）与敏感元件（导电层）互相渗透，结合紧密，所以基本上为一体。在生产时可以根据传感器的结构制成各种形状，如圆形杯或长方形梁等。这时基片就是弹性元件，导电层就是敏感元件。当有机械力作用时，硅片产生应变，使导电层发生电阻变化。一般这种元件做成按一定晶向扩散、四个电阻组成的全桥形式，在外力作用下，电桥产生相应的不平衡输出。

扩散型半导体应变式传感器主要用于测量压力与加速度。

由于扩散型半导体应变式传感器是用集成电路工艺制成的，测量压力时，有效面积可做得很小，可达零点几平方毫米，因此这种传感器频率响应高，可用来测量几十千赫的脉动压力。测量加速度的压阻式传感器，如恰当地选择尺寸与阻尼系数，可用来测量低频加速度与直线加速度。由于半导体材料的温度敏感性，因此，扩散型半导体应变式传感器的温度误差较大，使用时应有温度补偿措施。

压阻式传感器的优点是：①灵敏度非常高，有时传感器的输出不需放大可直接用于测量；②分辨率高，例如测量压力时可测出 10～20Pa 的微压；③测量元件的有效面积可做得很小，故频率响应高；④可测量低频加速度和直线加速度。其最大的缺点是温度误差大，故需温度补偿或在恒温条件下使用。

最常用的半导体电阻材料有硅和锗，掺入杂质可形成 P 型或 N 型半导体。由于半导体（如单晶硅）是各向异性材料，因此它的压阻效应不仅与掺杂浓度、温度和材料类型有关，还与晶向有关（即对晶体的不同方向上施加力时，其电阻的变化方式不同）。

几种常用半导体材料的特性见表 4-4。从表中可以看出，不同材料，不同的载荷施加方向，压阻效应不同，灵敏度也不同。

表 4-4　几种常用半导体材料的特性

材　料	电阻率 ρ/（Ω·cm）	弹性模量 E/（$\times 10^7 N/cm^2$）	灵　敏　度	晶　向
P 型 硅	7.8	1.87	175	[111]
N 型 硅	11.7	1.23	−132	[100]
P 型 锗	15.0	1.55	102	[111]
N 型 锗	16.6	1.55	−157	[111]
N 型 锗	1.5	1.55	−147	[111]
P 型锑化铟	0.54	0.745	−45	[100]
P 型锑化铟	0.01	0.745	30	[111]
N 型锑化铟	0.013	0.745	−74.5	[100]

半导体应变片最突出的优点是灵敏度高、机械滞后小、横向效应小、体积小，这些优点为其广泛应用提供了条件。其缺点是对温度的稳定性能差，当灵敏度、离散度大时，以及在较大应变作用下，会使应变片的非线性误差大，这一点给使用带来了一定的困难。

以上分析表明，金属电阻应变片与半导体应变片的主要区别在于：前者利用导体机械变形引起电阻的变化，后者利用半导体电阻率变化引起电阻的变化。

4．电阻应变式传感器的应用实例

一般说来，电阻应变式传感器有以下两种应用方式。

1）直接用来测定结构的应变或应力。例如，为了研究机械、桥梁、建筑等的某些构件在工作状态下的受力、变形情况，可利用不同形状的应变片，粘贴在构件的预测部位，可以测得构件的拉、压应力、扭矩或弯矩等，为结构设计、应力校核或构件破坏的预测等提供可靠的实验数据。图 4-10 表示了几种结构应力测试实例。

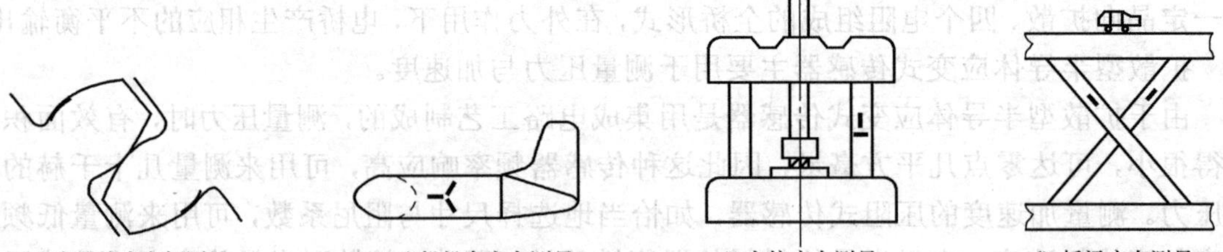

a) 齿轮轮齿弯矩测量　b) 飞机机身应力测量　c) 立柱应力测量　d) 桥梁应力测量

图 4-10　结构应力测试实例

2）将应变片贴于弹性元件上，作为测量力、位移、压力、加速度等物理参数的传感器。在这种情况下，弹性元件得到与被测量成正比的应变，再由应变片转换为电阻的变化后输出，典型应用如图 4-11 所示。

图 4-11a 是位移传感器。位移 x 使板簧产生与之成比例的弹性变形，板上的应变片感受板的应变并将其转换成电阻的变化量。

图 4-11b 是加速度传感器。它由质量块 m、悬臂梁、基座组成。测量时，基座固定在振动体上。振动加速度使质量块产生惯性力，悬臂梁则相当于惯性系统的“弹簧”，在惯

性力的作用下产生弯曲变形。梁的应变与振动体间外壳的加速度在一定频率范围内成正比，贴在梁上的应变片把应变转换成为电阻的变化。

图 4-11c 是质量传感器。质量引起金属盒的弹性变形，贴在盒上的应变片也随之变形，从而引起其电阻变化。

图 4-11d 是压力传感器。压力使膜片变形，应变片也相应变形，使其电阻发生变化。

图 4-11e 也是压力传感器。载荷使立柱变形，应变片也相应变形，使其电阻发生变化。

图 4-11f 是动态张力传感器。检测辊通过连杆与悬臂梁的自由端相连，连杆同阻尼器的活塞相连，纱线通过导线辊与检测辊接触。当纱线张力变化时，悬臂梁随之变形，使应变片的阻值变化，并通过电桥将其转换为电压的变化后输出。

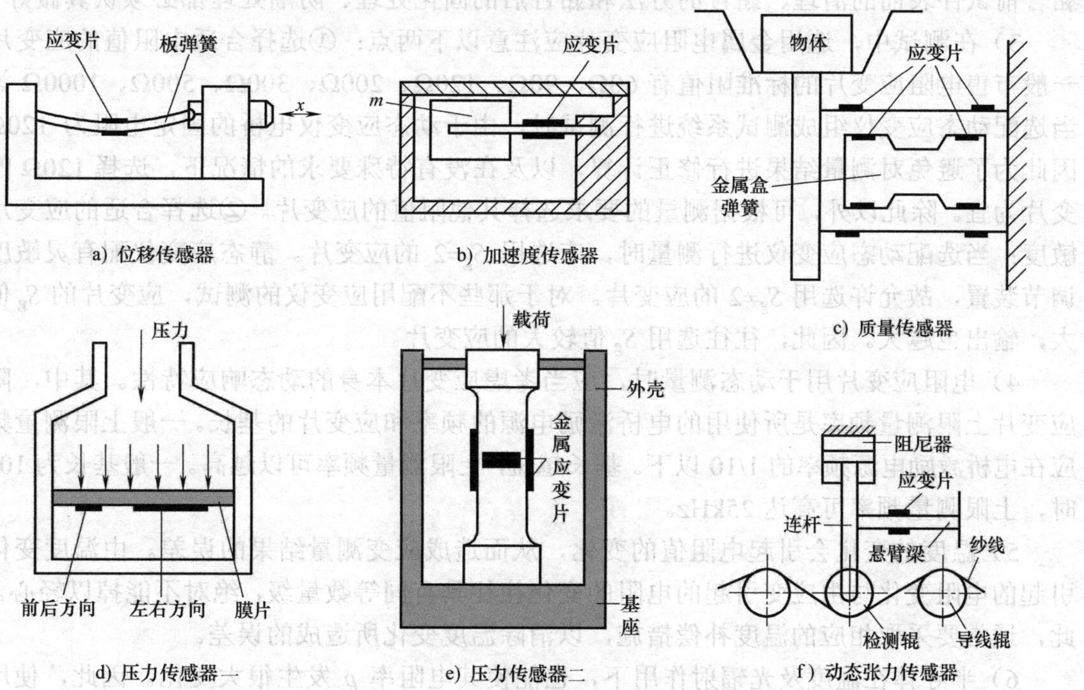

a) 位移传感器　b) 加速度传感器　c) 质量传感器

d) 压力传感器一　e) 压力传感器二　f) 动态张力传感器

图 4-11　应变片电阻传感器

电阻应变片在使用时通常将其接入测量电桥，以便将电阻的变化转换成电压量输出，如图 4-12 所示（详见本书第 5 章）。

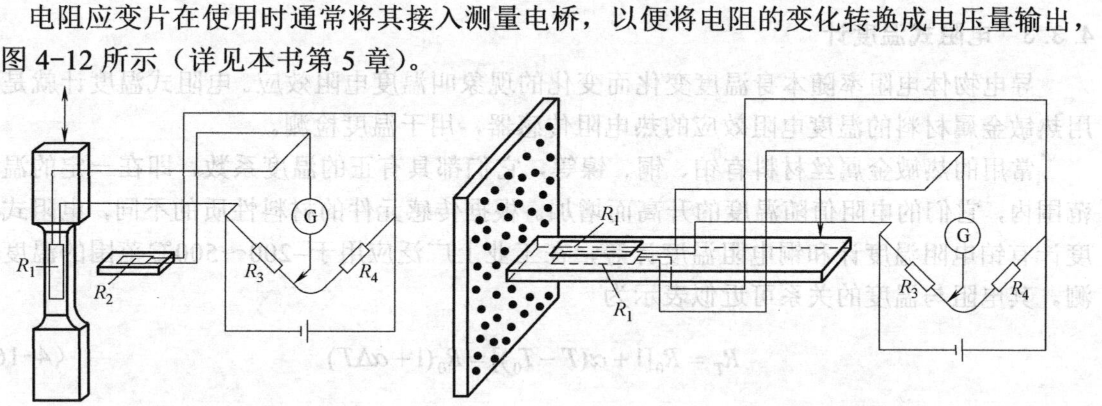

a) 一片工作应变片的电桥　b) 两片工作应变片的电桥

图 4-12　应变片的测量电桥

电阻应变式传感器是一种使用方便、适应性强、比较完善的器件。近年来半导体应变片的技术日臻完善，使应变片电测技术更具广阔前景。

5. 注意事项

1）电阻应变片测出的是构件或弹性元件上某处的应变，而不是该处的应力、力或位移。只有通过换算或标定，才能得到相应的应力、力或位移量。有关应变-应力的换算关系可参考相关书籍。

2）注意机械滞后、蠕变、零漂、绝缘电阻等问题。出现这些问题的原因往往与应变片的粘贴工艺有关，如黏合剂的选择、粘贴技术、应变片的保护等。因此，黏合剂的选择，黏合前试件表面的清理、黏合的方法和黏合后的固化处理、防潮处理都必须认真做好。

3）在测试中，选用金属电阻应变片应注意以下两点：①选择合适电阻值的应变片：一般市售电阻应变片的标准阻值有 60Ω、90Ω、120Ω、200Ω、300Ω、500Ω、1000Ω 等。当选配动态应变仪组成测试系统进行测试时，由于动态应变仪电桥的固定电阻为 120Ω，因此为了避免对测量结果进行修正计算，以及在没有特殊要求的情况下，选择 120Ω 的应变片为宜。除此以外，可根据测量的要求选择其他阻值的应变片。②选择合适的应变片灵敏度：当选配动态应变仪进行测量时，应选用 $S_g=2$ 的应变片。静态应变仪配有灵敏度的调节装置，故允许选用 $S_g \neq 2$ 的应变片。对于那些不配用应变仪的测试，应变片的 S_g 值越大，输出也越大。因此，往往选用 S_g 值较大的应变片。

4）电阻应变片用于动态测量时，应当考虑应变片本身的动态响应特性。其中，限制应变片上限测量频率是所使用的电桥激励电源的频率和应变片的基长。一般上限测量频率应在电桥激励电源频率的 1/10 以下。基长越短，上限测量频率可以越高。一般基长为 10mm 时，上限测量频率可高达 25kHz。

5）温度的变化会引起电阻值的变化，从而造成应变测量结果的误差。由温度变化所引起的电阻变化与由应变引起的电阻的变化往往具有同等数量级，绝对不能掉以轻心。因此，通常要采取相应的温度补偿措施，以消除温度变化所造成的误差。

6）半导体在温度及光辐射作用下，也能使其电阻率 ρ 发生很大变化。因此，使用半导体电阻应变片时，应注意环境温度及光辐射作用的影响。

4.3.3 电阻式温度计

导电物体电阻率随本身温度变化而变化的现象叫温度电阻效应。电阻式温度计就是利用热敏金属材料的温度电阻效应的热电阻传感器，用于温度检测。

常用的热敏金属丝材料有铂、铜、镍等，它们都具有正的温度系数，即在一定的温度范围内，它们的电阻值随温度的升高而增加。根据传感元件的材料性质的不同，电阻式温度计有铂电阻温度计和铜电阻温度计等，在工业上广泛应用于−200～500℃范围的温度检测。其电阻与温度的关系可近似表示为

$$R_T = R_0[1+\alpha(T-T_0)] = R_0(1+\alpha\Delta T) \tag{4-16}$$

式中 R_T——温度为 T 时的电阻值；

R_0——温度为 T_0 时的电阻值；

α——电阻的温度系数。

由式（4-16）可知，通过测量金属丝的电阻就可确定被测物体的温度值。

为了提高测温的灵敏度和准确度，所选的热敏金属材料应具有尽可能大的温度灵敏系数和稳定的物理、化学性能，并具有良好的抗腐蚀性和线性。常用的铂材料具有这些优点。

图 4-13 是几种电阻式温度计的结构。这些温度计的传感元件采用不同材料的电阻丝，电阻丝将温度（热量）的变化转变成电阻的变化，由信号转换调理电路将电阻的变化转换成电流或电压的变化，再经放大或直接由显示仪表显示被测温度值。常用的显示仪表有测温比率计、动圈式温度指示器、手动或自动平衡桥、数字仪表等。

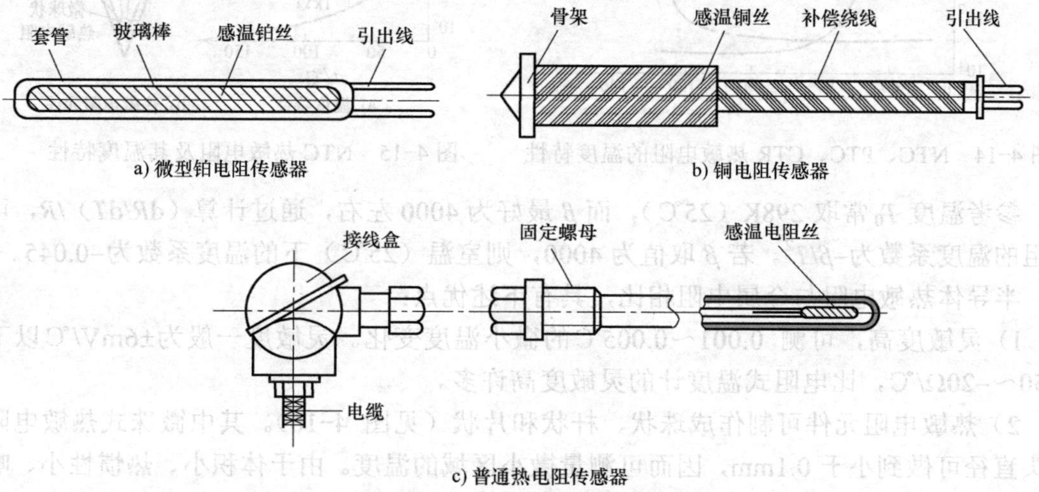

图 4-13　电阻式温度计结构

4.3.4　热敏电阻

热敏电阻是一种半导体温度传感器，由金属氧化物（NiO、MnO_2、CuO、TiO_2等）的粉末按一定比例混合经 1000～1500℃高温烧结而成。热敏电阻具有很大的负温度系数，是非线性元件，通过热敏电阻的电流和热敏电阻两端的电压不服从欧姆定律。

根据热敏电阻温度特性的不同，可将热敏电阻分为以下三种类型：

1）随温度升高其阻抗下降的 NTC 型热敏电阻。

2）当温度超过某一温度后其阻抗急剧增加的 PTC 型热敏电阻。

3）当温度超过某一温度后其阻抗减少的 CTR 型热敏电阻。

这三种热敏电阻的温度特性曲线，如图 4-14 所示。在温度测量方面，多采用 NTC 型热敏电阻，其电阻-温度关系是指数关系（见图 4-15），即

$$R = R_0 \mathrm{e}^{\beta(1/T - 1/T_0)} \tag{4-17}$$

式中　T——被测温度（K）；

R——被测温度下的阻值（Ω）；

T_0——参考温度（K）；

R_0——参考温度下的阻值（Ω）；

β——材料的特征常数（K）。

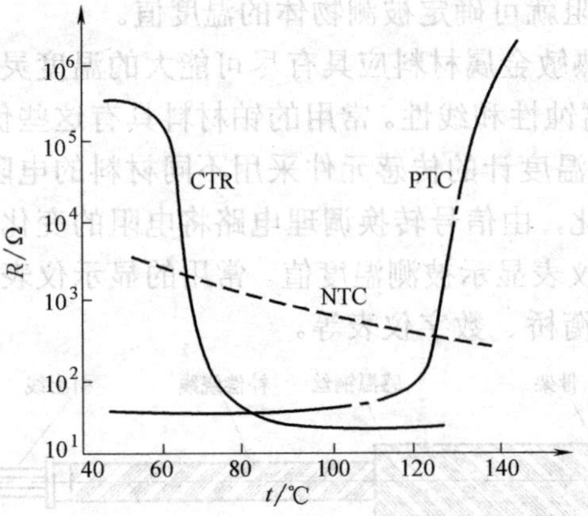

图 4-14　NTC、PTC、CTR 热敏电阻的温度特性

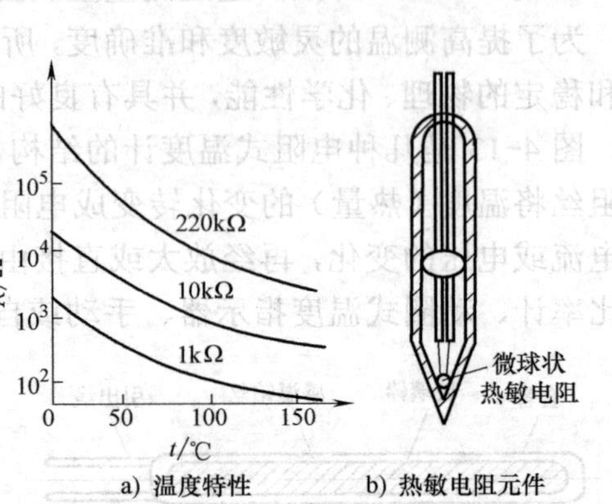

图 4-15　NTC 热敏电阻及其温度特性

参考温度 T_0 常取 298K（25℃），而 β 最好为 4000 左右，通过计算（dR/dT）/R，可得电阻的温度系数为 $-\beta/T^2$。若 β 取值为 4000，则室温（25℃）下的温度系数为−0.045。

半导体热敏电阻与金属电阻相比，具有下述优点：

1）灵敏度高，可测 0.001～0.005℃的微小温度变化。灵敏度一般为±6mV/℃以下及−150～−20Ω/℃，比电阻式温度计的灵敏度高许多。

2）热敏电阻元件可制作成珠状、杆状和片状（见图 4-16）。其中微珠式热敏电阻的珠头直径可做到小于 0.1mm，因而可测量微小区域的温度。由于体积小、热惯性小、响应时间很短，时间常数可小到毫秒级。

3）在室温（25℃）条件下，热敏元件本身的电阻值可在 100～10^6Ω 内选择。即使长距离测量，导线的电阻影响也可以不考虑。

4）热敏电阻可测量的温度范围为−200～1000℃，并且在−50～350℃范围内具有较好的稳定性。

热敏电阻的缺点是非线性大、对环境温度敏感性大，测量时易受到干扰。

热敏电阻元件可用于液体、气体、固体以及海洋、高空、冰川等领域的温度测量，也被广泛用于测量仪器、自动控制、自动检测等装置中。

热敏电阻的连接方法如图 4-17 所示，其适用温度为−50～350℃。

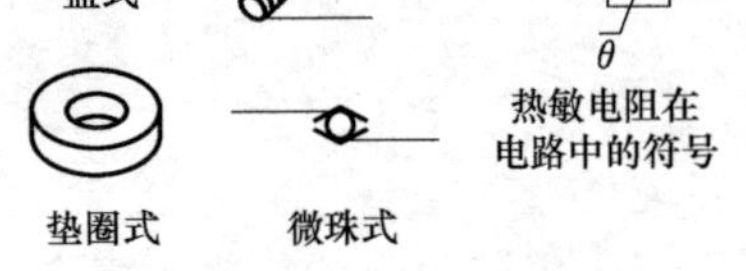

图 4-16　热敏电阻的结构形式及符号

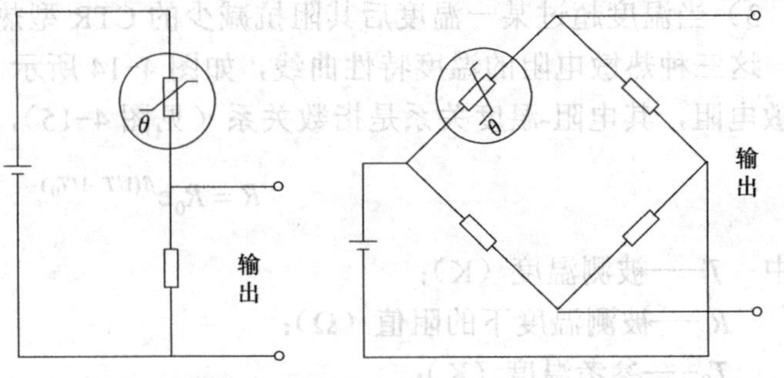

图 4-17　热敏电阻的连接方法

4.4 电感式传感器

电感式传感器是基于电磁感应原理，将被测非电量（如位移、压力、振动等）转换为电感量变化的一种结构型传感器，其敏感元件是电感线圈。按其转换方式的不同，可分为自感型（包括可变磁阻式与涡流式）和互感型（如差动变压器式与低频透射式）两大类型。

4.4.1 自感型传感器

1. 可变磁阻式传感器

典型的可变磁阻式传感器的结构如图 4-18 所示，主要由线圈、铁心和活动衔铁所组成。在铁心和活动衔铁之间有一定的空气隙 δ，被测运动构件与活动衔铁相连，当被测构件产生位移时，活动衔铁随着移动，空气隙 δ 发生变化，引起磁阻变化，从而使线圈的电感值发生变化。当线圈通以励磁电流时，其自感 L 与磁路的总磁阻 R_m 有关，即

$$L = W^2 / R_m \tag{4-18}$$

式中 W——线圈匝数；

R_m——磁路总磁阻。

当空气隙 δ 较小，而且不考虑磁路的铁损时，则磁路总磁阻由两部分组成：空气隙的磁阻、衔铁和铁心的磁阻

$$R_m = \frac{l}{\mu A} + \frac{2\delta}{\mu_0 A_0} \tag{4-19}$$

式中 l——铁心导磁长度（m）；

μ——铁心磁导率（H/m）；

A——铁心导磁横截面积（m^2），$A=a\times b$；

δ——空气隙长度（m）；

μ_0——空气磁导率（H/m），$\mu_0 = 4\pi\times10^{-7}$ H/m；

A_0——空气隙导磁横截面积（m^2）；

$l/(\mu A)$——空气隙磁阻；

$2\delta/(\mu_0 A_0)$——衔铁和铁心的磁阻。

由于铁心的磁阻远小于空气隙的磁阻，即 $l/(\mu A) << 2\delta/(\mu_0 A_0)$，计算时铁心的磁阻可以忽略不计，故

$$R_m \approx \frac{2\delta}{\mu_0 A_0} \tag{4-20}$$

因此，自感 L 可写为

$$L=\frac{W^2\mu_0 A_0}{2\delta} \tag{4-21}$$

式（4-21）表明，自感 L 与空气隙 δ 成反比，而与空气隙导磁横截面积 A_0 成正比。当固定 A_0 不变，改变 δ 时，L 与 δ 呈非线性（双曲线）关系，如图 4-18 所示。此时，传感器的灵敏度为

$$S=\frac{\mathrm{d}L}{\mathrm{d}\delta}=-\frac{W^2\mu_0 A_0}{2\delta^2} \tag{4-22}$$

灵敏度 S 与空气隙长度 δ 的二次方成反比，δ 越小，灵敏度 S 越高。为了减小非线性误差，通常规定传感器在较小间隙范围内工作。设间隙变化范围为（δ_0，$\delta_0+\Delta\delta$），一般取 $\Delta\delta/\delta_0\leqslant 0.1$。这种传感器适用于较小位移的测量，一般为 0.001～lmm。

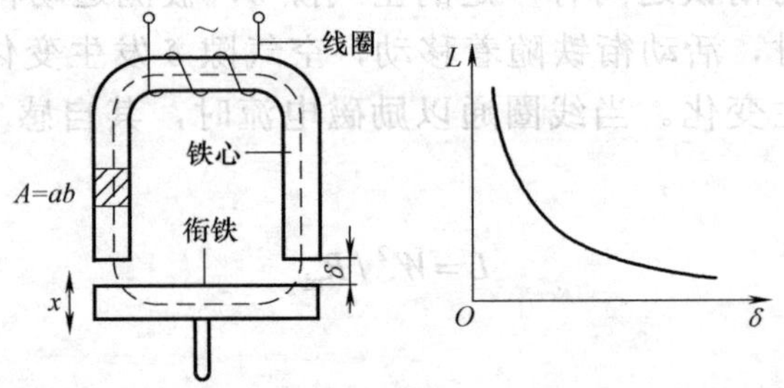

图 4-18　变磁阻式传感器的结构及原理

如果将 δ_0 固定，改变空气隙导磁横截面积 A_0，则自感 L 与 A_0 呈线性关系（见图 4-19）。

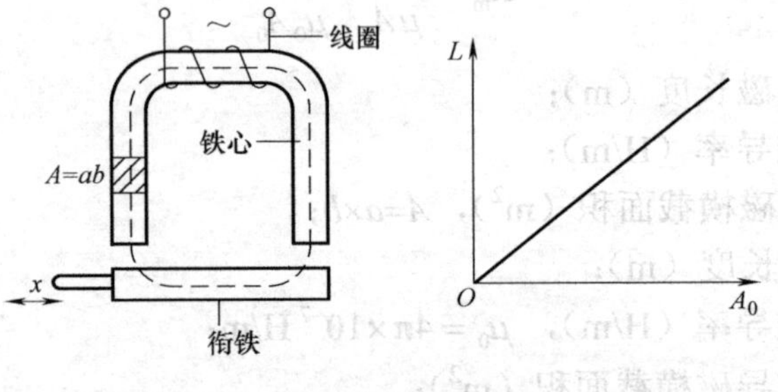

图 4-19　变面积型传感器的结构及原理

图 4-20 列出了几种常用可变磁阻式传感器的典型结构。

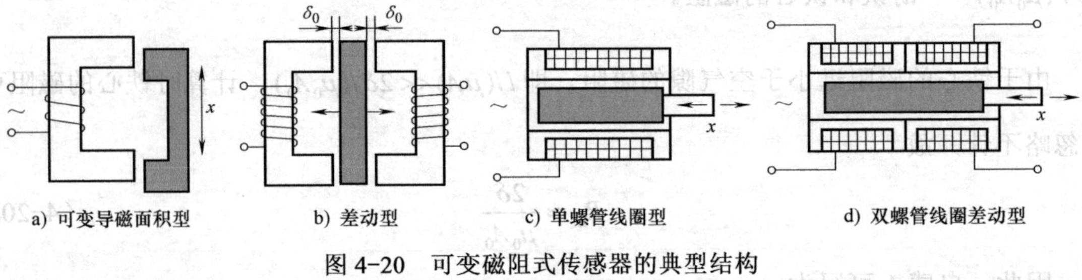

a) 可变导磁面积型　　b) 差动型　　c) 单螺管线圈型　　d) 双螺管线圈差动型

图 4-20　可变磁阻式传感器的典型结构

图 4-20a 为可变导磁面积型，其自感 L 与 A_0 呈线性关系，这种传感器灵敏度较低，灵敏度为 $S = \mathrm{d}L / \mathrm{d}A = W^2 \mu_0 / (2\delta)$。

图 4-20b 是差动型，当衔铁位于空气隙的中间位置时，两线圈的电感值相等，$L_1=L_2$，总的电感值等于 $L_1 - L_2 = 0$；当衔铁偏离中间位置时，可以使两个线圈的间隙按 $\delta_0+\Delta\delta$ 和 $\delta_0-\Delta\delta$ 变化。将两线圈接于电桥的相邻桥臂时，一个线圈的电感值增加 $L_1 = L_0 + \Delta L$，另一个线圈的电感值减小 $L_2 = L_0 - \Delta L$，总的电感变化量等于 $L_1 - L_2 = \Delta L - (-\Delta L) = 2\Delta L$，于是差动型电感传感器的灵敏度 S 为 $S = \mathrm{d}L / \mathrm{d}\delta = -W^2 \mu_0 A_0 / \delta^2$，并改善了线性特性。

图 4-20c 是单螺管线圈型，当铁心在线圈中运动时，将改变磁阻，使线圈自感发生变化。这种传感器结构简单，制造容易，但灵敏度低，适用于较大位移（数毫米）测量。

图 4-20d 是双螺管线圈差动型，较之单螺管线圈型有较高灵敏度及线性，被用于电感测微计上，其测量范围为 0～300μm，最小分辨力为 0.5μm。这种传感器的线圈接于电桥上，构成两个桥臂，线圈电感 L_1、L_2 随铁心位移而变化，其输出特性如图 4-21b 所示。

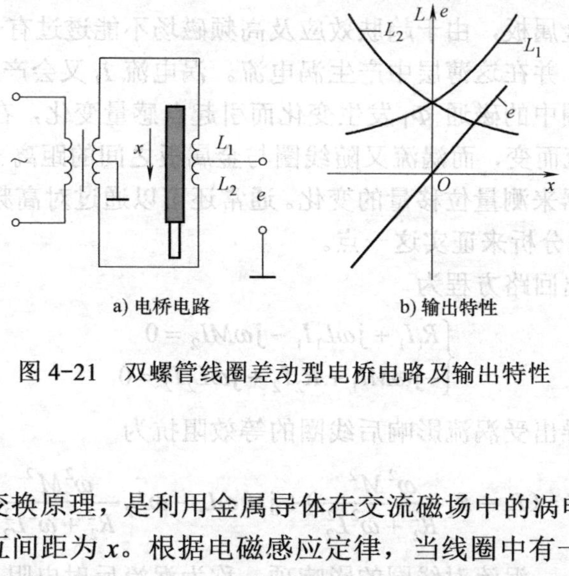

图 4-21 双螺管线圈差动型电桥电路及输出特性

2．涡流式传感器

涡流式传感器的变换原理，是利用金属导体在交流磁场中的涡电流效应。金属板置于一只线圈的附近，相互间距为 x。根据电磁感应定律，当线圈中有一交变电流 I_1 通过时，便产生交变磁通 Φ_1（见图 4-22）。此交变磁通通过邻近的金属板，金属板表层上便产生感应电流 I_2。这种电流在金属体内是闭合的，称为“涡电流”或“涡流”。这种涡电流也将产生交变磁通 Φ_2，根据楞次定律，涡电流的交变磁场与线圈的磁场变化方向相反，Φ_2 总是抵抗 Φ_1 的变化。由于涡流磁场对导磁材料的作用以及气隙对磁路的影响，使原线圈的等效阻抗 Z 发生变化。传感器线圈阻抗的变化与被测金属的性质（电阻率 ρ、磁导率 μ 等）、传感器线圈的几何参数、激励电流 I_1 的大小、角频率 ω、被测金属的厚度 h 以及线圈到被测金属之间的距离 x 等有关。因此，把传感器线圈作为传感器的敏感元件，固定其他参数，仅仅改变其中某一参数，就可通过其阻抗的变化来测定导体的位移、振幅、厚度、转速、导体的表面裂纹、缺陷、硬度和强度等。

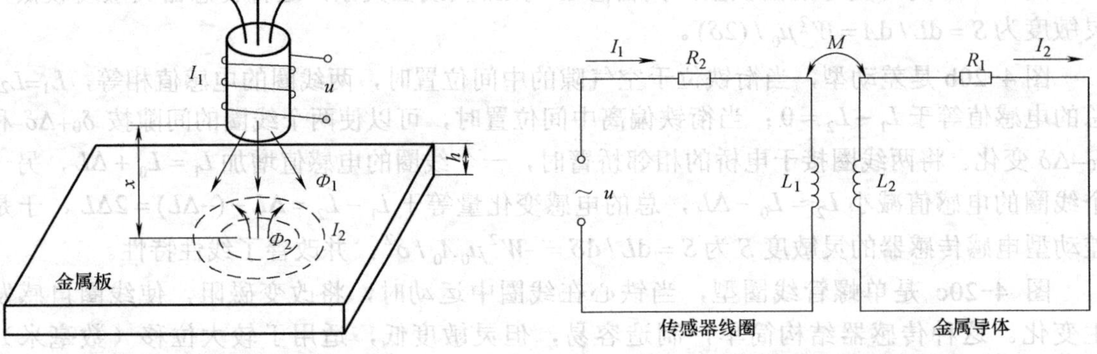

a) 高频反射式涡流传感器原理　　b) 高频反射式涡流传感器的输出特性

图 4-22　高频反射式涡流传感器

涡流式传感器可分为高频反射式和低频透射式两种。

（1）高频反射式涡流传感器　高频反射式涡流传感器的工作原理如图 4-22a 所示。在金属板一侧的电感线圈中通以高频（MHz 数量级及以上）激励电流时，线圈便产生高频磁场，该磁场作用于金属板，由于趋肤效应及高频磁场不能透过有一定厚度 h 的金属板，而是作用于表面薄层，并在这薄层中产生涡电流。涡电流 I_1 又会产生交变磁通 Φ_2 反过来作用于线圈，使得线圈中的磁通 Φ_1 发生变化而引起自感量变化，在线圈中产生感应电动势。电感的变化随涡流而变，而涡流又随线圈与金属板之间的距离 x 而变化。因此可以用高频反射式涡流传感器来测量位移量的变化。通常还可以通过对高频反射式传感器的等效电路（见图 4-22b）的分析来证实这一点。

由图 4-22b 可列出回路方程为

$$\begin{cases} R_1 I_1 + \mathrm{j}\omega L_1 I_1 - \mathrm{j}\omega M I_2 = 0 \\ -\mathrm{j}\omega M I_1 + R_2 I_2 + \mathrm{j}\omega L_2 I_2 = 0 \end{cases} \tag{4-23}$$

由式（4-23）可导出受涡流影响后线圈的等效阻抗为

$$Z = \left(R_1 + R_2 \frac{\omega^2 M^2}{R_2^2 + \omega^2 L_2^2}\right) + \mathrm{j}\left(\omega L_1 - \omega L_2 \frac{\omega^2 M^2}{R_2^2 + \omega^2 L_2^2}\right) \tag{4-24}$$

式中　实部的第二项——涡流对线圈的影响项，称为涡流反射电阻；

虚部的第二项——涡流对线圈电感的影响项，称为涡流反射电感。

当传感器与被测金属都确定后，线圈阻抗只与 L_1、L_2、M 有关，而 L_1、L_2、M 都与传感器线圈和被测金属体之间的距离 x 有关，即

$$Z = f(x) \tag{4-25}$$

因此，如固定传感器的位置，当被测金属产生位移使 x 发生变化时，传感器线圈的阻抗就发生变化，从而达到以传感器线圈的阻抗变化值来检测被测金属位移量的目的。

涡流式传感器的测量电路一般有阻抗分压式调幅电路及调频电路。图 4-23 是用于涡流测振仪上的分压式调幅电路原理，图 4-24 是其谐振曲线及输出特性。传感器线圈 L 和

电容 C 组成并联谐振回路，其谐振频率为

$$f=\frac{1}{2\pi\sqrt{LC}} \tag{4-26}$$

电路中由振荡器提供稳定的高频信号电源。当谐振频率与该电源频率相同时，输出电压 u 最大。测量时，传感器线圈阻抗随间隙 δ 而改变，LC 回路失谐，输出信号 $u(t)$ 的频率虽然仍为振荡器的工作频率 f，但幅值随 δ 而变化（见图 4-24），它相当于一个被 δ 调制的调幅波，再经放大、检波、滤波后，即可得到间隙 δ 的动态变化信息。

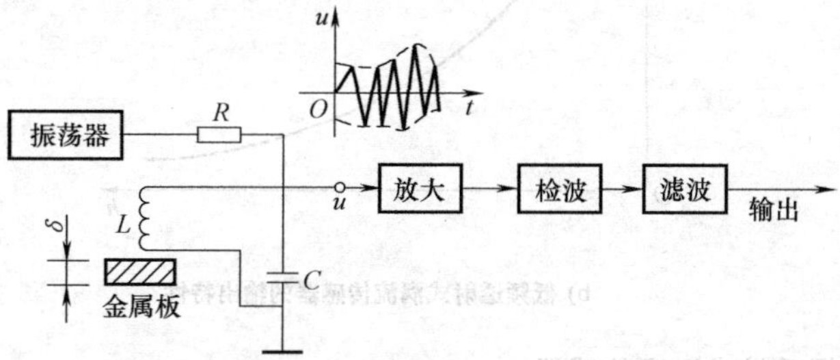

图 4-23　分压式调幅电路原理

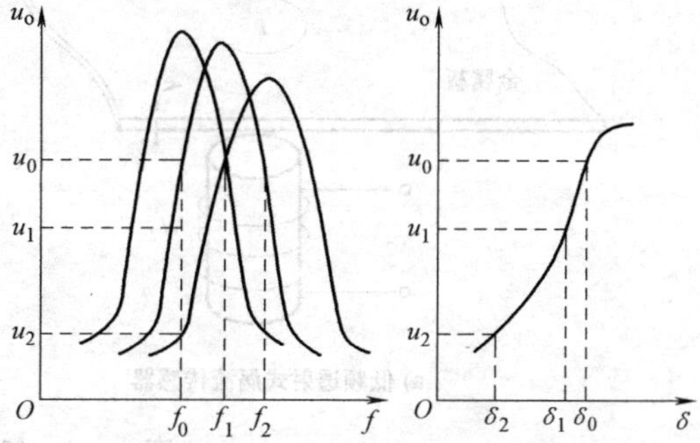

图 4-24　分压式调幅电路的谐振曲线及输出特性

调频电路的工作原理如图 4-25 所示。这种方法也是把传感器线圈接入 LC 振荡回路，与调幅法不同之处是取回路的谐振频率作为输出量。当金属板至传感器之间的距离 δ 发生变化时，将引起线圈电感变化，从而使振荡器的振荡频率 f 发生变化，再通过鉴频器进行频率-电压转换，即可得到与 δ 成比例的输出电压。

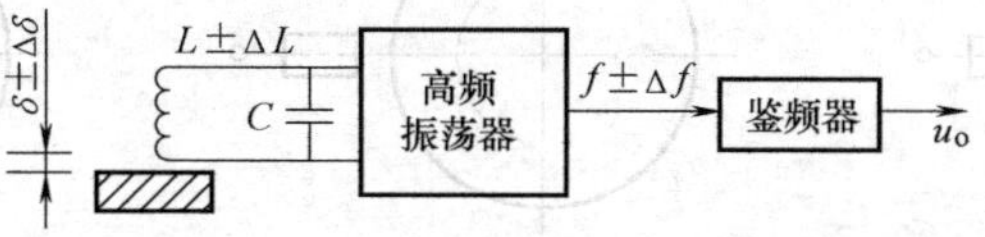

图 4-25　调频电路的工作原理

（2）低频透射式涡流传感器　低频透射式涡流传感器是利用互感原理工作的，它多用于测量材料的厚度。其工作原理如图 4-26a 所示。发射线圈 W_1 和接收线圈 W_2 分别置于被测材料的上、下方；由于低频磁场趋肤效应小，渗透深，当低频（音频范围）电压 e_1 加到线圈 W_1 的两端后，线圈 W_1 产生一交变磁场，并在金属板中产生涡流，这个涡流损耗了部分磁场能量，使得贯穿 W_2 的磁力线减少，从而使 W_2 产生的感应电动势 e_2 减少。金属板的厚度 h 越大，涡流损耗的磁场能量也越大，e_2 就越小（见图 4-26b）。e_2 的大小与金属板的厚度 h 及材料的性质有关，试验表明，e_2 随材料厚度 h 的增加按负指数规律减小。因此，若金属板材料的性质一定，则利用 e_2 的变化即可测量其厚度。

（3）涡流式传感器的应用　涡流式传感器可用于动态非接触测量，测量范围视传感器结构尺寸、线圈匝数和励磁频率而定，一般从±（1～10）mm 不等，最高分辨力可达 0.1μm。此外，这种传感器具有结构简单、使用方便、灵敏度较高、抗干扰能力较强、不受油污等介质的影响等优点，在机械、冶金等工业领域中得到广泛应用。这种传感器可用于以下几个方面的测量：①利用位移 x 作为变换量，做成测量位移、振动等传感器，也可做成接近

开关、计数器、回转轴误差运动、转速和厚度测量等；②利用材料电阻率 ρ 作为变换量，可以做成温度测量、材质判别等传感器；③利用材料磁导率 μ 作为变换量，可以做成测量应力、硬度等传感器；④利用变换量 μ、ρ、x 的综合影响，可以做成无损检测探伤仪。

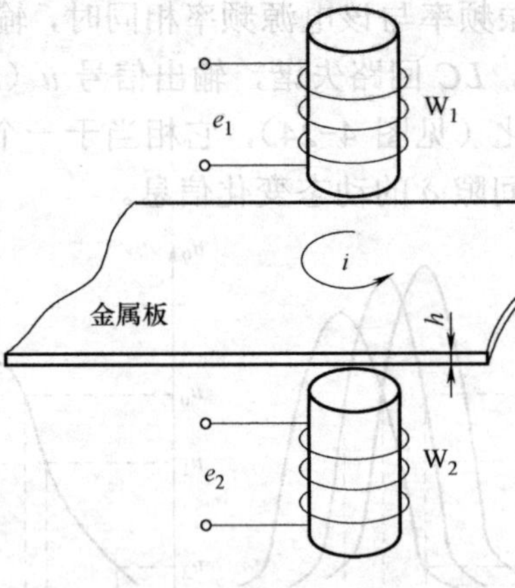

a) 低频透射式涡流传感器

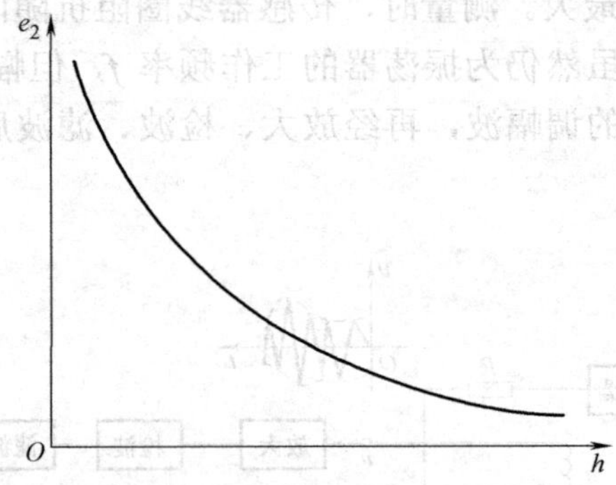

b) 低频透射式涡流传感器的输出特性

图 4-26　低频透射式涡流传感器

图 4-27 是涡流式传感器的工程应用实例。

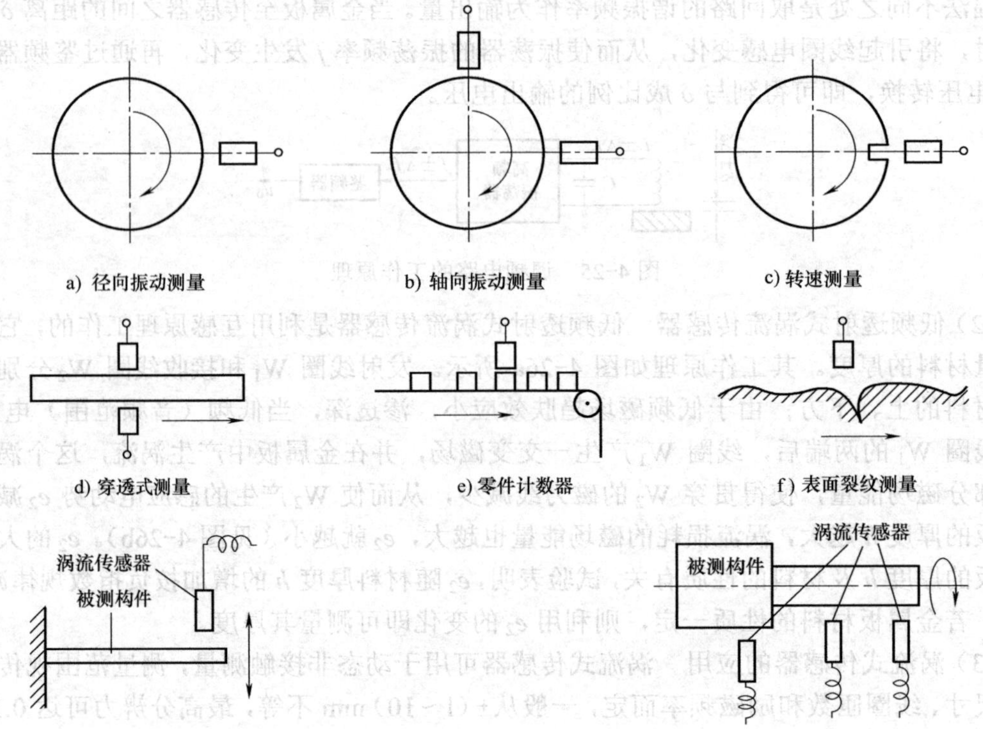

a) 径向振动测量　b) 轴向振动测量　c) 转速测量

d) 穿透式测量　e) 零件计数器　f) 表面裂纹测量

g) 测片状构件的振幅　h) 测构件的振型

图 4-27　涡流式传感器的工程应用实例

4.4.2　互感型传感器

互感型传感器的工作原理是利用电磁感应中的互感现象，将被测位移量转换成线圈互感的变化。如图 4-28 所示，当线圈 W_1 输入交变电流 i_1 时，线圈 W_2 产生感应电动势 e_2，其大小与电流 i_1 变化率成正比，即

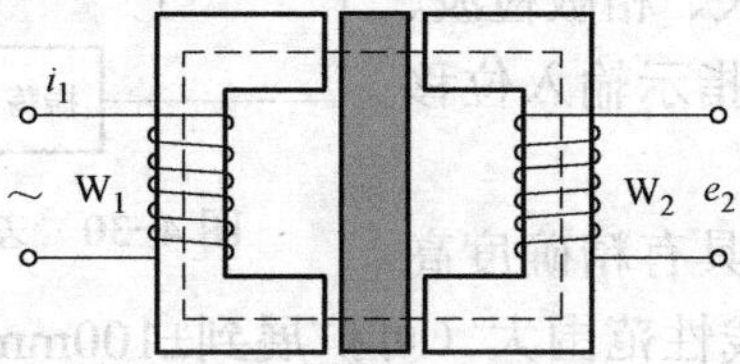

图 4-28　互感现象

$$e_2 = -M\frac{\mathrm{d}i_1}{\mathrm{d}t} \tag{4-27}$$

式中　M——比例系数，称为互感（H），其大小与两线圈相对位置及周围介质的导磁能力等因素有关，它表明两线圈之间的耦合程度。

它本身是一个变压器，其一次绕组接入稳定交流电源，二次侧为感应线圈，当被测参数使互感 M 变化时，二次绕组输出电压也产生相应变化。由于常常采用两个二次绕组组成差动式，故又称为差动变压器式传感器。实际应用较多的是螺管形差动变压器，其工作原理如图 4-29a、b 所示。变压器由一次绕组 W 和两个参数完全相同的二次绕组 W_1、W_2 组成，线圈中心插入圆柱形铁心，二次绕组 W_1 及 W_2 反极性串联，当一次绕组 W 加上交流电压时，二次绕组 W_1 及 W_2 分别产生感应电动势 e_1 和 e_2，其大小与铁心位置有关，当铁心在中心位置时，$e_1=e_2$，输出电压 $e_o=0$；铁心向上运动时，$e_1>e_2$，$e_o>0$；向下运动时，$e_1<e_2$，$e_o<0$，随着铁心偏离中心位置，输出电压 e_o 逐渐增大，其输出特性如图 4-29c 所示。

差动变压器的输出电压是交流量，其幅值与铁心位移成正比，其输出电压如用交流电压表指示，输出值只能反映铁心位移的大小，不能反映移动的方向性。另外，交流电压输出存在一定的零点残余电压。零点残余电压是由于两个二次绕组结构不对称，以及一次绕组铜损电阻、铁磁质材料不均匀、线圈间分布电容等原因形成。所以，即使铁心处于中间位置时，输出也不为零。为此，差动变压器式传感器的后接电路形式，需要采用既能反映铁心位移方向性，又能补偿零点残余电压的差动直流输出电路。

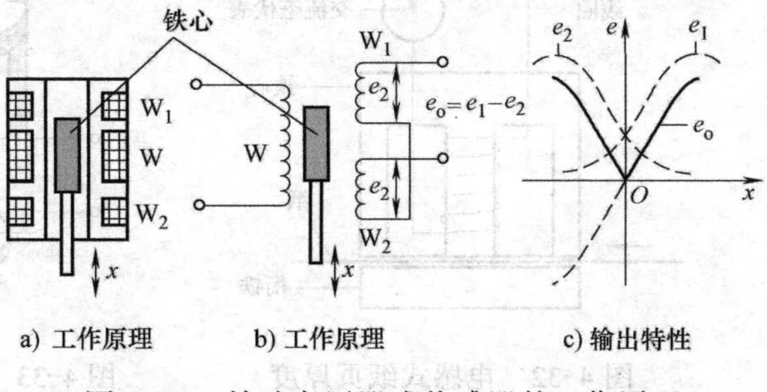

a) 工作原理　　b) 工作原理　　c) 输出特性

图 4-29　差动变压器式传感器的工作原理

图4-30是一种用于小位移测量的差动相敏检波电路的工作原理图。在没有输入信号时，铁心处于中间位置，调节电阻R，使零点残余电压减小；当有输入信号时，铁心上移或下移，其输出电压经交流放大、相敏检波、滤波后得到直流输出，由表头指示输入位移量大小和方向。

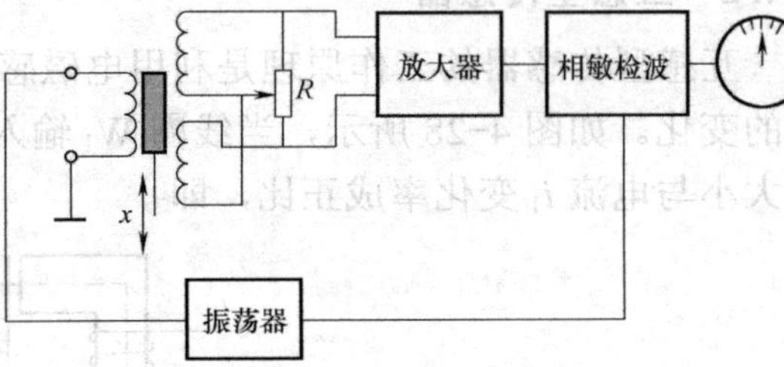

图4-30 差动相敏检波电路的工作原理

差动变压器式电感传感器具有精确度高（最高分辨力可达 0.1μm）、线性范围大（可扩展到±100mm）、稳定性好和使用方便的特点，被广泛用于直线位移测定。但其实际测量频率上限受到传感器机械结构的限制。

图4-31所示为测量液位的原理图。图4-32是电感式纸页厚度测量仪原理图。E形铁心上绕有线圈，构成一个电感测量头，衔铁实际上是一块钢质的平板。在工作过程中板状衔铁是固定不动的，被测纸张置于E形铁心与板状衔铁之间，磁力线从上部的E形铁心通过纸张而达到下部的衔铁。当被测纸张沿着板状衔铁移动时，压在纸张上的E形铁心将随着被测纸张的厚度变化而上下浮动，也即改变了铁心与衔铁之间的间隙，从而改变了磁路的磁阻。交流毫安表的读数与磁路的磁阻成比例，也即与纸张的厚度成比例。毫安表通常接微米刻度，这样就可以直接显示被测纸张的厚度了。如果将这种传感器安装在一个机械扫描装置上，使电感测量头沿纸张的横向进行扫描，则可用于自动记录纸张横向的厚度，并可利用此检测信号在造纸生产线上自动调节纸张厚度。

借助于弹性元件可以将压力、质量等物理量转换为位移的变化，故也将这类传感器用于压力、质量等物理量的测量。图4-33是差动变压器式电感测力传感器的结构。图中的弹性元件为两个圆片状弹簧，被测力F使差动变压器铁心产生位移。

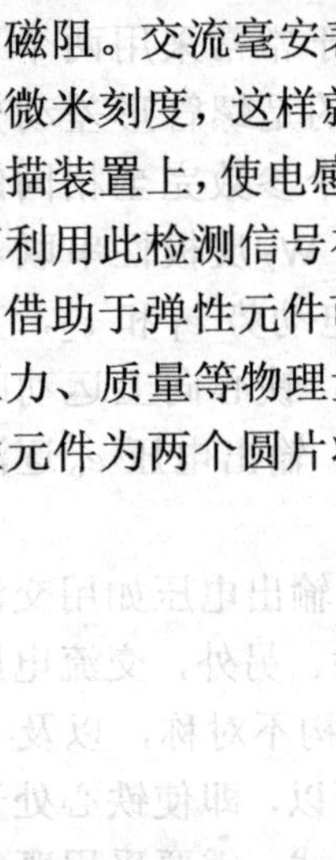

图4-31 液位测量

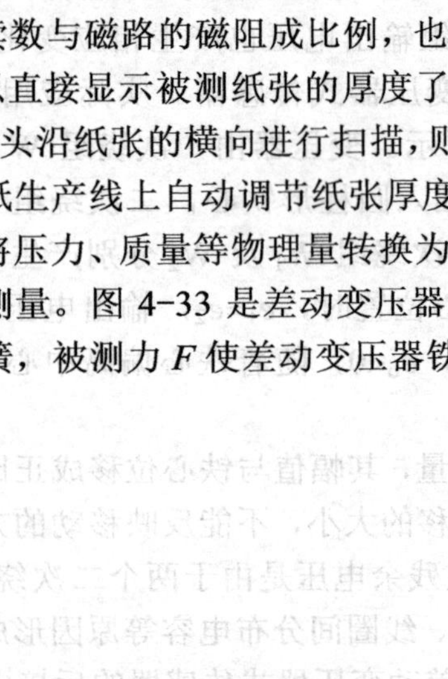

图4-32 电感式纸页厚度测量仪原理图

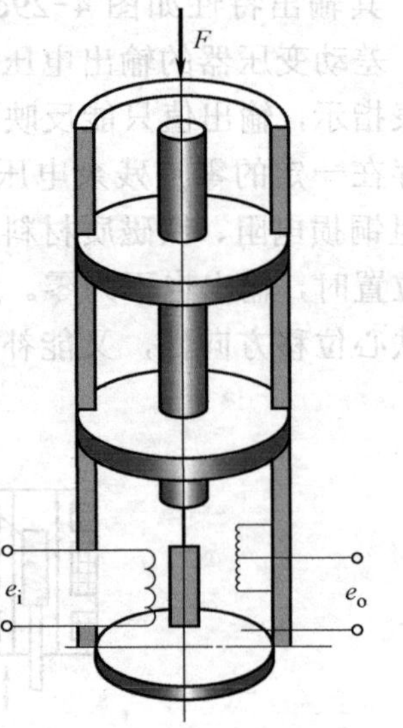

图4-33 差动变压器式电感测力传感器

4.4.3 磁弹性测力传感器

磁弹性测力传感器（又称压磁式传感器）是一种力-电转换传感器。其基本原理是利用某些铁磁材料的压磁效应。

1. 压磁效应

铁磁材料在晶格形成过程中形成了磁畴，各个磁畴的磁化强度矢量是随机的。在没有外磁场作用时，各个磁畴互相均衡，材料总的磁场强度为零。当有外磁场作用时，磁畴的磁化强度矢量向外磁场方向转动，材料呈现磁化。当外磁场很强时，各个磁畴的磁场强度矢量都转向与外磁场平行，这时材料的磁场强度达到饱和。

在磁化过程中，各磁畴间的界限发生移动，因而产生机械变形，这种现象称为磁致伸缩效应。

铁磁材料在外力作用下，内部发生变形，各磁畴之间的界限发生移动，使磁畴磁化强度矢量转动，从而也使材料的磁化强度发生相应的变化。这种应力使铁磁材料的磁性质发生变化的现象称为压磁效应。

铁磁材料的压磁效应的工作原理是：①材料受到压力时，在作用力方向磁导率μ减小，而在垂直作用力方向磁导率μ略有增大；作用力是拉力时，其效果相反。②作用力取消后，磁导率复原。铁磁材料的压磁效应还与外磁场有关。为了使磁感应强度与应力之间有单值的函数关系，必须使外磁场强度的数值一定。

2. 磁弹性测力传感器的工作原理

磁弹性测力传感器是一种无源传感器。它利用铁磁材料的压磁效应，在外力作用时铁磁材料内部产生应力或者应力变化，引起铁磁材料的磁导率变化。当铁磁材料上绕有线圈时（励磁绕组和输出绕组），最终将引起二次绕组阻抗的变化，或线圈间耦合系数的变化，从而使输出电动势发生变化。磁弹性测力传感器的作用过程可表示如下：

$$F \to \sigma \to \mu \to R_m \to Z \text{ 或 } e \tag{4-28}$$

式中 R_m——磁路磁阻；
σ——应力；
Z——线圈的阻抗；
e——感应电动势。

通过相应的测量电路，就可以根据输出的量值来衡量外作用力。

磁弹性测力传感器的工作原理如图 4-34 所示。在压磁材料的中间部分开有四个对称的小孔 1～4，在孔 1、2 间绕有励磁绕组 W_{12}，孔 3、4 间绕有输出绕组 W_{34}。当励磁绕组中通过交变电流时，铁心中就会产生磁场。若把孔间空间分成 A、B、C、D 四个区域，在无外力作用的情况下，A、B、C、D 四个区域的磁导率是相同的。这时合成磁场强度 H 平行于输出绕组的平面，磁力线不与输出绕组交链，W_{34} 不产生感应电动势，如图 4-34b 所示。在压力 F 作用下，如图 4-34c 所示，A、B 区域将受到一定的应力σ，而 C、D 区域基本处于自由状态，于是 A、B 区域的磁导率下降，磁阻增大，C、D 区域的磁导率基本不变。这样，励磁绕组所产生的磁力线将重新分布，部分磁力线绕过 C、D 区域闭合，于是合成磁场 H 不再与 W_{34} 平面平行，一部分磁力线与 W_{34} 交链而产生感应电动势 e。F

值越大，与 W_{34} 交链的磁通越多，e 值越大。

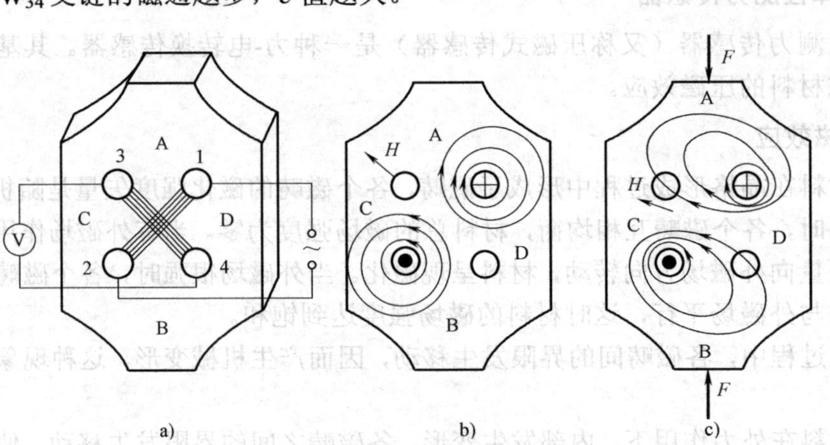

图 4-34 磁弹性测力传感器

3．压磁元件

磁弹性测力传感器的核心是压磁元件，它实际上是一个力-电转换元件。压磁元件常用的材料有硅钢片、坡莫合金和一些铁氧体。坡莫合金是理想的压磁材料，具有很高的相对灵敏度，但价格昂贵；铁氧体也有很高的灵敏度，但由于它较脆而不常采用。最常用的材料是硅钢片。为了减小涡流损耗，压磁元件的铁心大都采用薄片的铁磁材料叠合而成。冲片形状常用的有四种，如图 4-35 所示。

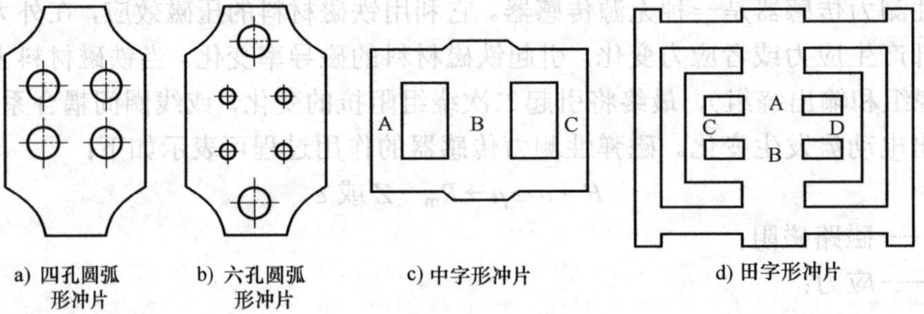

图 4-35 冲片形状

4．磁弹性测力传感器的应用

图 4-36 所示为一种磁弹性测力传感器的结构。它由压磁元件、弹性支架、传力钢球组成。磁弹性测力传感器具有输出功率大、抗干扰能力强、过载性能好、结构和电路简单、能在恶劣环境下工作、寿命长等一系列优点。目前，这种传感器已成功地用在冶金、矿山、造纸、印刷、运输等各个工业部门，例如用来测量轧钢的轧制力、钢带的张力、纸张的张力、起重机提物的自动测量、配料的称量、金属切削过程的切削力以及电梯安全保护等。

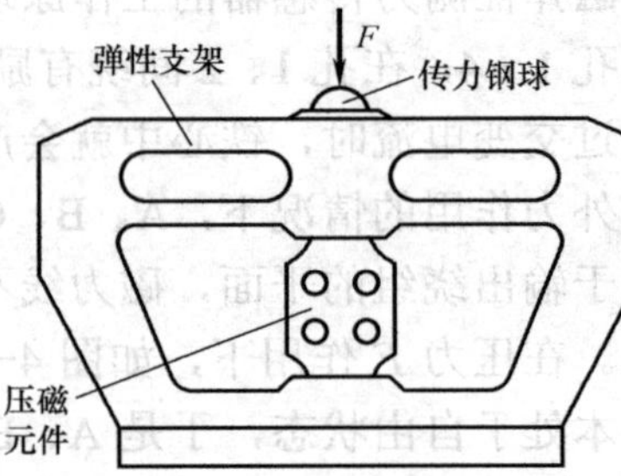

图 4-36 磁弹性测力传感器的结构简图

4.5　电容式传感器

电容式传感器是将被测量（如尺寸、压力等）的变化转换成电容量变化的一种传感器。它具有结构简单、轻巧、灵敏度高、动态响应好，能在高低温及强辐射的恶劣环境中工作等优点。这种传感器广泛应用在位移、压力、流量、液位等测试中。

4.5.1　工作原理及类型

由物理学可知，在忽略边缘效应的情况下，平板电容器的电容量为

$$C=\frac{\varepsilon_0\varepsilon A}{\delta} \tag{4-29}$$

式中　ε_0——真空介电常数，$\varepsilon_0=8.854\times10^{-12}$F/m；

ε——极板间介质的相对介电系数，在空气中，$\varepsilon=1$；

A——极板的覆盖面积（m^2）；

δ——两平行极板间的距离（m）。

式（4-29）表明，当被测量 δ、A 或 ε 发生变化时，都会引起电容的变化。如果保持其中的两个参数不变，而仅改变另一个参数，就可把该参数的变化变换为单一电容量的变化，再通过配套的测量电路，将电容的变化转换为电信号输出。根据电容器参数变化的特性，电容式传感器可分为极距变化型、面积变化型和介电常数变化型三种，其中极距变化型和面积变化型应用较广。

4.5.2　极距变化型

如果电容器两极板相互覆盖面积 A 及极板间介质 ε 不变，则电容量 C 与极距 δ 呈非线性关系，如图 4-37 所示。当两极板在被测参数作用下极距 δ 发生变化时，引起电容量的变化为

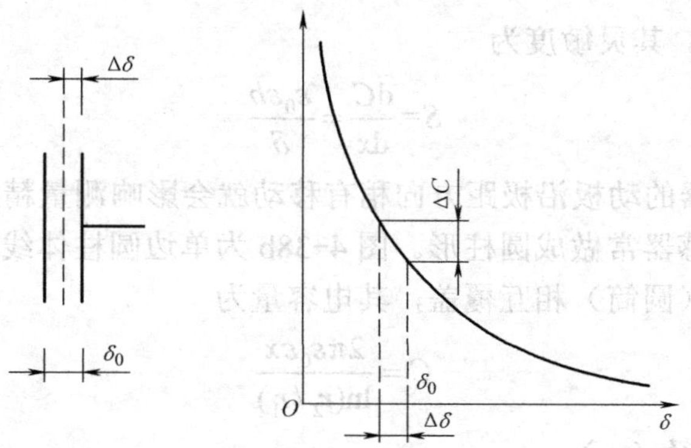

图 4-37　极距变化型电容传感器及其输出特性

$$dC=-\frac{\varepsilon_0\varepsilon A}{\delta^2}d\delta \tag{4-30}$$

由此可得到传感器的灵敏度为

$$S=\frac{dC}{d\delta}=-\frac{\varepsilon_0\varepsilon A}{\delta^2} \tag{4-31}$$

从式（4-31）可看出，灵敏度 S 与极距的二次方成反比，极距越小，灵敏度越高。一般通过减小初始极距 δ_0 来提高灵敏度。由于电容 C 与极距 δ 呈非线性关系，故将引起非线性误差。为了减小这一误差，通常规定在较小的间隙变化范围内工作，以便获得近似线性关系。一般取极距变化范围为 $\Delta\delta/\delta_0\approx0.1$，此时传感器的灵敏度近似为常数。

实际应用中，为了提高传感器的灵敏度，增大线性工作范围，克服外界条件（如电源电压、环境温度等）的变化对测量精度的影响，常常采用差动型电容式传感器。

极距变化型电容式传感器的优点是可进行动态非接触式测量，对被测系统的影响小；灵敏度高，适用于较小位移（0.01μm 至数百微米）的测量。但这种传感器有非线性特性、传感器的杂散电容也对灵敏度和测量精确度有影响，与传感器配合使用的电子线路也比较复杂，由于这些缺点，其使用范围受到一定限制。

4.5.3 面积变化型

面积变化型电容式传感器的工作原理是在被测参数的作用下来改变极板的有效面积，按其极板相互遮盖的方式不同，常用的有角位移型和线位移型两种。

1. 线位移型

图 4-38a 所示为平面线位移型电容式传感器，当宽度为 b 的动板沿箭头 x 方向移动时，极板相互覆盖面积变化，电容量也随之改变，其输出特性为

$$C=\frac{\varepsilon_0\varepsilon bx}{\delta} \tag{4-32}$$

式中 b——极板宽度；

x——位移；

δ——极板间距。其灵敏度为

$$S=\frac{dC}{dx}=\frac{\varepsilon_0\varepsilon b}{\delta} \tag{4-33}$$

由于平板型传感器的动板沿极距方向稍有移动就会影响测量精度，因此，一般情况下，面积变化型线位移传感器常做成圆柱形。图 4-38b 为单边圆柱体线位移型电容式传感器，动板（圆柱）与定板（圆筒）相互覆盖，其电容量为

$$C=\frac{2\pi\varepsilon_0\varepsilon x}{\ln(r_2/r_1)} \tag{4-34}$$

式中 r_1——圆柱外半径（m）；

r_2——圆筒孔半径（m）；

x——覆盖长度（m）。

当覆盖长度 x 变化时，电容量 C 发生变化，其灵敏度为

$$S=\frac{dC}{dx}=\frac{2\pi\varepsilon_0\varepsilon}{\ln(r_2/r_1)} \tag{4-35}$$

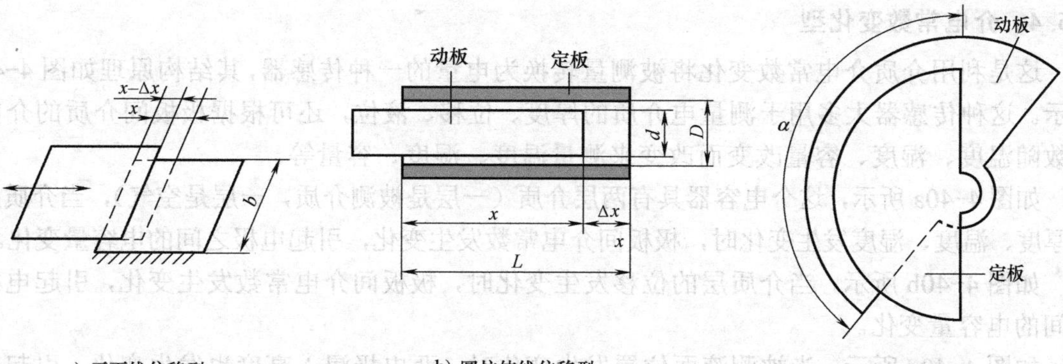

a) 平面线位移型　　b) 圆柱体线位移型　　c) 角位移型

图 4-38　面积变化型电容传感器

2. 角位移型

图 4-38c 为角位移型，当动板有一转角时，与定板之间相互覆盖的面积发生变化，因而导致电容量变化。当覆盖面积对应的中心角为 α、极板半径为 r 时，覆盖面积为

$$A=\frac{\alpha r^2}{2} \tag{4-36}$$

电容为

$$C=\frac{\varepsilon_0\varepsilon\alpha r^2}{2\delta} \tag{4-37}$$

其灵敏度为

$$S=\frac{\mathrm{d}C}{\mathrm{d}\alpha}=\frac{\varepsilon_0\varepsilon r^2}{2\delta} \tag{4-38}$$

由上述可知，面积变化型电容式传感器的优点是输出与输入呈线性关系，但与极距变化型相比，灵敏度较低，适用于较大角位移及直线位移的测量。

图 4-39 是面积变化型电容式传感器的其他几种形式。

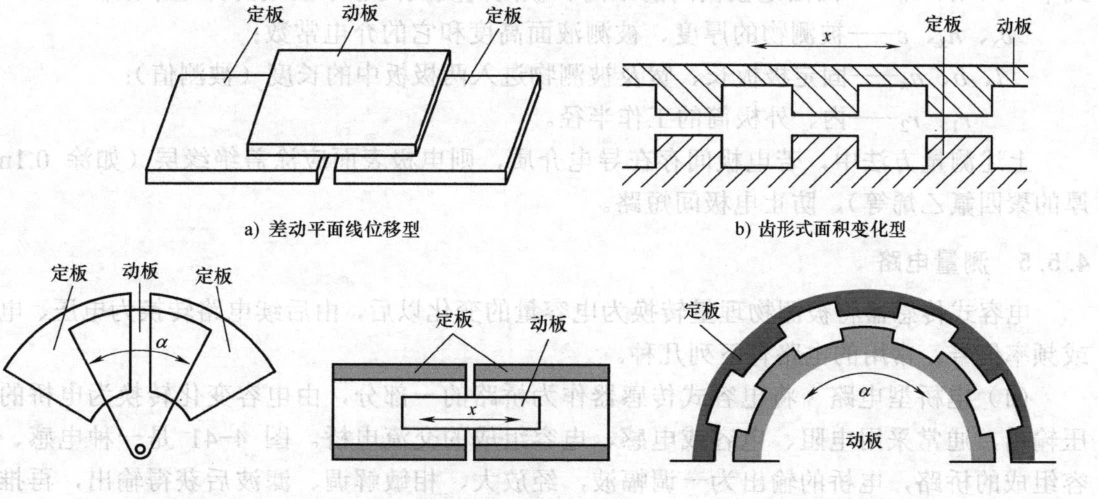

a) 差动平面线位移型　　b) 齿形式面积变化型

c) 差动角位移型　　d) 差动圆柱体线位移型　　e) 齿形式角位移型

图 4-39　面积变化型电容式传感器的其他几种形式

4.5.4 介电常数变化型

这是利用介质介电常数变化将被测量转换为电量的一种传感器，其结构原理如图 4-40 所示。这种传感器大多用于测量电介质的厚度、位移、液位，还可根据极板间介质的介电常数随温度、湿度、容量改变而改变来测量温度、湿度、容量等。

如图 4-40a 所示，这个电容器具有两层介质（一层是被测介质，一层是空气），当介质层的厚度、温度、湿度发生变化时，极板间介电常数发生变化，引起电极之间的电容量变化。

如图 4-40b 所示，当介质层的位移发生变化时，极板间介电常数发生变化，引起电极之间的电容量变化。

如图 4-40c 所示，当被测液面位置发生变化时，两电极浸入高度也发生变化，引起电极之间电容量的变化。

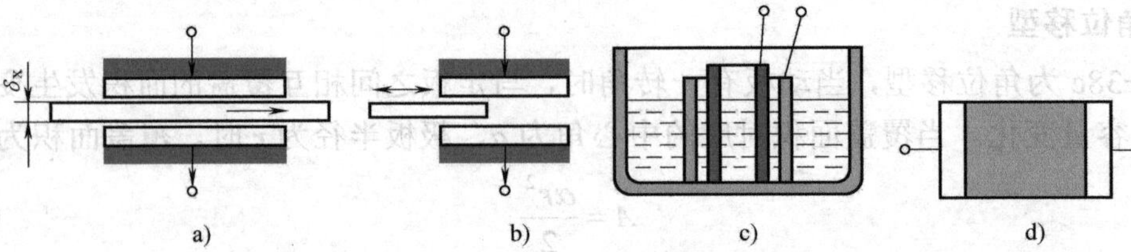

图 4-40 介电常数变化型电容传感器

若忽略边缘效应，则图 4-40a、b、c 所示传感器的电容量与被测量的关系分别为

$$C=\frac{lb}{(\delta-\delta_x)/\varepsilon_0+\delta_x/\varepsilon} \tag{4-39}$$

$$C=\frac{ba_x}{(\delta-\delta_x)/\varepsilon_0+\delta_x/\varepsilon}+\frac{b(l-a_x)}{\delta/\varepsilon_0} \tag{4-40}$$

$$C=\frac{2\pi\varepsilon_0 h}{\ln(r_2/r_1)}+\frac{2\pi(\varepsilon-\varepsilon_0)h_x}{\ln(r_2/r_1)} \tag{4-41}$$

式中 δ、h、ε_0——两固定极板间的距离、极间高度及间隙中空气的介电常数；

δ_x、h_x、ε——被测物的厚度、被测液面高度和它的介电常数；

l、b、a_x——固定极板长、宽及被测物进入两极板中的长度（被测值）；

r_1、r_2——内、外极筒的工作半径。

上述测量方法中，若电极间存在导电介质，则电极表面应涂盖绝缘层（如涂 0.1mm 厚的聚四氟乙烯等），防止电极间短路。

4.5.5 测量电路

电容式传感器将被测物理量转换为电容量的变化以后，由后续电路转换为电压、电流或频率信号。常用的电路有下列几种。

（1）电桥型电路　将电容式传感器作为桥路的一部分，由电容变化转换为电桥的电压输出，通常采用电阻、电容或电感、电容组成的交流电桥。图 4-41 是一种电感、电容组成的桥路，电桥的输出为一调幅波，经放大、相敏解调、滤波后获得输出，再推动显示仪表。

（2）直流极化电路　此电路又称为静压电容式传感器电路，多用于电容传声器或压力传感器。如图 4-42 所示，弹性膜片在外力（气压、液压等）作用下发生位移，使电容量发生变化。电容器接于具有直流极化电压 E_0 的电路中，电容的变化由高阻值电阻 R 转换为电压变化。由图 4-42 可知，电压输出为

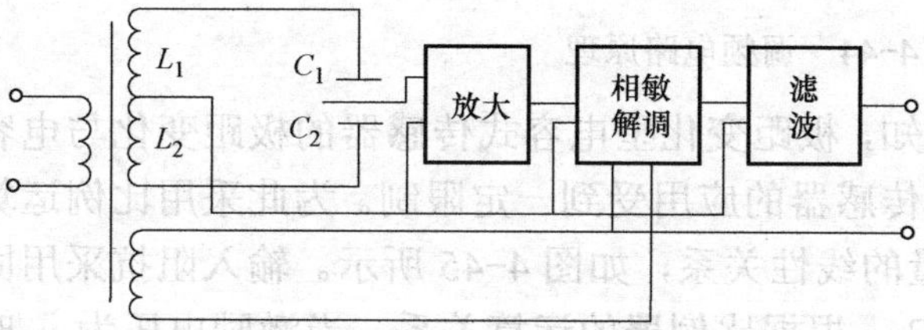

图 4-41　电桥型电路

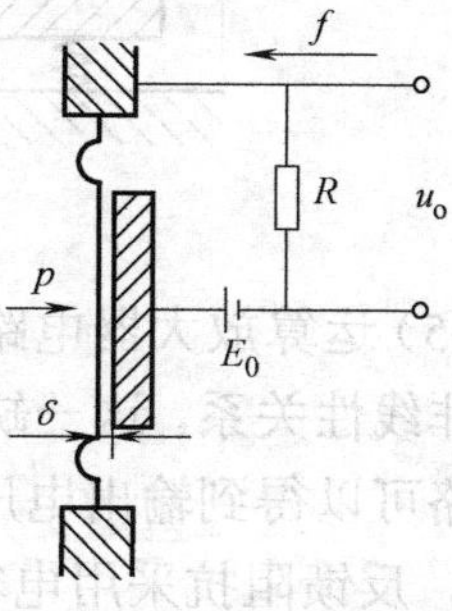

图 4-42　直流极化电路

$$u_y = RE_0\frac{\mathrm{d}C}{\mathrm{d}t} = -RE_0\frac{\varepsilon_0\varepsilon A}{\delta^2}\frac{\mathrm{d}\delta}{\mathrm{d}t} \tag{4-42}$$

显然，输出电压与膜片位移速度成正比，因此这种传感器可以测量气流（或液流）的振动速度，进而得到压力。

（3）谐振电路　图 4-43 为谐振电路原理及其工作特性。电容式传感器的电容 C_x 作为谐振电路（L_2、$C_2//C_x$ 或 C_2+C_x）调谐电容的一部分。此谐振回路通过电压耦合，从稳定的高频振荡器获得振荡电压。当传感器电容量 C_x 发生变化时，谐振回路的阻抗发生相应变化，并被转换成电压或电流输出，经放大、检波，即可得到输出。为了获得较好的线性，一般工作点应选择在谐振曲线一边的线性区域内。这种电路比较灵敏，但缺点是工作点不易选好，变化范围也较窄，传感器连接电缆的分布电容影响也较大。

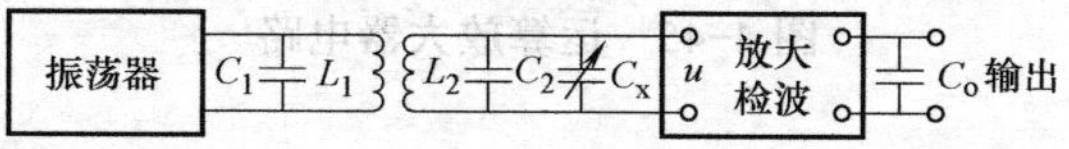

a) 谐振电路原理图

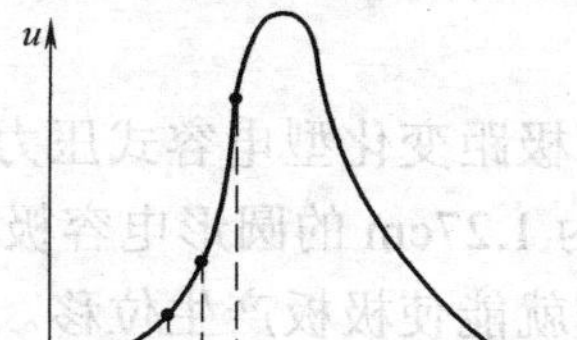

b) 工作特性

图 4-43　谐振电路原理及其工作特性

（4）调频电路　如图 4-44 所示，传感器电容是振荡器谐振回路的一部分，当输入量使传感器电容量发生变化时，振荡器的振荡频率发生变化，频率的变化经过鉴频器变为电压变化，再经过放大后由记录器或显示仪表指示。这种电路具有抗干扰性强、灵敏度高等优点，可测 0.01μm 的位移变化量。但缺点是电缆分布电容的影响较大，使用中有一些麻烦。

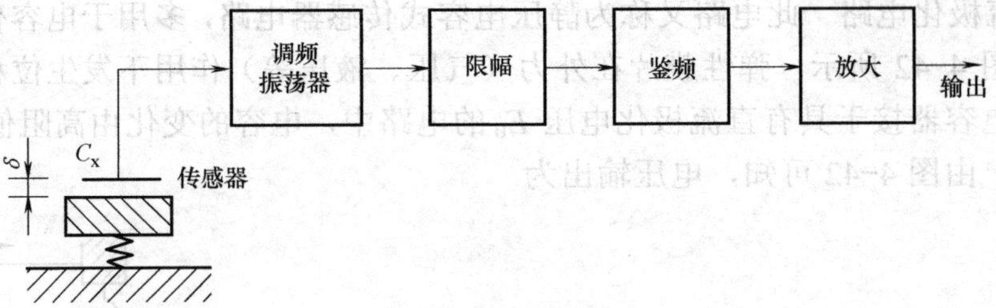

图 4-44　调频电路原理

（5）运算放大器电路　由前述已知，极距变化型电容式传感器的极距变化与电容变化量呈非线性关系，这一缺点使电容式传感器的应用受到一定限制。为此采用比例运算放大器电路可以得到输出电压 u_y 与位移量的线性关系，如图 4-45 所示。输入阻抗采用固定电容 C_0，反馈阻抗采用电容式传感器 C_x，根据比例器的运算关系，当激励电压为 u_0 时，有

$$u_y = -u_0 \frac{C_0}{C_x} = -u_0 \frac{C_0}{\varepsilon_0 \varepsilon A} \delta \tag{4-43}$$

由式（4-39）可知，输出电压 u_y 与电容式传感器间隙 δ 呈线性关系。这种电路用于位移测量传感器。

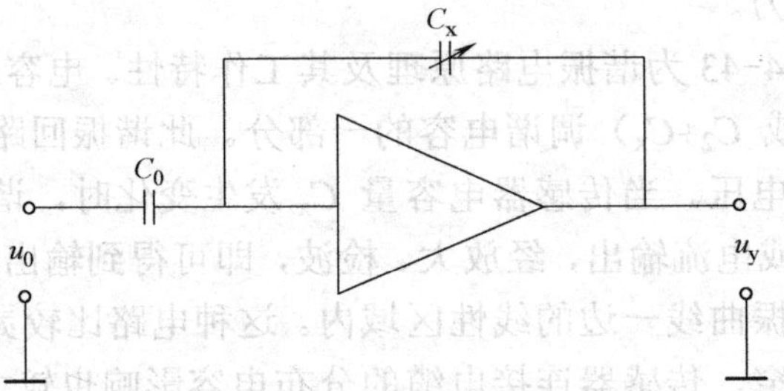

图 4-45　运算放大器电路

4.5.6　特点与应用

1. 主要优点

（1）输入能量小而灵敏度高　极距变化型电容式压力传感器只需很小的能量就能改变电容极板的位置，如在一对直径为 1.27cm 的圆形电容极板上施加 10V 电压，极板间隙为 2.54×10^{-3}cm，只需 3×10^{-5}N 的力就能使极板产生位移。因此电容式传感器可以测量很小的力、振动加速度，而且很灵敏。精度高达 0.01%的电容式传感器已有商品出现，如一种 250mm 量程的电容式位移传感器，精度可达 5μm。

（2）电参量相对变化大　电容式压力传感器电容的相对变化 $\Delta C/C \geqslant 100\%$，有的甚至可达 200%，这说明传感器的信噪比大，稳定性好。

（3）动态特性好　电容式传感器活动零件少，而且质量很小，本身具有很高的自振频率，加之供给电源的载波频率很高，因此电容式传感器可用于动态参数的测量。

（4）能量损耗小　电容式传感器的工作是变化极板的间距或覆盖面积，而电容变化并不产生热量。

（5）结构简单，适应性好　电容式传感器的主要结构是两块金属极板和绝缘层，结构很简单，在振动、辐射环境下仍能可靠工作，如采用冷却措施，还可在高温条件下使用。

2．主要缺点

（1）非线性大　如前所述，对于极距变化型电容式传感器，从机械位移 $\Delta\delta$ 变为电容变化 ΔC 是非线性的，利用测量电路（见图 4-41）电容转换成电压变化也是非线性的。因此，输出与输入之间的关系出现较大的非线性。采用差动式结构非线性可以得到适当改善，但不能完全消除。当采用比例运算放大器电路时，可以得到输出电压与位移量的线性关系，如图 4-45 所示。

（2）电缆分布电容影响大　传感器两极板之间的电容很小，仅几十皮法，小的甚至只有几皮法。而传感器与电子仪器之间的连接电缆却具有很大的电容，如屏蔽线的电容，最小的 1m 也有几皮法，最大的可达上百个皮法。这不仅使传感器的电容相对变化大大降低，灵敏度也降低，更严重的是电缆本身放置的位置和形状不同，或因振动等原因，都会引起电缆本身电容的较大变化，使输出不真实，给测量带来误差。解决办法如下：①利用集成电路，使放大测量电路小型化，把它放在传感器内部，这样传输导线输出的是电压信号，不受分布电容的影响；②采用双屏蔽传输电缆，适当降低分布电容的影响。由于电缆分布电容对传感器的影响，使电容式传感器的应用受到一定的限制。

3．电容式传感器的应用举例

目前，电容式传感器已广泛应用于位移、角度、速度、压力、转速、流量、液位、料位以及成分分析等方面的测量，图 4-40 已经给出了几种电容式传感器的类型，下面再给出三个应用例子。

（1）电容式测厚仪　图 4-46 是测量金属带材在轧制过程中厚度的电容式测厚仪的工作原理。工作极板与带材之间形成两个电容，即 C_1、C_2，其总电容 $C=C_1+C_2$。当金属带材在轧制中厚度发生变化时，将引起电容量的变化。通过检测电路可以反映这个变化，并转换和显示出带材的厚度。

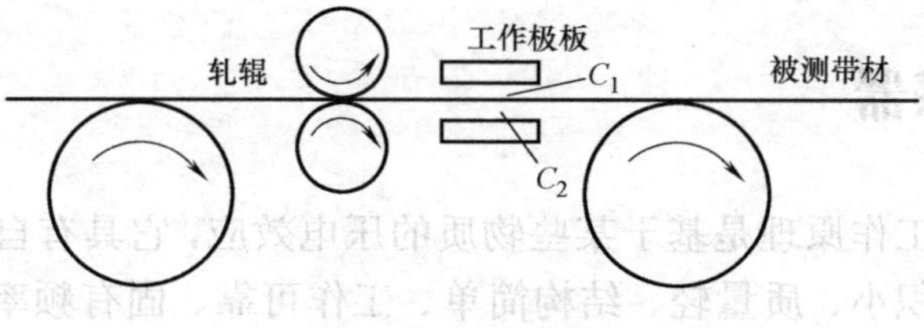

图 4-46　电容式测厚仪的工作原理

（2）电容式转速传感器　电容式转速传感器的工作原理如图 4-47 所示。图中，齿轮外沿面为电容器的动极板，当电容器定极板与齿顶相对时，电容量最大，而与齿隙相对时，则电容量最小。当齿轮转动时，电容量发生周期性变化，通过测量电路转换为脉冲信号，则频率计显示的频率代表转速大小。设齿数为 z，频率为 f，则转速为 $n=60f/z$，单位为 r/min。

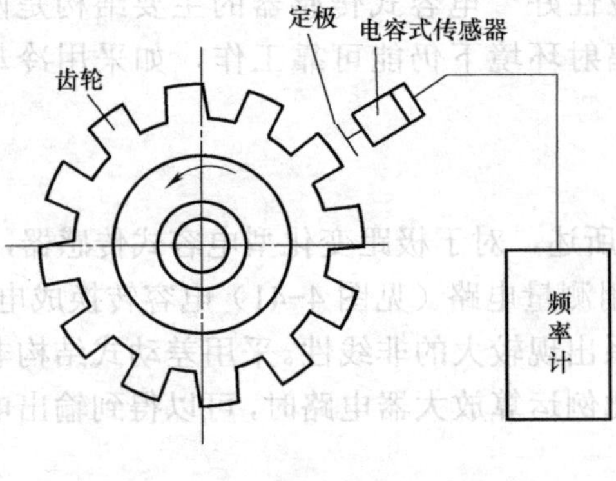

图 4-47 电容式转速传感器

（3）电容式位移传感器　图 4-48 是电容传感器用于振动位移或微小位移测量的例子。用于测量金属导体表面振动位移的电容传感器只含有一个电极，而把被测对象作为另一个电极使用。图 4-48a 是测量振动体的振动；图 4-48b 是测量转轴回转精度，利用垂直安放的两个电容式位移传感器，可测出回转轴轴心的动态偏摆情况，这两例所示的电容传感器都是极距变化型的。

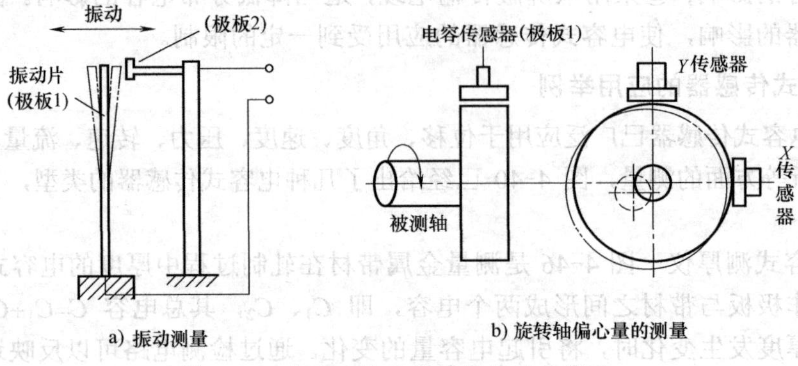

图 4-48　电容式位移传感器的工作原理

4.6　压电式传感器

压电式传感器的工作原理是基于某些物质的压电效应，它具有自发电和可逆两种重要特性，同时还具有体积小、质量轻、结构简单、工作可靠、固有频率高、灵敏度和信噪比高等优点，因此压电式传感器得到了飞跃的发展和广泛的应用。压电式传感器的传感元件是压电材料，它是一种典型的力敏元件，能测量最终能变换成力的那些物理量，如力、压力、加速度、机械冲击和振动等，因此在机械、声学、力学、医学和宇航等领域都可见到压电式传感器的应用。

4.6.1　压电效应

某些物质，如石英、钛酸钡等，当受到外力作用时，不仅几何尺寸会发生变化，而且内部会被极化，在一定表面上产生电荷，形成电场；当外力去掉时，又重新回到原来的不带电状态，这种现象称为压电效应。相反，如果将这些物质置于电场中，其几何尺寸也会发生变化，这种由外电场作用导致物质产生机械变形的现象，称为逆压电效应，或称为电致伸缩效应。

具有压电效应的材料称为压电材料，石英是常用的压电材料。下面以石英晶体为例，说明压电效应的机理。

天然石英（SiO_2）晶体结晶形状为六角形晶柱，如图 4-49a 所示。两端为一对称的棱锥，六棱柱是它的基本组织，纵轴 *z-z* 称为光轴，通过六角棱线而垂直于光轴的轴线 *x-x* 称为电轴，垂直于棱面的轴线 *y-y* 称为机械轴，如图 4-49b 所示。

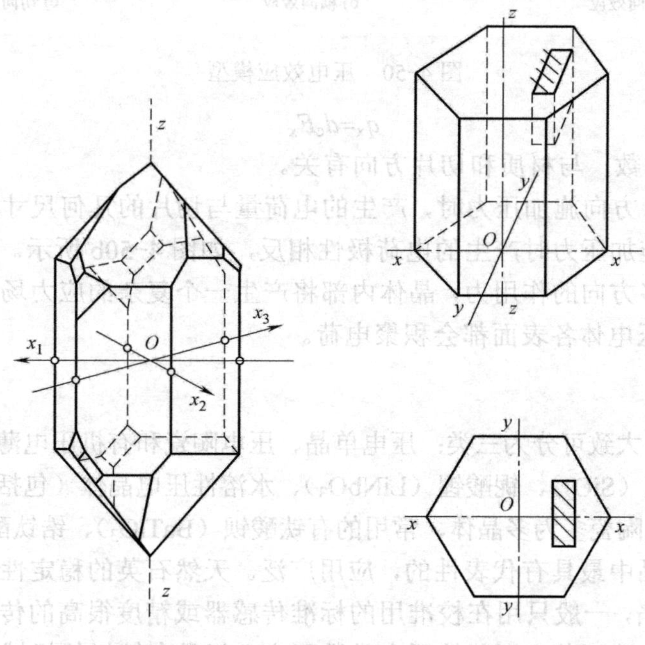

a) 六角形晶柱　　b) 石英晶体的晶轴

图 4-49　石英晶体

如果从晶体中切下一个平行六面体，并使其晶面分别平行于 *x-x*、*y-y*、*z-z* 轴线，则这个晶片在正常状态下不呈现电性。当施加外力时，将沿 *x-x* 方向形成电场，其电荷分布在垂直于 *x-x* 轴的平面上，如图 4-50 所示。沿 *x* 轴方向加力产生纵向（压电）效应，沿 *y* 轴加力产生横向（压电）效应，沿相对两平面加力产生切向（压电）效应。沿 *z* 轴对晶片施加外力时，则不论外力的大小和方向如何，晶片的表面都不会极化。

实验证明，压电效应和逆压电效应都是线性的，即晶体表面出现的电荷的多少和形变的大小成正比，当形变改变符号时，电荷也改变符号；在外电场作用下，晶体形变的大小与电场强度成正比，当电场反向时，形变改变符号。以石英晶体为例，当晶片在电轴 *x* 方向受到压力 F_x 作用时，所产生的电荷量 q_x 与作用力 F_x 成正比，而与切片的几何尺寸无关。

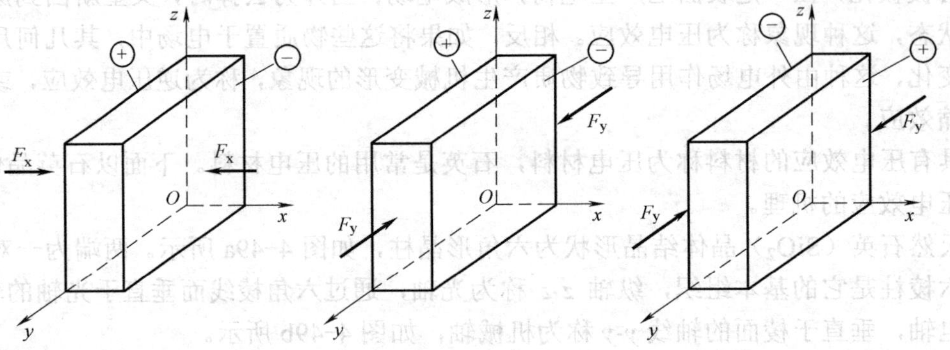

a) 纵向效应 b) 横向效应 c) 切向效应

图 4-50 压电效应模型

$$q_x=d_cF_x \tag{4-44}$$

式中 d_c—— 压电常数，与材质和切片方向有关。

当沿着机械轴 y 方向施加压力时，产生的电荷量与切片的几何尺寸有关，且电荷的极性与沿电轴 x 方向施加压力时产生的电荷极性相反，如图 4-50b 所示。

若压电体受到多方向的作用力，晶体内部将产生一个复杂的应力场，会同时出现纵向效应和横向效应，压电体各表面都会积聚电荷。

4.6.2 压电材料

常用的压电材料大致可分为三类：压电单晶、压电陶瓷和有机压电薄膜。压电单晶为单晶体，常用的有石英（SiO_2）、铌酸锂（$LiNbO_3$）、水溶性压电晶体（包括酒石酸钾钠、酒石酸二钾等）等。压电陶瓷多为多晶体，常用的有钛酸钡（$BaTiO_3$）、锆钛酸铅（PZT）等。

石英是压电单晶中最具有代表性的，应用广泛。天然石英的稳定性好，但资源少，并且大都存在一些缺陷，一般只用在校准用的标准传感器或精度很高的传感器中。除天然石英外，还大量应用人造石英。石英的压电常数不高，但具有较好的机械强度和时间、温度稳定性。其他压电单晶的压电常数为石英的 2.5～3.5 倍，但价格较贵。水溶性压电晶体，如酒石酸钾钠，压电常数较高，但易受潮，机械强度低，电阻率低，性能不稳定。

压电陶瓷是通过高温烧结的多晶体，具有制作工艺方便、耐湿、耐高温等优点，在检测技术、电子技术和超声等领域中有广泛应用。现代声学技术和传感技术中最普遍应用的是压电陶瓷。

压电陶瓷由许多铁电体的微晶组成，微晶再细分为电畴，因而压电陶瓷是许多畴形成的多畴晶体。当加上机械应力时，它的每一个电畴的自发极化会产生变化，但由于电畴的无规则排列，因而在总体上不呈现电性，没有压电效应。为了获得材料形变与电场呈线性关系的压电效应，在一定温度下对其进行极化处理，即利用强电场（1～4kV/mm）使其电畴规则排列，呈现压电性。极化电场去除后，电畴取向保持不变，在常温下可呈压电性。压电陶瓷的压电常数比单晶体高得多，一般比石英高数百倍。现在的压敏元件大多数采用压电陶瓷。

钛酸钡是使用最早的压电陶瓷。其居里温度（材料温度达到该点电畴将被破坏，失去压电特性）低，约为 120℃。现在使用最多的是锆钛酸铅（PZT）系列压电陶瓷。PZT 是一材料系列，随配方和掺杂的变化可获得不同的材料性能，它具有较高的居里点（350℃）和很高的压电常数（70～590pC/N）。

高分子压电薄膜的压电特性并不很好，但它易于大批量生产，且具有面积大、柔软不易破碎等优点，可用于微压测量和机器人的触觉。其中以聚偏二氟乙烯（PVdF）最为著名。

近年来压电半导体也开发成功，它具有压电和半导体两种特性，很容易发展成新型的集成传感器。

4.6.3　压电式传感器的工作原理及测量电路

1．工作原理

在压电晶片的两个工作面上进行金属蒸镀，形成金属膜，构成两个电极，如图 4-51 所示。当晶片受到外力作用时，在两个极板上将积聚数量相等、而极性相反的电荷，形成电场。因此压电式传感器可以看作是一个电荷发生器，又是一个电容器，其电容量 C 为

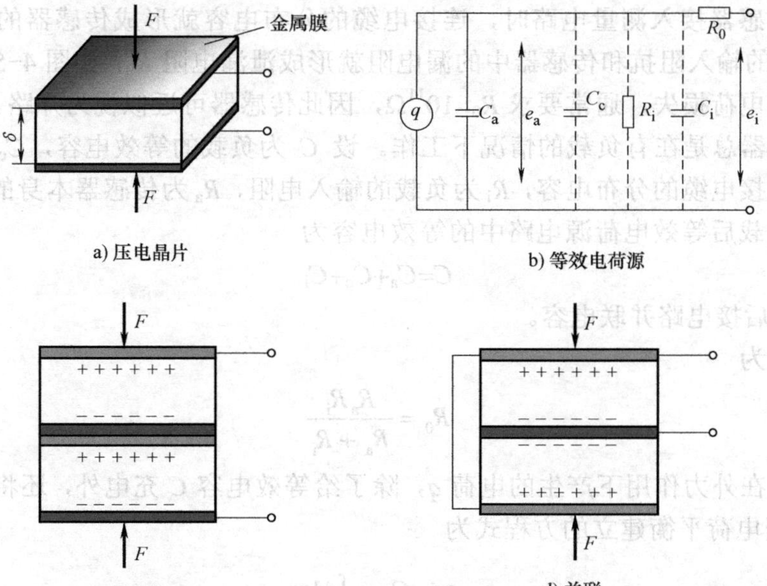

a) 压电晶片　b) 等效电荷源　c) 串联　d) 并联

图 4-51　压电晶片及其等效电路

$$C=\frac{\varepsilon_0\varepsilon A}{\delta} \tag{4-45}$$

式中　ε——压电材料的相对介电常数，石英晶体 ε=4.5F/m，钛酸钡 ε=1200F/m；

δ——极板间距，即晶片厚度（m）；

A——压电晶片工作面的面积（m^2）。

如果施加于晶片的外力不变，积聚在极板上的电荷无内部泄漏，外电路负载无穷大，那么在外力作用期间，电荷量将始终保持不变，直到外力的作用终止时，电荷才随之消失。如果负载不是无穷大，电路将会按指数规律放电，极板上的电荷无法保持不变，从而造成测量误差。因此，利用压电传感器测量静态或准静态量时，必须采用极高阻抗的负载。在

动态测量时，变化快、漏电量相对比较小，电荷可以得到不断补充，可以供给测量电路一定的电流，故压电传感器适宜做动态测量。

在实际应用中，由于单片的输出电荷很小，因此，组成压电传感器的晶片常常不止一片，一般采用两片或两片以上的晶片黏结在一起使用。由于压敏元件是有极性的，因此黏结的方法有两种，即并联和串联。串联时（见图 4-51c），正电荷集中在上极板，负电荷集中在下极板。串联法传感器本身电容小，响应较快，输出电压大，适用于以电压作为输出的信号和频率较高的信号。并联时（见图 4-51d），两晶片负极集中在中间极板上，正电极在两侧的电极上。并联时电容量大、输出电荷量大，时间常数大，宜于测量缓变信号，适宜于以电荷量输出的场合。

压电传感器是一个具有一定电容的电荷源。电容器上的开路电压 u_a 与电荷 q、传感器电容 C_a 满足

$$u_a = \frac{q}{C_a} \tag{4-46}$$

当压电传感器接入测量电路时，连接电缆的分布电容就形成传感器的并联分布电容 C_c，后续电路的输入阻抗和传感器中的漏电阻就形成泄漏电阻 R_0，如图 4-51b 所示。为了防止漏电造成电荷损失，通常要求 $R_0>10^{11}\Omega$，因此传感器可近似视为开路。

压电传感器总是在有负载的情况下工作。设 C 为负载的等效电容，C_c 为压电传感器与负载间的连接电缆的分布电容，R_i 为负载的输入电阻，R_a 为传感器本身的漏电阻，则压电传感器接负载后等效电荷源电路中的等效电容为

$$C=C_a+C_c+C_i \tag{4-47}$$

式中　C_i—— 后接电路并联电容。

等效电阻为

$$R_0 = \frac{R_a R_i}{R_a + R_i} \tag{4-48}$$

压敏元件在外力作用下产生的电荷 q，除了给等效电容 C 充电外，还将通过等效电阻 R_0 泄漏掉。据电荷平衡建立的方程式为

$$q = Cu + \int i\mathrm{d}t \tag{4-49}$$

式中　$q = d_c F = d_c F_0 \sin \omega t$；

ω——外力的圆频率；

u——接负载后压敏元件的输出电压（也就是等效电容 C 上的电压值），$u=R_0 i$；

i——泄漏电流。

式（4-45）可写为

$$q = q_0 \sin \omega t = CR_0 i + \int i\mathrm{d}t \tag{4-50}$$

忽略过渡过程，其稳态解为

$$i=\frac{\omega q_0}{\sqrt{1+(\omega CR_0)^2}}\sin(\omega t+\varphi) \tag{4-51}$$

$$\varphi=\arctan\frac{1}{\omega CR_0} \tag{4-52}$$

接负载后压敏元件的输出电压为

$$u_{\mathrm{i}}=R_0 i=\frac{q_0}{C}\frac{1}{\sqrt{1+(\omega CR_0)^{-2}}}\sin(\omega t+\varphi)=\frac{d_{\mathrm{c}}}{C}\frac{1}{\sqrt{1+(\omega CR_0)^{-2}}}F_0\sin(\omega t+\varphi) \tag{4-53}$$

由以上分析可看出：

1）通过压电传感器的输出电压 u_{i} 的测量所得到的被测力 $F_0\sin(\omega t+\varphi)$ 的信息受到因子 $\frac{1}{\sqrt{1+(\omega CR_0)^{-2}}}$ 及 C 中 C_{c}（因电缆的长度不同 C_{c} 的大小也不一样）的影响。

2）只有在被测信号频率 ω 足够高的情况下，压电传感器的输出电压 u_{i} 才与频率无关，这时才有可能实现不失真测试，即

$$\omega CR_0 >> 1$$

或

$$\omega >> \frac{1}{CR_0} \tag{4-54}$$

这时信号频率的下限式（4-50）可写为

$$u_{\mathrm{i}}=\frac{d_{\mathrm{c}}F_0}{C}\sin(\omega t+\varphi) \tag{4-55}$$

式（4-55）表明，压电传感器实现不失真测试的条件与被测信号的频率 ω 及回路的时间常数 R_0C 有关。为使测量信号频率的下限范围扩大，压电传感器的后接测量电路必须有高输入阻抗，即很高的负载输入阻抗 R_{i}（由于 R_{i} 值很大，所以在图 4-51 所示的压电晶片的等效电路中可将其视为断开），并在后接电路（即后接的放大器）的输入端并入一定的电容 C_{i} 以加大时间常数 R_0C，但并联电容 C_{i} 不能过大，否则根据式（4-54）可知传感器的输出电压 u_{i} 会降低很多，这对测量是不利的。

3）只有当被测信号频率足够高时，压电传感器的输出电压值才与 R_{i} 无关。在测量静态信号或缓变信号时，为使压电晶片上的电荷不消耗或泄漏，负载电阻就必须非常大，否则将会由于电荷泄漏而产生测量误差。但 R_{i} 值不可能无限加大，因此用压电传感器测量静态信号或缓变信号是比较难以实现的。压电传感器用于动态信号的测量时，由于动态应变力的作用，压电晶片上的电荷可以不断补充，给测量电路一定的电流，使测量成为可能。

上述三点分析表明压电传感器适用于动态信号的测量，但测量信号频率的下限受 R_0C 的影响，上限则受压电传感器固有频率的限制。

压电传感器的输出，理论上应当是压电晶片表面上的电荷 q。根据图 4-51b 可知实际测试中往往是取等效电容 C 上的电压值，作为压电传感器的输出。因此，压电式传感器就

有电荷和电压两种输出形式。相应地，其灵敏度也有电荷灵敏度和电压灵敏度两种表示方法。两种灵敏度之间的关系为

$$S_e = \frac{S_q}{C} = \frac{S_q}{C_a + C_c + C_i} \tag{4-56}$$

式中 S_e—— 电压灵敏度；

S_q—— 电荷灵敏度。

压电传感器结构和材料确定之后，其电荷灵敏度便已确定。由于等效电容 C 受电缆电容 C_c 的影响，其电压灵敏度则会因所用电缆长度的不同而有所变化。

2．测量电路

由于压电式传感器的输出电信号很微弱，而且传感器本身有很大内阻，故输出能量甚微，这给后接电路带来一定困难。为此，通常把传感器信号先输到高输入阻抗的前置放大器，经过阻抗变换以后，方可用一般的放大、检波电路将信号输给指示仪表或记录器。

前置放大器电路的主要用途有两点：一是将传感器的高阻抗输出变换为低阻抗输出；其次是放大传感器输出的微弱电信号。

前置放大器电路有两种形式：其一是用电阻反馈的电压放大器，其输出电压与输入电压（即传感器的输出）成正比；另一种是带电容反馈的电荷放大器，其输出电压与输入电荷成正比。

使用电压放大器时，放大器的输入电压如式（4-54）所表达。由于电容 C 包括了 C_a、C_i 和 C_c，其中分布电容（电缆对地电容）C_c 比 C_a 和 C_i 都大，故整个测量系统对电缆对地电容 C_c 的变化非常敏感。连接电缆的长度和形态变化会引起 C_c 的变化，导致传感器输出电压 u 的变化，从而使仪器的灵敏度也发生变化。

图 4-52 是使用电压放大器时的压电传感器-电缆-放大器系统的等效电路。放大器的输入电压（也即传感器的输出电压）为

$$u_i = \frac{q}{C_a + C_c + C_i} \tag{4-57}$$

系统的输出电压为

$$u_y = Ku_i = \frac{Kq}{C_a + C_c + C_i} \tag{4-58}$$

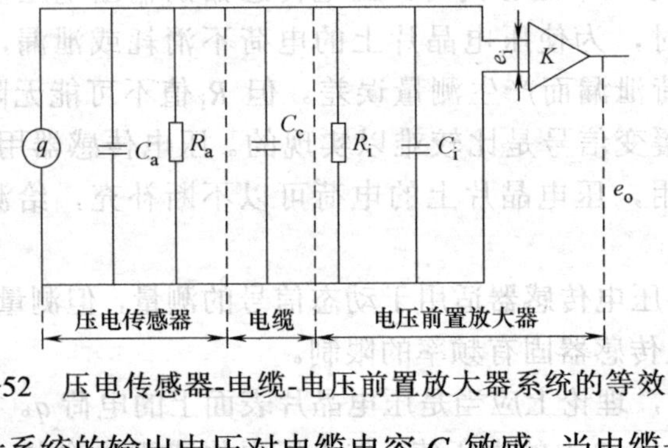

图 4-52 压电传感器-电缆-电压前置放大器系统的等效电路

式（4-58）表明测量系统的输出电压对电缆电容 C_c 敏感。当电缆长度变化时，C_c 就变化，

使得放大器输入电压一旦变化，系统的电压灵敏度也将发生变化，这就增加了测量的困难。

电荷放大器则克服了上述电压前置放大器的缺点。它是一个高增益带电容反馈的运算放大器。图 4-53 压电是传感器-电缆-电荷放大器系统的等效电路图。略去传感器的漏电阻 R_a 和电荷放大器的输入电阻 R_i 影响时，有

$$q = u_i(C_a + C_c + C_i) + (u_i - u_y)C_f = u_i C + (u_i - u_y)C_f \tag{4-59}$$

式中 u_i—— 放大器输入端电压；

u_y—— 放大器输出端电压，$u_y=-Ku_i$，其中 K 为电荷放大器开环放大倍数；

C—— 放大器输入电容；

C_f—— 电荷放大器反馈电容。

故有

$$u_y = \frac{-Kq}{(C + C_f) + AC_f} \tag{4-60}$$

如果放大器开环增益足够大，则 KC_f>>（$C+C_f$），则式（4-60）可简化为

$$u_y \approx -\frac{q}{C_f} \tag{4-61}$$

式（4-61）表明，在一定条件下，电荷放大器的输出电压与传感器的电荷量成正比，并且与电缆分布电容无关。因此，采用电荷放大器时，即使连接电缆长度达百米以上时，其灵敏度也无明显变化，这是电荷放大器突出的优点。但与电压放大器相比，其电路复杂，价格昂贵。

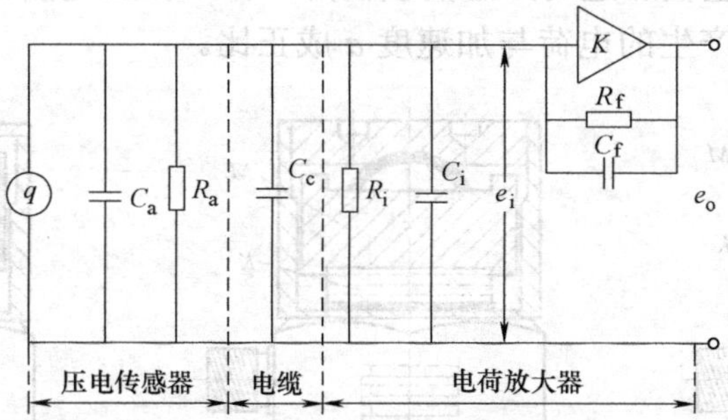

图 4-53 压电传感器-电缆-电荷放大器系统的等效电路

4.6.4 压电式传感器的应用

压电式传感器常用来测量应力、压力、振动的加速度，也用于声、超声和声发射等测量。

1. 压电式压力传感器

压电效应是一种力-电荷变换，可直接用作力的测量。现在已形成系列的压电式力传感器，测量范围从微小力值 10^{-3}N 到 10^4kN，动态范围一般为 60dB；测量方向有单方向的，也有多方向的。

压电式力传感器有两种形式：一种是利用膜片式弹性元件，通过膜片承压面积将压力转换为力。膜片中间有凸台，凸台背面放置压电晶片。力通过凸台作用于压电晶片上，使

之产生相应的电荷量。另一种是利用活塞的承压面承受压力，并使活塞所受的力通过在活塞另一端的顶杆作用在压电晶片上，测得此作用力便可推算出活塞所受的压力。图 4-54 是压电式压力传感器及其特性曲线。当被测力 F（或压力 P）通过外壳上的传力上盖作用在压电晶片上时，压电晶片受力，上下表面产生电荷，电荷量与作用力 F 成正比。电荷由导线引出接入测量电路（电荷放大器或电压放大器）。

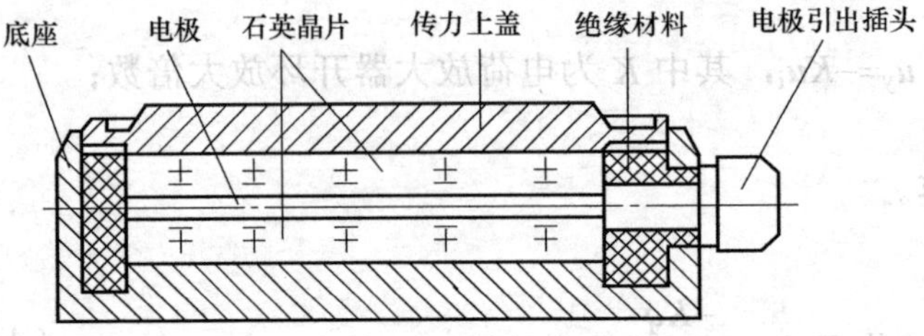

a) 压电式压力传感器

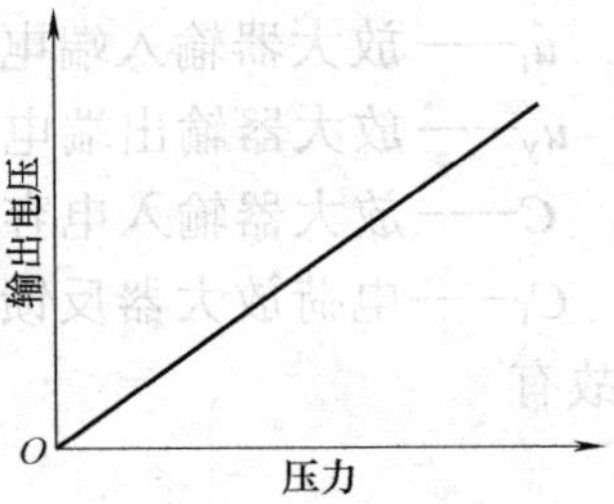

b) 压电式压力传感器特性

图 4-54　压电式压力传感器及其特性

2. 压电式加速度传感器

现在广泛采用压电式传感器来测量加速度。此种传感器的压电晶片处于其壳体和一质量块之间，用强弹簧（或预紧螺柱）将质量块、压电晶片紧压在壳体上。图 4-55 是多种压电式加速度传感器的结构图。图中，M 是质量块，K 是压电晶片。压电式加速度传感器实质上是一个惯性力传感器，运动时，传感器壳体推动压电晶片和质量块一起运动；加速时，压电晶片承受由质量块加速而产生的惯性力，作用在压电晶体上的力 $F=Ma$。当质量 M 一定时，压电晶体上产生的电荷与加速度 a 成正比。

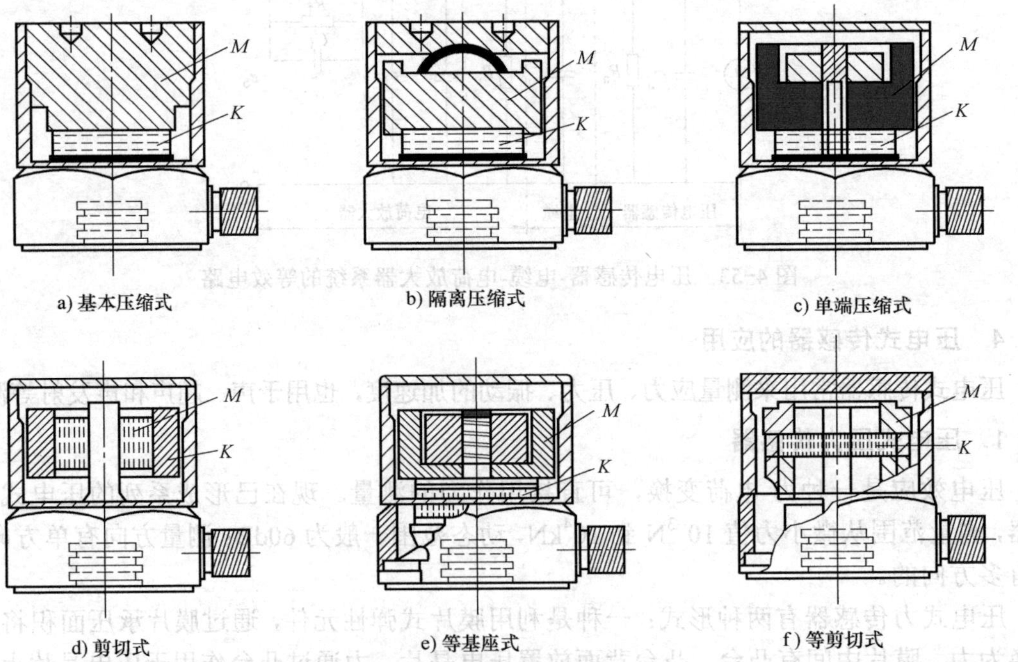

a) 基本压缩式　b) 隔离压缩式　c) 单端压缩式　d) 剪切式　e) 等基座式　f) 等剪切式

图 4-55　压电式加速度传感器

压电晶片在传感器中必须有一定的预紧力，以保证作用力变化时，压电晶片始终受到压力；其次要保证压电晶片与作用力之间的全面均匀接触，获得输出电压（或电荷）与作用力的线性关系，但预紧力也不能太大，否则会影响其灵敏度。

3．阻抗头

在对机械结构进行激振试验时（激振试验的内容将在第 8 章中讨论），为了测量机械结构每一部位的阻抗值（力和响应参数的比值），需要在结构的同一点上激振并测定它的响应。阻抗头就是专门用来传递激振力和测定激振点的受力及加速度响应的特殊传感器，其结构如图 4-56a 所示。使用时，阻抗头的安装面与被测机械紧固在一起，激振器的激振力输出顶杆与阻抗头的激振平台紧固在一起。激振器通过阻抗头将激振力传递并作用于被测结构上，如图 4-56b 所示。激振力使阻抗头中检测激振力的压电晶片受压力作用产生电荷并从激振力信号输出口输出。机械受激振力作用后产生受迫振动，其振动加速度通过阻抗头中的质量块产生惯性力，使检测加速度的晶片受力作用产生电荷，从加速度信号输出端口输出。

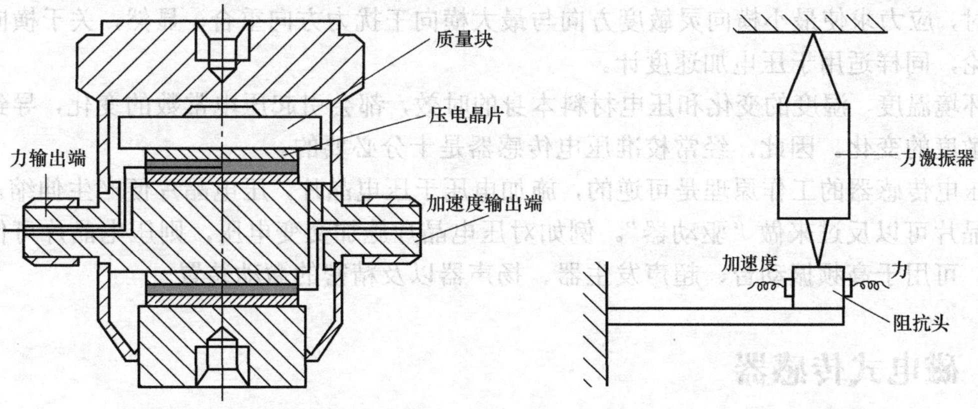

a) 阻抗头的结构原理图　　b) 阻抗头的安装结构图

图 4-56　阻抗头的原理及结构图

4．安全气囊用加速度计

作为汽车的一种安全装置，现在的汽车上都安装了安全气囊，当遇到前后方向碰撞时，它能起到保护驾驶人的作用。它在汽车前副梁左右两边，各安装一个能够检测前方碰撞的加速度传感器，在液压支架底座连接桥洞的前室内，也安装有两个同样的传感器，前副梁上的传感器一般设置成当受到 12.3*g*（*g* 为标准重力加速度，作为一个加速度单位，其值为 1 g=9.80665m/s^2）以上的碰撞时能自动打开气囊开关。12.3*g* 以上的碰撞，相当于汽车以 16km/h 的速度，与前面障碍物相撞时产生的冲击。此外，室内传感器被设置成当从正面受到 12.3*g* 以上的冲击时，能自动打开气囊开关。

汽车中使用的加速度传感器，因厂家、车型的不同，分为机械式与电子式两种。

压电传感器按不同需要做成不同灵敏度、不同量程和不同大小，形成系列产品。大型高灵敏度加速度计灵敏阈可达 $10^{-6}g$，但其测量上限也很小，只能测量微弱振动。而小型的加速度计仅重 0.14g，灵敏度虽低，但可测量上千 g 的强振动。

压电传感器的工作频率范围广，理论上其低端从直流开始，高端截止频率取决于结构的连接刚度，一般为数十赫到兆赫的量级，这使它广泛用于各领域的测量。压电传感器内阻很高，产生的电荷量很小，易受传输电缆分布电容的影响，必须采用前面已谈到的阻抗变换器或电荷放大器。已有将阻抗变换器和传感器集成在一起的集成传感器，其输出阻抗很低。

由于电荷的泄漏，使压电传感器实际上低端工作频率无法达到直流，难以精确测量常值力。在低频振动时，压电加速度计振动圆频率小，受灵敏度限制，其输出信号很弱，信噪比差。尤其在需要通过积分网络来获取振动的速度和加速度值的情况下，网络中运算放大器的漂移及低频噪声的影响，使得难于在小于 1Hz 的低频段中应用压电式加速度计。

压电传感器一般用来测量沿其轴向的作用力，该力对压电晶片产生纵向效应并产生相应的电荷，形成传感器通常的输出。然而，垂直于轴向的作用力，也会使压电晶片产生横向效应和相应的输出，称为横向输出。与此相应的灵敏度，称为横向灵敏度。对于传感器而言，横向输出是一种干扰和产生测量误差的原因。使用时，应该选用横向灵敏度小的传感器。一个压电传感器各方向的横向灵敏度是不同的。为了减少横向输出的影响，在安装使用时，应力求使最小横向灵敏度方向与最大横向干扰力方向重合。显然，关于横向干扰的讨论，同样适用于压电加速度计。

环境温度、湿度的变化和压电材料本身的时效，都会引起压电常数的变化，导致传感器灵敏度的变化。因此，经常校准压电传感器是十分必要的。

压电传感器的工作原理是可逆的，施加电压于压电晶片，压电晶片便产生伸缩。所以压电晶片可以反过来做“驱动器”。例如对压电晶片施加交变电压，则压电晶片可作为振动源，可用于高频振动台、超声发生器、扬声器以及精密的微动装置。

4.7 磁电式传感器

磁电式传感器是一种将被测物理量转换成为感应电动势的有源传感器，也称为电动式传感器或感应式传感器。它是一种机-电能量变换型传感器，不需要外部供电电源，电路简单，性能稳定，输出阻抗小，又具有一定的频率响应范围（一般为 10～1000Hz），适用于振动、转速、转矩等测量，但这种传感器的尺寸和质量都较大。

根据电磁感应定律，一个匝数为 W 的运动线圈在磁场中切割磁力线时，穿过线圈的磁通量 Φ 发生变化，线圈两端就会产生出感应电动势，其大小和方向为

$$e=-W\frac{\mathrm{d}\Phi}{\mathrm{d}t} \tag{4-62}$$

负号表明感应电动势的方向与磁通变化的方向相反。线圈感应电动势的大小在线圈匝数一定的情况下与穿过该线圈的磁通变化率 $\mathrm{d}\Phi/\mathrm{d}t$ 成正比。传感器的线圈匝数和永久磁铁选定（即磁场强度已定）后，使穿过线圈的磁通发生变化的方法通常有两种：一种是让线圈和磁力线做相对运动，即利用线圈切割磁力线而使线圈产生感应电动势；另一种则是把线圈和磁铁都固定，靠衔铁运动来改变磁路中的磁阻，从而改变通过线圈的磁通。

磁通变化率与磁场强度、磁路磁阻、线圈的运动速度有关，故若改变其中任一个因素，都会改变线圈的感应电动势。

4.7.1　动圈式和动铁式传感器

动圈式磁电传感器可按结构分为线速度型与角速度型。图 4-57a 是线速度型传感器。在永久磁铁产生的直流磁场内，放置一个可动线圈，当线圈在磁场中随被测体的运动而做直线运动时，线圈便由于切割磁力线而产生感应电动势，其感应电动势的大小为

$$e = WBlv\sin\theta \tag{4-63}$$

式中　B——线圈所在磁场的磁感应强度；

l——每匝线圈的平均长度；

θ——线圈运动方向与磁场方向的夹角；

v——线圈与磁场的相对运动速度。

在设计时，若使 θ=90°，则式（4-63）可写为

$$e = WBlv \tag{4-64}$$

显然，当磁感应强度 B 和线圈的匝数 W 及有效长度 l 一定时，感应电动势与线圈和磁场的相对运动速度成正比，因此，这种传感器又称为速度计。如果将线圈固定，让永久磁铁随被测体的运动而运动，则成为动铁式磁电传感器（见图 4-58）。

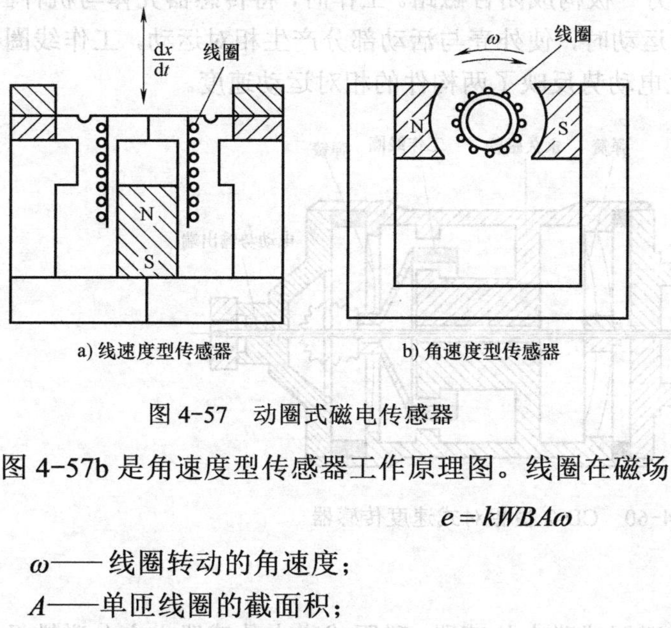

图 4-57　动圈式磁电传感器

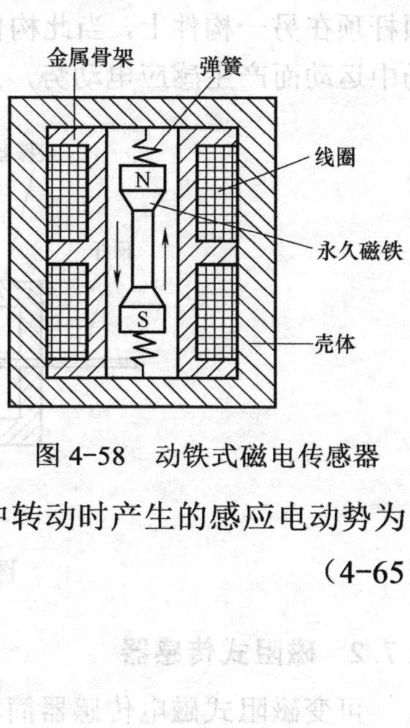

图 4-58　动铁式磁电传感器

图 4-57b 是角速度型传感器工作原理图。线圈在磁场中转动时产生的感应电动势为

$$e = kWBA\omega \tag{4-65}$$

式中　ω——线圈转动的角速度；

A——单匝线圈的截面积；

k——与结构有关的系数，k<1。

式（4-65）表明，当传感器结构一定，W、B、A 均为常数时，感应电动势 e 与线圈相对磁场的角速度 ω 成正比，这种传感器常用来测量转速。

图 4-59 是商用动圈式绝对速度传感器，它由工作线圈、阻尼器、芯棒和软弹簧片组合在一起构成传感器的惯性运动部分。弹簧的另一端固定在壳体上，永久磁铁用铝架与壳体固定。使用时，将传感器的外壳与被测机体连接在一起，传感器外壳随机件的运动而运

动。当壳体与振动物体一起振动时，由于芯棒组件质量很大，产生很大的惯性力，阻止芯棒组件随壳体一起运动。当振动频率高到一定程度时，可以认为芯棒组件基本不动，只是壳体随被测物体振动。这时，线圈以振动物体的振动速度切割磁力线而产生感应电动势，此感应电动势与被测物体的绝对振动速度成正比。

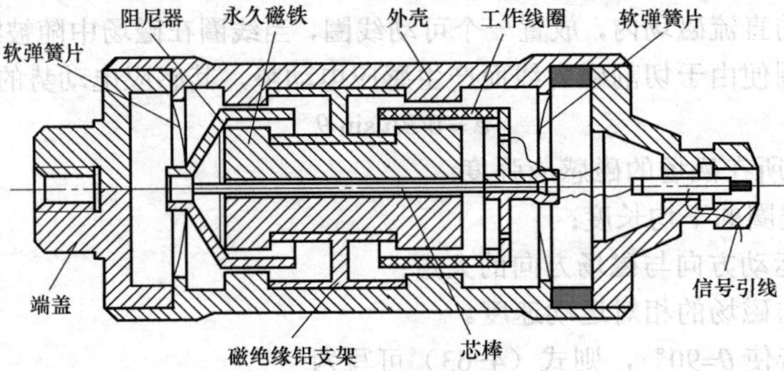

图 4-59 CD-1 型绝对式速度传感器

图 4-60 是商用动圈式相对速度传感器。传感器活动部分由顶杆、弹簧和工作线圈连接而成，活动部分通过弹簧连接在壳体上。磁通从永久磁铁的一极出发，通过工作线圈、空气隙、壳体再回到永久磁铁的另一极构成闭合磁路。工作时，将传感器壳体与机件固接，顶杆顶在另一构件上，当此构件运动时，使外壳与活动部分产生相对运动，工作线圈在磁场中运动而产生感应电动势，此电动势反映了两构件的相对运动速度。

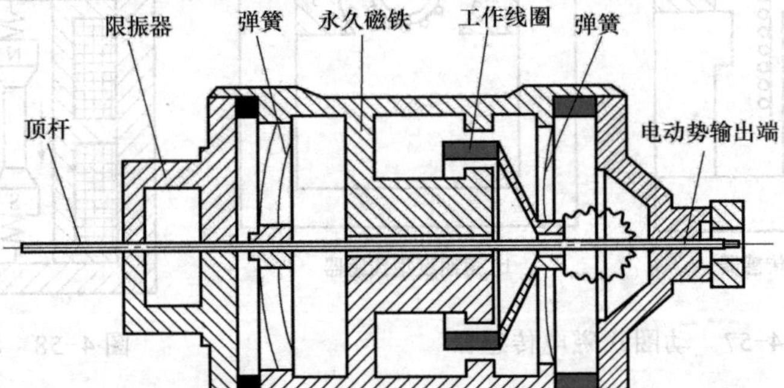

图 4-60 CD-2 型相对式速度传感器

4.7.2 磁阻式传感器

可变磁阻式磁电传感器简称磁阻式磁电传感器。磁阻式磁电传感器由永久磁铁及缠绕其上的线圈组成。传感器在工作时，线圈与磁铁都不动，由运动着的物体（导磁材料）改变磁路的磁阻，引起通过线圈的磁力线增强或减弱，使线圈产生感应电动势。图 4-61 表示了磁阻式磁电传感器应用于转速、偏心量、振动的测量。

图 4-61a、b、c、d 为开路变磁阻式，线圈和永久磁铁静止不动。图 4-62b 为闭合磁路磁阻式磁电传感器的结构示意图，被测转轴带动椭圆形测量齿轮在磁场气隙中等速转

动，使气隙平均长度周期性变化，因而磁路磁阻也周期性变化，磁通同样周期性变化，则在线圈中产生感应电动势，其频率 f 为椭圆形铁心转速的两倍。

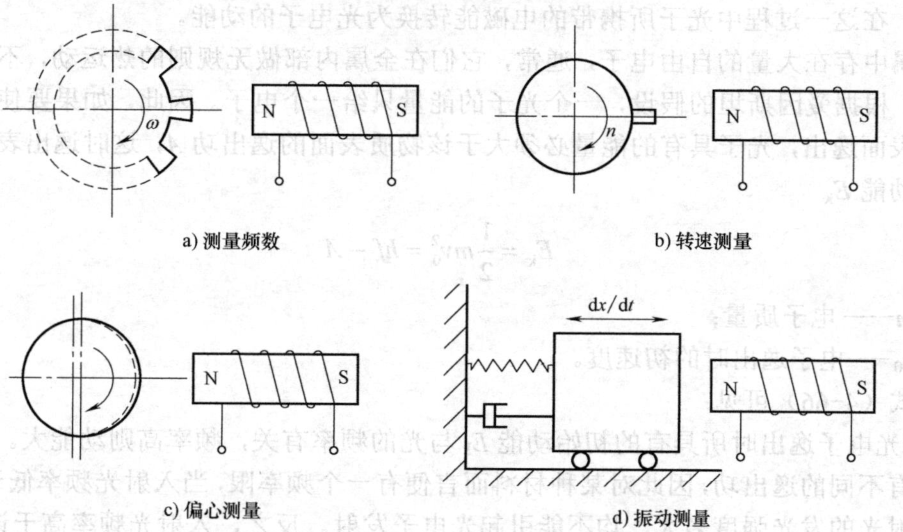

图 4-61　磁阻式磁电传感器的工作原理及应用

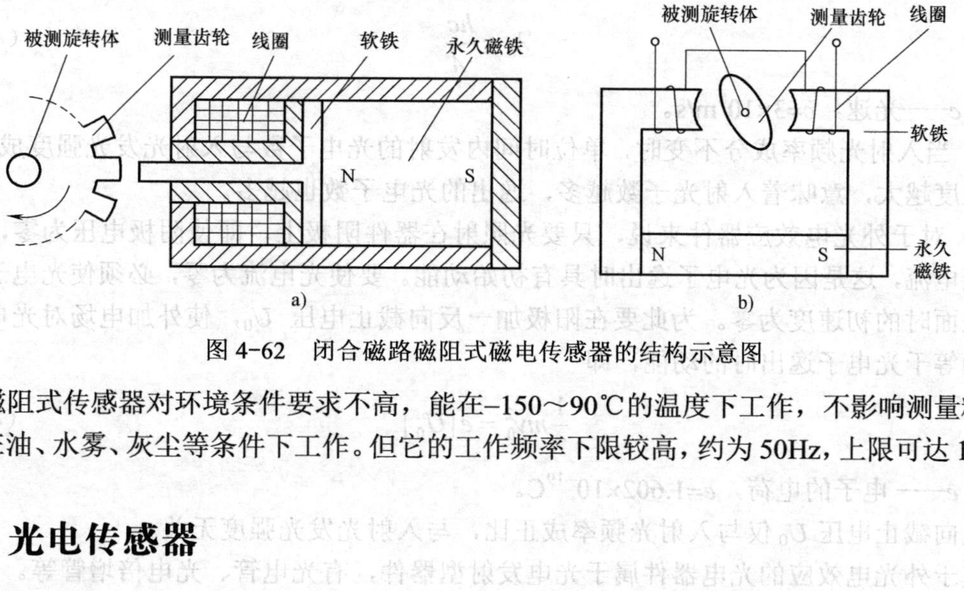

图 4-62　闭合磁路磁阻式磁电传感器的结构示意图

磁阻式传感器对环境条件要求不高，能在−150～90℃的温度下工作，不影响测量精度，也能在油、水雾、灰尘等条件下工作。但它的工作频率下限较高，约为 50Hz，上限可达 100Hz。

4.8　光电传感器

光电传感器是将光信号转换为电信号的传感器。若用这种传感器测量其他非电量时，只需将这些非电量的变化先转换为光信号的变化，再通过光电传感器转化为电量。这种测量方法具有结构简单、可靠性高、精度高、非接触和反应快等优点，被广泛用于各种自动检测系统中。

光电传感器的工作基础是光电效应。每个光子具有的能量为 hf（f 为光的频率，h 为普朗克常数，$h=6.6262\times10^{-34}\text{J}\cdot\text{s}$）。用光照射某一物体，即为光子与物体的能量交换过程，这一过程中产生的电效应称为光电效应。光电效应按其作用原理又分为外光电效应、内光电效应和光生伏特效应。

4.8.1 外光电效应

在光照作用下，物体内的电子从物体表面逸出的现象称为外光电效应，亦称光电子发射效应。在这一过程中光子所携带的电磁能转换为光电子的动能。

金属中存在大量的自由电子，通常，它们在金属内部做无规则的热运动，不能离开金属表面。根据爱因斯坦的假设，一个光子的能量只给一个电子。因此，如果要使一个电子从物质表面逸出，光子具有的能量必须大于该物质表面的逸出功 A，这时逸出表面的电子就具有动能 E_k

$$E_k = \frac{1}{2}mv_0^2 = hf - A \tag{4-66}$$

式中　m—— 电子质量；

v_0——电子逸出时的初速度。

由式（4-66）可见：

1）光电子逸出时所具有的初始动能 E_k 与光的频率有关，频率高则动能大。由于不同材料具有不同的逸出功，因此对某种材料而言便有一个频率限，当入射光频率低于该值时，无论入射光的发光强度多大，均不能引起光电子发射。反之，入射光频率高于该频率时，即使发光强度极小，也会有光电子发射，且无时间延迟。对应于此阈值频率的波长 λ_0，称为某种光电器件或光电阴极的“红限”，其值为

$$\lambda_0 = \frac{hc}{A} \tag{4-67}$$

式中　c——光速，c=3×10^{8}m/s。

2）当入射光频率成分不变时，单位时间内发射的光电子数与入射光发光强度成正比。发光强度越大，意味着入射光子数越多，逸出的光电子数也越多。

3）对于外光电效应器件来说，只要光照射在器件阴极上，即使阴极电压为零，也会产生光电流，这是因为光电子逸出时具有初始动能。要使光电流为零，必须使光电子逸出物体表面时的初速度为零。为此要在阳极加一反向截止电压 U_0，使外加电场对光电子所做的功等于光电子逸出时的动能，即

$$\frac{1}{2}mv_0^2 = e|U_0| \tag{4-68}$$

式中　e—— 电子的电荷，e=1.602×10^{-19}C。

反向截止电压 U_0 仅与入射光频率成正比，与入射光发光强度无关。

基于外光电效应的光电器件属于光电发射型器件，有光电管、光电倍增管等。

光电管有真空光电管和充气光电管。真空光电管的结构如图 4-63 所示。在一个真空的玻璃泡内装有两个电极，一个是光电阴极，一个是光电阳极。光电阴极通常采用逸出功小的光敏材料（如铯 Cs）。光线照射到光敏材料上便有电子逸出，这些电子被具有正电位的阳极所吸引，在光电管内形成空间电子流，在外电路中就产生电流。若外电路串入一定阻值的电阻，则在该电阻上的电压降或电路中的电流大小都与发光强度呈函数关系，从而实现光电转换。光电管的特性主要取决于光电阴极材料，不同的阴极材料对不同波长的光辐射有不同的灵敏度。表征光电阴极材料特性的主要参数是它的频谱灵敏度、红限和逸出功。

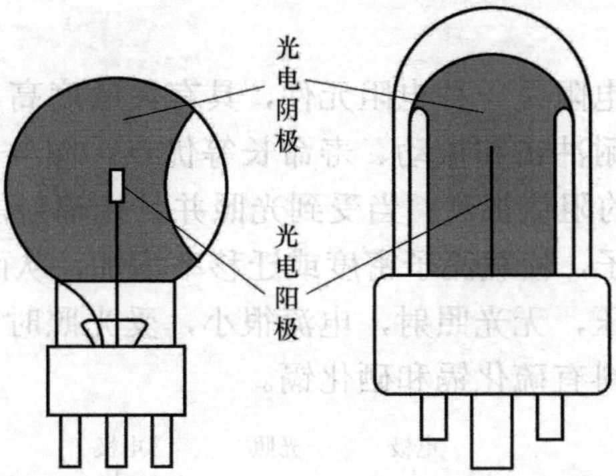

图 4-63 真空光电管的结构

光电倍增管在光电阴极和阳极之间装了若干个“倍增极”，或叫“次阴极”。倍增极上涂有在电子轰击下能反射更多电子的材料，倍增极的形状和位置设计成正好使前一级倍增极反射的电子继续轰击后一级倍增极。在每个倍增极间依次增大加速电压，如图 4-64a 所示。倍增系数与所加电压有关。一般阳极与阴极之间的电压为 1000～2000V，两个相邻倍增电极的电位差为 50～100V。电压越稳定越好，以减少由倍增系数的波动引起的测量误差。由于光电倍增管的灵敏度高，所以适合在微弱光下使用，但不能接受强光刺激，否则易于损坏。

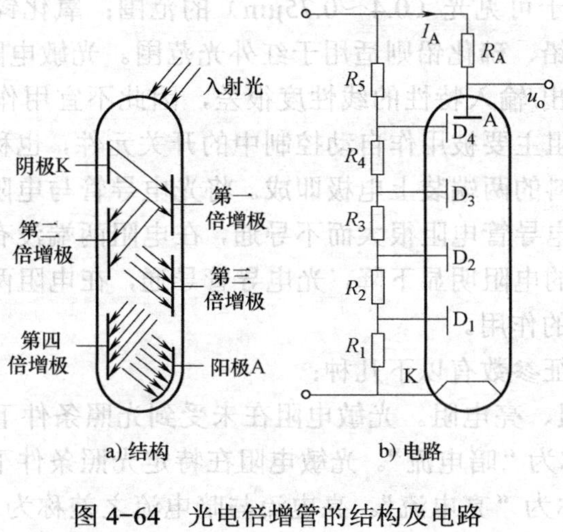

图 4-64 光电倍增管的结构及电路

4.8.2 内光电效应

在光照作用下，物体的导电性能如电阻率发生改变的现象称内光电效应，又称光导效应。内光电效应与外光电效应不同，外光电效应产生于物体表面层，在光辐射作用下，物体内部的自由电子逸出到物体外部，而内光电效应则不发生电子逸出。这时，物体内部的原子吸收光能量，获得能量的电子摆脱原子束缚成为物体内部的自由电子，从而使物体的导电性发生改变。

基于内光电效应的光电器件有光敏电阻（光电导型）和反向工作的光敏二极管、光敏晶体管。

（1）光敏电阻　光敏电阻是一种电阻元件，具有灵敏度高、体积小、质量轻、光谱响应范围宽、机械强度高、耐冲击和振动、寿命长等优点。图 4-65 为光敏电阻的工作原理图。在黑暗的环境下，它的阻值很高；当受到光照并且光辐射能量足够大时，光敏电阻吸收了能量，内部释放出电子，使载流子密度或迁移率增加，从而导致电导率增加，电阻下降。使用时对它加一定电压，无光照射，电流很小，受光照时，其阻值下降，电流增加。光敏电阻常用的半导体材料有硫化镉和硒化镉。

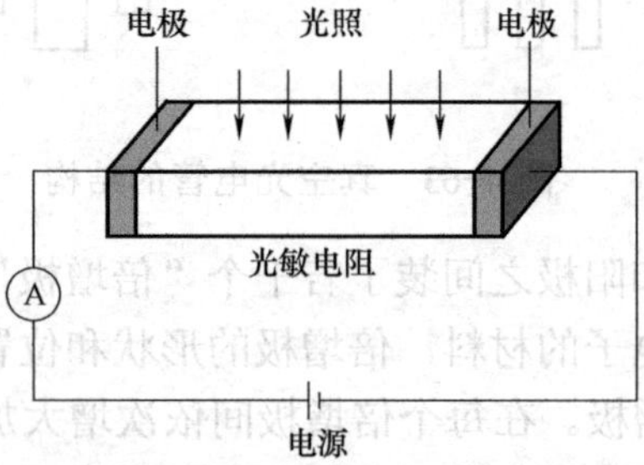

图 4-65　光敏电阻的工作原理

光敏电阻的特点是灵敏度高、光谱响应范围宽，可以从紫外区到红外区，且体积小、性能稳定，因此广泛用于测试技术。光敏电阻的材料种类很多，适用的波长范围也不同。如硫化镉、硒化镉适用于可见光（0.4～0.75μm）的范围；氧化锌、硫化锌适用于紫外光范围；而硫化铅、硒化铅、碲化铅则适用于红外光范围。光敏电阻无极性，作纯电阻用。

由于光敏电阻的输出/输入特性的线性度很差，因此不宜用作测试元件，这是光敏电阻的主要缺点。光敏电阻主要被用作自动控制中的开关元件，也称光电导管，其结构非常简单，在光敏半导体材料的两端装上电极即成。将光电导管与电阻串联后接上电源，当光电导管不受光照时，光电导管电阻很大而不导通，在电阻两端没有电压输出；当光电导管接受光照后，光电导管的电阻明显下降，光电导管导通，在电阻两端产生电压输出，从而起到了“关”和“开”的作用。

光敏电阻的主要特征参数有以下几种：

1）光电流、暗电阻、亮电阻。光敏电阻在未受到光照条件下呈现的阻值称为“暗电阻”，此时通过的电流称为“暗电流”。光敏电阻在特定光照条件下呈现的阻值称为“亮电阻”，此时通过的电流称为“亮电流”。亮电流与暗电流之差称为“光电流”。光电流的大小表征光敏电阻的灵敏度大小。一般希望暗电阻大，亮电阻小，这样暗电流小，亮电流大，相应的光电流大。光敏电阻的暗电阻大多很高，为兆欧量级，而亮电阻则在千欧以下。

2）光照特性。光敏电阻的光电流 I 与光通量 F 的关系曲线称为光敏电阻的光照特性。一般说来，光敏电阻的光照特性曲线呈非线性，且不同材料的光照特性不同。

3）伏安特性。在一定光照下，光敏电阻两端所施加的电压与光电流之间的关系称为光敏电阻的伏安特性。当给定偏压时，光照度越大，光电流也越大。而在一定的照度下，所加电压越大，光电流也就越大，且无饱和现象。但电压实际上受到光敏电阻额定功率、额定电流的限制，因此不可能无限制地增加。

4）光谱特性。对不同波长的入射光，光敏电阻的相对灵敏度是不一样的。光敏电阻的光谱与材料性质、制造工艺有关。如硫化镉光敏电阻随着掺铜浓度的增加其光谱峰值从 500nm 移至 640nm；而硫化铅光敏电阻则随材料薄层的厚度减小其峰值也朝短波方向移动。因此在选用光敏电阻时，应当把元件与光源结合起来考虑，才能获得所希望的效果。

5）响应时间特性。光敏电阻的光电流对光照强度的变化有一定的响应时间，通常用时间常数来描述这种响应特性。光敏电阻自光照停止到光电流下降至原值的 63%时所经过的时间称为光敏电阻的时间常数。不同的光敏电阻的时间常数不同，因而其响应时间特性也不相同。

6）光谱温度特性。与其他半导体材料相同，光敏电阻的光学与化学性质也受温度影响。温度升高时，暗电流和灵敏度下降。温度的变化也影响到光敏电阻的光谱特性。因此有时为提高光敏电阻对较长波长光照（如远红外光）的灵敏度，要采用降温措施。

（2）光敏管　光敏管分光敏二极管和光敏晶体管，其结构原理分别如图 4-66、图 4-67 所示。光敏二极管的 PN 结安装在管子顶部，可直接接受光照，在电路中一般处于反向工作状态（见图 4-66b）。在无光照时，暗电流很小。当有光照时，光子打在 PN 结附近，从而在 PN 结附件产生电子-空穴对。它们在内电场作用下作定向运动，形成光电流。光电流随光照度的增加而增加。因此在无光照时，光敏二极管处于截止状态，当有光照时，二极管导通。

光敏晶体管有 PNP 型和 NPN 型两种，结构与一般晶体管相似。由于光敏晶体管是由光致导通的，因此它的发射极通常做得很小，以扩大光的照射面积。当光照到晶体管的 PN 结附近时，在 PN 结附近有电子-空穴对产生，它们在内电场作用下做定向运动，形成光电流。这样使 PN 结的反向电流大大增加。由于光照发射极所产生的光电流相对于晶体管的基极电流，因此集电极的电流为光电流的 β 倍（β 是晶体管的电流放大倍数），因此光敏晶体管具有放大作用，其灵敏度比光敏二极管的灵敏度高。

a) 光敏二极管符号　　b) 光敏二极管的连接

图 4-66　光敏二极管

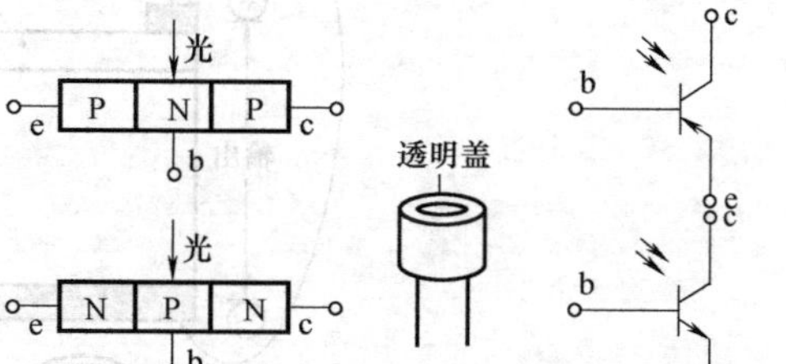

a) 光敏晶体管的结构原理　　b) 光敏晶体管的符号

图 4-67　光敏晶体管

光敏管的基本特性有：

1）光照特性。光敏二极管特性曲线的线性度要好于光敏晶体管，这与晶体管的放大特性有关。

2）伏安特性。在不同照度下，光敏二极管和光敏晶体管的伏安特性曲线跟一般晶体管在不同基极电流时的输出特性一样，并且光敏晶体管的光电流比相同管型的二极管的光电流大数百倍。由于光敏二极管的光生伏特效应使得光敏二极管即使在零偏压时仍有光电流输出。

3）光谱特性。当入射波长增加时，光敏晶体管的相对灵敏度下降，这是由于光子能量太小，不足以激发电子-空穴对。而当入射波长太短时，灵敏度也会下降，这是由于光子在半导体表面附近激发的电子-空穴对不能到达 PN 结的缘故。

4）温度特性。光敏晶体管的暗电流受温度变化的影响较大，而输出电流受温度变化的影响较小。使用应考虑温度因素的影响，采取补偿措施。

5）响应时间。光敏管的输出与光照之间有一定的响应时间，一般锗管的响应时间约为 2×10^{-4}s，硅管约为 1×10^{-5}s。

4.8.3 光伏效应

在光线照射下物体产生一定方向的电动势的现象称为光生伏特效应（也称光伏效应）。基于光伏效应的器件有光电池，可见光电池也是一种有源器件。它广泛用于把太阳能直接转换成电能，亦称为太阳电池。光电池种类很多，有硅、硒、砷化镓、硫化镉、硫化铊光电池等。其中硅光电池由于其转换效率高、寿命长、价格便宜而应用最为广泛。硅光电池较适宜于接收红外光；硒光电池适宜于接收可见光，但其转换效率低（仅有 0.02%）、寿命低，其最大优点是制造工艺成熟、价格便宜，因此仍被用来制作照度计。砷化镓光电池的光电转换效率稍高于硅光电池，其光谱响应特性与太阳光谱接近，且其工作温度最高，耐受宇宙射线的辐射，因此可作为宇航电源。

图 4-68 表示硅光电池构造原理和图形符号。硅光电池也称硅太阳电池，它用单晶硅制成。在电阻率为 0.1～1Ω·cm 的 N 型硅片上进行硼扩散以形成 P 型层，再用引线将 P 型和 N 型层引出形成正、负极，便形成了一个光电池。接受光辐射时，在两极间接上负载便会有电流通过。

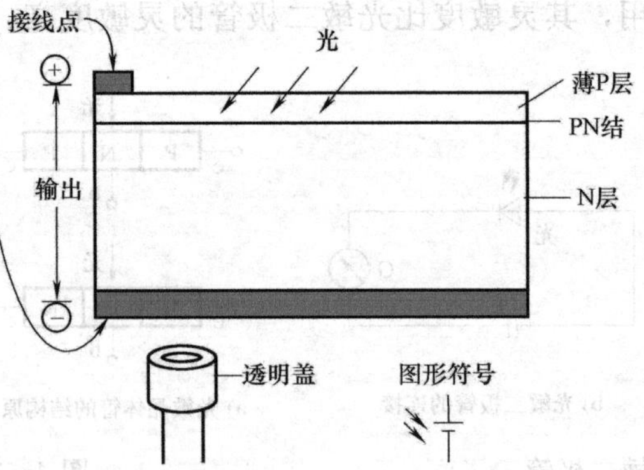

图 4-68 硅光电池构造原理及图形符号

光电池的作用原理：当光辐射至 PN 结的 P 型面上时，如果光子能量大于半导体材料的禁带宽度，则在 P 型区每吸收一个光子便激发一个电子-空穴对。在 PN 结电场作用下，N 区的光生空穴将被拉向 P 区，P 区的光生电子被拉向 N 区。结果，在 N 区便会积聚负电荷，在 P 区则积聚正电荷。这样，在 P 区和 N 区之间形成电势差，若将 PN 结两端以导线连接起来，电路中就会有电流流过。

光电池的基本特性包括光照特性、频率响应、光谱特性和温度特性等。常用的硅光电池的光谱范围为 0.45～1.1μm，在 800Å（1Å=10^{-10}m）左右有一个峰值；而硒光电池的光谱范围为 0.34～0.57μm，比硅光电池的范围窄得多，它在 500Å 左右有一个峰值。此外，硅光电池的灵敏度很高，响应时间为数微秒至数十微秒。

硅太阳电池具有轻便、简单，不会产生气体或热污染，易于适应环境。因此凡是不能铺设电缆的地方都可采用太阳电池，尤其适用于为宇宙飞行器的各种仪表提供电源。

4.8.4　光电器件的应用

由于光电传感器具有结构简单、质量轻、体积小、价格便宜、响应快、性能稳定及具有很高的灵敏度等优点，可应用于检测多种非电量。因此，在检测和自动控制等领域中应用很广。

光电传感器按其工作原理可分为模拟式和脉冲式两类。①模拟式（模拟量光电传感器），是指光电器件光电流的大小随光通量的大小而变，为光通量的函数；②脉冲式（开关量光电传感器），光电器件的输出状态仅有两种稳定状态，也就是“通”与“断”的开关状态，即光电器件受光照射时，有电信号输出，不受光照射时，无电信号输出。

1．模拟式（模拟量光电传感器）

（1）直射式　如图 4-69a 所示，光源本身就是被测物体。被测物体的光通量指向光敏元件，产生光电流输出。这种形式的光电传感器可用于光电比色高温计中，它的光通量的强度分布和光谱的强度分布都是被测温度的函数。

（2）透射式　如图 4-69b 所示，光源的光通量一部分由被测物质吸收，另一部分则穿过被测物质投射到光敏元件上，吸收量取决于被测物质的被测参数。该形式常用于测量混合气体、液体的透明度、浓度等。

（3）反射式　如图 4-69c 所示，光源发射出的光通量投射到被测物体上，被测物体又将部分光通量反射到光敏元件上，反射的光通量取决于被测物体的反射条件。该形式一般用于测量工件表面的粗糙度及测量转速等。

（4）遮蔽式　如图 4-69d 所示，光源发射出的光通量投射到被测物体上，部分被遮挡，而后到达光敏元件上，由此改变了照射到光敏元件上的光通量。这种形式常用于测量位置、位移、振动、频率等，在自动控制中用作自控开关。

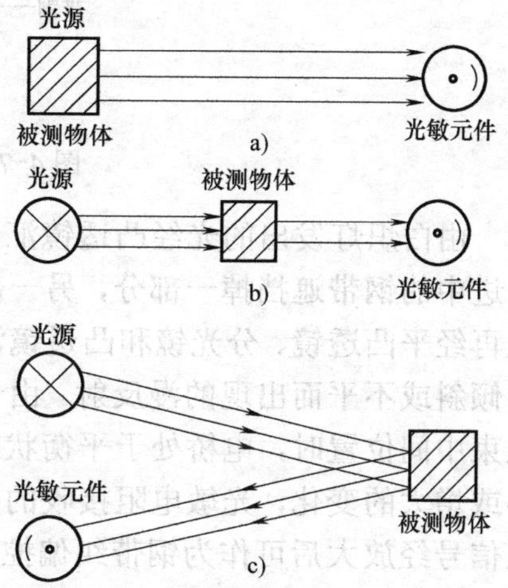

图 4-69　光敏元件在工业应用中的基本形式

2．脉冲式（开关量光电传感器）

把被测量转换成断续变化的光电流，而自动检测系统输出的为开关量或数字电信号。

属于这一类的传感器大多用在光机电结合的检测装置中，如计算机的光电输入机、转速表的光电传感器与用于精确角度测量的光电式编码器。

这类传感器为数字传感器，具有以下优点：

1）能借助于微电子技术，达到足够高的精度，避免了人为的读数误差。

2）易于实现系统的快速、自动和数字化。

3）测量系统量程大，长度可达数米甚至更长，可在 360° 范围内进行角度测量。

4）测量系统安装方便、使用维护简单、工作性能可靠。

3．应用实例

（1）冷轧钢带跑偏监测　图 4-70 为一种利用光电式传感器进行边缘位置检测的装置，用于钢带冷轧过程中控制钢带的移动位置纠偏。

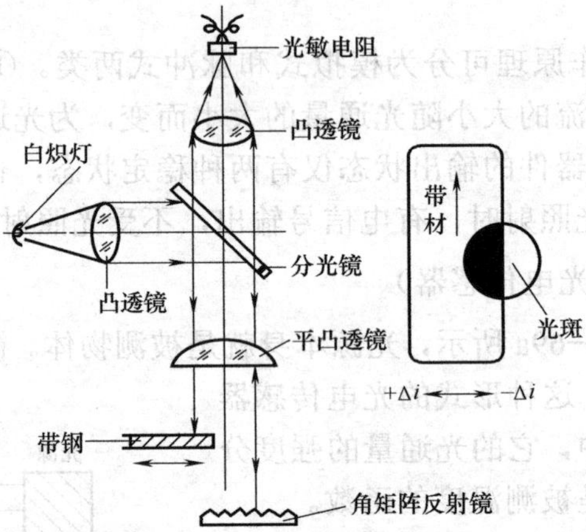

图 4-70　光电式边缘位置检测装置

由白炽灯发出的光经凸透镜汇聚、分光镜反射后经平凸透镜汇聚成平行光，该光束被行进中的钢带遮挡掉一部分，另一部分则入射至角矩阵反射镜，经该角矩阵反射镜反射的光再经平凸透镜、分光镜和凸透镜汇聚到光敏电阻上。角矩阵反射镜用于防止平面反射镜因倾斜或不平而出现的漫反射。由于光敏电阻接在输入桥路的一臂上，故当钢带位于平行光束中间位置时，电桥处于平衡状态，输出为零。当钢带左、右偏移时，遮光面积发生减小或增大的变化，光敏电阻接收的光通量会增大或减小，于是输出电流为 Δi 或 $-\Delta i$，该电流信号经放大后可作为钢带纠偏控制信号。

（2）测量转速　图 4-71 所示为用光电传感器测量转速的工作原理。在电动机的旋转轴上涂上黑白两种颜色（或粘贴反光物质），当电动机转动时，反射光与不反射光交替出现，光敏元件相应地间断接收光的反射信号，并输出间断的电信号，再经放大及整形电路输出方波信号，最后由电子数字显示器输出电动机的转速。所用光敏元件可以是光电池，也可以是光敏二极管。

（3）光电式数字转速表　光电式数字转速表的工作原理如图 4-72 所示，该装置是一种典型的遮蔽式光敏元件。在被测的电动机转轴上固定一个调速盘，将光源发出的恒定光调制成随时间变化的调制光。光线每照射到光敏元件一次，则该光敏元件就产生一个电信号脉冲，经放大及整形后记录或显示。

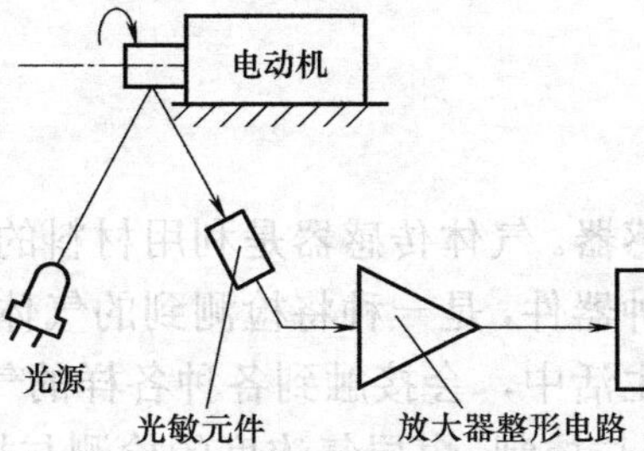

图 4-71　光电传感器测量转速的工作原理

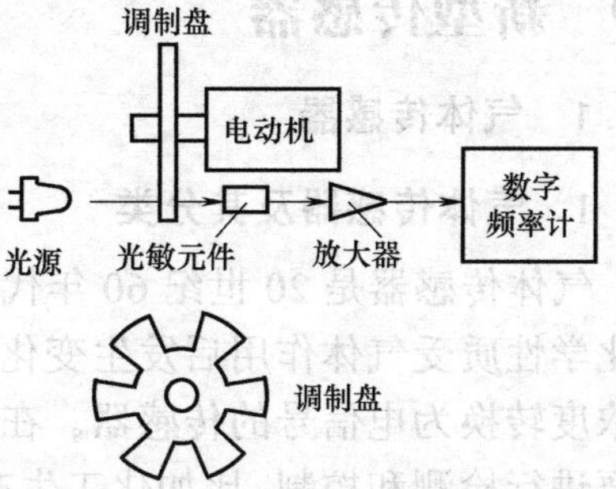

图 4-72　光电式数字转速表的工作原理

若调制盘上开有 z 个缺口，测量记数时间为 t（单位为 s），被测转速为 n（单位为 r/min），则此时得到的计数值 C 为 $C=ztn/60$。

（4）测量工件表面的缺陷　用光电传感器测量工件表面缺陷的工作原理如图 4-73 所示，激光管发出的光束经过透镜变为平行光束，再由透镜把平行光束聚焦在工件的表面上，形成宽约 0.1mm 的细长光带。光阑用于控制光通量。如果工件表面有缺陷（非圆、粗糙、裂纹等），则会引起光束偏转或散射，这些光被硅光电池接收，即可转换成电信号输出。

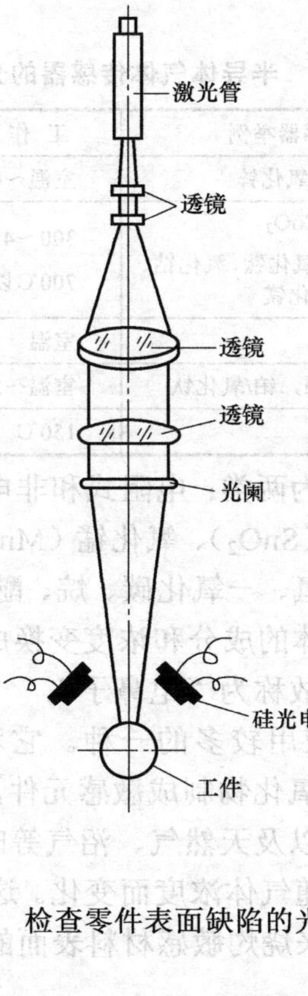

图 4-73　检查零件表面缺陷的光电传感器

4.9 新型传感器

4.9.1 气体传感器

1. 气体传感器及其分类

气体传感器是20世纪60年代产生的一种新型传感器。气体传感器是利用材料的物理和化学性质受气体作用后发生变化的原理而工作的一种器件，是一种将检测到的气体成分和浓度转换为电信号的传感器。在现代社会的生产和生活中，会接触到各种各样的气体，需要进行检测和控制，比如化工生产中气体成分的检测与控制，煤层气浓度的检测与报警，环境污染情况的监测，煤气泄漏、火灾报警、燃烧情况的检测与控制、机器人的嗅觉等方面。气体传感器的种类较多，主要包括有：敏感气体种类的气体传感器、敏感气体量的真空度气体传感器以及检测气体成分的气体成分传感器。前者主要有半导体气体传感器和固体电解质气体传感器，后者主要有高频成分传感器和光学成分传感器。由于半导体气体传感器具有灵敏度高、响应快、使用寿命长和成本低等优点，应用很广，这里着重介绍半导体气体传感器。

2. 半导体气体传感器的工作原理

半导体气体传感器是利用半导体气敏元件同气体接触后，造成半导体性质（电导率）变化来检测特定气体的成分或者测量其浓度。半导体气敏元件亦分为N型和P型两种。半导体气体传感器的分类见表4-5。

表4-5 半导体气体传感器的分类

	主要物理性能	传感器举例	工作温度	代表性被测气体
电阻式	表面控制型	氧化锡、氧化锌	室温～450℃	可燃性气体
	体控制型	Lal-xSrxCoO$_3$ γ-Fe_2O_3、氧化钛、氧化钴、氧化锡、氧化镁	300～450℃ 700℃以上	酒精，可燃性气体 氧气
非电阻式	表面电位	氧化银	室温	
	二极管整流特性	铂/硫化镉，铂/氧化钛	室温～200℃	氢气，一氧化碳，酒精
	晶体管特性		150℃	氢气，硫化氢

半导体气体传感器大体上可分为两类：电阻式和非电阻式。电阻式半导体气体传感器是利用气敏半导体材料，如氧化锡（SnO_2）、氧化锰（MnO_2）等金属氧化物制成敏感元件，当它们吸收了可燃气体的烟雾，如氢、一氧化碳、烷、醚、醇、苯以及天然气、沼气等时，利用半导体材料的这种特性，将气体的成分和浓度变换成电信号，进行监测和报警。由于它们具有对气体辨别的特殊功能，故称为“电鼻子”。

电阻式半导体气体传感器是应用较多的一种。它利用气敏半导体材料，如氧化锡（SnO_2）、氧化锰（MnO_2）等金属氧化物制成敏感元件，当它们吸附了可燃气体的烟雾，如氢、一氧化碳、烷、醚、醇、苯以及天然气、沼气等时，会发生还原反应，放出热量，使元件温度相应增高，传感器电阻随气体浓度而变化。这类气体传感器中都有电极和加热丝。前者用于输出电阻值，后者用来烧灼敏感材料表面的油垢和污物，以加速被测气体的吸、脱过程的进程。

图 4-74 所示为典型气敏元件的阻值-浓度关系。从图中可以看出，元件对不同气体的敏感程度不同，如对乙醚、乙醇、氢气等具有较高的灵敏度，而对甲烷的灵敏度较低。一般随气体的浓度增加，元件阻值明显增大，在一定范围内呈线性关系。

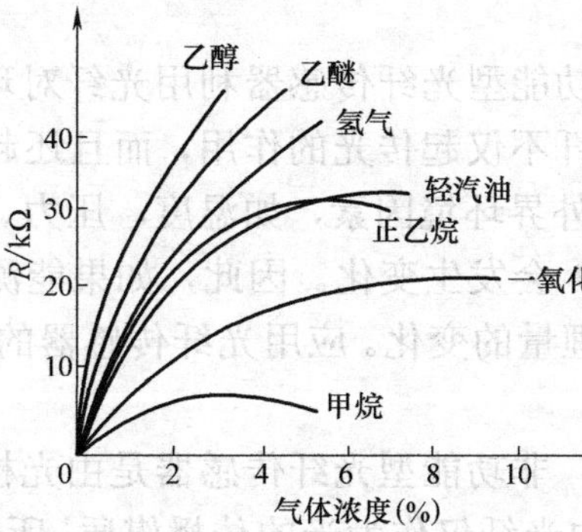

图 4-74　气敏元件的阻值-浓度关系

半导体气体传感器具有在低浓度下对可燃气体和某些有毒气体检测灵敏度高、响应快、制造使用和保养方便、价格便宜等优点，从而可在灾害事故发生前，向人们发出警报，以便采取有效措施，防患于未然。它的缺点是它们的气体选择性差、元件性能参数分散，且时间稳定度欠佳。

4.9.2　湿度传感器

所谓湿度就是空气中所含有水蒸气的量。湿度对产品质量和人类生活有重大影响，与温度相比，对湿度的测量和控制技术要落后许多。

近代工业生产与人类生活，对湿度测量与控制的要求越来越严格。

湿度检测比较困难，传统的检测方法一直比较落后。随着现代科技的飞速发展，纤维、造纸、电子、建筑、食品、医疗等部门在对湿度的测量和控制提出精度高、速度快的要求的同时又要求湿度的测量适用于自动检测、自动控制的要求，于是半导体湿度传感器应运而生。

湿敏半导体材料多为金属氧化物材料，是烧结型半导体材料，一般为多孔结构的多晶体。典型材料有四氧化三铁（Fe_3O_4）等。

金属陶瓷湿敏传感器的基本原理为：当水分子在陶瓷晶粒间界吸附时，可离解出大量导电离子，这些离子在水的吸附层中担负着电荷的输运，导致材料电阻下降，将湿度的变化转换成电阻的变化。大多数半导体陶瓷属于负感湿特性的半导体材料，其阻值随环境湿度的增加而减小。随着湿度的增加，此类半导体陶瓷的阻值可下降 3～4 个数量级。

4.9.3　光纤传感器

光纤传感器是 20 世纪 70 年代中期发展起来的一种新型传感器，和前面所介绍的传统传感器相比，有着重大差别。传统传感器以机-电转换为基础，以电信号为变换和传输载体，利用导线传输电信号。光纤传感器则是将被测量转换成可测的光信号，以光学量为转换基础，以光信号为变换和传输载体，利用光导纤维传输光信号。

光导纤维用比头发还细的石英玻璃丝制成，每一根光导纤维由一个圆柱形内芯和包层组成，而且内芯的折射率略大于包层的折射率。光纤传感器主要分为两类：功能型光纤传感器及非功能型光纤传感器（也称为物性型和结构型）。

1．工作原理

（1）功能型光纤传感器　功能型光纤传感器利用光纤对环境变化的敏感性，将输入物理量变换为调制的光信号。光纤不仅起传光的作用，而且还起敏感作用，其工作原理基于光纤的光调制效应，即光纤在外界环境因素，如温度、压力、电场、磁场等改变时，其传光特性（如发光强度、相位等）会发生变化。因此，如果能测出通过光纤的光相位、发光强度变化，就可以知道被测物理量的变化。应用光纤传感器的这种特性可以实现力、压力、温度等物理参数的测量。

（2）非功能型光纤传感器　非功能型光纤传感器是由光检测元件、光纤传输回路及测量电路所组成的测量系统。其中光纤仅作为光的传播媒质，所以又称为传光型光纤传感器。

2．应用实例

光纤位移传感器应用极为广泛，而且经过适当的变化，也适用于测量其他待测量，如温度、压力、声压以及振动等。

（1）半导体吸光式光纤温度传感器　如图 4-75a 所示，在一根切断的光纤的两端面间夹一块半导体感温薄片，这种半导体感温薄片入射光的发光强度随温度而变化，当光纤一端输入恒定发光强度的光时，另一端接收元件所接收的发光强度将随被测温度的变化而变化。图 4-75b 是一种双光纤差动测温光纤传感器的结构图。该结构中增加了一条参考光纤作为基准通道。两条光纤对来自同一光源的发光强度进行传输，经测量光纤的发光强度随温度变化，通过在同一硅片上对称式的光探测器，获得两发光强度的整值。此法可消除一定程度的干扰，提高测量精度，在−40～400℃范围内，测温精度可达±0.5℃。

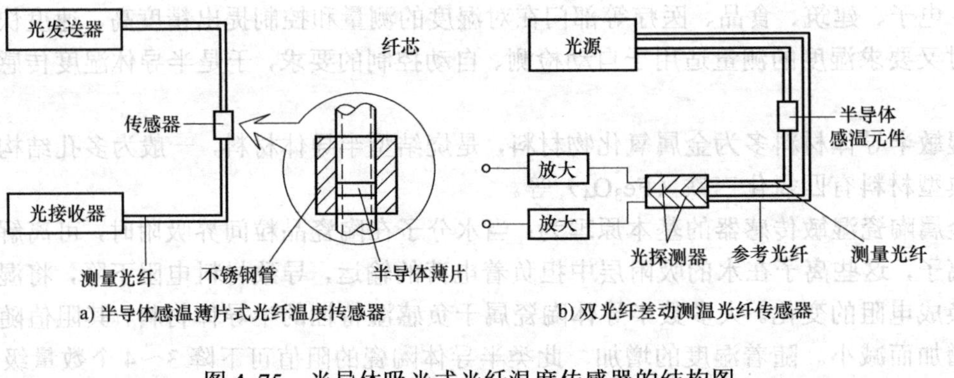

a) 半导体感温薄片式光纤温度传感器　　b) 双光纤差动测温光纤传感器

图 4-75　半导体吸光式光纤温度传感器的结构图

（2）光纤转速传感器　图 4-76 是一种转速测量传感器。凸块随被测转轴转动，在转到透镜组内时，将光路遮断形成光脉冲信号，再由光电转换元件将光脉冲信号转变为电脉冲信号，经计数器处理而获得转速值。

（3）光纤压力传感器　图 4-77 所示为施加均衡压力和施加点压力的两种光纤压力传感器形式。图 4-77a 所示为光纤在均衡压力作用下，由于光弹性效应而引起光纤折射率、形状和尺寸的变化，从而导致光纤传播光的相位变化和偏振面旋转；图 4-77b 所示为光纤在点压力作用下，引起光纤局部变形，使光纤由于折射率不连续变化导致传播光散乱而增加损耗，从而引起光振幅变化。

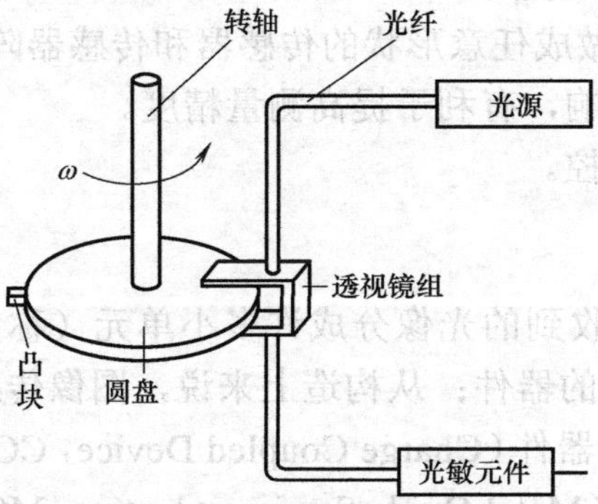

图 4-76　光纤转速测量传感器

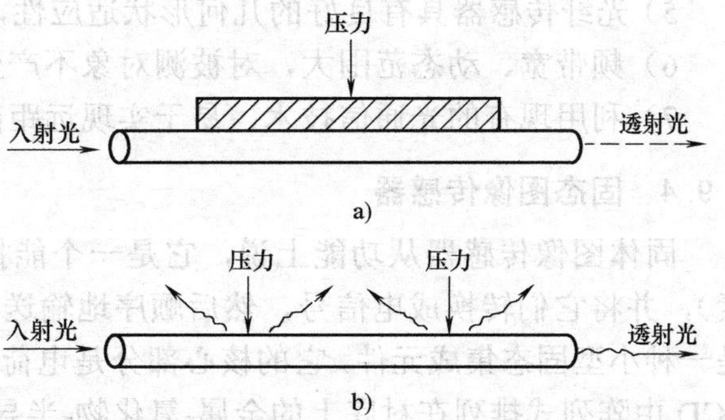

图 4-77　施加均衡压力和施加点压力的两种光纤压力传感器形式

（4）光纤流速传感器　图 4-78 为光纤流速传感器，主要由多模光纤、光源、铜管、光敏二极管及测量电路所组成。多模光纤插入顺流而置的铜管中，由于流体流动而使光纤发生机械变形，从而使光纤中传播的各模式光的相位发生变化，光纤的发射光发光强度出现强弱变化。其振幅的变化与流速成正比，这就是光纤传感器测流速的工作原理。

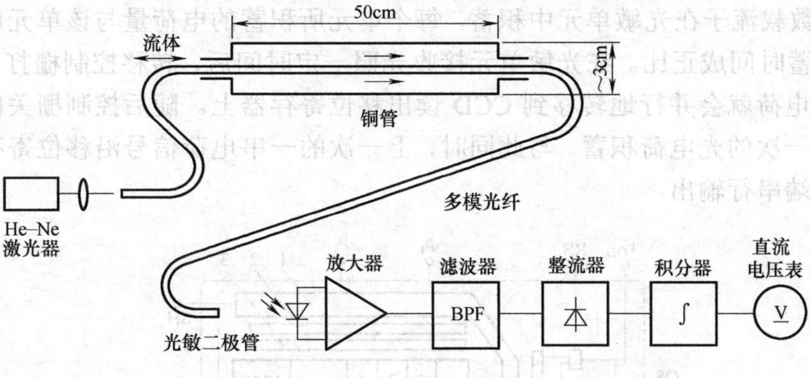

图 4-78　光纤传感器测流速的工作原理

3．光纤传感器的特点

光纤传感器技术，已经成为极重要的传感器技术，其应用领域正在迅速扩展，对传统传感器应用领域起着补充、扩大和提高的作用。在实际应用中，有必要了解光纤传感器的特点，以利于在光纤传感器和传统传感器之间做出合适的选择。

光纤传感器具有以下几方面的优点：

1）采用光波传递信息，不受电磁干扰，电气绝缘性能好，可在强电磁干扰下完成传统传感器难以完成的某些参量的测量，特别是电流、电压测量。

2）光波传输无电能和电火花，不会引起被测介质的燃烧、爆炸；光纤耐高温、耐腐蚀；因而能在易燃、易爆和强腐蚀性的环境中安全工作。

3）某些光纤传感器的工作性能优于传统传感器，如加速度计、磁场计、水听器等。

4）质量轻、体积小、可挠性好，利于在狭窄空间使用。

5）光纤传感器具有良好的几何形状适应性，可做成任意形状的传感器和传感器阵列。

6）频带宽、动态范围大，对被测对象不产生影响，有利于提高测量精度。

7）利用现有的光通信技术，易于实现远距离测控。

4.9.4 固态图像传感器

固体图像传感器从功能上说，它是一个能把接收到的光像分成许多小单元（称为像素），并将它们转换成电信号，然后顺序地输送出去的器件；从构造上来说，图像传感器是一种小型固态集成元件，它的核心部分是电荷耦合器件（Charge Coupled Device，CCD）。CCD 由阵列式排列在衬底上的金属-氧化物-半导体（Metal Oxide Semi-conductor，MOS）电容器组成，它具有光生电荷、积蓄和转移电荷的功能，是 20 世纪 70 年代发展起来的一种新型光敏元件。由于它具有集成度高、分辨率高、固体化、低功耗和自扫描能力等一系列优点，故很快地被应用于工业检测。

在控制脉冲电压作用下，CCD 中依次排列相邻的 MOS 电容中的信号将有次序地转移到下一个电容中，实现电荷受控制地转移。典型的一维图像传感器由一列光敏单元和一列 CCD 并行构成。光敏元件与 CCD 之间有一转移控制栅（见图 4-79），其中 CCD 作为读出移位寄存器。每个光敏单元通常是一个 MOS 电容，并正对着 CCD 上的一个电容。在光照下，光生少数载流子在光敏单元中积蓄，每个单元所积蓄的电荷量与该单元所接收的光照度、电荷积蓄时间成正比。在光敏单元接收光照一定时间后，转移控制栅打开，各光敏单元所积蓄的电荷就会并行地转移到 CCD 读出移位寄存器上。随后控制栅关闭，光敏单元立即开始下一次的光电荷积蓄。与此同时，上一次的一串电荷信号沿移位寄存器顺序地转移并在输出端串行输出。

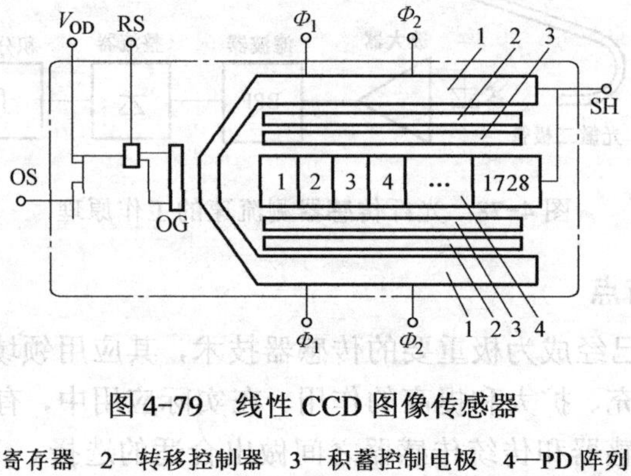

图 4-79 线性 CCD 图像传感器

1—CCD 转移寄存器 2—转移控制器 3—积蓄控制电极 4—PD 阵列（1728）

SH—转移控制栅输入端 RS—复位控制 V_{OD}—漏极输出 OS—图像信号输出 OG—输出控制器

由于每个光敏单元排列整齐，尺寸和位置准确，因此光敏单元阵列可作为尺寸测量的标尺。这样，每个光敏单元的光电荷量不仅含有光照度的准确信息，而且还含有该单元位置的信息，其对应的输出电信号也同样具有这两方面的信息。从测量上来说，这种光敏单元同时实现了光照度和位置的测量功能。

固体图像传感器具有小型、轻便、响应快、灵敏度高、稳定性好、寿命长和以光为媒介，可以对人员不便出入的环境进行远距离测量等诸多优点，已得到广泛的应用。其主要用途大致有：

1）物位、尺寸、形状、工件损伤等测量。

2）作为光学信息处理的输入环境，如摄影和电视摄像、传真技术、光谱测量、空间遥感技术、光学文字识别技术（OCR）和图像识别技术中的输入环节。

3）自动生产过程中的控制敏感元件。

固态图像传感器依照其光敏单元排列形式分为线型、面型等。已应用的有 1024、1728、2048、4096 像素的线性传感器；面型阵有 32×32、100×100、512×512、512×768 等像素的，目前最高像素已达 1100 多万。

4.9.5　霍尔式传感器

霍尔式传感器是一种利用霍尔元件基于霍尔效应将被测量转换成电动势输出的磁电式传感器。

霍尔元件是一种半导体磁电转换元件，一般由锗（Ge）、锑化铟（InSb）、砷化铟（InAs）等半导体材料制成，利用霍尔效应进行工作。如图 4-80 所示，将霍尔元件置于磁场 B 中，如果在 a、b 端通以电流 i，在 c、d 端就会出现电位差，称为霍尔电动势 U_H，这种现象称为霍尔效应。霍尔元件结构、符号及其基本电路如图 4-81 所示。

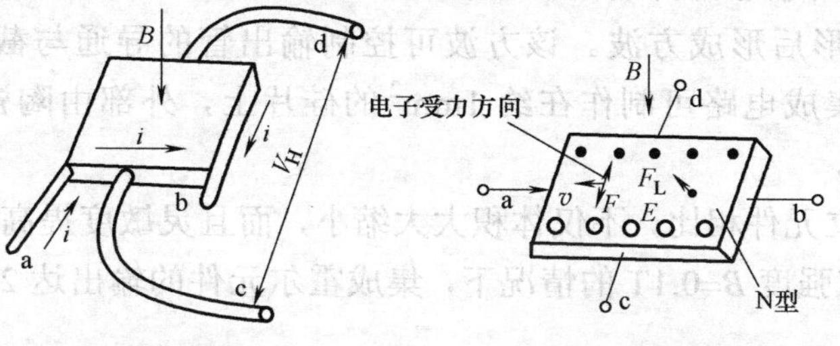

a) 霍尔元件　　b) 霍尔效应原理

图 4-80　霍尔元件及霍尔效应原理

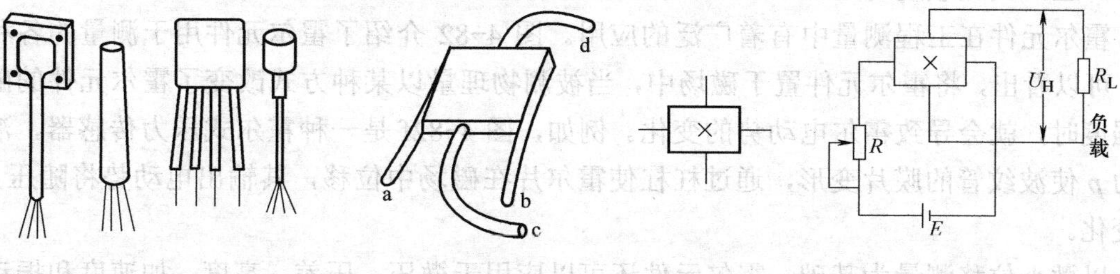

a) 外形　　b) 结构　　c) 符号　　d) 基本电路

图 4-81　霍尔元件

霍尔效应的产生是由于运动电荷受到磁场中洛伦兹力的作用结果。若把 N 型半导体薄片放在磁场中，通以固定方向的电流 i，那么半导体中的载流子（电子）将沿着与电流方向相反的方向运动。从物理学已知，任何带电质点在磁场中沿着和磁力线垂直的方向运动时，都要受到磁场力 F_L（洛伦兹力）的作用。由于 F_L 的作用，电子向一边偏移，并形成电子积累，与其相对的一边则积累正电荷，于是形成电场。该电场将阻止运动电子的继续偏移，当电场作用在运动电子上的力 F_E 的作用与洛伦兹力 F_L 相等时，电子的积累便达到动态平衡。这时在元件 c、d 端之间建立的电场称为霍尔电场，相应的电动势称为霍尔电动势 U_H，其大小为

$$U_H = k_B iB\sin\alpha \tag{4-69}$$

式中 k_B—— 霍尔常数，取决于材质、温度和元件尺寸；

B——磁感应强度；

α—— 电流与磁场方向的夹角。

根据式（4-69），如果改变 B 或 i，或者两者同时改变，就可以改变 U_H 的值。运用这一特性，就可以把被测参数转换成电压量的变化。

霍尔元件有分立元件型和集成型两种，分立元件型霍尔元件是由单晶体材料制成，已普遍应用。近来生产的锑化铟薄膜霍尔元件是用镀膜法制造的，其厚度约为 0.2mm，被用于极窄缝隙中的磁场测量。

集成霍尔元件是利用硅集成电路工艺制造，它的敏感部分与变换电路制作在同一基片上，乃至于包括敏感、放大、整形、输出等部分，其工作原理是：当外界磁场作用于霍尔片上时，其敏感部分将产生一定的霍尔电动势，此信号经差分放大，再输入施密特触发器，整形后形成方波。该方波可控制输出管的导通与截止，则输出端为 1、0 两种状态。整个集成电路可制作在约 1mm^2 的硅片上，外部由陶瓷片封装，尺寸约为 6mm×5.2mm×2mm。

集成元件与分立元件相比，不仅体积大大缩小，而且灵敏度提高了。例如，在工作电流为 20mA，磁感应强度 B=0.1T 的情况下，集成霍尔元件的输出达 25mV，而分立元件仅为 1.2mV。

另一种 MOS 型霍尔元件是利用硅平面工艺把 MOS 霍尔元件和差分放大器集成在一个芯片上，其灵敏度可达 20000mV/（mA·T）以上。

霍尔元件在工程测量中有着广泛的应用。图 4-82 介绍了霍尔元件用于测量的各种实例。可以看出，将霍尔元件置于磁场中，当被测物理量以某种方式改变了霍尔元件的磁感应强度时，就会导致霍尔电动势的变化。例如，图 4-82f 是一种霍尔式压力传感器，液体压力 p 使波纹管的膜片变形，通过杠杠使霍尔片在磁场中位移，其输出电动势将随压力 p 而变化。

以微小位移测量为基础，霍尔元件还可以应用于微压、压差、高度、加速度和振动的测量。

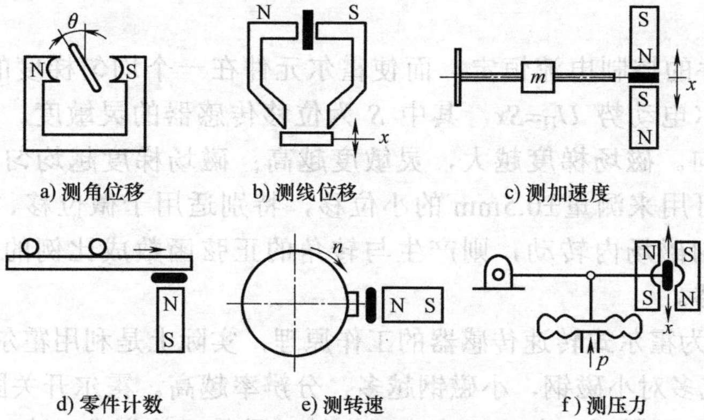

图 4-82　霍尔元件工程应用实例

图 4-83 表示一种利用霍尔元件探测 MTC 型钢丝绳断丝检测的工作原理。这种探测仪的永久磁铁使钢丝绳磁化，当钢丝绳有断丝时，在断口处出现漏磁场，霍尔元件通过此漏磁场将获得一个脉动电压信号。此信号经放大、滤波、A-D 转换后进入计算机分析，识别出断丝根数和断口位置。该项技术已成功应用于矿井提升钢丝绳、起重机械钢丝绳、载人索道钢丝绳等断丝检测，获得了良好的效益。

由于霍尔元件在静止状态下具有感受磁场的独特能力，并且具有结构简单、体积小、噪声小、频率范围宽（从直流到微波）、动态范围大（输出电动势变化范围可达 1000:1）、寿命长等特点，因此获得了广泛应用。例如，在测量技术中用于将位移、力、加速度等量转换为电量的传感器，在计算技术中用于作加、减、乘、除、开方、乘方以及微积分等运算的运算器等。

图 4-84 是一种霍尔效应位移传感器的工作原理示意图。将霍尔元件置于磁场中，左半部磁场方向向上，右半部磁场方向向下，从 a 端通入电流 i，根据霍尔效应，左半部产生霍尔电动势 U_{H1}，右半部产生霍尔电动势 U_{H2}，其方向相反。则 c、d 两端电动势为 $U_{H1}-U_{H2}$。如果霍尔元件在初始位置时，$U_{H1}=U_{H2}$，则输出为零；当改变磁极系统与霍尔元件的相对位置时，即可得到输出电压，其大小正比于位移量。

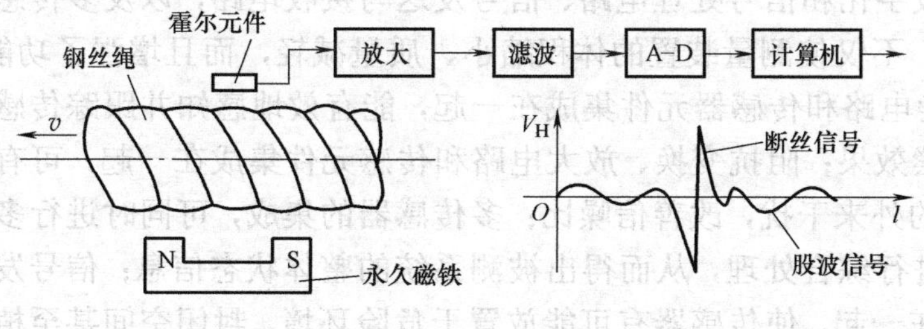

图 4-83　MTC 型钢丝绳断丝检测的工作原理

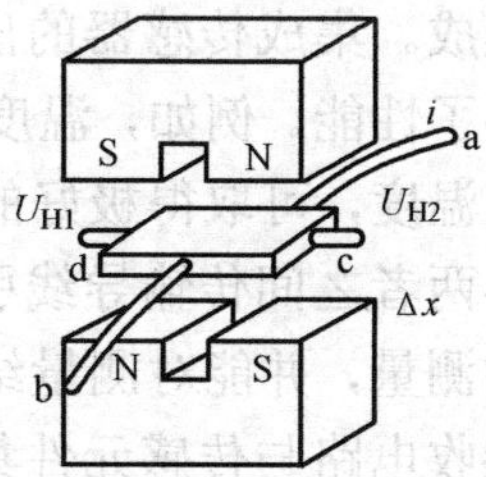

图 4-84　霍尔式位移传感器

图 4-85 为霍尔乘法器原理。霍尔元件置于由坡莫合金制成的铁心气隙中，励磁线圈绕于中间心柱上，当输入直流励磁电流 I 时，形成恒定磁场。如果通入霍尔元件的控制电流为 i，则霍尔电动势 $U_H = SiB \propto Ii$，即正比于 i 与 I 的乘积，因此霍尔元件可作

为乘法器。

保持霍尔元件的控制电流恒定，而使霍尔元件在一个均匀梯度的磁场中沿 x 方向移动，则输出霍尔电动势 $U_H=Sx$，其中 S 为位移传感器的灵敏度。电动势的极性表示了元件位移的方向。磁场梯度越大，灵敏度越高；磁场梯度越均匀，输出线性度就越好。这种传感器可用来测量±0.5mm 的小位移，特别适用于微位移、机械振动等测量。若霍尔元件在均匀磁场内转动，则产生与转角的正弦函数成比例的霍尔电动势，自此可用来测量角位移。

图 4-86 所示为霍尔式转速传感器的工作原理，实际上是利用霍尔开关测转速。在待测转盘上有一对或多对小磁钢，小磁钢越多，分辨率越高。霍尔开关固定在小磁钢附近。待测转盘以角速度ω旋转时，每当一个小磁钢转过霍尔开关集成电路时，霍尔开关便产生一个相应的脉冲。检测出单位时间内的脉冲数，即可确定待测物体的转速。

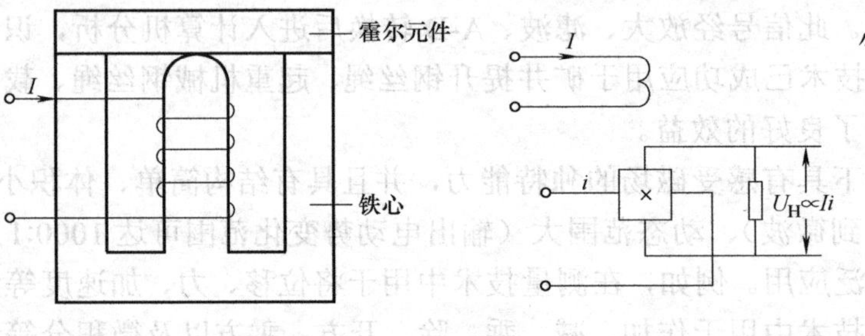

图 4-85 霍尔乘法器

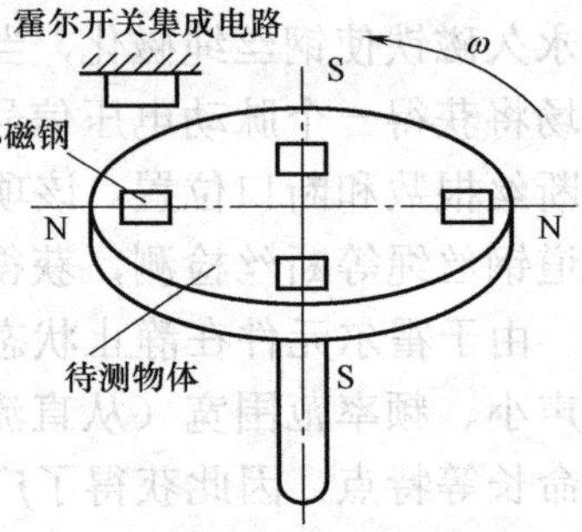

图 4-86 霍尔式转速传感器的工作原理

4.9.6 集成传感器

随着集成电路的发展，越来越多的半导体传感器及其后续电路被制作在同一芯片上，形成集成传感器。它既具有传感器的功能，又能完成后续电路的部分功能。

随着集成技术的发展，集成传感器所包括的电路也由少而多、由简而繁。优先集成的电路大致有：各种调节和补偿电路，如电压稳定电路、温度补偿电路和线性化电路、信号放大和阻抗变化电路、信号数字化和信号处理电路、信号发送与接收电路，以及多传感器的集成。集成传感器的出现，不仅使测量装置的体积缩小、质量减轻，而且增强了功能、改善了性能。例如，温度补偿电路和传感器元件集成在一起，能有效地感知并跟踪传感元件的温度，可取得极好的补偿效果；阻抗变换、放大电路和传感元件集成在一起，可有效减小两者之间传输导线引进的外来干扰，改善信噪比；多传感器的集成，可同时进行多参量的测量，并能对测量结果进行综合处理，从而得出被测系统的整体状态信息；信号发送和接收电路与传感元件集成在一起，使传感器有可能放置于危险环境、封闭空间甚至植入生物体内而接收外界的控制，并自动输送出测量结果。

近年来，随着集成技术的发展，集成传感器所包含的电路已具有一定的“智能”，出现了“灵巧传感器”（Smart Sensor）或“智能传感器”（Intelligent Sensor）。将传统传感器与微处理器相结合，具有感知、信息处理学习、推理、通信以及管理等功能的装置，称为智能传感器。这类传感器除具备传统传感器的所有功能外，一般还具有以下几方面的特殊功能：

（1）具有数据采集与处理功能　能自动地对被测对象（或被控对象）自动采集数据，并对所采集的数据自动进行处理，如进行统计处理、剔除异常值等。

（2）具有自诊断功能　如对传感器自测、自选量程等，能自查故障并通知系统。

（3）具有自校准功能　如自动校零、自动标定，可进行在线核准等。

（4）具有自动补偿功能　通过软件对传感器的非线性温度漂移、时间漂移、响应时间等自动补偿。

（5）具有双向通信功能　以某种方式与系统接口，既可测量，也可对测量过程进行控制和调节。

（6）具有信息存储、记忆、判断和决策处理功能

（7）具有数字量或语言符号输出功能

与传统传感器比较，智能传感器具有以下几个特点：

1）精度高。

2）可靠性与稳定性高。

3）信噪比与分辨率高。

4）具有较强的适应性。

5）具有低的性能价格比。

已经应用的智能传感器种类甚多。在物体的位置、距离、厚度、状态测量以及目标识别等方面检测用的智能传感器尤其受到重视。

4.10　传感器的选用原则

如何根据测试目的和实际条件，正确合理地选用传感器，也是需要认真考虑的问题。下面就传感器的选用问题作一些简介。

选择传感器主要考虑灵敏度、响应特性、线性范围、稳定性、精确度、测量方式等六个方面的问题。

4.10.1　灵敏度

一般说来，传感器灵敏度越高越好，因为传感器的灵敏度越高，可以感知的变化量越小，即被测量稍有微小变化，传感器即有较大的输出。但灵敏度越高，与测量信号无关的外界噪声也容易混入，也会被放大。因此，在确定灵敏度时，要考虑以下几个问题：

1）当传感器的灵敏度很高时，那些与被测信号无关的外界噪声也会同时被检测到，并通过传感器输出，从而干扰被测信号。因此，为了既能使传感器检测到有用的微小信号，又能使噪声干扰小，要求传感器的信噪比越大越好。也就是说，要求传感器本身的噪声小，而且不易从外界引进干扰噪声。

2）与灵敏度紧密相关的是量程范围。当传感器的线性工作范围一定时，传感器的灵敏度越高，干扰噪声越大，则难以保证传感器的输入在线性区域内工作。不言而喻，过高的灵敏度会影响其适用的测量范围。

3）当被测量是一个向量时，并且是一个单向量时，就要求传感器单向灵敏度越高越

好，而横向灵敏度越小越好；如果被测量是二维或三维的向量，那么还应要求传感器的交叉灵敏度越小越好。

4.10.2 线性范围

任何传感器都有一定的线性工作范围，在线性范围内输出与输入呈比例关系。线性范围越宽，则表明传感器的工作量程越大。

为了保证测量的精确度，传感器必须在线性区域内工作。例如，机械式传感器的弹性元件，其材料的弹性极限是决定测量量程的基本因素，超过其弹性极限时将产生非线性误差。

然而任何传感器都不容易保证其工作在绝对线性区域内，在某些情况下，在许可限度内也可以在其近似线性区域应用。例如变极距型电容、电感传感器，均采用在初始间隙附近的近似线性区内工作，因此选用时必须考虑被测物理量的变化范围，令其非线性误差在允许范围以内。

4.10.3 响应特性

传感器的响应特性必须在所测频率范围内尽量保持不失真。实际上传感器的响应总不可避免地有一定延迟，但总希望延迟的时间越短越好。

一般物性型传感器（如利用光电效应、压电效应等的传感器）响应时间短，工作频率范围宽；而结构型传感器，如电感、电容、磁电等传感器，由于受到结构特性的影响以及机械系统惯性质量的限制，其固有频率低，工作频率范围窄。

在动态测量中，传感器的响应特性对测试结果有直接影响。选用时应充分考虑到被测物理量的变化特点，如稳态、瞬变、随机等。

4.10.4 稳定性

传感器的稳定性是指经过长期使用以后，其输出特性不发生变化的性能。影响传感器稳定性的因素是时间与环境。

为了保证稳定性，在选择传感器时，一般应注意两个问题。

1）根据环境条件选择传感器。例如，选择电阻应变式传感器时，应考虑到湿度会影响其绝缘性，温度会产生零漂，长期使用还会产生蠕动现象等。又如，对变极距型电容式传感器，环境湿度改变或油剂浸入间隙时，会改变电容器的介质。光电传感器的感光表面有灰尘或水汽时，会改变感光性质。磁电式传感器或霍尔效应元件等，在电场、磁场中工作时亦会带来测量误差。滑线电阻式传感器表面有灰尘时将会引入噪声。

2）要创造或保持一个良好的环境，在要求传感器长期工作而不需经常更换或校准的情况下，应对传感器的稳定性有严格的要求。

在有些机械自动化系统或自动检测装置中，所用的传感器往往是在比较恶劣的环境下工作，灰尘、油剂、温度、振动等的干扰是很严重的，这时传感器的选用必须优先考虑稳定性因素。

4.10.5 精确度

传感器的精确度表示传感器的输出与被测量的对应程度。传感器处于测试系统的输入端，因此，传感器能否真实地反映被测量，对整个测试系统具有直接影响。

然而，实际应用中传感器的精确度也并非越高越好，既要考虑测量目的，还需考虑经济性。传感器精确度越高，其价格就越昂贵，因此应从实际出发来选择传感器。

选择传感器时，首先应了解测试目的，判断是定性分析还是定量分析。如果是相对比较性的试验研究，只需获得相对比较值即可，那么应要求传感器的重复精度高，而不要求测试的绝对量值准确。如果是定量分析，那么必须获得精确量值，传感器必须有足够高的精确度。在某些情况下，要求传感器的精确度越高越好。例如，对现代超精密切削机床，测量其运动部件的定位精度，主轴的回转运动误差、振动及热形变等时，往往要求它们的测量精确度在 0.1～0.01μm 范围内，欲测得这样的精确量值，必须要有高精确度的传感器。

4.10.6 测量方式

传感器在实际测试条件下的工作方式也是选用传感器时应考虑的重要因素。例如，接触与非接触测量、破坏与非破坏性测量、在线与非在线测量等，条件不同，对测量方式的要求亦不同。

在机械系统中，运动部件的被测参数（例如回转轴的转速、振动、转矩），往往需要采用非接触测量方式。因为对部件采用接触式测量不仅会造成对被测系统的影响，且有许多实际困难，如测量头的磨损、接触状态的变动、信号的采集等，都不易妥善解决，也容易造成测量误差。这种情况下采用电容式、涡流式、光电式等非接触式传感器会带来很大方便。若选用电阻应变计进行非接触式测量，则需配用遥测应变仪。

在某些条件下，可以运用试件进行模拟实验，这时可进行破坏性检验。如果被测对象本身就是产品或构件本身，宜采用非破坏性检验方法。例如，涡流探伤、超声波探伤、核辐射探伤以及声发射检测等。非破坏性检验可以直接获得经济效益，因此应尽可能选用非破坏性检测方法。

在线测试是与实际情况保持一致的测试方法。特别是对自动化过程的控制与检测系统，往往要求信号真实与可靠，而必须在现场条件下才能达到检测要求。实现在线检测是比较困难的，对传感器与测试系统都有一定的特殊要求。例如，在加工过程中，实现表面粗糙度的检测，以往的光切法、干涉法、触针式轮廓检测法等都无法运用，取而代之的是激光、光纤或图像检测法。

除了以上选用传感器时应充分考虑的一些因素外，还应尽可能兼顾结构简单、体积小、质量轻、价格便宜、易于维修、易于更换等因素。

习 题

4-1 什么是物性型传感器？什么是结构型传感器？试举例说明。

4-2 有源型传感器和无源型传感器有何不同？试举例说明。

4-3 金属电阻丝应变片与半导体应变片在工作原理上有何不同？各有何优缺点？应如何针对具体情况选用？

4-4 试比较自感式传感器与差动变压器式传感器的异同。

4-5 简述磁弹性测力传感器的工作原理。

4-6 为什么电容式传感器易受干扰？如何减小干扰？

4-7 用压电式传感器能测量静态或变化很缓慢的信号吗？为什么？

4-8 电容式、电感式、电阻应变式传感器的测量电路有何异同？试举例说明。

4-9 光电式传感器在工业应用中主要有哪几种类型？各有何特点？它们可测量哪些物理量？

4-10 什么是霍尔效应？其物理本质是什么？用霍尔元件可测量哪些物理量？试举出两个例子说明。

4-11 说明用光纤传感器测量压力和位移的工作原理，指出其不同点。

4-12 热敏传感器主要分哪几种基本类型？试简述它们的工作原理。

4-13 热敏电阻测温原理是什么？就你所知，利用热敏电阻可测量哪些参数？试述其测量原理。

4-14 半导体气敏传感器主要分为哪几种类型？试述它们的工作原理。

4-15 测量液体压力，拟采用电容式、电感式、电阻应变式和压电式传感器。试绘出可行方案的原理图，并做出比较。

4-16 有一电阻应变片如图 4-87 所示，其灵敏度系数 $S_g=2$，电阻 $R=120\Omega$。设工作时其应变为 $1000\mu\varepsilon$（$\mu\varepsilon$ 为微应变），问其电阻变化 $\Delta R=$？若此应变片接入如图 4-87 所示的电路，试求：（1）无应变时电流表的表示值；（2）有应变时电流表的表示值；（3）电流表示值的相对变化量；（4）试分析这个变化量能否从表中读出。

4-17 把一个变阻器式传感器按图 4-88 接线，问它的输入量是什么？输出量是什么？在什么条件下它的输出量与输入量之间有较好的线性关系？

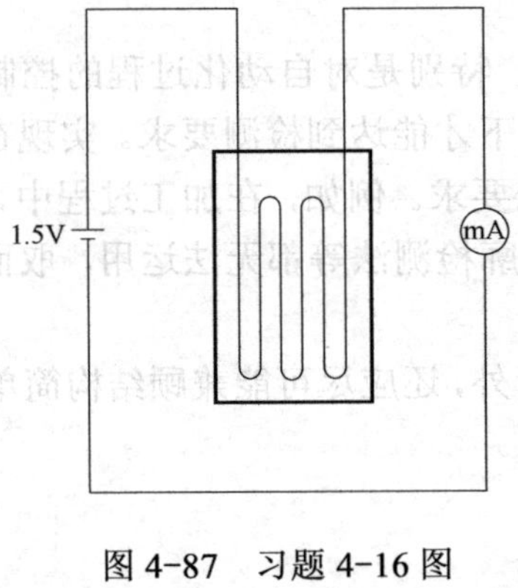

图 4-87 习题 4-16 图

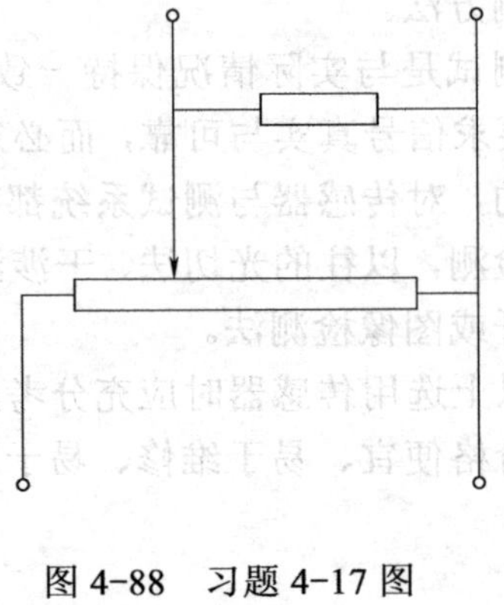
图 4-88 习题 4-17 图

4-18 如图 4-38a 所示的电容式位移传感器由两块面积各为 1290mm^2，宽度为 40mm，相距 0.2mm 的平板组成。假设介质为空气，则 $\varepsilon=\varepsilon_a\varepsilon_0$；其中空气的介电常数 $\varepsilon_a=1$，真空的介电常数 $\varepsilon_0=8.85\times10^{-12}\text{F/m}$。求传感器的灵敏度，以 x 方向每变化 0.025mm 的电容值（μF）表示。

4-19 某电容式传感器（平行极板电容器）的圆形极板半径 $r=4\text{mm}$，工作初始极板间距离 $\delta_0=0.3$ mm，介质为空气。问：（1）如果极板间距离变化量 $\Delta\delta=\pm1\text{mm}$，电容的变化

量 ΔC 是多少？（2）如果测量电路的灵敏度 S_1=100 mV/pF，读数仪表的灵敏度 S_2=5 格/mV，在 $\Delta\delta=\pm1\mu m$ 时，读数仪表的变化量为多少？

4-20　一压电式压力传感器的灵敏度 S=90pC/MPa，把它和一台灵敏度调到 0.005V/pC 的电荷放大器连接，放大器的输出又接到一灵敏度已调到 20mm/V 的光线示波器上记录，试绘出这个测试系统的框图，并计算其总的灵敏度。

4-21　电感式传感器（自感型）的灵敏度与哪些因素有关？要提高灵敏度可采取哪些措施？采取这些措施会带来什么后果（此题有一定的难度，因电感式传感器在测量电路中是以感抗作为输出的，故灵敏度还与角频率 ω 有关）？

4-22　压电式加速度传感器的固有电容 C_0，电缆电容为 C_c，电压灵敏度 $S_u=U_0/a$（a 为被测加速度），输出电荷灵敏度 $S_q=Q/a$。试推导 S_u 和 S_q 的关系。

第 5 章 测试信号的调理与记录

5.1 信号的放大

在机械工程的智能化测试和过程控制中，被测量和被控制的量主要是各种模拟信号。虽已有了不少能输出数字信号的传感器，但在许多测量系统中，广泛采用的还是输出模拟信号的传感器。通常，传感器输出信号是微弱的电信号或其他形式的物理量，为了实现对被测信号的分析和数据处理，首先需要解决模拟测量信号的放大和变换问题，以便人们对测量结果进行存储、显示、分析、处理和传输。

5.1.1 运算放大器

目前放大电路几乎都采用运算放大器，它是由集成电路组成的模拟电子器件，具有输入阻抗高、增益大、可靠性高、价格低廉、使用方便的特点，因而得到了广泛应用。图 5-1a 为反相放大器的电路图。

根据“虚地”原理，反相放大器的传递函数为

$$G(s)=\frac{U_o}{U_i}=-\frac{Z_f}{Z} \tag{5-1}$$

式中 Z_f、Z —— R_f、R 的阻抗。

反相放大器的增益为

$$G=\frac{U_o}{U_i}=-\frac{R_f}{R} \tag{5-2}$$

若 $R_f=R$，则为反相跟随器，即 $U_o=-U_i$。反相放大器是一种近似比例运算，分析可知，反相放大器的输入电阻减少，输出电压也减少。

图 5-1b 为同相放大器电路，根据“虚地”原理，同理可推出同相放大器的增益为

$$G=\frac{U_o}{U_i}=1+\frac{R_f}{R} \tag{5-3}$$

需注意的是，由于同相放大器引入了共模电压，因此需用高共模抑制比的运算放大器才能保证精度。从减少误差的角度看，同相放大器的应用不如反相放大器的应用广泛，但其输入电阻增加，输出电压减少。

利用同相放大器和反相放大器，可实现比例、加减、积分、微分等一系列应用。

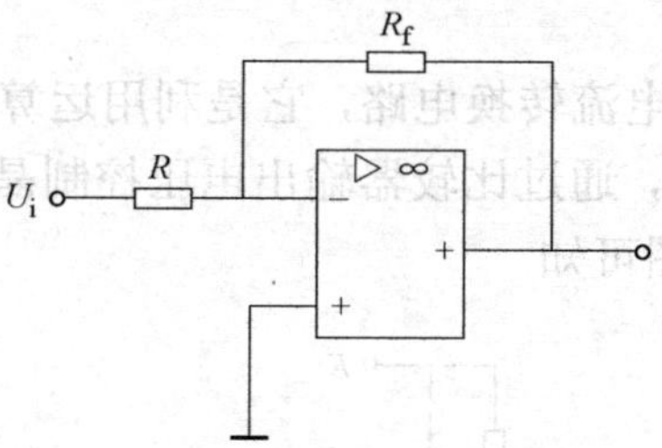

a) 反相放大器

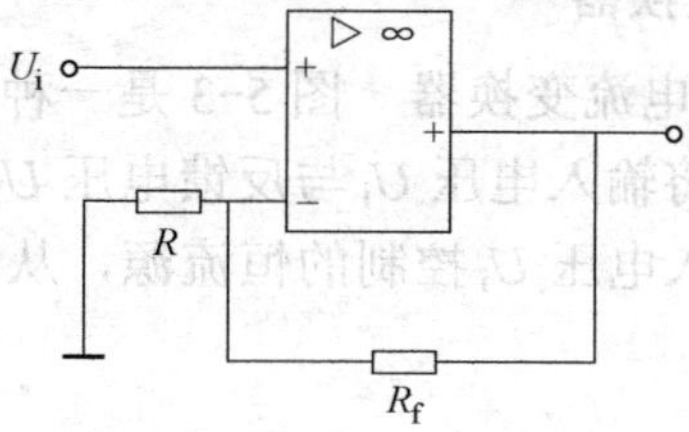

b) 同相放大器

图 5-1　运算放大器

5.1.2　测量放大器

运算放大器对微弱信号的放大，仅适用于信号回路不受干扰的情况。然而，传感器的工作环境往往是较复杂和恶劣的，在传感器的输出信号中，往往含有工频、静电和电磁耦合等共模干扰。对这种信号的放大就需放大电路具有很高的共模抑制比以及高增益、低噪声和高输入阻抗，习惯上将具有这种特点的放大器称为测量放大器或仪表放大器。

图 5-2 为用运算放大器组成的三运算放大器测量放大电路，从其电路结构可知，这是一种同相并联差动放大器，经分析可得

$$U_{o1}=(1+\frac{R_{f1}}{R_P})U_1-\frac{R_{f1}}{R_P}U_2$$

$$U_{o2}=(1+\frac{R_{f2}}{R_P})U_2-\frac{R_{f2}}{R_P}U_1$$

$$U=\frac{R_f}{R}(1+\frac{R_{f1}+R_{f2}}{R_P})(U_2-U_1) \tag{5-4}$$

其增益为

$$G=\frac{R_f}{R}(1+\frac{R_{f1}+R_{f2}}{R_P}) \tag{5-5}$$

式中　R_P——用于调节放大倍数的外接电阻，通常 R_P 采用多圈电位器，并应靠近组件，若距离较远，应将连线绞合在一起。

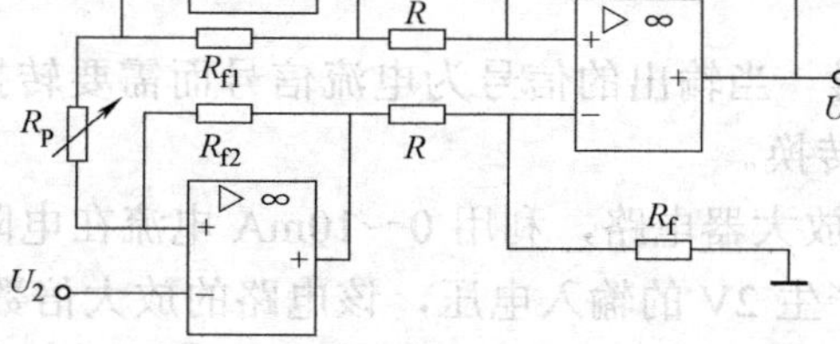

图 5-2　三运算放大器测量放大电路

5.1.3 信号变换器

（1）电压/电流变换器　图 5-3 是一种电压/电流转换电路，它是利用运算放大器 A 作为比较电路，将输入电压 U_i 与反馈电压 U_P 比较，通过比较器输出电压控制晶体管 VT_1 与 VT_2 构成由输入电压 U_i 控制的恒流源，从电路图可知

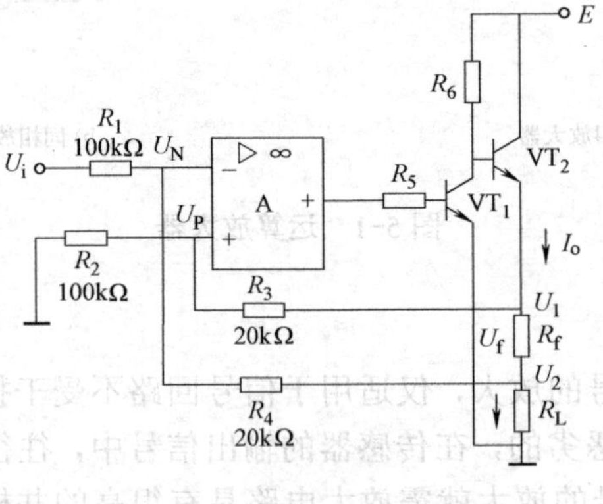

图 5-3　电压/电流转换电路

$$\begin{cases} U_N = \dfrac{(U_i - U_2)R_4}{R_1 + R_4} + U_2 \\ U_P = \dfrac{U_1 R_2}{R_2 + R_3} \end{cases}$$

对于运算放大器有 $U_N \approx U_P$，且 $U_2 = U_1 - U_f$，故

$$\frac{U_1 R_1}{(R_1 + R_4)} + \frac{(U_i R_4 - U_f R_1)}{(R_1 + R_4)} = U_1 R_2 / (R_2 + R_3)$$

若令 $R_1 = R_2 = 100\text{k}\Omega, R_3 = R_4 = 20\text{k}\Omega$，则有

$$U_f = \frac{U_i R_4}{R_1} = \frac{1}{5} U_i$$

略去反馈回路的电流，则有

$$I_o = \frac{U_f}{R_f} = \frac{U_i}{5R_f}$$

当反馈电阻 $R_f = 100\Omega$ 时，输出电流 I_o 在 0～10mA 范围内线性地与 0～5V 输入电压对应。

（2）电流-电压变换器　当输出的信号为电流信号而需要转换成电压信号时，可由电流-电压（I-V）转换电路转换。

图 5-4 实质是一同相放大器电路，利用 0～10mA 电流在电阻 R 上产生输入电压。若取 R=200Ω，则 I=10mA 产生 2V 的输入电压，该电路的放大倍数为

$$A = 1 + \frac{R_f}{R_1}$$

若取 $R_1=100\text{k}\Omega$，$R_f=150\text{k}\Omega$，则 0～10mA 输入对应 0～5V 的电压输出。

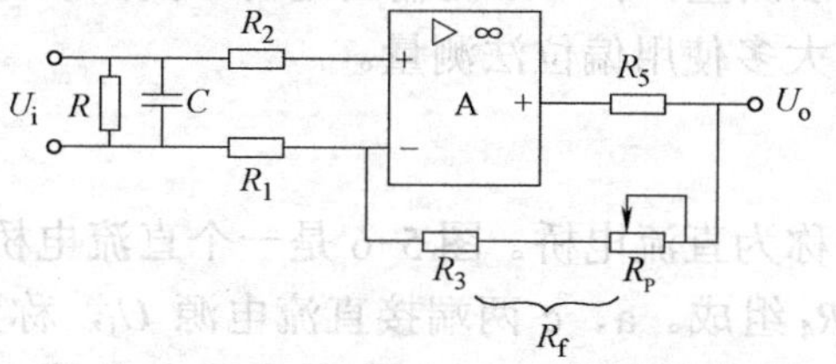

图 5-4　电流-电压转换电路

由于采用同相端输入，因此运算放大器 A 应选共模抑制比较高的运算放大器；从电路结构可知，其输入阻抗较低。

5.1.4　电荷放大器

电荷放大电路是一种输出电压与输入电荷呈比例关系的测量放大电路。例如，压电式传感器或电容式传感器可将某些被测量（如力、压力等）转换成电荷信号输出，再通过电荷放大电路输出放大了的电压信号。因此，电荷放大电路亦称为电荷-电压转换电路。

电荷放大电路的基本原理图如图 5-5 所示，理想运算放大器 N 的反相端与传感器相连，N 的输出经电容 C 反馈至其输入端，反相输入端为虚“地”，直流输入电阻很高，传感器的输出电荷只对反馈电容 C 充电，电容 C 两端的电压为 $u_c=Q/C$，则电荷放大电路的输出电压是

$$u_o=-Q/C \tag{5-6}$$

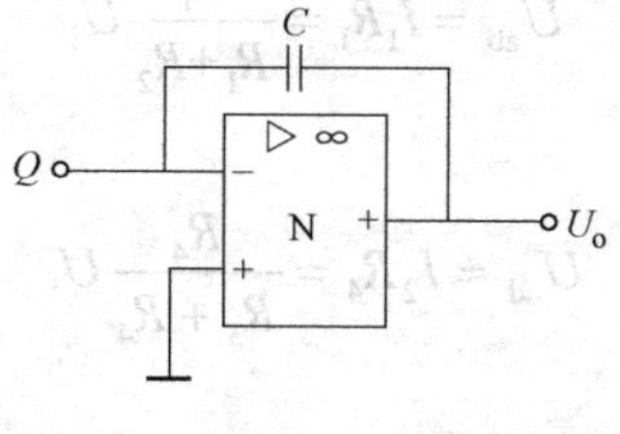

图 5-5　电荷放大电路原理图

所以，电荷放大电路的输出电压与输入电荷量成正比，与反馈电容成反比，而与该电路的其他参数无关。

5.2　电桥

电桥是将电阻 R（应变片）、电感 L、电容 C 等电参数变为电压 ΔU 或电流 ΔI 信号后输出的一种测量电路。其输出既可用于指示仪，也可以送入放大器进行放大。常见的许多传感器都是把某种物理量的变化转换成电阻、电容或电感的变化，因此电桥电路具有很强的实用价值。

电桥由于具有测量电路简单可靠、灵敏度较高、测量范围宽、容易实现温度补偿等优

点，因此在测量装置中被广泛应用。

根据供桥电源性质，电桥可分为直流电桥和交流电桥；按照输出测量方式，电桥又可分为平衡输出电桥（零位法测量）和不平衡输出电桥（偏位法测量）。在静态测试中用零位法测量，在动态测试中大多使用偏位法测量。

5.2.1 直流电桥

采用直流电源的电桥称为直流电桥。图 5-6 是一个直流电桥的基本结构，它的四个桥臂由电阻 R_1、R_2、R_3 和 R_4 组成。a、c 两端接直流电源 U_i，称为供桥端；b、d 两端接输出电压 U_o，称为输出端。当电桥输出端接入仪表或放大器时，电桥输出端可视为开路状态，电流输出为零。此时桥路电流为

$$I_1 = \frac{U_i}{R_1 + R_2} \qquad I_2 = \frac{U_i}{R_3 + R_4}$$

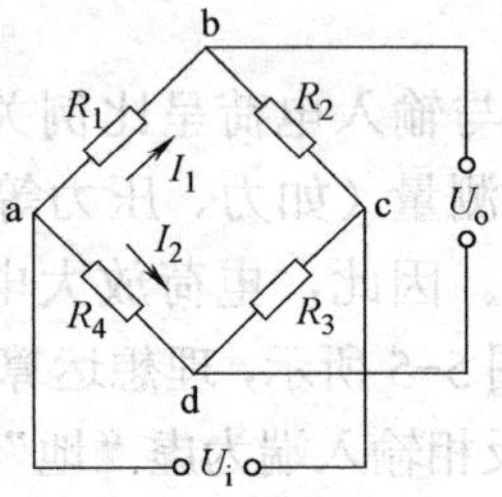

图 5-6 直流电桥

因此，a、b 之间电位差为

$$U_{ab} = I_1 R_1 = \frac{R_1}{R_1 + R_2} U_i$$

a、d 之间电位差为

$$U_{ad} = I_2 R_4 = \frac{R_4}{R_3 + R_4} U_i$$

电桥输出电压为

$$U_o = U_{ab} - U_{ad} = \left(\frac{R_1}{R_1 + R_2} - \frac{R_4}{R_3 + R_4} \right) U_i = \frac{R_1 R_3 - R_2 R_4}{(R_1 + R_2)(R_3 + R_4)} U_i \tag{5-7}$$

由此可以看出，若电桥平衡，即使输出 $U_o=0$，则应满足

$$R_1 R_3 = R_2 R_4 \tag{5-8}$$

由上述分析可知，若电桥的四个电阻中任何一个或数个阻值发生变化时，将打破式（5-8）的平衡条件，使电桥的输出电压 U_o 发生变化，测量电桥正是利用这点来搭建的。

根据电桥中可变桥臂电阻的个数（即被测量的数量）不同，电桥连接方式可分为半桥单臂电桥连接、半桥双臂电桥连接和全桥连接，如图 5-7 所示。

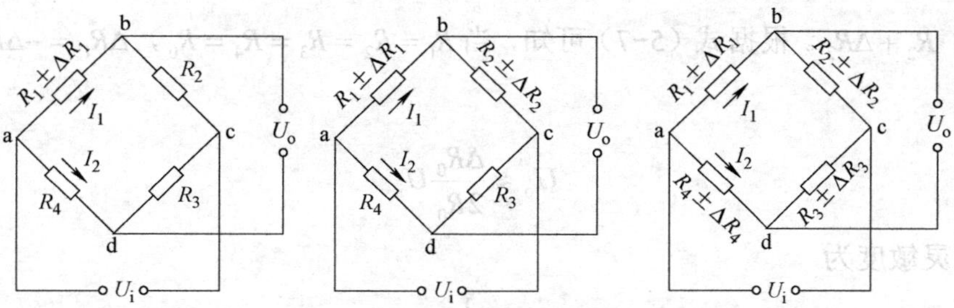

a) 半桥单臂　　b) 半桥双臂　　c) 全桥

图 5-7　直流电桥连接方式

图 5-7a 是半桥单臂电桥的连接形式，工作中有一个桥臂阻值随被测量而变化，ΔR_1 为电阻 R_1 随被测物理量变化而产生的电阻增量。此时输出电压为

$$U_o = \left(\frac{R_1 + \Delta R_1}{R_1 + \Delta R_1 + R_2} - \frac{R_4}{R_3 + R_4}\right) U_i$$

为了简化设计，令 $R_1 = R_2 = R_3 = R_4 = R_0$，则

$$U_o = \left(\frac{R_1 + \Delta R_1}{R_1 + \Delta R_1 + R_2} - \frac{R_4}{R_3 + R_4}\right) U_i = \left(\frac{R_0 + \Delta R_1}{2R_0 + \Delta R_1} - \frac{R_0}{2R_0}\right) U_i$$

$$= \left[\frac{(R_0 + \Delta R_1)2R_0 - R_0(2R_0 + \Delta R_1)}{(2R_0 + \Delta R_1)2R_0}\right] U_i = \left(\frac{2{R_0}^2 + 2R_0\Delta R_1 - 2{R_0}^2 - R_0\Delta R_1}{4{R_0}^2 + 2R_0\Delta R_1}\right) U_i$$

$$= \frac{\Delta R_1}{4R_0 + 2\Delta R_1} U_i$$

因为 $\Delta R_1 \ll R_0$，所以

$$U_o \approx \frac{\Delta R_1}{4R_0} U_i \tag{5-9}$$

由此可知，电桥的输出 U_o 与输入电压 U_i 成正比，并且在 U_i 一定的条件下，与工作桥臂的阻值变化量 $\Delta R_1 / R_0$ 呈单调线性关系。

电桥的灵敏度定义为

$$S = \frac{\mathrm{d}U_o}{\mathrm{d}(\Delta R / R)}$$

因为 $R = R_1 = R_0$，$\Delta R = \Delta R_1 = \Delta R_0$，则单臂的灵敏度为

$$S \approx \frac{1}{4} U_i \tag{5-10}$$

图 5-7b 为半桥接法。工作中有两个桥臂（一般为相邻桥臂）的阻值随被测量而变化，

即 $R_1+\Delta R_1$、$R_2+\Delta R_2$。根据式（5-7）可知，当 $R_1=R_2=R_3=R_4=R_0$，$\Delta R_1=-\Delta R_2=\Delta R_0$ 时，电桥输出为

$$U_o \approx \frac{\Delta R_0}{2R_0}U_i$$

半桥的灵敏度为

$$S \approx \frac{1}{2}U_i \tag{5-11}$$

图 5-7c 为全桥接法。工作中四个桥臂阻值都随被测量而变化，即 $R_1+\Delta R_1$、$R_2+\Delta R_2$、$R_3+\Delta R_3$、$R_4+\Delta R_4$。根据式（5-7）可知，当 $R_1=R_2=R_3=R_4=R_0$，$\Delta R_1=-\Delta R_2=\Delta R_3=-\Delta R_4=\Delta R_0$ 时，电桥输出

$$U_o \approx \frac{\Delta R_0}{R_0}U_i$$

全桥的灵敏度为

$$S \approx U_i \tag{5-12}$$

由此可知，采用不同的桥式接法，输出的电压灵敏度不同，其中全桥的接法在输入量相同的情况下可以获得最大的输出。因此，在实际工作中，当传感器的结构条件允许时，应尽可能采用全桥接法，以便获得高的灵敏度。

对于电桥来说，误差主要来源于非线性误差和温度误差。

由式（5-9）可知，当采用单臂接法时，其输出电压近似正比于 $\Delta R_0/R_0$，这主要是因为输出电压的非线性造成的。减少非线性误差的办法是采用半桥双臂和全桥接法。由式（5-11）和式（5-12）可知，这些接法不仅消除了非线性误差，而且使输出灵敏度也成倍提高。

另一种误差是温度误差，即温度的变化造成上述双臂电桥接法中的 $\Delta R_1 \neq \Delta R_2$ 及全桥接法中的 $\Delta R_1 \neq \Delta R_2$ 或者 $\Delta R_3 \neq \Delta R_4$。所以在贴应变片时尽量使各应变片的温度一致，从而有效地减少温度误差。

由上述可知，电桥输出为 $\Delta R_0/R_0$ 与供桥电压 U_i 的乘积。由于 $\Delta R_0/R_0$ 是一个非常小的量，因此，电源电压不稳定所造成的干扰是不可忽略的。为了抑制干扰，通常采用如下措施：

1）电桥的信号引线采用屏蔽电缆。

2）屏蔽电缆的屏蔽金属网应该与电源至电桥的负接线端连接，并应该与放大器的机壳地隔离。

3）放大器应该具有高共模抑制比。

5.2.2 交流电桥

交流电桥的供桥电源采用交流电压，电桥的四个臂可为电容、电感或电阻。当四个桥臂为电容 C 或电感 L 时，必须采用交流电桥。因此，电桥的四臂中除了电阻外还有电抗。如果阻抗、电流及电压都用复数表示，那么关于直流电桥的平衡关系式同样适用于交流电桥中。

把电容、电感或电阻写成矢量形式时，交流电桥平衡的条件为

$$Z_1Z_3 = Z_2Z_4 \tag{5-13}$$

写成复数的形式时有

$$Z_1 = Z_1e^{j\varphi_1} \qquad Z_2 = Z_2e^{j\varphi_2} \qquad Z_3 = Z_3e^{j\varphi_3} \qquad Z_4 = Z_4e^{j\varphi_4}$$

代入式（5-13），则有

$$Z_1Z_3e^{j(\varphi_1+\varphi_3)} = Z_2Z_4e^{j(\varphi_2+\varphi_4)} \tag{5-14}$$

式中　Z_1、Z_2、Z_3、Z_4——各阻抗的模；

φ_1、φ_2、φ_3、φ_4——各阻抗的阻抗角，是各桥臂上电压与电流的相位差。纯电阻时，$\varphi=0$，即电压与电流同相位；感性阻抗时，$\varphi>0$，即电压的相位超前电流的；容性阻抗时，$\varphi<0$，即电压的相位滞后电流的。

式（5-14）成立的条件为等式两边阻抗的模相等、阻抗角相等，即

$$\begin{cases} Z_1Z_3 = Z_2Z_4 \\ \varphi_1+\varphi_3 = \varphi_2+\varphi_4 \end{cases} \tag{5-15}$$

式（5-15）表明，交流电桥平衡必须满足两个条件，即相对两臂阻抗之模的乘积应相等，并且它们的阻抗角之和也必须相等。

图 5-8a 是一种常用电容电桥，两相邻桥臂为纯电阻 R_2、R_3，另相邻两臂为电容 C_1、C_4，此时，R_1、R_4 视为电容介质损耗的等效电阻。桥臂 1 和 4 的等效阻抗为 $R_1+\dfrac{1}{j\omega C_1}$，$R_4+\dfrac{1}{j\omega C_4}$，根据平衡条件

$$\left(R_1+\frac{1}{j\omega C_1}\right)R_3 = \left(R_4+\frac{1}{j\omega C_4}\right)R_2 \tag{5-16}$$

则

$$R_1R_3+\frac{R_3}{j\omega C_1} = R_2R_4+\frac{R_2}{j\omega C_4}$$

令实部和虚部相等，则得到电桥平衡方程组为

$$\begin{cases} R_1R_3 = R_2R_4 \\ \dfrac{R_3}{C_1} = \dfrac{R_2}{C_4} \end{cases} \tag{5-17}$$

比较式（5-17）与式（5-8）可知，式（5-17）的第一式与式（5-8）完全相同，这意味着图 5-8a 所示的电容电桥的平衡条件除了电阻满足要求外，电容也必须满足一定的要求。

图 5-8b 是一种常用电感电桥，两相邻桥臂为电感 L_1、L_4 与电阻 R_2、R_3，根据交流电桥的平衡要求，则

$$(R_1 + \mathrm{j}\omega L_1)R_3 = (R_4 + \mathrm{j}\omega L_4)R_2$$

那么，电感电桥平衡条件为

$$\begin{cases} R_1R_3 = R_2R_4 \\ L_1R_3 = L_4R_2 \end{cases} \tag{5-18}$$

由交流电桥的平衡条件，以及电容、电感电桥的平衡条件可以看出，这些平衡条件是只针对供桥电源只有一个频率ω的情况下推出的。当供桥电源有多个频率成分时，得不到平衡条件，即电桥是不平衡的。因此，交流电桥要求供桥电源具有良好的电压波动性和频率稳定性。

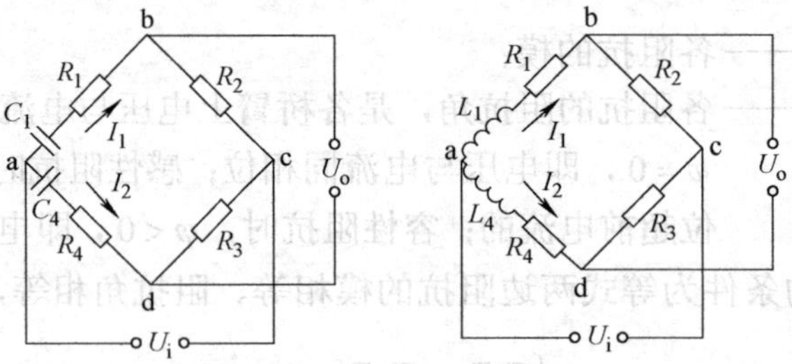

a) 电容电桥　　b) 电感电桥

图 5-8　交流电桥的连接形式

一般采用 5～10kHz 高频振荡作为供桥电源，以便消掉外界工频干扰。

除了通常讨论的电阻、电容、电感等通用电桥外，测量中还适用带有感应耦合臂的电桥等其他形式的电桥。

5.3　调制与解调

调制是工程测试信号在传输过程中常用的一种调理方法，主要是为了解决微弱缓变信号的放大问题。先将微弱的缓变信号加载到高频交流信号中去，然后利用交流放大器进行放大，最后再从放大器的输出信号中取出放大了的缓变信号。上述信号传输中的变换过程称为调制与解调。图 5-9 描述了一种连续信号的调制与解调过程。

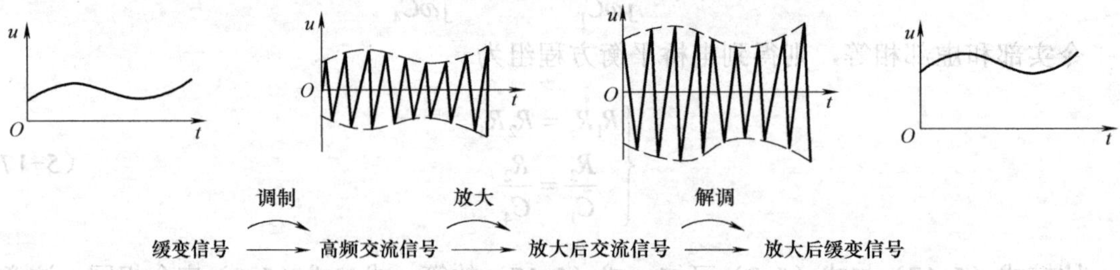

图 5-9　一种调制与解调过程

利用调制信号可以控制载波的幅度、频率和相位，分别称为调幅（AM）、调频（FM）和调相（PM），已调波分别称为调幅波、调频波和调相波。对不同的调制类型，都有相应的调制方法和解调方法。工程测试中常用的是调幅与调频方式，两种调制过程的波形如图 5-10 所示。

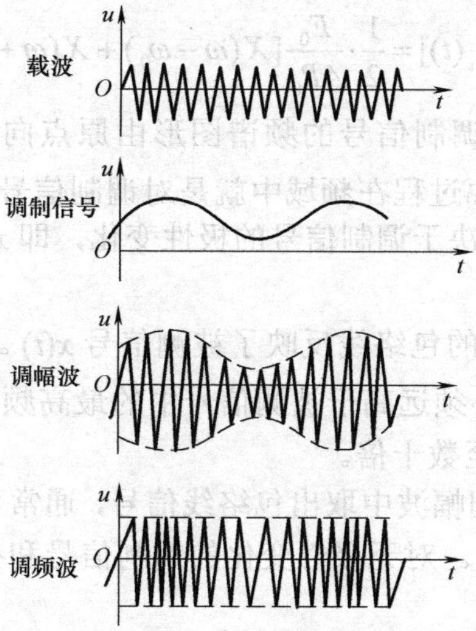

图 5-10　调幅与调频

5.3.1　幅值调幅与解调

（1）电桥调幅原理　幅度调制实质上是两个时域信号相乘，因此调制过程可以用各种线性乘法电路来实现。在工程测试中，电桥常常作为一种乘法电路，用来对电阻式、电容式和电感式传感器的输出信号进行转换。

图 5-11 是用电阻应变式传感器和采用半桥单臂方式接成的电桥，其调幅原理分析如下。

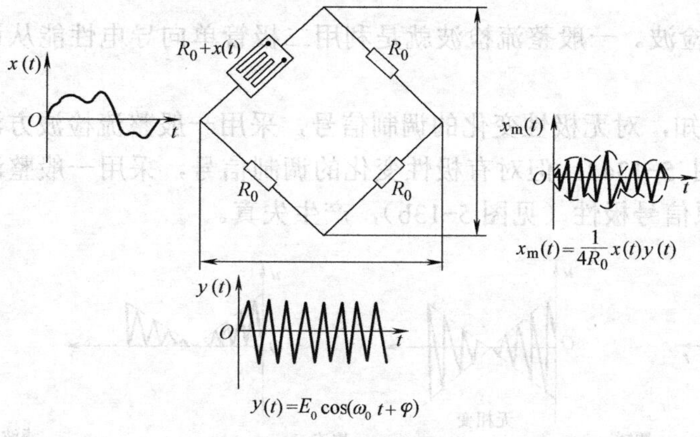

图 5-11　电桥调幅原理

在电桥电路中，作为载波的供桥电源 $y(t)$ 是频率为 ω_0 的高频等幅振荡波，应变片的变化规律 $x(t)$ 为调制信号，当 $x(t)$ 的变化范围远小于 R_0 值时，电桥有近似的线性输出

$$x_m(t)=\frac{E_0}{4R_0}x(t)\cos(\omega_0 t+\varphi) \tag{5-19}$$

式中　$x_m(t)$——已调波。由式（5-19）可知，已调波有以下特征：

1）由于 E_0、R_0 为常数，已调波的幅值将随调制信号 $x(t)$ 的变化而变化。

2）设调制信号的频谱为 $X(\omega)$，分析 $x_m(t)$ 的频谱可知

$$F[x_m(t)] = \frac{1}{2} \cdot \frac{E_0}{4R_0}[X(\omega - \omega_0) + X(\omega + \omega_0)] \tag{5-20}$$

已调波的频谱相当于将调制信号的频谱图形由原点向两边对称地移至载波频率 ω_0 处，幅值则减半。可见，调幅过程在频域中就是对调制信号实现频率搬迁的过程。

3）已调波的相位变化取决于调制信号的极性变化，即 $x(t)$ 的符号变化一次，$x_m(t)$ 则反相一次。

在时域中，已调波 $x_m(t)$ 的包络线反映了被测信号 $x(t)$。为了使包络线能尽量真实地复原为被测信号，载波频率必须远高于被测信号中的最高频率，一般在放大器截止频率范围内，载波频率可以高数倍至数十倍。

（2）调幅波的解调　从调幅波中取出包络线信号，通常可以通过检波和低通滤波两个步骤来完成，如图 5-12 所示。对无极性变化的调制信号和有极性变化的调制信号，其调幅波的检波方法有所不同。

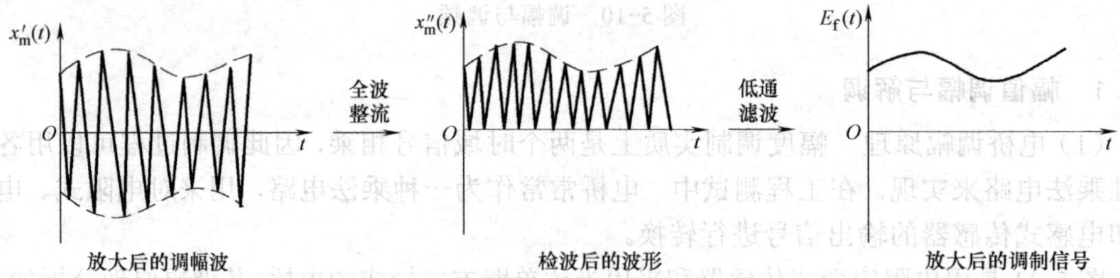

图 5-12　解调过程

1）一般整流检波。一般整流检波就是利用二极管单向导电性能从调幅波中分离正电压信号。

从图 5-13 可知，对无极性变化的调制信号，采用一般整流检波方法，其解调结果能恢复原信号（见图 5-13a）；但对有极性变化的调制信号，采用一般整流检波方法，解调结果却不能反映原信号极性（见图 5-13b），产生失真。

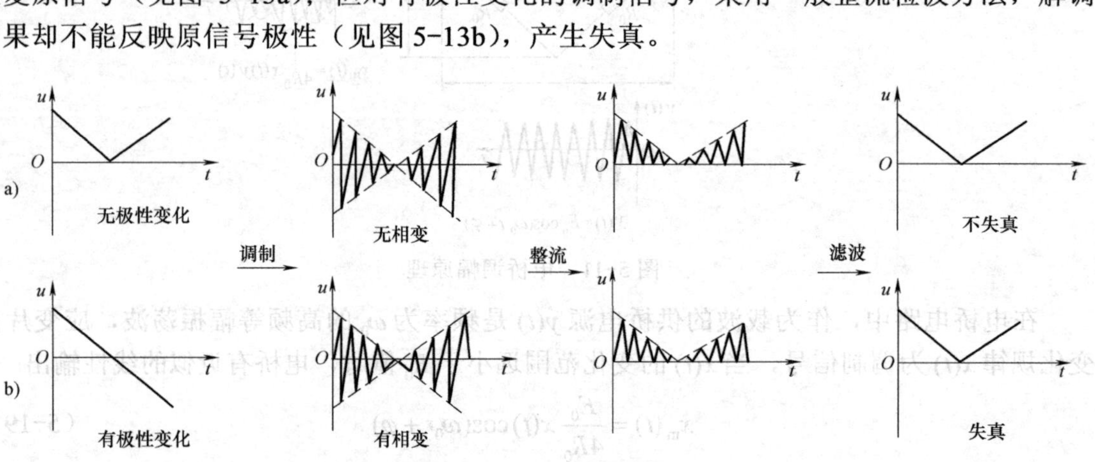

图 5-13　一般整流检波

对有极性变化的调制信号，可以采用直流偏置的方法，即先叠加一足够的直流分量，使信号都具有正电压，通过一般整流检波和滤波后，再减去叠加的直流分量。除此之外，还可以采用相敏检波的方法。

2）相敏检波电路。相敏检波器是由一些能敏感信号极性的电路，通常由二极管、晶体管或场效应晶体管组成。图 5-14 是一种能识别调制信号极性的二极管环形相敏检波器。其解调原理分析如下：

该相敏检波电路由四个二极管 VD_1、VD_2、VD_3 和 VD_4 首尾相接组成环形，R 为四个限流、调平衡电阻。四个顶点分别与两个变压器相接，变压器的中点作为输出，输出端接有 LC 低通滤波器和指示、记录仪等负载，负载电阻为 R_f。图中，$x(t)$ 为载波调制信号，$y(t)$ 为载波，$x'_m(t)$ 是放大后的调幅波，E_f 则是解调后的信号电压。u_s 称为信号电压，其一次绕组电压由 $x'_m(t)$ 提供；u_t 称为控制电压，一次绕组电压由 $y(t)$ 提供，控制电压用来控制四个二极管的导通和截止。该相敏检波电路能正确工作的前提条件是 $u_t \geqslant 2u_s$；环形电路的四个臂对称；变压器二次绕组对称，即 $u_{t1}=u_{t2}$、$u_{s1}=u_{s2}$；$y(t)$ 与载波同频、同相。

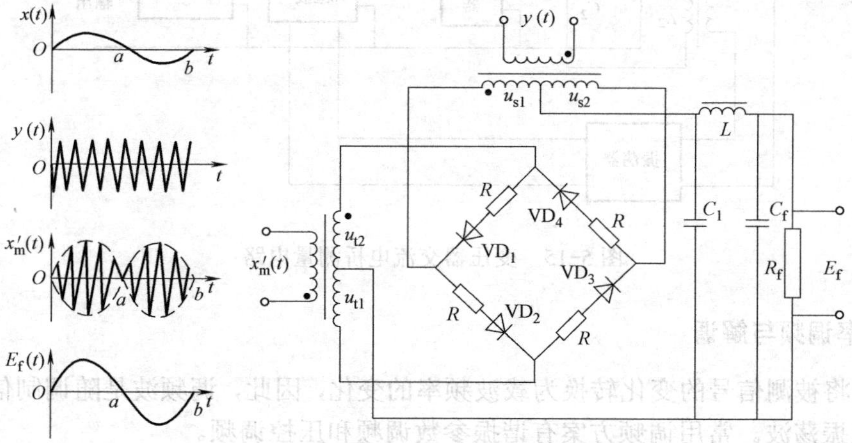

图 5-14　相敏检波电路及信号波形

以下分三种情况讨论输出电压 $E_f(t)$ 的取值。

① 当 $x'_m(t)=0$，$u_s=0$ 时，$E_f(t)=0$。因为此时流过二极管的电流仅由 u_t 决定，当 $y(t)$ 在正半周时（如图中所示瞬时极性），电流经 VD_2、VD_3 闭合；在负半周时则经 VD_1、VD_4 闭合。由于各臂参数相同，电流不流过负载。u_t 相当于给二极管加上了一个偏压，可以减小非线性影响。

② 当 $x'_m(t)>0$，且与 $y(t)$ 同相时（波形图中 O～a 段），$E_f(t)$ 为正，与调制信号极性相同。

由第一种情况可知，当 $y(t)>0$ 时，即 $y(t)$在正半周时，由于二极管的反向截止特性，VD_2、VD_3 是导通的；则当 $y(t)<0$ 时，VD_1、VD_4 是导通的。因此，$x'_m(t)>0$ 时（图中瞬时极性所示），u_{s1} 能通过 VD_2 导通，给负载加上正向电流（向上）；$x'_m(t)<0$ 时，u_{s2} 通过

VD_4给负载加上仍是正向的电流。应说明的是，由于$u_t \geqslant 2u_s$，尽管u_{s1}、u_{s2}分别给VD_3、VD_1加上了反向电压，VD_3、VD_1仍保持导通，使u_t产生的电流不流经负载。

③ 当$x'_m(t)<0$，且与$y(t)$反相时（波形图中$a \sim b$段），$E_f(t)$为负，与调制信号极性保持一致。

同理分析可知，当$x'_m(t)<0$，$y(t)>0$时，u_{s1}通过VD_3给负载加上反向电流（向下）；当$x'_m(t)>0$，$y(t)<0$时，u_{s2}通过VD_1同样给负载加上反向电流。

由此可见，相敏检波电路既能反映输入电压的幅值，又能反映输入电压的极性。

电容传感器测量电路中，有一类是采用幅值调制方法工作的。图 5-15 是由差动式电容传感器和电感组成变压器式电桥，被测非电量引起的电容变化被转换为电桥的电压输出。电桥输出的调幅波经放大、相敏检波、低通滤波后，输出被测信号。

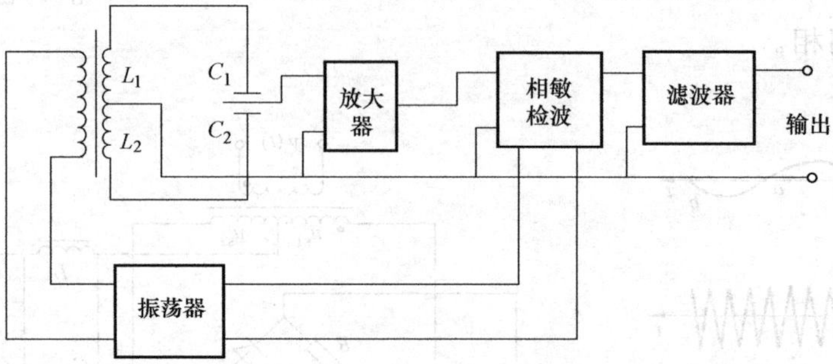

图 5-15　变压器交流电桥测量电路

5.3.2　频率调频与解调

调频是将被测信号的变化转换为载波频率的变化，因此，调频波是随调制信号变化的疏密不等的振荡波。常用调频方案有谐振参数调频和压控调频。

（1）谐振调频与鉴频　应用电容式、电感式、电涡流传感器测量在小范围内变化的参数时，可采用谐振调频方式，即将电容C或电感L直接作为LC自激振荡器谐振回路的一个调谐参数，使振荡频率按被测信号规律变化。图 5-16 是电容式传感器谐振调频测试系统框图。

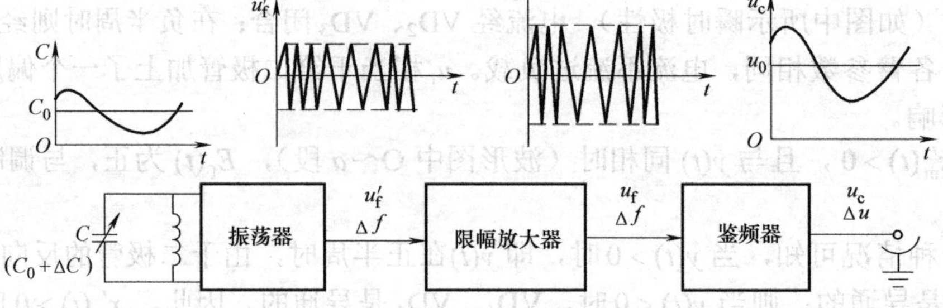

图 5-16　谐振调频测试系统

图中，LC 振荡器的振荡频率为

$$f=\frac{1}{2\pi}\cdot\frac{1}{\sqrt{LC}} \tag{5-21}$$

设电容式传感器初始电容为 C_0，则振荡器的初始频率为 $f=\frac{1}{2\pi}\cdot\frac{1}{\sqrt{LC_0}}$，又设在测量时，电容的变化为 ΔC，则此时振荡频率应为

$$f=\frac{1}{2\pi}\cdot\frac{1}{\sqrt{LC_0}}\cdot\frac{1}{\sqrt{1+\Delta C/C_0}}=f_0\frac{1}{\sqrt{1+\Delta C/C_0}} \tag{5-22}$$

当 $\Delta C << C_0$ 时，对式（5-22）进行线性化处理，可以得到 f 与 ΔC 之间近似的线性关系

$$f=f_0(1-\frac{\Delta C}{2C_0}) \tag{5-23}$$

因 ΔC 变化引起的载波频率变化为

$$\Delta f=-\frac{\Delta C}{2C_0}f_0 \tag{5-24}$$

可见，在小范围内，振荡器输出频率与被测信号呈近似线性关系，从而实现了调频。要求测量精度高时，在后续电路中应考虑非线性补偿。为了同时获得较高的灵敏度和一定的测量范围，一般将载波初始频率设得很高（达兆赫级），而使初始电容 C_0 保持一定的值。

随着频率的改变，振荡器输出的幅值也往往要改变；干扰的影响通常也会改变调频波的幅值。因此，在振荡器之后接入限幅放大器放大，可以得到不丢失频率信息的等幅调频波。

从调频波中取出被测信号的解调过程称为鉴频，鉴频有多种方案。一种鉴频方案是，将调频波直接限幅放大为方波，并利用方波上升沿或下降沿将方波转换为疏密不等的脉冲，再将脉冲触发定时单稳，得到时宽相等、疏密不等的单向窄矩形波。由于矩形波的疏密随调频波频率而变，也即与被测信号相关，因此取其瞬时平均电压即可反映被测信号电压的变化。

另一种简单的鉴频方案是采用谐振鉴频器，其鉴频过程分两步，即先通过频率-电压线性变换电路，将等幅的调频波变换为电压幅值也随频率变化的调幅、调频波，然后利用检波器取出其中幅值的变化信息。频率-电压线性变换采用图 5-17a 所示的变压器耦合 LC 谐振回路来完成。分析可知，L_2C_2 回路的电压–频率关系（u_a-f）为图 5-17b 所示的非线性特性，在回路谐振频率 f_n 处输出电压最大，但在 f_n 附近亚谐振区有一近似线性段。等幅调频电压 u_f 通过 L_1C_1 回路耦合到 L_2C_2 回路中，若 u_f 的频率变化范围恰好落在 L_2C_2 线性亚谐振内，则 u_a 的幅值也将会随调频波的频率线性变化。对 u_a 进行幅值检波，并从中减去与载波初始频率 f_0 对应的直流偏置电压 u_o，就能获得被测信号的信息。

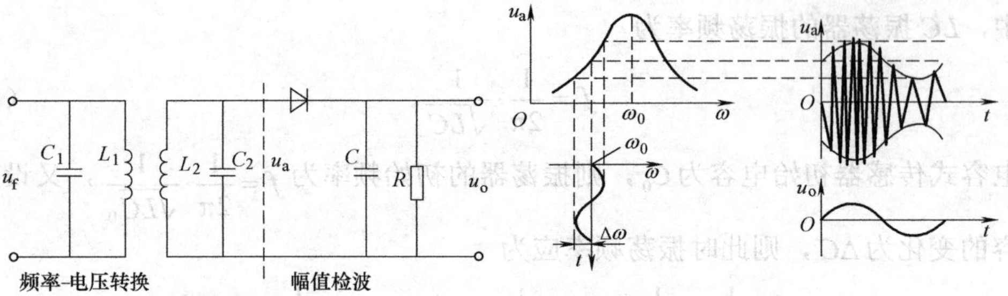

a) 变压器谐振耦合回路　　　　b) 非线性特性

图 5-17　谐振鉴频器原理

（2）压控振荡器调频　压控调频是利用被测信号电压来控制振荡器的频率变化。图 5-18 是一种采用乘法器的压控振荡器原理图，它由乘法器 M、积分器 A_2、正反馈放大器 A_1 和两只稳压管 VS 组成。乘法器的输入为 u_x 和 u_y，u_x 是经直流偏置为正电压的被测信号，u_y 是振荡器的输出电压，是一幅值恒定、频率变化的方波。分析电路工作原理可知，调频波的幅值取决于稳压管的翻转电压 u_S，极性取决于双向稳压管的翻转状态，而频率的变化则取决于积分器 A_2 的输出通过放大后达到翻转电压 u_S 的积分时间 t。积分器积分时间 t 由输入电压，即乘法器的输出 u_z 来决定，由于 u_y 的幅值为常数，故乘法器的输出仅与 u_x 的取值有关。这样，积分时间 t，也即 u_y 的频率仅随被测信号 u_x 的变化而改变，从而实现了压控调频。由于 u_x 没有极性变化，u_z 的极性、积分器输出电压极性和稳压管翻转状态由稳压管初始状态和 u_y 本身极性来决定。

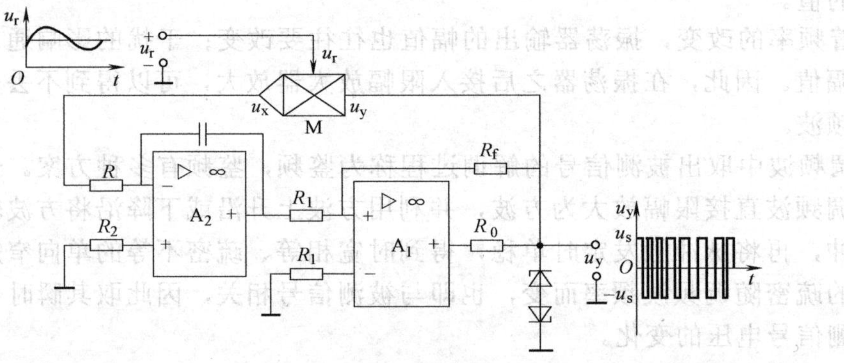

图 5-18　压控振荡器原理图

调频方法在对缓变信号的调理中用得比较普遍，如电容式、电感式、电阻式传感器的测量电路有很多采用调频方式。信号经调频后，抗干扰能力强，便于远距离传输，特别是可以通过非电缆传输，实现远距离遥测，这对于那些人体无法接近的测量环境或传输电缆无法引入的测量点以及进行远距离测量具有重要意义。

5.3.3　MATLAB 工程实现

MATLAB 提供了专门的函数 modulate()用于实现信号的调制。调制格式为

y=modulate(x,Fc,Fs,‘method’)

其中 y 为被调制信号，Fc 为载波频率，Fs 为信号 x 的采样频率，method 为所采用的

调制方式，若采用幅度调制、双边带调制、抑制波调制，则‘method’为‘am’或‘amdsd-sc’。

例 5-1　设信号 $x(t)=\sin(50\pi t)$，载波 $c(t)$为频率 400Hz 的余弦信号。试用 MATLAB 实现调制信号 $y(t)$。

```
Fs=10000; Fc=400; t=0:0.0001:0.1;
x=sin(50*pi*t);
subplot(311), plot(t,x), ylabel('x(t)')
title('被调制信号'), axis([0 0.1-1 1])
c=cos(400*pi*t);
subplot(312), plot(t,c), ylabel('c(t)')
title('载波信号'), axis([0 0.1-1 1])
y=modulate(x,Fc,Fs, 'am' );
subplot(313), plot(t,y)
ylabel('y(t)'), title('已调信号')
axis([0 0.1-1 1])
```

被调制信号 $x(t)$、载波 $c(t)$和已调信号 $y(t)$的波形如图 5-19 所示。

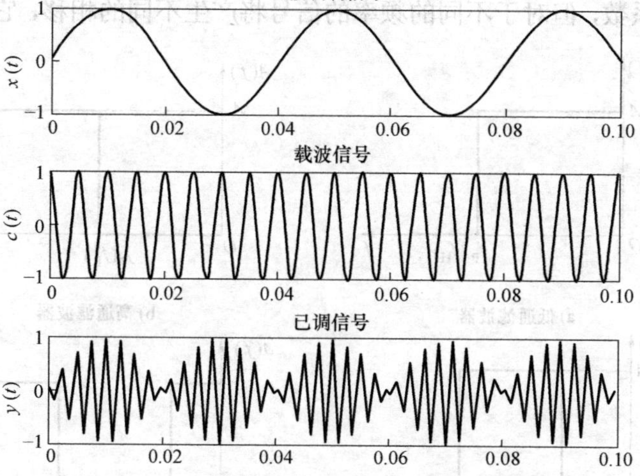

图 5-19　正弦幅度调制中信号的波形

5.4　滤波

5.4.1　概述

从传感器拾取的被测信号中，除包含有效的信息外，还包含有噪声和许多与被测量无关的信号。这些噪声的随机性很强，噪声功率是有限的，并按一定的规律分布于某一特定的频带中，因此可以采用滤波的信号分离的方法，实现对噪声的抑制，提取所需的测量信号。

滤波器是一种选频器件，信号进入滤波器后，部分特定的频率成分可以通过，而其他频率成分极大地衰减。

对于一个滤波器，信号能通过它的频率范围称为该滤波器的频率通带，被抑制或极大地衰减的频率范围称为频率阻带，通带与阻带的交界点称为截止频率。根据滤波器的不同选频范围，滤波器可分为低通、高通、带通和带阻四种滤波器，如图 5-20 所示。设截止频率为 f_P。

（1）低通滤波器　在 0～f_P 频率之间，幅频特性平直，如图 5-20a 所示。它可以使信号中低于 f_P 的频率成分几乎不受衰减地通过，而高于 f_P 的频率成分都被衰减掉，所以称为低通滤波器，f_P 称为低通滤波器的高频截止频率 f_H。

（2）高通滤波器　与低通滤波器相反，当频率大于 f_P 时，其幅频特性平直，如图 5-20b 所示。它使信号中高于 f_P 的频率成分几乎不受衰减地通过，而低于 f_P 的频率成分则被衰减掉，所以称为高通滤波器，f_P 称为高通滤波器的低频截止频率 f_L。

（3）带通滤波器　它的通频带在 f_{P1}～f_{P2} 之间。它使信号中高于 f_{P1}，而低于 f_{P2} 的频率成分可以几乎不受衰减地通过，如图 5-20c 所示。而其他的频率成分则被衰减掉，所以称为带通滤波器，f_{P1}、f_{P2} 分别称为此带通滤波器的低频、高频截止频率。

（4）带阻滤波器。与带通滤波器相反，带阻在频率 f_{P1}～f_{P2} 之间，它使信号中高于 f_{P2} 而低于 f_{P1} 的频率成分几乎不受衰减地通过，而其他频率成分则被衰减掉，如图 5-20d 所示。

另外有一种特殊的滤波电路——全通滤波电路。全通滤波器对于频率从零到无穷大的信号具有同样的传输系数，但对于不同的频率的信号将产生不同的相移，它实际是一种移相器。

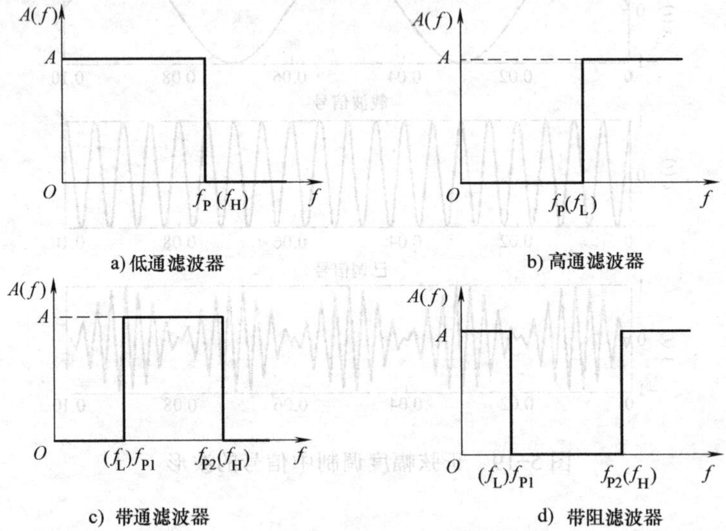

图 5-20　四种理想滤波器的幅频特性

5.4.2　滤波器性能分析

1. 理想滤波器

理想滤波器是一个理想化的模型，我们以最常用的低通滤波器为例进行分析。理想低通滤波器的幅频、相频特性如图 5-21 所示，它具有矩形幅频特性和线性相频特性。这种滤波器将低于某一频率 f_P 的所有信号予以传送而无任何失真，将频率高于 f_P 的信号全部衰

减。该滤波器的频率响应函数$H(f)$具有如下形式

$$H(f)=\begin{cases}A_0\mathrm{e}^{-\mathrm{j}2\pi f t_0} & -f_c\leqslant f\leqslant f_c\\ 0 & \text{其他}\end{cases} \tag{5-25}$$

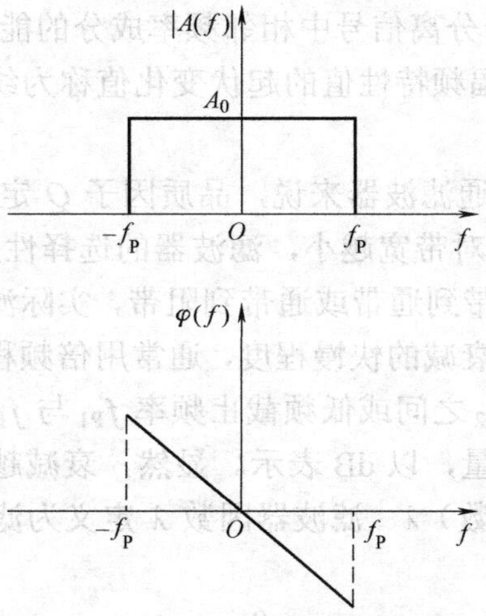

图 5-21 理想低通滤波器

但这种滤波器在物理上是不可能实现的。因为作为实现滤波功能的电容器是通过储能和放能来完成电场能和其他形式能量的转换，是通过载流子的定向运动与否来实现的。低通滤波器中的截止频率为某一特定的频率，低于此频率无能量交换，即无载流子的定向运动，而一旦高于此频率，能量能够实现完全转换，即所有载流子参与定向运动，中间没有过渡过程（即载流子的加速或减速过程），这不符合能量守恒定律。

2．实际滤波器

因为被测信号的频率往往是某一频段内的信号，我们以实际带通滤波器（低通滤波器为下限截止频率为零的带通滤波器、高通滤波器为上限截止频率为无穷的带通滤波器）为例，给出描述带通滤波器性能一般需要的几个参数。实际带通滤波器的幅频特性如图 5-22 所示。为便于比较，理想带通滤波器的幅频特性也示于图中。

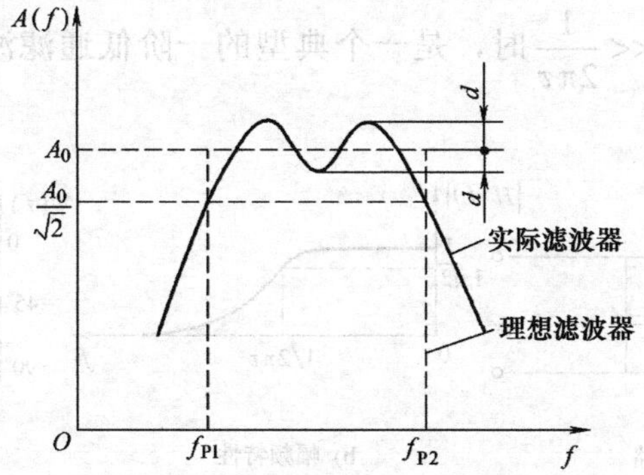

图 5-22 实际带通滤波器的幅频特性

（1）截止频率　截止频率指幅频特性值等于 $A_0/\sqrt{2}$（即–3dB）时所对应的频率点（见图 5-22 中的 f_{P1} 和 f_{P2}）。若以信号幅值二次方表示信号功率，该频率对应的点为半功率点。

（2）带宽 B　滤波器上、下两截止频率之间的频率范围称为滤波器的带宽，即 $B=f_{P2}-f_{P1}$。因为 $A_0/\sqrt{2}$ 相对于 A_0 衰减–3dB，故称 $f_{P2}-f_{P1}$ 为“负三分贝带宽”，以 B_{-3dB} 表示，单位为 Hz。带宽决定着滤波器分离信号中相邻频率成分的能力——频率分辨力。

（3）纹波幅度 d　通带中幅频特性值的起伏变化值称为纹波幅度，越小越好，一般应远小于–3dB，即 $d = A_0/\sqrt{2}$。

（4）品质因子 Q　对于带通滤波器来说，品质因子 Q 定义为中心频率 f_0 与带宽 B 之比，即 $Q=f_0/B$。Q 越大，则相对带宽越小，滤波器的选择性越好。

（5）倍频程选择性　从阻带到通带或通带到阻带，实际滤波器有一个过渡带，过渡带的曲线倾斜度代表着幅频特性衰减的快慢程度，通常用倍频程选择性来表征。倍频程选择性是指高频截止频率 f_{P2} 与 $2f_{P2}$ 之间或低频截止频率 f_{P1} 与 $f_{P2}/2$ 之间幅频特性的衰减值，即频率变化一个倍频程的衰减量，以 dB 表示。显然，衰减越快，选择性越好。

（6）滤波器因数（矩形系数）λ　滤波器因数 λ 定义为滤波器幅频特性的–60dB 带宽与–3dB 带宽的比，即

$$\lambda = \frac{B_{-60dB}}{B_{-3dB}} \tag{5-26}$$

理想滤波器 $\lambda=1$，通常使用的滤波器 $\lambda=$（1～5）。有些滤波器因器件影响（例如电容漏阻等）阻带衰减倍数达不到–60dB，则以标明的衰减倍数（如–40dB 或–30dB）带宽与–3dB 带宽之比来表示其选择性。

5.4.3　滤波器类型

按实际滤波器是否使用有源元件（放大器），可分为有源滤波器和无源滤波器。

（1）无源滤波器　无源滤波器是指用无源器件如电感 L、电容 C 和电阻 R 组成的滤波电路，图 5-23a 为一最简单的 RC 滤波电路，其频率特性（见图 5-23b、c）为

$$H(f) = \frac{1}{\mathrm{j}2\pi\tau f + 1} \tag{5-27}$$

式中　τ——时间常数，$\tau = RC$。

当滤波信号的频率 $f \ll \frac{1}{2\pi\tau}$ 时，是一个典型的一阶低通滤波器。图 5-24 为高通、带通 RC 无源滤波器。

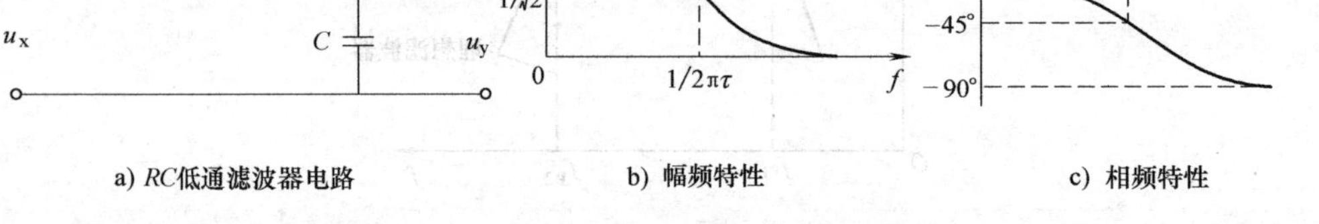

a) RC低通滤波器电路　　b) 幅频特性　　c) 相频特性

图 5-23　RC 低通滤波器及其幅相频特性

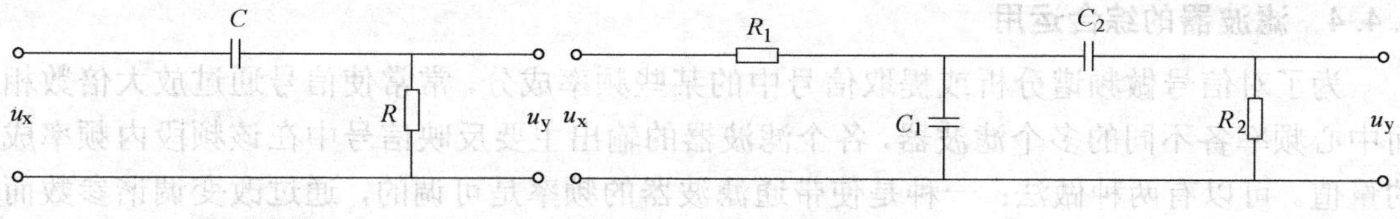

a) 高通　　b) 带通

图 5-24　RC 高通、带通滤波电路

（2）有源滤波器　有源滤波器是指利用放大器、电阻、电容等组成的滤波电路。有源滤波器利用有源器件不断补充由 R 造成的损耗，因而等效能耗极小，也就提高了电路的 Q 值，改善了选择性，并且，有源滤波器还具有无源滤波器无法做到的信号放大功能，其电路 Q 值的提高不受电感值的限制，因而有源滤波器电路中一般不宜用电感，输入、输出阻抗很容易匹配，这些都使有源滤波器具有优良的性能。有源滤波器的缺点是：需使用电源，功耗较大；受放大器有限带宽的限制，一般在低频（1MHz 对电子系统而言是低频，对机械系统的信号而言已是高频了）中使用，但总的来说，它有较无源滤波器更优的性能，因而目前在测试领域得到更广泛的应用。

图 5-25a 将一阶低通滤波网络直接接到运算放大器的输入端。运算放大器的主要作用是放大低频信号，使其带负载的能力提高。图 5-25b 中，将高通网络作为运算放大器的负反馈，起到低通滤波器的作用。该滤波器的频率响应特性主要由并联的负反馈电阻 R_f 决定，其时间常数 $\tau = R_i C_i$，截止频率 $f_{c2} = \dfrac{1}{2\pi R_f C_f}$。这种一阶系统对高频成分的衰减为 –20dB/10 倍频程。

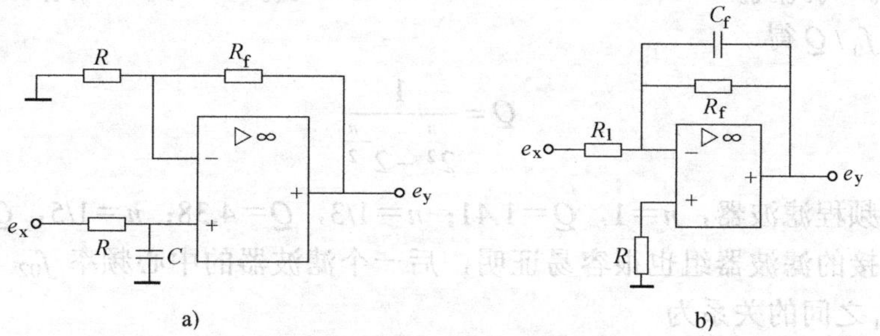

a)　　b)

图 5-25　有源低通滤波电路

图 5-26a 为一种简单的，由低通滤波器和高通滤波器经运算放大器串联起来的带通滤波器。运算放大器起级间隔离、提高信号带负载能力的作用，其频率选择性不高。实际电路中，经常采用负反馈电路来提高它的选择性。图 5-26b 就是一种多路负反馈有源带通滤波器。

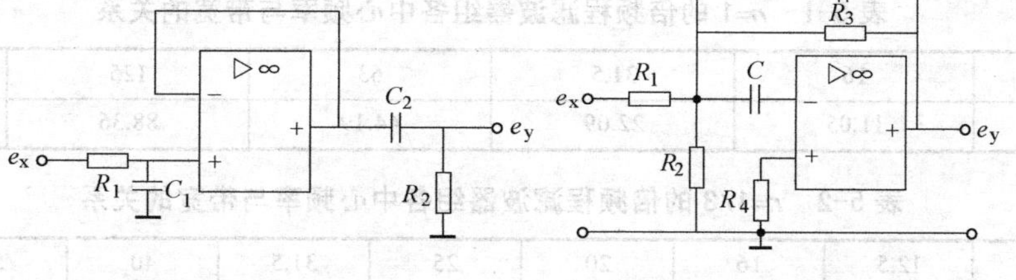

a) 由简单的低、高通滤波电路组成　　b) 由多路负反馈组成

图 5-26　有源带通滤波器

5.4.4 滤波器的综合运用

为了对信号做频谱分析或提取信号中的某些频率成分，常常使信号通过放大倍数相同而中心频率各不同的多个滤波器，各个滤波器的输出主要反映信号中在该频段内频率成分的量值。可以有两种做法：一种是使带通滤波器的频率是可调的，通过改变调谐参数而使其中心频率跟随所需要分析的信号频段，其可调范围一般是有限的；另一种做法是使用一组各自中心频率固定但又按一定规律相隔的多个滤波器。对于做频谱分析的滤波器组，各滤波器的通带应互相搭接，覆盖整个感兴趣的频率范围，这样才不至于使信号中的频率成分“丢失”。通常是前一个滤波器的-3dB 上截止频率（高端）就是后一个滤波器-3dB 下截止频率（低端）。这样一组滤波器将覆盖整个频率范围，滤波器间也彼此“邻接”。当然，滤波器对其各个中心频率应有同样的放大倍数。

（1）恒带宽比滤波器　若采用具有同样 Q 值的调谐滤波器做成邻接式滤波器组，则该滤波器组是由一些恒带宽比的滤波器组成的。在滤波器组中随着滤波器中心频率的增高，其带宽也越大。

假若一个带通滤波器的低端截止频率为 f_{c1}、高端截止频率为 f_{c2}，f_{c1} 和 f_{c2} 间的关系为

$$f_{c2}=2^n f_{c1} \tag{5-28}$$

式中　n——倍频程数。

当 n=1 时，称为倍频程滤波器；当 n=1/3 时，则称为 1/3 倍频程滤波器。因为滤波器中心频率 $f_0=\sqrt{f_{c1}f_{c2}}$，综合上述两式可得 $f_{c2}=2^{n/2}f_0$ 和 $f_{c1}=2^{-n/2}f_0$，并由 $f_{c2}-f_{c1}=B=f_0/Q$ 得

$$Q=\frac{1}{2^{\frac{n}{2}}-2^{-\frac{n}{2}}} \tag{5-29}$$

故对于倍频程滤波器，$n=1$，$Q=1.41$；$n=1/3$，$Q=4.38$；$n=1/5$，Q=7.2。

对一组邻接的滤波器组也很容易证明，后一个滤波器的中心频率 f_{02} 与前一个滤波器的中心频率 f_{01} 之间的关系为

$$f_{02}=2^n f_{01}$$

由式（5-28）和式（5-29）可知，只要选定 n 值，就可设计覆盖给定频率范围的邻接式滤波器组。$n=1$ 的倍频程滤波器组各中心频率与带宽的关系见表 5-1。n=1/3 的倍频程滤波器组各中心频率与带宽的关系见表 5-2。

表 5-1　n=1 的倍频程滤波器组各中心频率与带宽的关系

中心频率/Hz	16	31.5	63	125	250
带宽/Hz	11.05	22.09	44.19	88.36	176.75

表 5-2　n=1/3 的倍频程滤波器组各中心频率与带宽的关系

中心频率/Hz	12.5	16	20	25	31.5	40	50	63.3
带宽/Hz	2.9	3.6	4.6	5.7	7.2	9.1	11.5	14.5

（2）恒带宽滤波器　对一组增益相同的恒带宽比滤波器而言，其通带在低频段内较窄，而在高频段内较宽，因而滤波器组的频率分辨力在低频段较好，在高频段内较差。

为了使滤波器在所有频段都具有良好的频率分辨力，可采用恒带宽的滤波器。图 5-27 是恒带宽比滤波器与恒带宽滤波器的特性对照图。

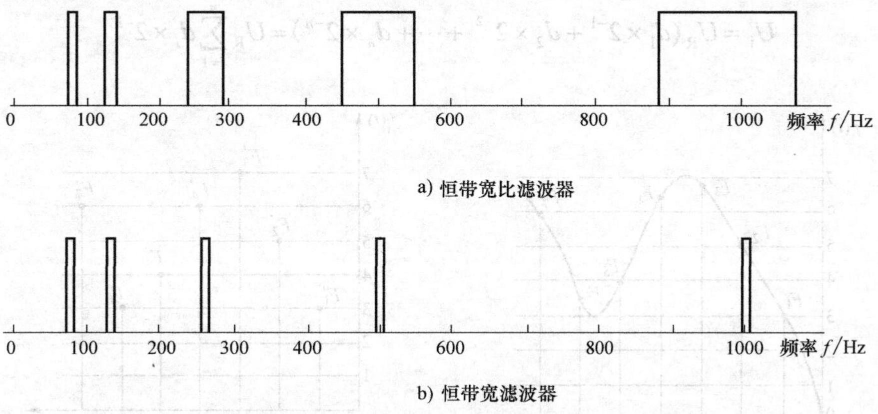

图 5-27　理想的恒带宽比滤波器与恒带宽滤波器的特性比较

为了提高滤波器的分辨力，带宽应窄一些，这样为覆盖整个频率范围所需要的滤波器就不宜采用固定中心频率的方式。一般应用一个定带宽和定中心频率的滤波器加上可变参考频率的差频变换来适应各种不同中心频率的定带宽滤波要求。参考信号的扫频速度应能满足建立时间的要求，尤其是滤波器带宽很窄时参考频率变化不能太快。实际使用中，只要对扫频的速度做限制，使它不大于 $0.5B^2$Hz/s 就能得到相当精确的频谱图。

5.5 模-数和数-模转换器

传感器输出的信号一般为模拟信号，在以微型计算机为核心的数据采集及控制系统中，必须将传感器输出的模拟信号转换成数字信号，为此要使用模-数转换器（简称 A-D 转换器或 ADC）。相反，经计算机处理后的信号常需反馈给模拟执行机构如执行电机等，因此还需要数-模转换器（简称 D-A 转换器或 DAC）将数字量转换成相应的模拟信号。因此，A-D 和 D-A 转换电路是微型计算机与输入、输出装置之间的接口，是数字化测控系统的重要组成部分。

5.5.1　A-D 转换器的基本原理

模拟量数字化包括采样、量化和编码三个阶段。所谓采样即是依据采样定理按照一定的时间间隔从连续的模拟信号中抽取一系列的时间离散样值。时间离散后的采样信号如何能正确反映模拟信号的原貌，关键应使采样频率满足采样定理。

时间离散后的采样信号，幅度取值仍是连续方式，为使其符合计算机有限编码方式的数值处理，需对其取值进行量化。这种将幅度连续取值的模拟信号变为只能取有限个某一最小当量的整倍数值的过程称为量化。信号的量化过程如图 5-28 所示。显然，用量化值（F_1'，F_2'，…，F_n'）去代替采样值（F_1，F_2，…，F_n）是一种近似，其误差值等于量化值与采样值之差，称为量化误差。量化误差越大，回复原信号时的失真亦越大。为减小量化误差，可增加量化的级数。

一般量化与编码是同时完成的，通常所用的码制是二进制原码，若设 n 位二进制数码为 D_{in}（$d_1d_2\cdots d_n$），则

$$U_{\text{i}}=U_{\text{R}}(d_1\times2^{-1}+d_2\times2^{-2}+\cdots+d_n\times2^{-n})=U_{\text{R}}\sum_{i=1}^{n}d_i\times2^{-i}$$

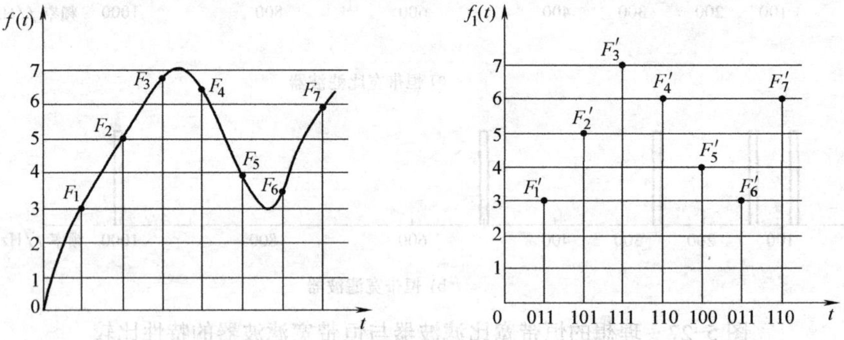

图 5-28　模拟信号数字化过程

这种编码方式的最大量化误差为 $2^{-n}U_{\text{R}}$，对应于一个最小当量值 LSB。在单片机 A-D 转换器中经常采用这种编码形式。但由于图 5-28 中采用了四舍五入，因此其最大量化误差为 LSB/2。

5.5.2　A-D 转换器类型

（1）斜坡式 A-D 转换器　斜坡式 A-D 转换器的原理图如图 5-29 所示。变换开始前计算器先清零，计算器的输出作为 A-D 转换器的输入控制信号，当计算器全为零时，D-A 转换器的输出 $V_{\text{A}}=0$。转化器工作时，由 $V_{\text{A}}<V_{\text{IA}}$ 而使比较器输出高电平，同时三态门打开，计算脉冲经三态门进入计算器进行计数操作，随着计数器计数值的增加，经过 D-A 转换器产生的反馈电压 V_{A} 也随之增大，直到 D-A 转换器的输出电压 V_{A} 大于输入的模拟电压 V_{IA} 时，比较器翻转而输出低电平，使三态门关闭，计数器停止计数。此时计数器的输出值即为输入模拟电压 V_{IA} 所对应的数字量。

图 5-29　斜坡式 A-D 转换器的原理图

这种变换方式的变换速度低，若令 T 为计数脉冲重复周期，则 n 位数字输出所需的最大变换时间为（2^n-1）T。

（2）逐次比较式 A-D 转换器　这种 A-D 转换器是目前使用最多的一种。它由电压比较器、逻辑控制器、数码寄存器及 D-A 转换器等组成，其原理框图如图 5-30 所示。这种转换方法的原理是将输入模拟量 V_I 同反馈电压 V_A 进行几次比较，使量化的数字量逐次逼近输入模拟量，所以也称逐次逼近法。

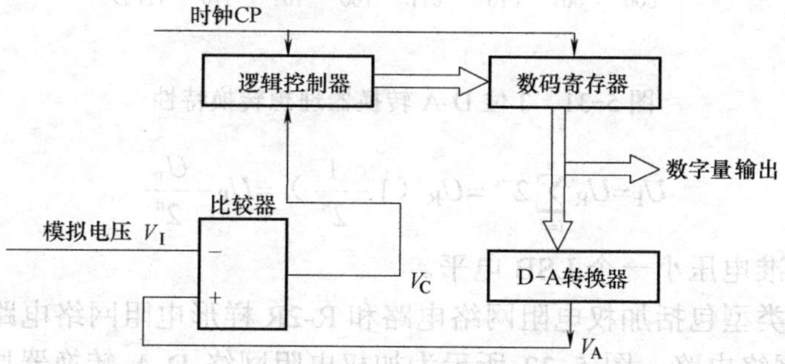

图 5-30　逐次比较式 A-D 转换器原理图

其转换过程如下：先将数码寄存器的最高位置 1，其余各位置 0（即数码为 100…0），该数码经 D-A 转换后的输出电压 V_A 与输入模拟电压 V_I 相比较，若 $V_I>V_A$，比较器输出 $V_C=0$，则保留数码寄存器最高位的 1；若 $V_I<V_A$，比较器输出 $V_C=1$，则去掉数码寄存器最高位的 1，低位还是 0，构成的新数码经 D-A 转换得到新的 V_A，新的 V_A 再与 V_I 进行比较，并根据比较结果决定次高位置 1 或清 0，依此类推，在一系列时钟脉冲 CP 的作用下，直至确定数码寄存器的最低位置，共经过 n 次（n 为数码寄存器的位数）比较后，数码寄存器中产生的数码就是 A-D 转换器要输出的数字量。

这种转换器的转换时间是固定的，它取决于数码寄存器的位数和时钟周期。对于一个 n 位长的数码寄存器，转换过程只需 n 个时钟周期即可完成。很显然，它的转换速度要比斜坡式 A-D 转换器快，适用于变化过程较快的控制系统。

5.5.3　D-A 转换器的转换特性

对 n 位 D-A 转换器，设其输入是 n 位二进制数字输入信号 D_{in}（$d_1\,d_2\cdots d_n$），其中 d_i（$i=1$，2，…，n）表示数字输入第 i 位的数码，取值 0 或 1。将 D_{in} 看成小数二进制数码，d_1 是最高有效位（MSB）的数码，d_n 是最低有效位（LSB）的数码，那么数字量 D_{in} 表示为

$$D_{in}=d_1\times2^{-1}+d_2\times2^{-2}+\cdots+d_n\times2^{-n}$$

式中　2^{-1}，2^{-2}，…，2^{-n}——二进制中相应数码位的加权值。如果 D-A 转换器的基准电压为 U_R，则理想 D-A 转换器的输出电压 U_o 可表示为

$$U_o=U_R\,D_{in}=U_R\,(d_1\times2^{-1}+d_2\times2^{-2}+\cdots\cdots+d_n\times2^{-n}) \tag{5-30}$$

相应的理想转换特性如图 5-31 所示。

二进制加权转换中，对应于最高有效位的输出电平是 $U_R/2$，对应于最低有效位的输出电平是 $U_R/2^n$，满量程值为

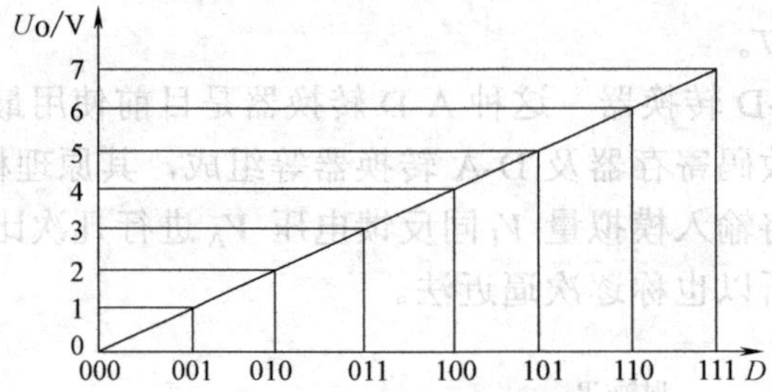

图 5-31　3 位 D-A 转换器理想转换特性

$$U_F=U_R\sum_{i=1}^{n}2^{-i}=U_R\left(1-\frac{1}{2^n}\right)=U_R-\frac{U_R}{2^n} \tag{5-31}$$

可见满量程值比基准电压小一个 LSB 电平。

D-A 转换器的类型包括加权电阻网络电路和 R-2R 梯形电阻网络电路。

1）加权电阻网络电路。图 5-32 所示为加权电阻网络 D-A 转换器原理图，其中模拟开关由相应位的二进制数码控制，当某位为 1 时，模拟开关将参考电压 U_R 接通，则该位权电流流向求和点 A。权电流由权电阻决定，若最高位权电阻为 R，则次高位为 $2R$，依次为 $4R$，$8R$，…，第 n 位为 $2^{n-1}R$，相应的权电流为 $U_R/(2^{n-1}R)$，当 n 位二进制数控制相应的模拟开关接向 U_R 或地时，则总输出电流 I_o 为

$$I_o=\sum_{i=1}^{n}\frac{U_R}{R\times 2^{i-1}}d_i=\frac{2U_R}{R}\sum_{i=1}^{n}d_i\times 2^{-i} \tag{5-32}$$

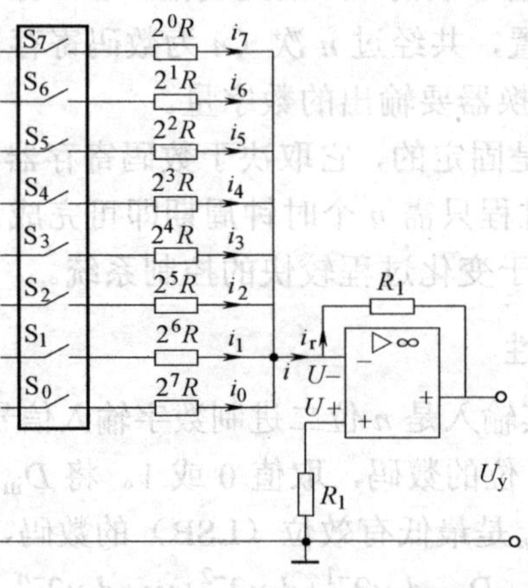

图 5-32　加权电阻网络 D-A 转换器

将电阻网络接到运算放大器的反相端，如果运算放大器的增益和输入阻抗足够高，则有

$$U_o=-I_oR_1=-\frac{2U_RR_1}{R}\sum_{i=1}^{n}d_i\times 2^{-i} \tag{5-33}$$

式（5-33）表明模拟输出电压 U_o 与二进制数字输入信号成正比。

这种转换器用到的权电阻规格太多，且高低位权电阻及电流的差值过大，一般用于二进制位数不多的情况下，精度不高。在需要位数多、转换精度较高的场合可采用 *R*-2*R* 梯形网络。

2）*R*-2*R* 梯形电阻网络电路。图 5-33 所示为 *R*-2*R* 梯形电阻网络 D-A 转换器。由图可知，运算放大器的反相端为“虚地”，模拟开关在地与虚地之间切换。当输入数字信号任一位 d_i=1 时，对应开关 S_i 与放大器的方向端接通，当 d_i 为 0 时，S_i 接地。可见不论 d_i 取值如何，各模拟开关的支路电流值不变。

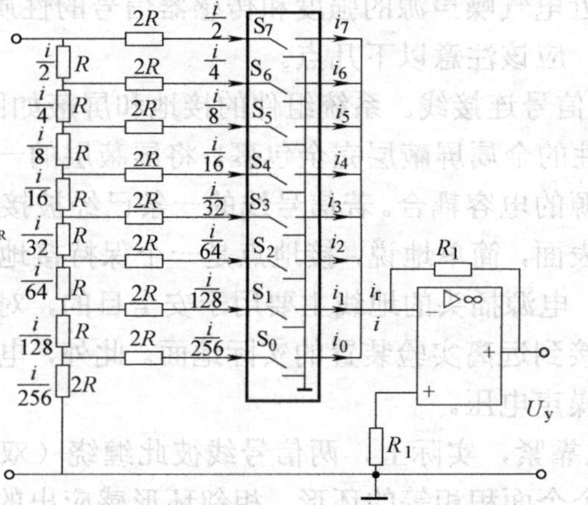

图 5-33　*R*-2*R* 梯形电阻网络 D-A 转换器

图中，从左往右，各路电流分配规律是 $I_R/2$，$I_R/2^2$，…，$I_R/2^n$，满足按权分布要求（其中 $I_R=U_R/R$）。考虑到模拟开关 S_1～S_n 对总电流 i 的控制作用，将所有流入运算放大器反相端的电流求和，可得输出电压 U_o 为

$$U_o=-I_oR_1=-\frac{U_RR_1}{R}(d_1\times2^{-1}+d_2\times2^{-2}+\cdots+d_n\times2^{-n})=-\frac{R_1}{R}U_R\sum_{i=1}^{n}d_i2^{-i} \qquad (5\text{-}34)$$

如果取 $R_1=R$，式（5-34）则与式（5-29）在绝对值上相同。

这种 D-A 转换器在输入数字信号转换过程中，流过各支路电流值不变，而且位值为“1”的各支路电流直接接到放大器的反相输入端，因此不仅转换速度快，而且有效地减小了动态误差。

5.6　信号的传输与记录

5.6.1　信号的传输

虽然传感器、信号调节器和显示器、记录仪是测量系统的三个主要部分，但互相连接的导线对信号的质量也有非常重要的甚至是决定性的影响，必须重视这些导线。传送信号的主要方法有低电平模拟电压、高电平模拟电压、电流型模拟信号和数字信号。

1. 低电平模拟电压

在测量过程中，一般传感器的输出电压在 100mV 以内，因为导线往往会受到电子噪声的影响，很难长距离传送。由电源线和其他电气设备在环境中引起的电场和磁场可能在信号线中产生电压，使信号产生较大的畸变。虽然直接电气连接会使电噪声附加到信号上，但更多的是因噪声源和信号线之间的电容或电感耦合而使信号线产生噪声。

另一种常见的干扰源是接地回路。大地自身存在较强的电流，意味着通常在两个分开接地的地点有电位差。因此，电流就被两端接地的导线导通，有时尽管没有在物理上接地，但第二个“连接”点因电容效应而形成。总之，当导线的长度增加时，干扰的影响也在增加。但很难对连接导线的长度给予确切的规定，因为问题是由多种因素造成的，包括传感器的电气特性、导线附近电气噪声源的强度和传感器信号的性质。

为了减少测量噪声，应该注意以下几点。

1）使用屏蔽导线做信号连接线。系统组件的接地和屏蔽如图 5-34 所示，在屏蔽导线中，两个信号导线被柔性的金属屏蔽层完全包裹。将屏蔽层的一点且唯一一点接地，可以有效地减少对大地噪声源的电容耦合。若信号线的一条已经被接地，则屏蔽就起导体作用。大地不一定指的是地球表面，简单地说，接地点是一个保持接地元件处于同样电位的普通连接点。需要指出的是，电源插头的地线主要用于安全目的，对仪器不是好的接地点。电源插头的接地点可以连接到远离实验装置的实际地面。此外，电源地线通常穿在与电源线并联的导管中，将引起噪声电压。

2）两信号导线彼此靠紧，实际上，两信号线彼此缠绕（双绞线）（见图 5-34）是最佳的。两条线绞接成一个个面积相等的环形，相邻环形感应出的干扰电压方向相反，所以感应电压被抵消。两电源线也应该互相靠近，并尽可能互相缠绕，使辐射磁场最小，应避免电源线和信号线的距离过近。

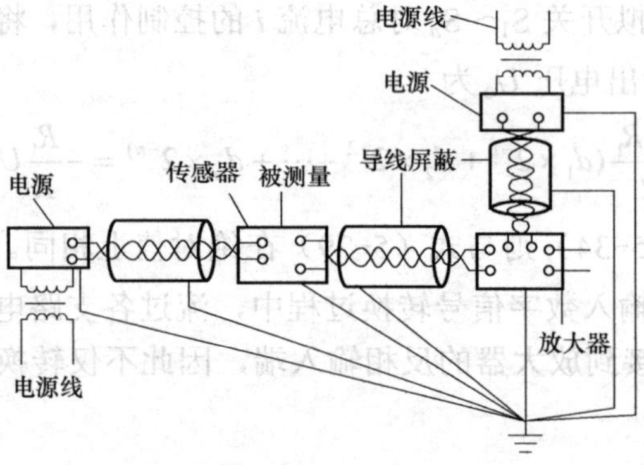

图 5-34　系统组件的接地和屏蔽

3）尽可能在整个测量系统中采用一个接地点，使接地回路的影响最小。每一个屏蔽层只有一端被接地。

4）采用差动输入，并用高共模抑制比的放大器放大所有信号。

5）使用高质量电源。在一些情况下，使用电池作为仪器的电源来代替交流电源可以更好地降低电源线的干扰噪声。

在采集数据前，应该检查仪器的噪声信号。方法之一是观察加在传感器的静态被测量的显示结果，若输出随着时间变化，则表示有噪声。在毫伏级的系统中，如果接线不恰当，幅值大于有效信号的噪声不是罕见的。

2．高电平模拟电压信号的传输

有些传感器的输出电压要高于 100mV，通常在 0～10V 之间。这些传感器通常要比低电平传感器贵，但信号不容易受到干扰。它们更昂贵的原因通常是仪表放大器直接接地包含在传感器中。这些高电平信号一般可以传输 3～100m 的距离。

3．电流型模拟信号的传输

在电流型系统中，传感器的输出被转换成电流而不是传感器的电压。传感器的工作范围会在 4～20mA 之间变化。在这种传感器中，一个称为变送器的装置把传感器的输出转换成电流。随后，该电流在接收端被转换成电压。4mA 的最小电流意味着在线路中的开路容易被检测——只有在开路条件下，才可能有 0mA 读数。电流信号也不像模拟电压那样，容易受到环境噪声的影响，因为与大多数模拟电压系统比较，电流信号的功率要大得多。因此，电流以至功率接近于零。电流信号可以传输 3km 的距离，而不因为噪声产生较大的降落。但电缆长度过长会限制信号的高频范围。

4．数字信号的传输

数字信号传输是迄今为止最可靠的方法，但也是实现过程中最难、最昂贵的。在数字信号传输中，在传感器信号中的数据被转换为一系列电压脉冲，被称为比特（bit），它可以以数字代码的形式传输信号。当脉冲的电压超过一定的电平时，该脉冲就是“开”；当电压低于另一个电平时，该脉冲就是“关”。在两个电平之间，有明显的差别，以便避免歧义。若能合理地设计这种系统，几乎可以避免环境噪声对信号的影响。

在电缆中传输数字化数据有几种标准的方法。串行通信标准利用两根导线一次传送 1bit，通常传输几十米。并行标准沿着八条导线（另加八条供它用）同时传送 8bit，这种传输通常只限于 20m 长的电缆。测量系统中的许多组成部分都遵循这些标准之一进行设计。除了传感器外，测量系统中各环节之间一般都采用数字传输。

5.6.2　信号的记录

在工程信号测试过程中，最常用的记录仪器是各种类型的电子示波器、笔式记录仪、磁带记录仪、瞬态波形存储器和磁盘记录器。由于计算机已成为信号处理的核心，在此仅介绍瞬态波形记录仪的结构和功能，其他常用记录仪器的结构和功能可参考其他文献。

瞬态波形记录仪主要由抗混叠滤波器、模-数（A-D）转换器、数字存储器、数-模（D-A）转换器和控制电路五部分组成，其原理如图 5-35 所示。

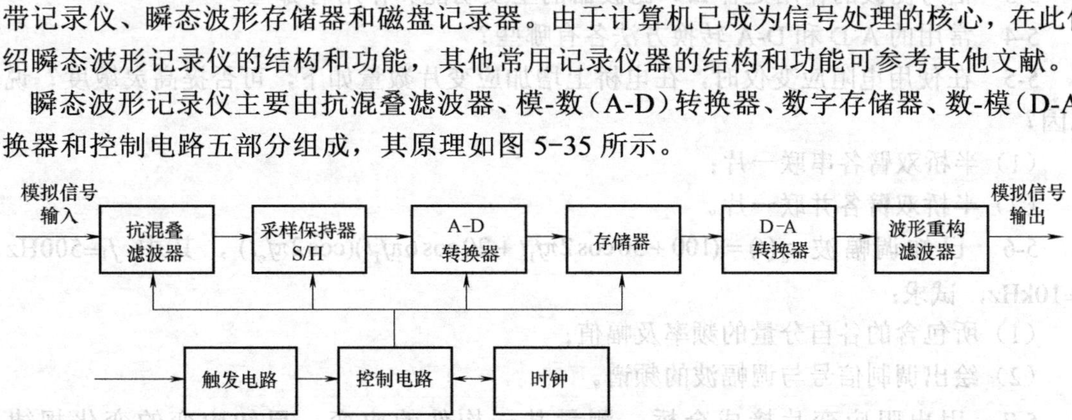

图 5-35　瞬态波形记录仪原理

其中，抗混叠滤波器是用来滤除信号中高于分析频率两倍以上的高频成分，根据奈奎斯特采样定理的要求，采样频率至少为被测信号最高频率的两倍，才能保证所分析的信号没有频率混叠所引起的信号失真。显然，它决定了瞬态波形记录仪频率上限。

A-D 转换器是将模拟信号变换为数字信号。A-D 的转换时间，是制约瞬态波形记录仪最高采样频率的主要因素，为了保证对高频信号某时刻瞬时值的抽取，需用采样保持器将某一瞬时的信号值采样并保持一段时间，供 A-D 转换器完成转换。现代高速 A-D 转换器的最高采样频率已超过数兆赫兹，使波形记录仪的分析频率有了大幅度的提高。

数字存储器是瞬态波形记录仪的核心，其关键指标是存储容量。现代的波形记录仪的应用限制，通常不在采样频率而在于数据存储器的容量。当存储容量一定时，采样频率高则记录信号样本的长度就短。

D-A 转换器与波形重构滤波器共同完成将离散的数字信号恢复成原来的连续的模拟信号，实现信号的模拟输出。

控制电路主要是给出工作开始的控制信号、工作时钟、采样频率等。

当待记录的模拟信号进入波形记录仪时，首先经过抗混叠滤波器，滤除其中的高频成分，以满足采样定理的要求，然后经采样保持与 A-D 转换器变换为数字信号存储起来，当需要记录、显示时，再把数字信号从存储器中取出，经 D-A 转换器、滤波器还原成模拟信号。显然，该记录仪的频率响应范围受到 A-D 转换时间的限制，其记录的数据量也受到存储器容量的限制，随着高速 A-D 转换器和大存储器的出现，其使用越来越普及。

值得注意的是，在通用计算机上插上 A-D 转换卡就能实现上述功能。计算机的闪存和外设，如磁盘、打印机、绘图仪、显示器等就是“记录仪器”，利用其软件编程使后续处理非常方便。计算机加 A-D 卡已成为目前最广泛使用的记录仪之一。

习　题

5-1　简述电桥的类型和各自特点，以及如何进行电桥平衡。

5-2　调制与解调的概念是什么？其在时域和频域各是什么样的运算过程？

5-3　信号滤波的作用是什么？滤波器的主要功能和作用有哪些？

5-4　常用的 A-D 和 D-A 转换方法各有哪些？

5-5　在使用电阻应变仪时，在电桥上增加应变片数量如下，可否提高灵敏度？说明原因？

（1）半桥双臂各串联一片；

（2）半桥双臂各并联一片。

5-6　已知调幅波 $x_a(t)=(100+30\cos 2\pi f_1 t+20\cos 6\pi f_1 t)(\cos 2\pi f_c t)$，其中 f_1=500Hz，f_c=10kHz，试求：

（1）所包含的各自分量的频率及幅值；

（2）绘出调制信号与调幅波的频谱。

5-7　用电阻应变片接成全桥，测量某一构件的应变，已知应变的变化规律为 $\varepsilon(t)=A\cos 10t+B\cos 100t$。若电桥激励电压 $\varepsilon_0(t)=E\sin 100\,000t$，试求此电桥输出信号的频谱。

5-8　有一 1/3 倍频程带通滤波器，其中心频率 f_0=80Hz，求其上、下截止频率 f_{c1} 和 f_{c2}。

5-9　设有一低通滤波器，其带宽为 300Hz。问如何与磁带记录仪配合使用，使其分别当作带宽为 150Hz 和 600Hz 的低通滤波器使用？

5-10　如何分辨两种调制信号（见图 5-36）经幅值调制和解调后的时频域波形？

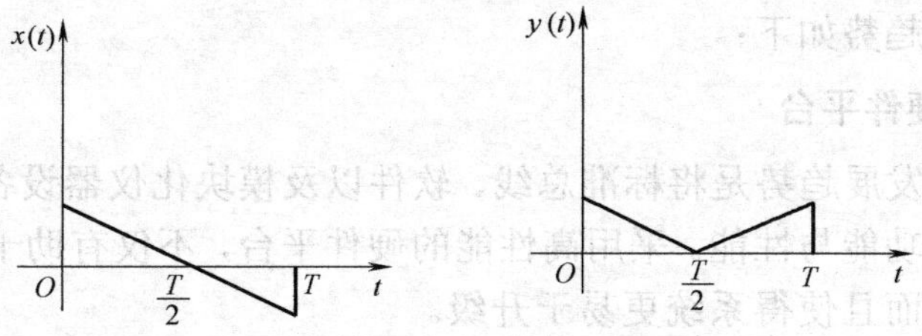

图 5-36　习题 5-10 图

5-11　求 sin10t 输入图 5-37 所示电路后的输出信号。

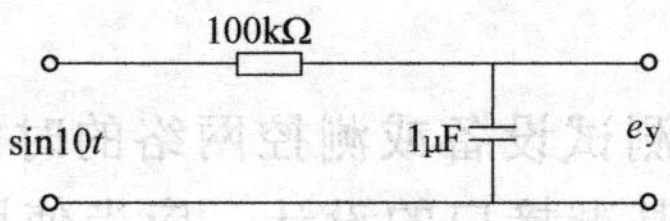

图 5-37　习题 5-11 图

第 6 章　现代测试系统

现代测试系统的典型特点是采用计算机作为检测与控制的核心器件，具有数据处理和信号分析等智能功能。现代测试系统经历了从智能仪表到分布式检测系统到虚拟仪器的发展过程，目前的发展趋势如下：

1．采用高性能硬件平台

现代测试系统的发展趋势是将标准总线、软件以及模块化仪器设备有机结合。这种结合增强了测试系统的功能与性能。采用高性能的硬件平台，不仅有助于测试系统以较低成本获得更高的性能，而且使得系统更易于升级。

2．采用分布式、网络化结构

测试系统采用分布式或网络化结构，可以减少被测量由于长距离传输造成的测试精度下降和对于被测试系统的影响。

3．自主同步

为了保证测试系统与其他测试设备或测控网络的时间同步，必须拥有统一的时间基准。为了简化各个设备时间基准接口的设计，应当使用公认的时间基准，如 GPS 卫星时间。

4．采用模块化和智能接口设计

测试接口针对被测试信号形式采用模块化设计，在应用时可针对被测系统需求进行配置、组合以适应不同种类、不同规模的测试需求。针对被测试系统电气设备接口信号的多样性，对测试接口进行智能化设计。智能接口在识别了被测设备的类型后，自动完成对被测试对象的适应。

5．测试仪器由物理仪器向虚拟仪器发展

虚拟仪器技术使测试仪器的模块配置更加灵活，使测试系统的开发更加方便。虚拟仪器的跨平台移植技术克服了传统仪器不能持续开发的弱点，即使在系统硬件平台改变时，仍然可以将开发出的虚拟仪器移植到新的平台上，从而最大限度地保护了用户的已有投资，从根本上解决了测试系统的可持续开发问题。

6.1　计算机测试系统的基本组成

与传统的测试系统比较，计算机测试系统利用计算机所具有的存储量大、运算速度快的优点，通过将传感器输出的模拟信号转换为数字信号，快速实时地对所测得的数据进行分析、处理，达到测试自动化和智能化的目的。

计算机测试系统由四个部分组成：微机基本子系统、数据采集子系统、数据通信子系统和基本输入输出子系统。

微机基本子系统是整个系统的核心，对整个系统起监督、管理、控制作用，如进行复杂的信号处理、控制决策、产生特殊的测试信号、控制整个检测过程等。

数据采集子系统用于和传感器、检测元件、变送器连接，实现数据采集、选路控制、零点校正、量程自动切换等功能。

基本输入输出子系统用于实现人机对话、输入或修改系统参数、改变系统工作状态、输出检测结果、动态显示测控过程，实现多种形式的输出、显示、记录、报警等功能。

通信子系统用于实现系统与其他仪器仪表、系统的通信与互联，依靠通信子系统可根据实际问题需求，灵活构造不同规模、不同用途的微机测控系统，如分布式测控系统、集散型测控系统等。

计算机测试系统的基本组成框图如图 6-1 所示。与传统的电子测试系统相比，计算机测试系统具有如下特点：

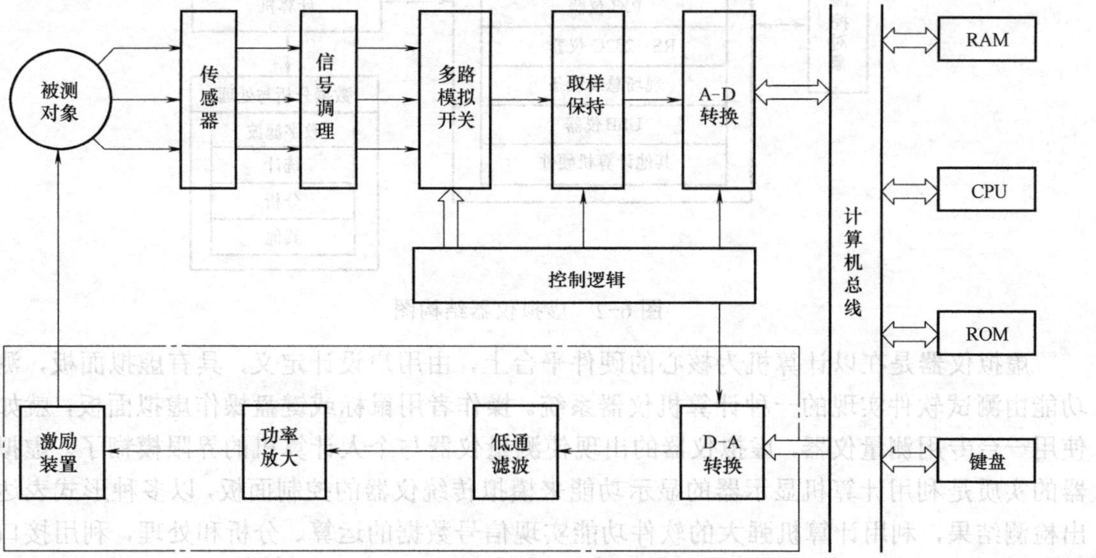

图 6-1　计算机测试系统的基本组成

（1）自动校零　可以在每次采用前对传感器的输出值自动校零，从而降低因测试系统漂移造成的误差，提高测试精度。

（2）自动修正误差　利用软件技术修正传感器的非线性误差。

（3）量程自动切换　可以根据被测量值的大小改变量程范围，从而提高分辨率。

（4）数据处理　把测量的数据进行分类，并且进行数学运算、误差修正、量纲换算、数字滤波等处理。

（5）模拟仿真　利用软件技术，对被测试信号进行模拟，用于系统的自身调试，也可以将采集的数据进行回放，用于模拟被测设备的输出。

（6）测试成本低　由于可以利用软件取代测试系统中的部分硬件功能，各种滤波器、定时器和运算器都可以由计算机来替代，降低了系统的硬件成本。

6.2 虚拟仪器的构成

虚拟仪器（Virtual Instrument，VI）是美国国家仪器公司（National Instrument Corp.，NI）首先提出的概念，是当今计算机辅助测试（CAT）领域的一项重要技术。它将计算机硬件资源、仪器与测控系统硬件资源和虚拟仪器软件资源三者有机地结合在一起，其结构如图 6-2 所示。

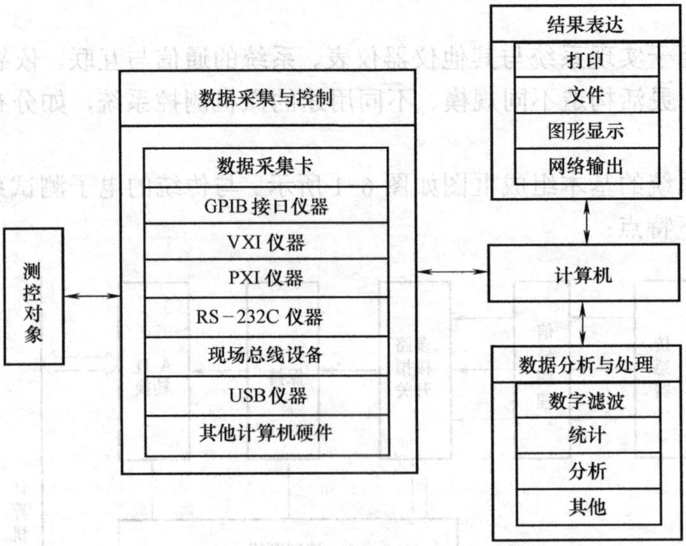

图 6-2　虚拟仪器结构图

虚拟仪器是在以计算机为核心的硬件平台上，由用户设计定义，具有虚拟面板，测试功能由测试软件实现的一种计算机仪器系统。操作者用鼠标或键盘操作虚拟面板，就如同使用一台专用测量仪器，虚拟仪器的出现使测量仪器与个人计算机的界限模糊了。虚拟仪器的实质是利用计算机显示器的显示功能来模拟传统仪器的控制面板，以多种形式表达输出检测结果，利用计算机强大的软件功能实现信号数据的运算、分析和处理，利用接口设备完成信号的采集、测量与调理，使其成为完成各种测试功能的一种计算机仪器系统。“虚拟”二字主要包含以下两方面的含义。

1. 虚拟仪器的面板

虚拟仪器面板上的各种“控件”与传统仪器面板上的各种“器件”所完成的功能是相同的。例如，仪器电源的“通”“断”，被测信号“输入通道”“放大倍数”等参数设置，测量结果“数值显示”“波形显示”等，同样是通过开关按键显示器等来完成的。传统仪器面板上的器件都是实物，而且均是通过手动和触摸完成操作的；而虚拟仪器面板控件是外形与实物相似的图形，“通”“断”“放大”等对应着相应的软件程序，这些软件已经设计好了，用户只需选用代表该种软件程序的图形控件，即可用计算机的鼠标来对其进行操作。因此，设计虚拟面板的过程就是先在面板设计窗口中摆放所需的控件，然后编写相应的程序。

2．由软件编程来实现的虚拟仪器测量功能

在以 PC 为核心组成的硬件平台支持下，虚拟仪器不仅可以通过软件编程设计来实现仪器的测试功能，而且可以通过不同测试功能的软件模块的组合来实现多种测试功能。这也体现了测试技术与计算机技术深层次的结合。

虚拟仪器的特点可以概括为以下五个方面：

（1）丰富和增强了传统仪器的功能　虚拟仪器将信号分析、显示、存储、打印和其他管理集中交由计算机来处理，充分利用了计算机强大的数据处理、传输和发布能力，使得组建系统变得更加灵活、简单。

（2）突出了“软件就是仪器”的新概念　传统仪器的某些硬件在虚拟仪器中被软件所代替，由于减少了许多随时间漂移、需定期校准的分立式模拟硬件，加上标准化总线的使用，使仪器的测量精度、测量速度和可重复性都大大提高。

（3）仪器由用户自己定义　虚拟仪器通过提供给用户组建自己仪器的可重用源代码库，可以很方便地修改仪器功能和面板，设计仪器的通信、定时和触发功能，实现与外设、网络及其他应用的连接，给了用户一个充分发挥自己能力和想象力的空间。

（4）开放的工业标准　虚拟仪器硬件和软件都制定了开放的工业标准，因此用户可以将仪器的设计、使用和管理统一到虚拟仪器内，使资源的可重复利用率提高，功能易于扩展，从而使得开发费用降低。

（5）便于构成复杂的测试系统，经济性好　虚拟仪器既可以作为测试仪器独立使用，又可以通过高速计算机网络构成复杂的分布式测试系统，进行远程测试、监控与故障诊断。此外，用基于软件体系结构的虚拟仪器代替基于硬件体系结构的传统仪器，还可以大大节约仪器购买和维护费用。

虚拟仪器的组成包括硬件和软件两个基本要素。虚拟仪器中硬件的主要功能是获取真实世界中的被测信号，而软件的作用是控制实现数据采集、分析、处理、显示等功能，并将其集成为仪器操作与运行的命令环境。

虚拟仪器有多种分类办法，既可以按应用领域分，也可以按测量功能分，但是最常用的还是按照构成虚拟仪器的接口总线不同，分为数据采集插卡式（DAQ）虚拟仪器、RS-232/RS-422 虚拟仪器、并行接口虚拟仪器、USB 接口虚拟仪器、VXI 虚拟仪器、PXI 虚拟仪器等。

DAQ 虚拟仪器广泛应用于一般的测试系统与工业过程控制，并且正在从过去 16 位的标准 ISA 总线发展到 32 位的 PCI 总线插卡，为设计各种测试仪器提供了更好的数据采集和控制能力。

RS-232/RS-422 串口在各种现场过程控制仪表中应用较多，支持长线传输，抗干扰能力强，但数据传输率低，不适合动态测试应用。

并行接口是一种比较传统的高速接口，目前配置有并行接口的数字示波器、逻辑分析仪等虚拟仪器已经出现在市场上。相较而言，USB 接口虚拟仪器可以提供更高的数据传输速率，并且支持热插拔功能。

GPIB、VXI 和 PXI 总线都是专门为程控仪器设计的计算机接口总线，其中 GPIB 仪器具有独立的仪器操作界面，可以脱离计算机独立使用，也可以通过标准 GPIB 电缆连接计

算机实施程序控制：VXI 和 PXI 仪器没有独立的仪器操作界面，必须依赖虚拟操作界面进行操作。

虚拟仪器软件开发环境是虚拟仪器技术的重要组成部分。目前的虚拟仪器软件开发工具有如下两类。

1）文本式编程语言：如 Visual C++、Visual Basic、LabWindows/CVI 等。

2）图形化编程语言：如 LabView、HPVee 等。

虚拟仪器软件开发环境主要是面向测试工程师而非专业程序员，因此首先其编程必须简单、易于理解和修改；其次，它必须具有强大的人机交互界面设计能力，易于实现各种复杂的仪器面板；另外，它还必须具有数据可视化分析能力，提供丰富的仪器和总线接口硬件驱动程序。以 NI 公司的 LabView 和惠普公司的 HPVee 为代表的新一代图形化编程语言环境是目前开发虚拟仪器的最佳软件平台。

与传统编程语言相比，图形化编程语言的主要特点包括：

1）系统提供各种测试、控制和数据分析功能模块的图标，用户可以根据实际需要来自定义或设置这些图标。

2）编程过程就是设计和定义程序流程图，通过连接代表各种功能模块的图标来建立具体的应用程序。

3）继承了传统编程语言中结构化和模块化的编程优点。

4）为仪器模拟面板设计、数据可视化分析提供了许多专门工具或对象，简化了系统开发，缩短了开发周期。

5）通过成熟的计算机网络技术，可将针对不同测控任务的仪器与设备连接成一个分布式虚拟仪器系统，从而避免了系统功能重复所造成的浪费。

6.2.1 虚拟仪器的硬件模块

根据硬件接口的不同，可以将虚拟仪器分为基于 PC 总线、GPIB 总线、VXI 总线和 PXI 总线四种标准体系结构。

1. 基于 PC 总线的虚拟仪器

基于 PC 总线的虚拟仪器又称为 PC 插卡式仪器，它以计算机为平台，配以用于测量和测试的数据采集（Data AcQuisition，DAQ）卡来构成仪器系统。利用采集卡组成虚拟仪器的方式主要有：

1）内插式：将采集卡插入微机的内部总线上，构成虚拟仪器。

2）外挂式：将微机总线引到扩展箱，在扩展箱里插入采集卡，构成虚拟仪器。这种方式适用于使用便携式计算机组成仪器系统。

3）直接外挂式：即在微机外总线接口（如并行口、USB 端口）上接入仪器卡。

这种虚拟仪器所用的主要 PC 总线有 ISA 总线、PCI 总线、USB 总线、IEEE1394 总线、IEEE1284 总线、PCMCIA 总线、PC/104 总线等。

基于 PC 总线的虚拟仪器充分地利用了计算机资源，大大增加了测试系统的灵活性和扩展性。利用数据采集卡可以方便快捷地组建基于 PC 的仪器。随着 A-D 转换技术、精密放大技术、滤波技术与信号调理技术的迅猛发展，数据采集卡的采样速率已经达到了

1Gbit/s，精度高达 24 位，通道数高达 64 个，并能任意组合数字 I/O、模拟 I/O、计数器/定时器等通道，大大扩展了仪器的功能。

专业仪器厂家生产了大量的 DAQ 功能模块供用户选择，如示波器、数字万用表、串行数据分析仪、动态信号分析仪、任意波形发生器等。在 PC 上挂接若干 DAQ 功能模块、配合相应的软件，就可以构成一台具有若干功能的检测仪器。

与传统的智能仪器相比，PC 插卡式仪器具有下述优势：

（1）缩短研制周期，提高产品的竞争力　PC 插卡式仪器不需要智能仪器所需的专用微机系统。硬件上可以直接采用成熟的高性能数据采集板卡，软件上可以利用虚拟仪器软件开发系统，因此可以缩短研制周期。

数据采集卡的设计总是基于某一总线，符合该总线的标准，因此设计的仪器卡容易形成标准化产品，具有较强的竞争力。

（2）可视化与直读性　由于 PC 的图形分辨率及图形处理能力已经达到了相当高的水准，因此利用 PC 构成的虚拟仪器可视化功能强，既可以显示各种时域和频域曲线，也可以以多种形式显示各种测量数据结果。

直读性是指 PC 插卡式仪器不仅可以方便地实现屏幕自动读数，还可以在屏幕上进行局部放大与压缩、滚动显示、图形的冻结显示等。

（3）测试过程控制与强大的数据处理能力　在 PC 插卡式仪器中，测试过程的控制可以最大限度地实现自动化，适于长时间连续测试和反复巡回监测的应用场合；还可以方便地实现频谱分析、相关分析传递函数分析以及时间序列分析、模式识别等数据处理与分析功能。利用微机的资源还可以方便地实现测量数据的永久存储、数据压缩、远距离传输以及打印等。

（4）模块化与多功能性　PC 插卡式仪器一般由一台 PC 和一系列数据采集卡构成，同时还配备有若干应用软件来支持硬件工作。各种采集卡实际上已按模块化的要求实现，同样，驱动各种仪器的软件也是按模块化的要求设计。如果一台 PC 插有多种数据采集卡，那么这台 PC 就是一台多功能的仪器系统，用户希望从一种仪器状态切换到另一种仪器状态时，往往只要激活相应的软件模块即可。当测试系统要增加一个新的测量功能时，只需增加软件来执行新的功能或增加一个通用模块来扩展系统的测量范围。

（5）集成化与扩展性　对于 PC 插卡式仪器，一个较小的仪器系统一般只需要一块或几块插卡，这时利用 PC 内的扩展槽即可实现，具有很高的集成性；扩展仪器功能时，只需要加入新的插卡即可，因此扩展性良好。

（6）操作自动化与方便性　PC 插卡式仪器的测量过程如量程选择、开关选择、数据采集、传输、处理与显示输出等均可以由程序自动完成。测试过程可以采用人机交互式操作，只要操作者熟悉一般 PC 的操作方式，就可以方便地操作 PC 插卡式仪器，可以使用的操作方式有键盘、鼠标、光笔、触摸屏以及语音命令等。

随着虚拟仪器技术的发展，PC 插卡式仪器已经可以解决各个数据采集卡之间的互相触发同步、直接通信、插卡受微机干扰等问题，加之虚拟仪器开发软件的出现，使 PC 插卡式仪器朝着如下几个方向发展：

（1）硬件趋于简单化　随着高速 A-D 与 D-A 器件的发展，未来的 PC 插卡式仪器将简化为只由三类插卡组成，即数据采集卡、任意波形产生卡和阵列卡关网络，借助于虚拟仪器的软件技术，按一定的算法对它们进行控制，便可以满足不同的测量要求。

（2）数字信号处理功能日益加强　语音信号和图像信号的处理计算量大、实时性强、只进行算法研究和提高微处理器处理速度已经不能适应需要，DSP 芯片的出现和发展以及各种信号处理算法在仪器设计中的应用，将加速虚拟仪器的发展进程。

（3）新器件的发展将显著增强 PC 插卡式仪器的功能与测量范围　A-D 芯片是从模拟信号向数字信号转换的关键器件，是现代科学仪器不可缺少的核心部件之一，其速度的提高是实现高速数据采集的关键。目前，A-D 转换器件在追求高速的同时，还在向低功耗、高分辨率、高性能的方向发展。此外，微处理器、存储器、模拟开关等微电子器件的发展都将增强仪器的功能、扩大仪器的测量范围。随着微电子技术的发展，目前不仅可以把 A-D 转换等模拟电路与微处理器集成在一块，而且还能将传感器与控制电路都集成在一块芯片上，这将缩小体积，增强可靠性，从而实现 PC 插卡式仪器的多功能化。

2．基于 GPIB 总线的虚拟仪器

GPIB 总线技术于 1978 年问世，是最早的仪器总线，其硬件规格和软件协议已纳入了国际工业标准 IEEE 488.1 和 IEEE 488.2，目前多数仪器都配置了符合 IEEE 488 的 GPIB 接口。GPIB 总线是一个数字化 24 脚（扁形接口插座）并行总线，其中 16 根线为 TTL 电平信号传输线，包括 8 根双向数据线、5 根接口管理线、3 根数据传输控制线；另外 8 根为地线和屏蔽线。GPIB 使用 8 位并行、字节串行、异步通信方式，所有字节通过总线顺序传送。在 GPIB 中，它能自动适应测试系统中各台仪器不同的数据速率，数据一直保持到速率最慢的接收者收到后才能撤销或更新。GPIB 设备包括听者（Listeners）、说者（Talkers）和控制者（Controllers）。听者负责接收消息（数据或命令），说者负责发送消息，而控制者负责管理总线上的消息。一台仪器既可以是听者也可以是说者甚至是控制者，但每一时刻只能承担一个角色。GPIB 接口的突出特点是一个接口可以连接多个 GPIB 设备，通过多个设备的协同工作完成多个物理量的测量，虽然 GPIB 的基址多达 31 个，但是为了整个系统获得较高的传输速率，与 GPIB 总线连接的设备通常不超过 15 个。

典型的 GPIB 测量系统由 PC、GPIB 接口卡和若干台 GPIB 仪器通过标准 GPIB 电缆连接而成，系统具有以下特点：

1）GPIB 接口编程方便，减轻了软件设计负担，可使用高级语言编程。

2）提高了仪器设备的性能指标。利用计算机对带有 GPIB 接口的仪器实现操作和控制，可实现系统自校准、自诊断的要求，从而提高了测量精度。

3）便于将多台带有 GPIB 总线的仪器组合起来，形成较大的测试系统，高效灵活地完成各种不同的测试任务，而且组建和拆散灵活，使用方便。

4）便于扩展传统仪器的功能。可以在计算机的控制下对测试数据进行传输、处理、综合和显示，使原来仪器采用硬件逻辑很难实现的问题迎刃而解。

为了达到实际工程应用对测试系统实时性的要求，人们对基于 GPIB 总线的虚拟测试系统的瓶颈 GPIB 接口的信号传输速率进行了改善，现在高速的 GPIB 接口电缆的传输速率可以达到 8Mbit/s。通常 GPIB 电缆的总长度不应超过 20m，过长的传输距离会使信噪比下降，电缆中的电抗性分布参数，也会对信号的波形和传输质量产生不利的影响。

3．基于 VXI 总线的虚拟仪器

VXI 总线是英文 VMEbus Extention for Instrumentation 的缩写，意为“VMEbus 在仪器领域内的扩展”。它是继 GPIB 第二代自动测试系统之后，为适应测试系统从分立台式结构向高密度、高效率、多功能、高性能的模块结构发展需要，吸收智能仪器和 PC 仪器的设计思想，集 GPIB 系统和高级微机内总线 VMEbus 的精华，于 1987 年推出的一种开放的自动测试系统工业总线规范。

VXI 总线允许不同厂家生产的各种仪器、接口卡或计算机以模块形式并存于同一主机箱中。为了保证 VXI 总线系统的开放性与灵活性，VXI 总线没有规定某种特定的系统层次结构或拓扑结构，也没有指定操作系统、微处理器类型以及与主机相连的接口类型，VXI 总线仅是规定了保证不同厂商之间具备兼容性的一个基础平台。

在 VXI 总线系统中，无论一个器件具备何种功能，VXI 总线标准都对其规定了必备的最基本能力，即每个 VXI 总线器件均有一组完全可由连接器访问的“配置寄存器”。系统通过这些寄存器来识别器件的种类、型号、生产厂商、所占用的地址空间和存储器需求等。仅具备这些最基本能力的 VXI 总线器件叫作“寄存器基器件”。系统中的全部仪器都可以用寄存器基器件来实现，CPU 与这些仪器之间用“器件相关通信协议”来进行通信。

对于需要具备更高一级通信能力的系统，VXI 总线定义了一类器件，叫作“消息基器件”。除了具有配置寄存器外，消息基器件还有一组可由系统中其他模块访问的通信寄存器。因此，消息基器件可通过某种特定的通信协议与其他器件进行通信。

VXI 总线器件之间的通信是基于一种包括“命令者”与“从者”器件的分层结构进行的。系统只有一层命令者/从者分层结构，其中 CPU 与主机接口器件表示命令者，仪器模块为从者，命令者可以启动与它们的通信。如果从者是“消息基器件”，可以用“字串行协议”中的“命令”启动通信；如果是“寄存器基器件”，通信就是与器件相关的，会因系统的不同而不同。“命令者/从者”层次可以是多重的，一个消息基器件可以是在某个层次中的命令者，同时又是下一层的从者。

通常情况下，各仪器都能共享与主机的接口器件，VXI 总线将此类器件定义为具有特定通信功能的消息基器件。例如 488-VXI 总线接口器件支持 IEEE 488 通信协议，其他类型的接口器件，如 RS-232、局域网或人机接口等也可使用类似的方法设计通信协议。

无论 VXI 总线采用何种系统配置结构，VME 总线的多主结构（可以有多个总线主模块）要求有一个资源管理器来实现一些与系统管理相关的基本功能：

1）地址映射管理：完成地址映射，并将地址块分配给所需的器件。

2）确定系统分层：在一个多 CPU 系统中，存在多个处理器试图控制同一器件的可能，在资源管理器确定了系统的命令者/从者层次结构后，避免了这种冲突的发生。

3）分配共享系统资源：分配用于通信的共享存储区或其他硬件资源，如触发总线等。

4）完成系统自检和诊断。

5）对系统中所有命令者进行初始化。

目前 VXI 总线系统配置主要有嵌入式和外置式两种。

嵌入式系统控制器是将一台 PC 或工作站嵌入到一个 VXI 总线模块上，占用一个或多个插槽，应用时只需接上显示器、键盘和鼠标等外设即可实现对 VXI 系统的控制。这种结构的优点是能使所集成的自动测试系统具有较好的整体性和便携性，体积小、电磁兼容性能好，且嵌入式微机直接与 VXI 背板总线相连，数据传输速率较高。但在另一方面，由于受 VXI 总线主机箱物理空间的限制，嵌入式系统控制器的性能价格比、升级灵活性等方面稍有欠缺。

外置式系统控制器包括外置微型计算机或工作站以及位于 VXI 总线主机箱内的 VXI 总线接口板。外置式微机通常通过 GPIB、MXI 或 IEEE 1394 总线来控制 VXI 总线系统，而不是直接与 VXI 总线通信，VXI 总线接口板的功能就是沟通 VXI 总线与另一种总线，即完成总线翻译器的功能。外置式系统控制器可以不受 VXI 总线主机箱的空间限制，配置形式灵活，且具有较高的性能价格比，便于系统扩展和升级。

嵌入式系统控制器以及外置式控制器的 VXI 总线接口板通常都具备提供 VXI 总线系统资源管理器和 0 槽服务的功能，并放置于 0 号插槽，因此也称其为 0 槽控制器或 0 槽模块。

（1）嵌入式系统配置　采用嵌入式控制器的系统配置包括一个插入 VXI 0 槽并直接与背板总线相连的嵌入式计算机，这种系统配置方案的物理尺寸最小，并因控制计算机直接与背板总线相连而获得最高的系统性能。直接对 VXI 总线的访问意味着计算机可直接读写消息基和寄存器基仪器，消除了 GPIB-VXI 接口翻译对速度的影响。数据在仪器之间以二进制的形式并行、高速传输，主控计算机就像传统的智能仪器内部的微处理器一样工作，因而获得了最高的系统性能。

（2）GPIB-VXI 系统配置　采用 GPIB-VXI 系统控制器的 VXI 总线系统可以通过 GPIB 电缆与位于 VXI 总线主机箱的零槽模块相连，并可以以菊花链方式与其他仪器级联。这种系统结构的特点是与早期系统的兼容性强，可以像控制 GPIB 系统一样控制 VXI 总线系统。但是由于 GPIB 总线的数据传输速率只有 1Mbit/s，远低于 VXI 总线，形成“瓶颈”效应，使得 VXI 总线系统的整体性能得不到发挥。因而在实际应用中，应尽可能在 VXI 总线主机箱内部完成对数据的处理，只通过 GPIB 总线传输尽量少的数据。

（3）MXI-VXI 系统配置　第三种系统配置使用高速的 MXIbus 连接器将外部计算机接入 VXI 背板总线，使外部的计算机可以像嵌入式计算机一样直接控制 VXI 背板总线上的仪器模块。这种系统控制方案从 0 槽模块的硬件构成到主控机与 VXI 主机箱之间的连接方式都类似于 GPIB 控制方案，但从功能上完全等效于嵌入式控制方案。因此，该方案既有外挂式的灵活性（可以使用用户现有的各种计算机或工作站），又有嵌入式的高性能（持续系统吞吐率达 23Mbit/s）。

（4）IEEE 1394-VXI 系统配置　IEEE 1394 总线是一种高性能、高速度的串行总线，采用 IEEE 1394 系统控制器的 VXI 总线系统通过 6 芯的 1394 电缆与位于 VXI 总线主机箱的零槽模块相连，并可以菊花链或星形方式与其他仪器级联。

VXI 总线具有如下特点：

（1）VXI 总线是一种真正开放的标准　到目前为止，已有 200 多家制造商收到 VXI 总线联合体颁发的标识码，大量不同的仪器模块投放市场，有利于 VXI 器件品种的增加、性能的完善。用户可以方便地利用这种标准化体系结构自由选择所需要的优良的器件，在最短的时间内，设计出廉价的、专用功能的仪器测试系统。

（2）较高的测试系统数据吞吐量　与 VME 总线数据总线相容的 VXI 总线的背板数据传送率的理论值可达 40Mbit/s，增扩的本地总线可高达 100Mbit/s。不同等级器件优先权中断的使用，能更高效地利用数据总线。这有助于提高整个系统的吞吐量，从而降低用户的测试费用，增强竞争优势。

（3）更容易获得高性能的仪器系统　VXI 总线为仪器提供了良好的电源、电磁兼容和冷却等，还有各种工作速度的精确同步时钟。这种比 GPIB 和 PCI 系统有利的条件，有助于获得比以往更高性能的仪器。

（4）虚拟仪器概念成为现实　用户可借助 VXI 总线随意地组建不同的测试系统，或者通过软件将 VXI 总线硬件系统分层次组成不同功能的测试系统。尽管 VXI 总线仪器没有面板和显示器，但当今 PC 的具有图形能力的交互测试生成软件可使操作者在显示器屏幕上根据各种信息产生各种曲线、图表、数据、操作菜单，甚至产生测试软件控制仪器系统运行。这样，VXI 总线系统在用户面前随时都可以演变成一个不同的具有传统仪器形象的测试系统，虚拟仪器概念变为现实。

（5）缩小体积，降低成本　采用共用电源、消除面板、共用冷却、高密度紧凑的结构设计都有利于减小尺寸；选用需要的测试组件、较少的 CPU 管理等措施降低系统的冗余度，就会减小系统尺寸和降低成本。这些对经常需要建造庞大、多功能测试系统的军事用户来说是相当重要的。随着应用电子技术的普及，模块式仪器系统的重要性在商业民用部门也会提高。

（6）与 GPIB 仪器相容，可混合使用，相得益彰　VXI 总线仪器中定义了 488-VXI 接口器件和 VXI488 仪器，使得 VXI 总线系统完全可以与 GPIB 测试系统共存，使两种系统的资源可同时调用。

4．基于 PXI 总线的虚拟仪器

1997 年 10 月，NI 公司率先推出了 PXI（PCI eXtensions for Instrumentation）总线仪器系统的技术规范。作为一个开放的工业标准，它得到测试仪器领域内广泛的支持，并由 PXI 系统联盟（PXI System Alliance）所管理。

PXI 是将 PCI 总线扩展到仪器方面而推出的以 PC 为基础的高性能低价位的模块仪器系统，直接利用了目前已成为台式机事实工业标准的 PCI 总线，而且系统中面向仪器的电气扩展（包括内置的触发和局部总线）是由高性能的 VXI 模块仪器系统发展而来。PXI 利用了 PCI、IEC 连接器和欧式插卡的成熟技术：PCI 采用 32 位数据总线传输方式，有上千种软件的支持，在实际应用中已经成为事实上的工业标准；IEC 连接器的高密度多引脚连接性能适合在工业环境中使用，已广泛应用在电子与通信领域；欧式插卡的机械性能优异，模块化结构紧凑，通风良好，有利于系统集成。PXI 的核心是 Compact PCI 结构和 Microsoft Windows 软件，也就是说，PXI 保持了与 Compact PCI 在机械、电气和软件三个方面的完全兼容，可以将 Microsoft Windows 软件直接应用于测试、测量、数据采集和工业控制中去。PXI 还可将 GPIB、VXI 和串行仪器集成于同一系统，它的四层软件结构：系统管理软件、应用程序、仪器驱动程序和 I/O 接口使得测试管理与程序开发简单化，加快了系统集成速度。上面这些特点都将使 PXI 模块仪器系统迈入虚拟仪器技术的主流，成

为必然趋势。PXI 规范体系结构如图 6-3 所示。

PXI 规范的主要特性如下：

（1）PXI 规范的机械特性　由 CompactPCI 规范引入的欧式板卡坚固封装形式和高性能的 IEC 连接器被应用于 PXI 所定义的机械规范，使 PXI 系统更适于在工业环境下使用，也更易于进行系统集成。

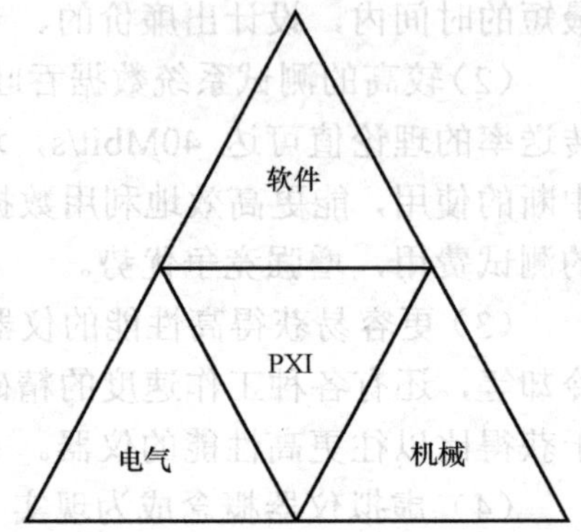

图 6-3　PXI 规范体系结构

（2）PXI 规范的电气性能　许多仪器应用场合需要 ISA 总线、PCI 总线或 CompactPCI 背板总线所没有的系统定时能力，PXI 总线通过增加专门的系统参考时钟、触发总线、星形触发线和模块间的局部总线来满足高精度定时、同步与数据通信要求。PXI 不仅在保持 PCI 总线所有优点的前提下增加了这些仪器特性，而且可以比台式 PCI 计算机多提供三个仪器插槽，使单个 PXI 总线机箱的仪器模块插槽总数达到七个。

（3）软件性能　像其他的总线标准体系一样，PXI 定义了保证多厂商产品互操作性的仪器级（即硬件）接口标准。与其他规范不同的是，PXI 在电气要求的基础上还增加了相应的软件要求，以进一步简化系统集成。这些软件要求就形成了 PXI 的系统级 （即软件）接口标准。

PXI 的软件要求包括支持 Microsoft Windows NT 和 95（WIN32）这样的标准操作系统框架，要求所有仪器模块带有配置信息和支持标准的工业开发环境（如 NI 的 LabVIEW、LabWindows/CVI 和 Microsoft 的 VC/C++、VB 和 Borland 的 C++等），而且符合 VISA 规范的设备驱动程序（WIN32 Device Drivers）。

6.2.2　虚拟仪器的软件模块

1．虚拟仪器软件框架

虚拟仪器软件框架从底层到顶层由三部分组成：VISA 库、仪器驱动程序和应用软件。

VISA 库即虚拟仪器软件体系结构，实质上就是标准 I/O 函数库及相关规范的总称，一般将该 I/O 函数库称为 VISA 库。

仪器驱动程序是指实现某一仪器系统控制与通信的软件程序集，是应用程序实现仪器控制的桥梁。仪器驱动程序由仪器生产厂商以源码的形式提供给用户使用，每个仪器模块都有自己的仪器驱动程序。常用的虚拟仪器设计软件集成了大量的常用仪器的驱动程序，以方便编程者使用。

应用软件是直接面向操作用户的程序，该软件建立在仪器驱动之上，通过提供的测控操作界面（或成为仪器面板）、丰富的数据分析与处理功能等完成自动测试任务。尤其是应用软件的通用数字处理软件，集中体现了虚拟仪器的优点。通用数字处理软件包括用于数字信号处理的各种功能函数，如频域分析的功率谱估计、FFT、FHT、逆 FFT、逆 FHT 和细化分析等；时域分析的相关分析、卷积运算、反卷运算、方均根值估计、差分积分运算和排序；数字滤波等。这些功能函数为用户进一步扩展虚拟仪器的功能提供了基础。

2．VISA 库

VISA 库驻留在计算机系统中执行仪器总线的特殊功能，起着连接计算机与仪器的作用，以实现对仪器的程序控制。对于虚拟仪器总线驱动程序的开发编程者来说，VISA 库是一个可以调用的操作函数集。

作为标准化的 I/O 接口软件规范，VISA 库的主要作用有：

1）为所有用户提供统一的软件编程基础，对驱动程序、应用程序不必考虑接口类型均可使用。

2）仅规定为用户提供的标准函数，不对具体实现进行任何说明。

3）用于编写符合 VPP 规范的仪器驱动程序，完成计算机与仪器之间的命令和数据传输，实现对于仪器的控制。

4）VISA 库作为底层的 I/O 接口软件，运行于计算机系统中。

VISA 库的主要特点是：适用于各类仪器，如 VXI、PXI、GPIB、RS-232、TCP 和 USB 等；与硬件接口无关；既适用于单处理器结构，又适用于多处理器或分布式结构；适用于多种网络机制。

3．仪器驱动程序

仪器驱动程序又称驱动器，是连接仪器硬件与高层应用程序的桥梁。使用仪器驱动程序可以把高层应用函数从仪器接口函数中分离出来，从而简化了高层应用软件的开发难度，提高了应用软件的可维护性。仪器驱动程序规范的发展大致经历了以下几个阶段：

（1）早期仪器驱动程序　在这一阶段，仪器驱动程序没有任何统一的规范，功能较为简单、直接。由于不同的仪器驱动程序的实现方法和接口函数大相径庭，用户往往觉得它们难以琢磨，结果使得它们很难被应用和修改。用户需要的是容易使用，便于修改，并且遵循相同标准的驱动程序。只有这样，才有可能把不同厂商的仪器集成在同一系统中使用。为了实现这一目标，针对仪器驱动程序制定的标准陆续出现，比如下文提到的这几种比较重要的规范。

（2）IEEE 488.2 规范　该规范定义了用于仪器的辨认和自检等的命令，但是仅有这几种命令还远远不能解决仪器驱动程序编写繁复、阅读困难等缺点。

（3）SCPI（Standard Commands for Programmable Instruments）规范　该规范定义了通用的仪器命令结构，对命令按功能进行了归类分组。目前，绝大多数新仪器都是基于字符串命令的仪器，并且采用了 SCPI 规范。遗憾的是，虽然它们都使用了 SCPI 的结构，但具体到每个功能，不同厂商仍然使用各不相同的命令字符串。

（4）VXI 总线即插即用（VXIplug&play）规范（简称 VPP 规范）　为了解决各个生产厂家的 VXI 系统的易操作性和互操作性问题，提高系统维护、再开发的能力，1993 年，NI、Tektronics、Racal 等公司成立了 VPP 联盟并制定了 VPP 规范，见表 6-1。

表 6-1　VPP 主要规范

标准代号	标准名称
VPP-1	VPP 系统联盟章程
VPP-2	VPP 系统框架规范
VPP-3	仪器驱动程序规范
VPP-3.1	VPP 仪器驱动程序结构和设计规范
VPP-3.2	VPP 仪器驱动程序函数体规范
VPP-3.3	VPP 仪器驱动程序交互式开发接口规范
VPP-3.4	VPP 仪器驱动程序编程式开发接口规范

（续）

标 准 代 号	标 准 名 称
VPP-4.3	虚拟仪器软件结构规范
VPP-4.3.1	VISA 库
VPP-4.3.2	文本语言 VISA 实现规范
VPP-4.3.3	G 语言 VISA 实现规范
VPP-6	安装和包装规范
VPP-7	软面板规范
VPP-8	VXI 模块/机箱和接收器互连
VPP-9	仪器制造商缩写规则

VPP 规范定义了系统的框架、软件接口、驱动器模型。它把与仪器的底层通信封装成一些高级函数，执行仪器的控制功能，VISA 作为其底层 I/O 库。

该规范的优点是：源程序代码由仪器生产厂家提供，降低了开发的复杂性；程序采用结构化与模块化结构，便于程序尤其是复杂程序的编制；程序具有兼容性与开放性，即 VPP 规范对仪器驱动程序的要求不区分仪器的种类，不仅适用于 VXI 仪器，也同样适用于 GPIB 仪器、PXI 仪器、串行口仪器、网络仪器、USB 仪器等。

基于 VPP 规范的开发仪器驱动程序，首先要进行仪器驱动器外部接口的设计，该接口用来实现仪器驱动器与外部软件接口的连接；然后进行仪器驱动器内部模块的设计，实现仪器的硬件功能。

由于 VPP 驱动器的接口没有严格的语义定义，厂商可以根据自己的情况开发，这就使得驱动器产品的接口不统一，未能完全实现仪器的互换性。

（5）IVI（Interchangeable Virtual Instrument）驱动程序规范　该规范针对 VPP 规范的缺点，扩展了 VPP 仪器驱动程序的标准，并增加了仪器的可互换性、仿真和状态缓存等特点。IVI 驱动程序规范由 IVI 基金会（Interchangeable Virtual Instrument Foundation）制定。它是由最终用户、系统集成商和仪器制造商共同组成的一个开放联盟，几乎所有的大型仪器生产公司都已经成为其成员。其职能是为测试仪器制定编程规范，从而实现不同型号仪器之间的互换，并且提高系统性能、降低开发成本。

为了实现互换性，IVI 基金会将同类仪器的共性提取出，并做了规范。目前已经发布的八类仪器规范是：示波器（IVIScope）、数字万用表（IVIDmm）、信号发生器（IVIFGen）、直流电源（IVIDCPower）、开关矩阵/多路复用器（IVISwitch）、功率表（IVIPwrMeter）、频谱分析仪（IVISpecAn）和射频信号发生器（IVIRFSigGen），其他类型仪器的规范也将被陆续制定发布。每一类的仪器都有各自的类驱动程序（IVI Class Driver）。类驱动程序包含了该类仪器通用的各种属性和操作函数。运行时，类驱动程序通过调用每台仪器的专用驱动程序（IVI Specific Driver）中相应的函数来控制仪器。图 6-4 是 IVI 体系结构框图。

应用程序可以直接调用专用驱动程序来控制。但是为了实现仪器互换，应用程序应该首先调类驱动程序，类驱动程序检查 IVI 配置文件以确定该使用的专用驱动程序。若系统中的仪器被更换，需适当修改 IVI 配置文件，而应用程序无需任何改动因而实现了测试系统的通用性。

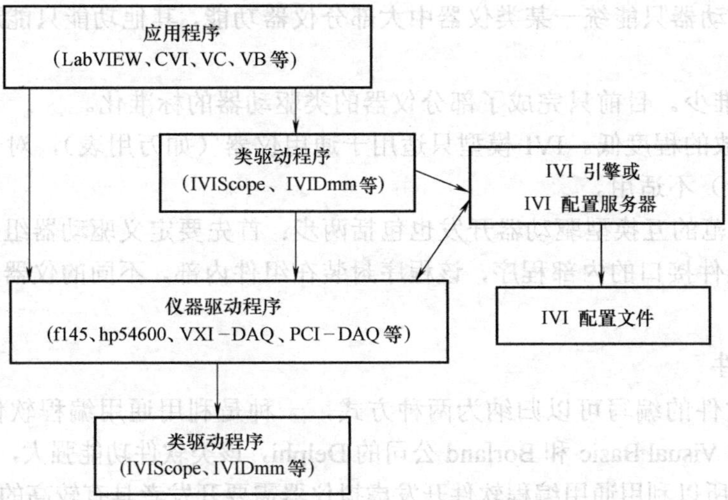

图 6-4 IVI 体系结构框图

IVI 驱动程序具有如下特点和优势：

1）互换性。IVI 驱动程序的互换性至少带来以下几大好处：

① 易于使用。所用的 IVI 驱动程序都使用通用接口，易于理解，也就不再要求应用程序的开发人员必须掌握某一特定仪器的编程方法，从而使系统开发获得了更大的硬件独立性。

② 降低了系统的维护和升级费用。IVI 构架系统可以适用于不同的仪器，当仪器陈旧或者有了升级的、性能高或造价低的仪器时，可以任意更换，而不需要改应用程序。

③ 代码共享。IVI 构架允许部门和设备之间方便地复用及共享测试代码，并且不需使用相同型号的仪器硬件。

2）模拟功能。每个仪器专用驱动程序都具有专门针对本型号仪器的模拟功能。这些模拟功能使得工程师在缺少真实仪器的情况下，可以使用 IVI 驱动程序的模拟功能来开发、调试应用程序。还可以使用 NI 公司提供的类模拟驱动程序以获得更强大的模拟功能。

3）状态缓存功能。IVI 驱动程序可以保存仪器每一属性设置的当前状态。当应用程序试图发送一些冗余命令到仪器时（例如，将仪器的某一属性重新设置为当前值，这些命令显然不会让仪器产生任何变化或动作），IVI 驱动程序会跳过这些命令。当前的测试系统中，影响软件执行速度的瓶颈通常在于仪器与计算机接口总线的传输速率，IVI 驱动程序的此项功能大大减少了仪器与计算机之间的通信，从而提升了系统性能。

4）源码开放。高级用户可以直接修改 IVI 驱动程序的源代码，以对其进行优化或添加功能。

5）免费得到大量的驱动程序。除了生产厂商自行开发的 IVI 驱动程序，NI 公司也为各类常用仪器开发了大量 IVI 驱动程序，这些程序都可以从 NI 公司的网站上免费下载。此外，NI 公司还提供了用于开发驱动程序的工具包，以简化用户的 IVI 驱动程序的开发过程。

IVI 规范不但可以用于 VXI 系统，同样可以用于 GPIB、PXI、串行仪器、Compact PCI 等各类插入式仪器，以及高速串行总线控制仪器，如 USB 和 1394 总线仪器。

对于面向仪器互换的虚拟仪器设计目标，目前 IVI 模型的主要缺点是：

1）只适合同类仪器的互换，不能实现不同类仪器或某些多功能综合仪器之间的互换。

2）IVI 类驱动器只能统一某类仪器中大部分仪器功能，其他功能只能通过专用驱动器来实现。

3）可用标准少。目前只完成了部分仪器的类驱动器的标准化。

4）标准开放的程度低。IVI 模型只适用于通用仪器（如万用表），对于某些专用仪器（如数据采集卡）不适用。

基于 IVI 规范的互换型驱动器开发也包括两步：首先要定义驱动器组件的接口；其次要编制驱动器组件接口的内部程序，该程序封装在组件内部，不同的仪器程序不同，该程序是非标准的。

4．应用软件

虚拟仪器软件的编写可以归纳为两种方式，一种是利用通用编程软件进行编写，如 Microsoft 公司的 Visual Basic 和 Borland 公司的 Delphi，该类软件功能强大，但不是专门为虚拟仪器而设计。所以利用通用编程软件开发虚拟仪器需要开发者具有较高的编程技术，同时对于虚拟仪器技术有相当的了解；另一种是采用专业图形化编程软件进行开发，如 Data Translation 公司的 HPVEE with DTVP 和 DTxEZTM、NI 公司的 LabVIEW 和 LabWindows/CVI 以及惠普公司的 HPVEE，这类软件对于开发者的要求较低，只要了解软件的总体功能以及所要设计的虚拟仪器的功能就可以快捷方便地进行开发。它们各自所具有的特点，列于表 6-2。

表 6-2　各类软件的特点

软　件	特　点
Microsoft Visual Basic Borland Delphi	易学、使用方便；面向对象的可视化编程软件；它的图形控件工具能生成复杂的多窗口用户界面而不必编写复杂的代码；可以创建自己的 ActiveX 控件，以及多线程和线程安全 ActiveX 部件
Data Translation HPVEE with DTVP DTxEZTM	用于 Windows 操作系统的数据采集和产品开发的可视化编程语言；灵活、便于应用编程；具有 ActiveX 控件系列，在 VB 和 VC++下，可以设计和配置 Data Translation 数据采集板；可以和其他 ActiveX 控件组合创建测试应用程序
Hewlett Packard HPVEE	不必编写代码就可以进行数据采集与分析；提供数据、处理控制；提供测试过程和测试报告
National Instruments LabVIEW LabWindows/CVI	具有用于数据采集、仪器、网络和分析的完全集成的图形开发环境；可编译性强；可以在 Windows 3.1/95/NT、Mac OS、Sun、HP-UX 和并行 Power MAX 中应用，具有交叉分析平台兼容性；自动化的测试对接软件；SQL 数据库连接性和 SPC 分析工具。用于仪器控制、数据采集和分析的交互式 ANSI C 软件包；用于构成 GUI 的拖拉用户界面编辑器；用于快速样机开发的代码生成工具和内部编译器；用于 GPIB、VXI、DAQ、分析、TCP 和用户控制界面的集成库

采用通用编程软件或专业编程软件开发的虚拟仪器应用程序，在计算机辅助测试应用中具有以下突出的优点：①功能强大的内置动态分析库；②图形动画；③智能化数据输入/输出指南；④集成化的报告生成与分析流程；⑤立即显示所需分析结果；⑥交互式报告版面配置与设计；⑦交互式问题求解环境；⑧可以与 Microsoft Office 连接；⑨快速的可视化 3D 图形显示；⑩利用嵌入式 ActiveX 对象和控件制作注解；⑪交互式 2D 和 3D 图形显示；⑫各种灵活的工程和科学图形；⑬LabVIEW 和 Visual Basic 的 OLE；⑭用户自定制的图表、图例。

6.3　虚拟测试系统的应用

用于测量的虚拟仪器执行的典型测量任务如下：

1）计算信号中存在的总的谐波失真。

2）决定系统的脉冲响应或传递函数。

3）估计系统的动态响应参数，例如上升时间、超调量等。

4）计算信号的幅频特性和相频特性。

5）估计信号中含有的交流成分和直流成分。

这些任务都要求在数据采集的基础上进行信号处理。下面通过一个例子（基于声卡的数据采集）来介绍虚拟仪器测试系统中的数据采集及信号处理。

例 6-1　基于声卡的数据采集

从数据采集的角度看，声卡是一种音频范围内的数据采集卡，是计算机与外部的模拟量环境联系的重要途径。LabVIEW 提供了一系列使用 Windows 底层函数编写的与声卡有关的函数，这些函数都集中在图 6-5 所示的 Sound VI 下。由于使用 Windows 底层函数直接利用声卡驱动程序，因而封装层次低、速度快，而且可以访问、采集缓冲区中任意位置的数据，具有很大的灵活性，可以满足实时不间断采集的需要。

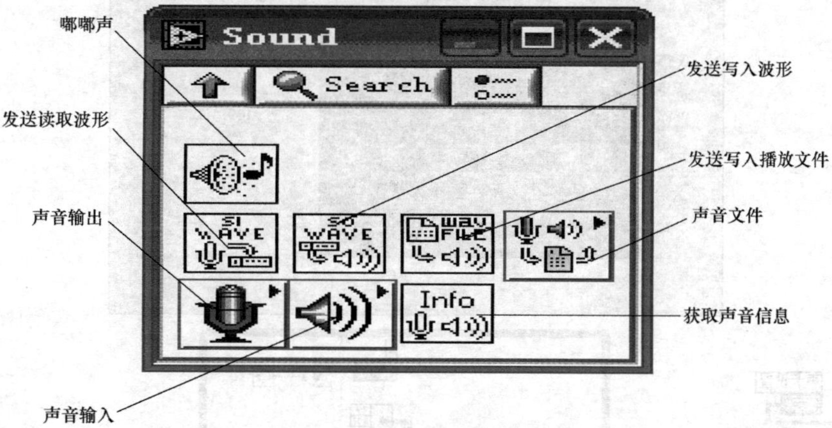

图 6-5　Sound VI

这里主要运用 Sound Output 和 Sound Input 两个子模板。表 6-3 是 Sound Input 中提供的函数。

表 6-3　Sound Input 中提供的函数

图　标	函 数 名 称	功 能 说 明
	SI Config	该函数的主要功能是配置声卡与数据采集相关的一些硬件参数，如采样率、数据格式、缓冲区长度等。声卡的采样率由内部时钟控制，只有 3~4 种固定频率可选，一般将采样频率设置为 44100Hz，数据格式设置为 16 位字长。缓冲区长度可取默认值
	SI Start	该函数用于通知声卡开始采集外部数据。采集到的数据会被暂时存在缓冲区中，这一过程无需程序干预，由声卡硬件使用 DMA 直接完成，保证了采集过程的连续性
	SI Read	该函数用于等待采样数据缓冲区满的消息。当产生这一消息时，它将数据缓冲区的内容读取到用户程序的数组中，产生一个采样数据集合。若计算机速度不够快，使得缓冲区内容被覆盖，则会产生一个错误信息。这时应调节缓冲区大小，在采样时间与数据读取之间找到一个理想的平衡点
	SI Stop	该函数用于通知声卡停止采集外部数据。已采集而未被读出的数据会留在缓冲区中，可以使用 SI Read 函数一次读完
	SI Clear	该函数用于完成最后的清理工作，例如关闭声卡采样通道，释放请求的一系列系统资源（包括 DMA、缓冲区内存、声卡端口等）

与 Sound Input 模块相类似，Sound Output 模块也提供了 SO Config、SO Start、SO Read、SO Stop、SO Clear 等函数。

图 6-6 是一个用声卡实现的单通道示波器，它可以测试信号波形、频谱等。从框图上可以看出，示波器处于连续采集的工作方式。首先需要对声卡的参数进行设置。

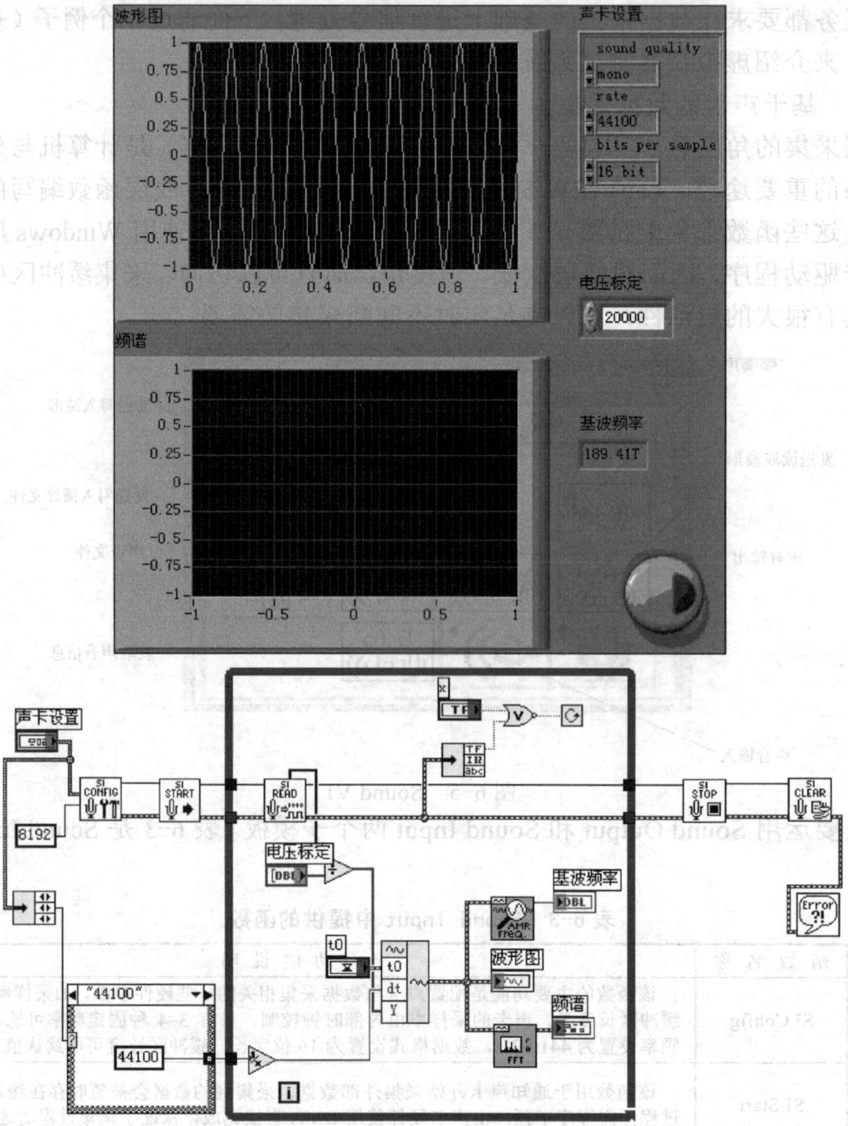

图 6-6　用声卡实现的示波器

经过 SI Config 和 SI Start 的准备之后，进入循环体。声卡首先将数据送到缓冲区，SI Read 负责将缓冲区的数据整块读出，放入内存中的用户数组。这个数据块的大小是缓冲区的一半，即 4096 字节。并且用户数组是一个整数数组，对于 16 位的声卡，数组元素是 0～32768 之间的一个整数，它反映了输入电压的大小，但是没有标定。此时可以利用一个幅值已知的正弦信号对其进行标定，该电压标定参数可以在前面板输入，本例中该参数为 20000。

单击 STOP 按钮，循环终止后，继续运行 SI STOP 和 SI Clear 以及其他程序，直到程序结束。

习　题

6-1　简要说明计算机测试系统各组成环节的主要功能。

6-2　什么是虚拟仪器？它与传统仪器有何区别？

6-3　虚拟仪器的硬件模块有哪些类型？各有什么特点和优势？

6-4　虚拟仪器的软件模块由哪几部分组成？各有什么功能和特点？

6-5　用于测量的虚拟仪器执行的典型测量任务有哪些？

第 7 章　力及转矩的测量

7.1　概述

力是国际单位制（SI）的导出物理量，其单位为牛顿（N）。力的单位定义为：使质量为 1kg 的物体获得 1m/s^2 加速度的力大小为 1N，即

$$1\text{N} = 1\text{kg} \cdot \text{m} / \text{s}^2 \tag{7-1}$$

力是由公式 $F=ma$ 来确定的，因此力的标准取决于质量（m）和加速度（a）的标准。质量被认为是一个基本量，它的标准是一根保存在法国赛佛尔的铂-铱合金圆棒，称之为国际标准千克。其他的质量标准（如各个国家的国家标准）是通过采用天平与该原始标准做比较而得到的，其复制精度可达到 1kg 的十亿分之几。

加速度并不是一个基本量，但可以由基本量距离和时间导出。重力加速度 g 是一个十分实用的标准。通过测量一个摆的有效长度及其摆动周期，或是确定一个自由落体的速度随时间变化的规律便可确定重力加速度，其精度可达 10^{-6}。重力加速度 g 的实际值随地理位置的改变而不同，在确定位置也随时间的推移以一种周期可预测的方式稍有改变。同时，当地地理活动也会造成不可预测的重力加速度变化。g 的标准值是指在纬度 45° 的海平面处的重力加速度值，它等于 9.80665m/s^2。位于任意纬度 Φ 处的重力加速度值（单位为 cm/s^2）为

$$g = 978.049(1 + 0.0052884\sin^2\Phi - 0.0000059\sin^2 2\Phi) \tag{7-2}$$

随不同的海拔 h（单位为 m），其修正值（单位为 cm/s^2）为

$$\text{修正值} = -(0.00030885 + 0.00000022\cos 2\Phi)h + 0.000072\left(\frac{h}{1000}\right)^2 \tag{7-3}$$

当一个特定地点的重力加速度 g 的数值被确定后，便可精确计算出作用在已知标准质量上的重力，从而建立起一个力的标准。该标准便是对测力系统做“静重”标定的基础。目前利用静重、刀口和杠杆原理的商用标定仪器标定的测量范围为 0～50kN，测量精度可达所加载荷的 ±0.005%，分辨率可达所加载荷的 ±0.0062%。

力的测量方法分为直接比较法和通过采用传感器的间接比较法两类。在直接比较法中采用梁式天平，通过归零技术将被测力与标准质量（砝码）的重力进行平衡，其优点是简单易行并能获得足够高的精度（如分析天平）。但这种方法常常是逐级加载，测量精度取决于砝码分级的密度和砝码等级，还受到测量系统中杠杆、刀口支承等连接零件间的摩擦和磨损的影响。另外，这种方法基于静态重力力矩平衡，因此仅适用于静态测量。间接比较法采用测力传感器，将被测力转换为其他物理量，再与标准值做比较，从而求得被测力的大小。标定值是预先对传感器进行标定时确定的。间接法可用于动态测量，其测量精度

主要受传感器本身及标定精度影响。

以下介绍各种基本的测力方法。

7.2　基本测力方法

1．压力的概念

在物理学中，流体介质垂直作用在单位面积上的力称为压强，在工程上称为压力。由定义知，压力为

$$p=\frac{F}{S} \tag{7-4}$$

压力单位为牛顿/米 ^{2}（N/m^2），称为帕斯卡，简称帕（Pa），$1Pa=1N/m^2$。

1Pa 表示 1N 的力垂直作用在 $1m^2$ 的面积上所产生的力。由于帕的单位太小，一般还采用千帕（kPa），1kPa＝1000Pa，或用兆帕（MPa），1MPa＝1000kPa。

地球表面受大气压作用，标准大气压定义是：当温度为 0℃时，在重力加速度为 $980.665cm/s^2$ 处，760mm 高的密度为 $13.5951g/cm^3$ 的汞柱所产生的压力。

工程上压力有以下几种：

1）绝对压力。作用于单位面积上的全部压力 p_a。

2）表压力。表压力 p_g 为绝对压力 p_a 与当地大气压力 p_0 之差，即相对于当地大气压力测得的压力，简称表压，计算公式为

$$p_g=p_a-p_0$$

3）真空。习惯上将负表压称为真空，理想的真空是绝对零压力。一般真空度用绝对压力表示，绝对压力越低，负表压的绝对值越大，真空度越高。

$$p_v=p_0-p_g$$

4）压差。任意两个压力之间的差值，称为压差 Δp，即

$$\Delta p=p_1-p_2$$

2．压力计量单位

1）帕斯卡[Pa]。简称帕，用 Pa 表示，国际单位制中，1Pa 表示 1N 的力垂直作用在 $1m^2$ 的面积上。

2）标准大气压[atm]，又称为标准物理大气压。

它定义为当温度为 0℃时，在重力加速度为 $980.665cm/s^2$ 处，760mm 高的密度为 $13.5951g/cm^3$ 的水银柱所产生的压力

3）工程大气压[at]。力的单位为 kgf，面积的单位为 cm^2，所以一个工程大气压（at）即为 $1kgf/cm^2$。

4）巴[bar]。力的单位为达因（dyn），面积的单位为 cm^2，则压力的单位为 $1dyn/cm^2$，称为巴（bar）。

5）毫米汞柱[mmHg]和毫米水柱[mmH_2O]。

6）托[Torr]。托常用作真空测量时的单位。在温度为0℃，水银密度为13.5951g/cm^3，标准重力加速度为980.665cm/s^{2}时，1Torr=1mmHg。

3．压力范围划分

为了测量方便，习惯上将高低不同的压力划分成不同的范围。

1）真空。

粗真空	10～760 Torr
低真空	10～10^{-3} Torr
高真空	10^{-3}～10^{-8} Torr
超高真空	10^{-8}～10^{-12} Torr
极高真空	低于 10^{-12} Torr

2）压力。

微压	0～10^5Pa（0～1at）
低压	10^5～10^7Pa（1～100at）
高压	10^7～6×10^8Pa（100～6000at）
超高压	高于 6×10^8Pa（6000at 以上）

4．压力测量系统的分类

按压力测量系统的作用原理可分为以下几种：

1）基于压力与重力比较的压力测量系统。这类压力测量系统都是根据流体的静重与压力相平衡的原理来测量压力的，如液柱式压力计。

2）利用弹性敏感元件的压力位移特性的压力测量系统。这类压力测量系统是将被测压力转换为弹性元件的位移来测量压力的，如机械式压力表、电位计式、电容式压力传感器等。

3）利用弹性敏感元件应力应变特性的压力测量系统。这类压力测量系统是通过测量弹性敏感元件在被测压力作用下产生的应力、应变来测量压力的，如应变式压力传感器。

4）利用弹性敏感元件压力集中特性的压力测量系统。这类压力测量系统，主要是弹性敏感元件将被测压力转换为集中力，利用测量集中力来测量压力，如压电式压力传感器、力平衡式压力传感器。

5）利用弹性元件压力谐振频率特性的压力测量系统。这类压力测量系统，主要是弹性元件在被测压力作用下，利用测量谐振频率特性来测量压力的，如振弦式、振动筒式压力传感器。

6）利用某些物理特性的压力测量系统。这类压力测量系统，主要是利用某些物质在被测压力作用下的特性变化来测量压力的，如热导式、电离式真空计等。

7.3 测力传感器

力值的测试方法可分为两类：一类是直接比较法，即将待测力与基准量直接进行比较；另一类是间接比较法，就是将被测力通过力传感器转换为其他物理量，然后与标定值进行比较。后者不仅适用于静态测试，而且还广泛用于动态力的测试。

实现力值测试的关键装置是测力传感器。测力传感器种类繁多，有电容式、压阻式、差动变压器式、压电式和电阻应变式等。在进行动态力测试时，还应注意传感器的动态特性，即幅频特性和相频特性。因为一般的测力传感器进行动态力（如车削力）测试时都存在幅值误差和相位误差，这些误差都与被测对象的变化频率有关，只有当被测力的变化频率远小于测力传感器的固有频率且进行误差补偿时，测力传感器的输出值才接近动态被测力的实际值。此外，多向测力时还应注意各方向力的交叉干扰——即某一方向的被测力对另一方向被测力测量值的干扰。

电阻应变式和压电式测力传感器具有灵敏度高、线性度和稳定度好、结构简单、动态特性优良等优点，广泛应用于力的测试中。

7.3.1　弹性力传感器

弹性力传感器的特点是首先把被测力转变成弹性元件的应变，再利用电阻应变效应测出应变，从而间接地测出力的大小。弹性敏感元件是这类传感器的基础，应变片是其核心。弹性元件的性能好坏是测力传感器使用质量的关键。为保证一定的测量精度，必须合理选择弹性元件的结构尺寸、形式和材料，仔细进行加工和热处理，并需保证小的表面粗糙度等。衡量弹性元件性能的主要指标有非线性、弹性滞后、弹性模量的温度系数、热膨胀系数、刚度、强度和固有频率等。常用的弹性敏感元件有柱式、环式、梁式和 S 形几大类。

（1）柱式弹性元件　柱式弹性元件分为实心和空心两种。在外力作用下，若应力在弹性范围内，则应力和应变成正比，即

$$\varepsilon=\frac{\Delta l}{l}=\frac{\sigma}{E}=\frac{F}{AE} \tag{7-5}$$

式中　F——作用在弹性元件上的集中力；

E——材料弹性模量；

A——圆柱的横截面积。

由式（7-4）可知，若想提高灵敏度，必须减小横截面积 A。但 A 的减小受到允许应力和线性要求的限制，并且 A 越小，对横向力干扰越敏感。因此，在小集中力测量时，多采用空心圆柱（圆筒）式弹性元件。在同样横截面积情况下，空心圆柱式的横向刚度大，横向稳定性好。空心圆柱弹性元件的直径也要根据允许应力计算，由

$$\frac{\pi}{4}(D^2-d^2)\geqslant\frac{F}{\sigma_b}$$

有

$$D\geqslant\sqrt{\frac{\pi F}{4\sigma_b}+d^2}$$

式中　D——空心圆柱的外径；

F——作用在弹性元件上的集中力；

σ_b——材料允许应力；

d——空心圆柱的内径。

由材料力学可知，当高度与直径的比值 $H/D>>1$ 时，沿中间断面上的应力状态和变形状态与其端面上作用的载荷性质和接触条件无关。为了减少端面上接触摩擦和载荷偏心对变形的影响，一般应使 $H/D>>3$。但是高度 H 太大时，弹性元件固有频率降低，横向稳定性变差。为此实心和空心弹性元件高度 H_s 和 H_k 分别取

$$H_s \geqslant 2D+l$$

$$H_k \geqslant D-d+l$$

式中　l——应变片基长。

弹性元件上应变片的粘贴和电桥连接，应尽可能消除偏心和弯矩的影响，一般将应变片对称地贴在应力均匀的圆柱表面中部，如图 7-1 所示，纵向应变片 R_1 和 R_3，R_2 和 R_4 串联，且处于对臂位置，以减小弯矩的影响。横向粘贴的应变片具有温度补偿作用。柱式力传感器可以测量 0.1～3000t 的载荷，常用于大型轧钢设备的轧制力测量。

（2）梁式弹性元件　梁式弹性元件有等截面梁、双端固定梁、等强度梁等多种形式。

图 7-2 为贴应变片梁式力传感器，等强度梁的梁厚为 h，梁长为 l，固定端宽为 b_0，自由端宽为 b_0 梁的截面成等腰三角形，集中力 F 作用在三角形顶点，梁内各横截面产生的应力是相等的，表面上任意位置的应变也相等，因此称为等强度梁。梁的各点由于应变相等，故粘贴应变片的位置要求不严格。其表面应变为

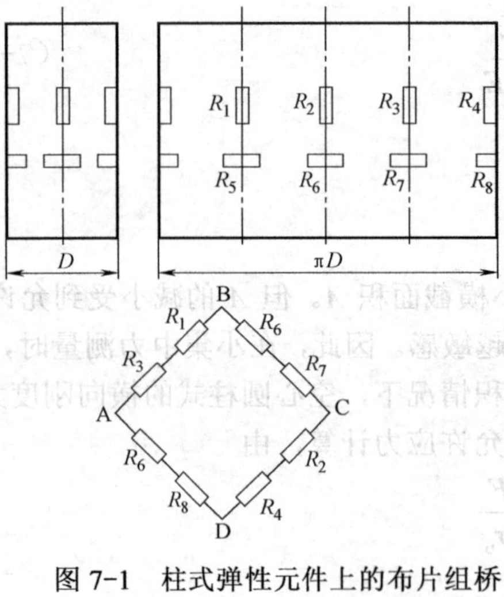

图 7-1　柱式弹性元件上的布片组桥

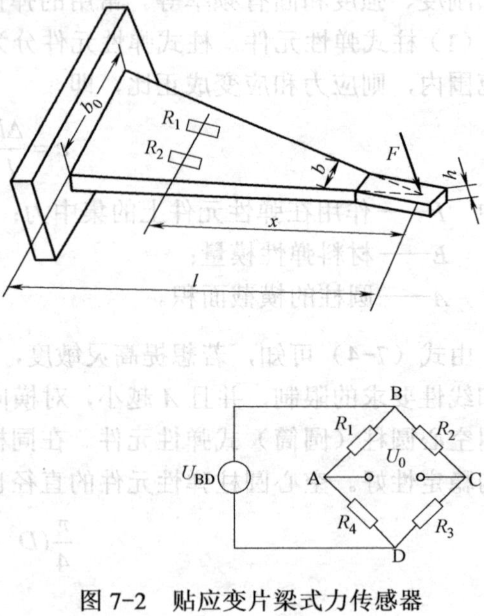

图 7-2　贴应变片梁式力传感器

（应变片 2、4 在梁的下方，与 1、3 对应）

$$\varepsilon=\frac{\sigma_b}{E}=\frac{6Fl}{b_0h^2E}$$

设计时应根据最大载荷 F 和材料的允许应力 σ_b 确定梁的尺寸。梁式弹性元件制作的力传感器适于测量 5kN 以下的载荷，最小可测 10^{-2}N 数量级的力。这种传感器结构简单，加工容易，灵敏度高，常用于小压力测量中。

为保证一定的测试精度，必须合理选择弹性元件的结构、尺寸、形状和材料，并进行必要的加工和热处理。

7.3.2　应变片力传感器

应变式力传感器主要用来测量荷重及力，如各种电子秤与材料试验机的测力元件、发动机的推力测试、水坝坝体承载状况检测等。

应变式力传感器要求有较高的灵敏度和稳定度，当传感器在受到侧向力作用或力的作用点做少量变化时，不应对输出有明显的影响。

1. 柱（筒）式力传感器

图 7-3 所示为柱式、筒式力传感器，应变片粘贴在弹性体外壁应力分布均匀的中间部分，对称地粘贴多片，电桥接线时应尽量减小荷载偏心和弯矩的影响，贴片在圆柱面上位置及其在桥路中的连接如图 7-3c、d 所示，R_1 和 R_3 串接，R_2 和 R_4 串接，并置于桥路对臂上以减小弯矩影响，横向贴片作温度补偿用。

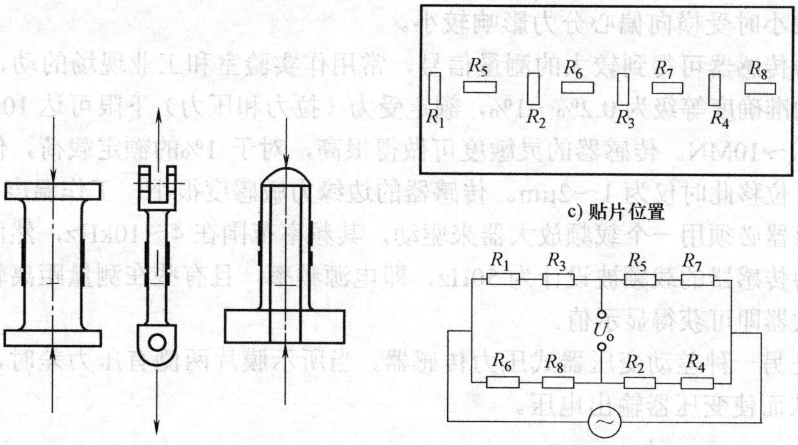

a) 柱式力传感器　b) 筒式力传感器　d) 在桥路中的连接

图 7-3　柱式、筒式力传感器

2. 环式力传感器

图 7-4 所示为环式力传感器结构图及应力分布图。与柱式力传感器相比，应力分布变化较大，且有正有负。对 $R/h>5$ 的小曲率圆环，可用式（7-6）计算 A、B 两点的应变。

$$\varepsilon_A=\frac{1.91FR}{Bh^2E}\qquad \varepsilon_B=\frac{1.09FR}{Bh^2E}\tag{7-6}$$

式中　h——圆环厚度；

B——圆环宽度；

E——材料的弹性模量。

这样，测出的 A、B 处的应变，即可确定荷载 F。由图 7-4b 的应力分布可以看出，R_2 应力片所在位置应变为零，图中 M 为极坐标下的应力分布，a 为应力为零时与竖直轴的夹角。故 R_2 应变片起温度补偿作用。

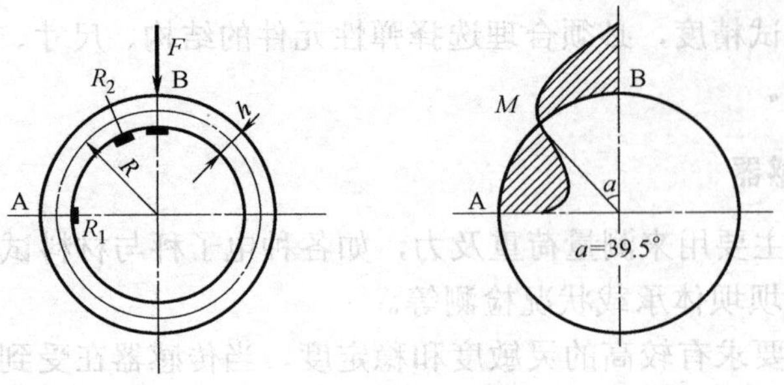

图 7-4　环式力传感器

7.3.3　电感式力传感器

电感式力传感器的原理是测量力作用下变形体两点间的距离变化。为减少不对称力作用的影响，一般将变形体做成旋转对称的形式。图 7-5 示出一种差动变压器式测力传感器，它具有缸体状空心截面的弹性变形体元件，其优点是当受到轴向力作用时应力分布均匀，且在长径比较小时受横向偏心分力影响较小。

电感式力传感器可得到较大的测量信号，常用作实验室和工业现场的动、静态测量。这种传感器的准确度等级为 0.2%～1%，额定受力（拉力和压力）下限可达 10mN 以下而上限可达 200kN～10MN。传感器的灵敏度可做得很高，对于 1%的额定载荷，便可得到满显示值，而测量位移此时仅为 1～2μm。传感器的边缘力敏感度很小，工作温度可达 200℃。电感式力传感器必须用一个载频放大器来驱动，其频率范围在 4～10kHz，然而也有一些类型的电感式力传感器的载频被设计为 50Hz，即电源频率，且有些在测量距离较大时无需加中间测量放大器即可获得显示值。

图 7-6 是另一种差动变压器式压力传感器，当所示膜片两侧有压力差时，膜片沿轴向发生位移，从而使变压器输出电压。

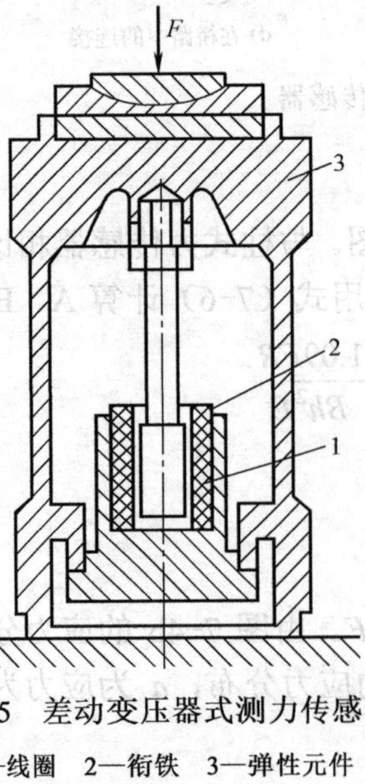

图 7-5　差动变压器式测力传感器

1—线圈　2—衔铁　3—弹性元件

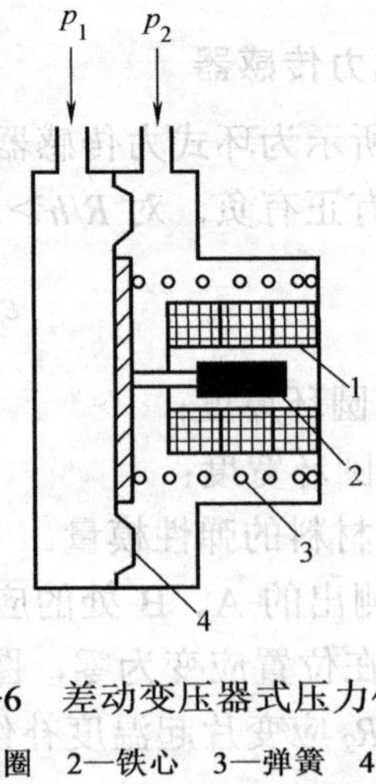

图 7-6　差动变压器式压力传感器

1—差动变压器线圈　2—铁心　3—弹簧　4—环形波纹膜片

7.3.4　电容式力传感器

将被测物理量的变化转换为电容量变化的传感器称为电容式传感器。电容式传感器在力学量的测量中占有重要地位，它可以对荷重、压力、振动、位移和加速度等进行测量。电容式传感器具有结构简单、灵敏度高、动态特性好等许多优点。

1. 电容式荷重传感器

如图 7-7 所示，电容式荷重传感器是先在镍铬钼钢块上加工出一排尺寸相同且等距的圆孔，并在圆孔内壁上粘接有带绝缘支架的平板式电容器，然后将每个圆孔内的电容器并联而成的。当钢块端面承受重力 F 时，圆孔将产生变形，从而使每个电容器的极板间距变小，电容量变大。电容量的变化量正比于被测载荷 F。这种传感器的主要优点是由于受接触面的影响小，因此测量精度较高。另外电容器置于钢块的孔内也提高了抗干扰能力。

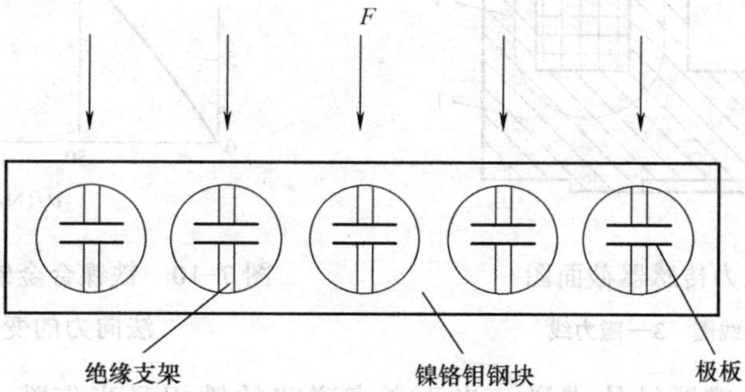

图 7-7　电容式荷重传感器

2. 差动式电容压力传感器

如图 7-8 所示，差动式电容压力传感器由一个膜式差动电极和两个在凹形玻璃上电镀成的固定电极组成。当被测压力或压力差作用于膜片并产生位移时，两个电容器的电容量一个增大，一个减小。该电容量的变化经测量电路转换成与压力或压力差相对应的电流或电压的变化。差动式电容压力传感器因具有灵敏度高、非线性误差小等优点而被广泛采用。

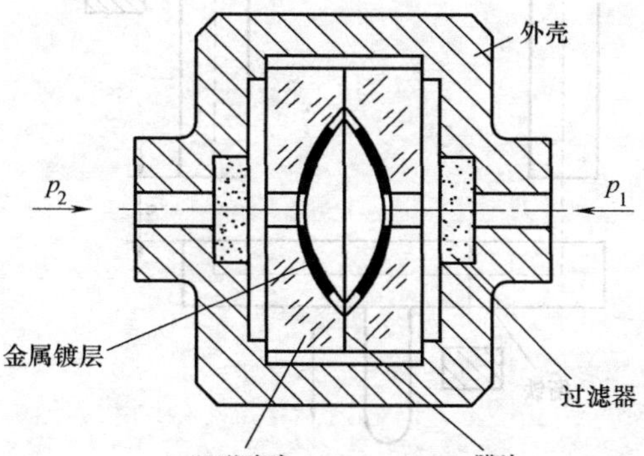

图 7-8　差动式电容压力传感器

7.3.5 磁弹性力传感器

磁弹性力传感器的工作原理是利用导体磁导率的变化来引起自感的变化。磁弹性力传感器一般由铁磁体（受力元件）1 和线圈 2 组成。这种传感器的截面图以及所受法向应力与磁导率相对变化间的关系曲线如图 7-9、图 7-10 所示。

磁弹性力传感器的铁磁体材料一般采用铁镍合金。

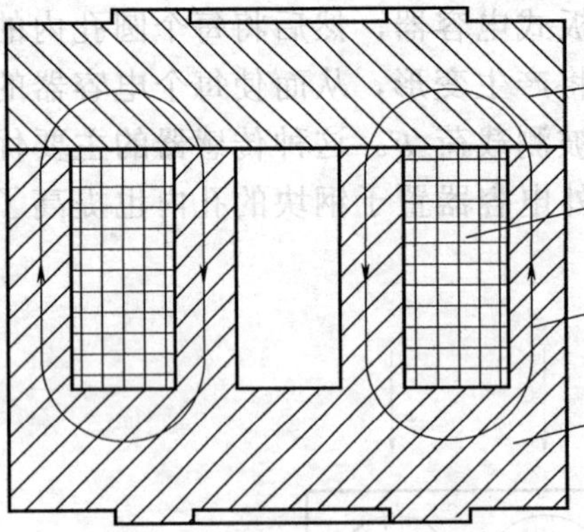

图 7-9 磁弹性力传感器截面图

1—铁磁体 2—线圈 3—磁力线

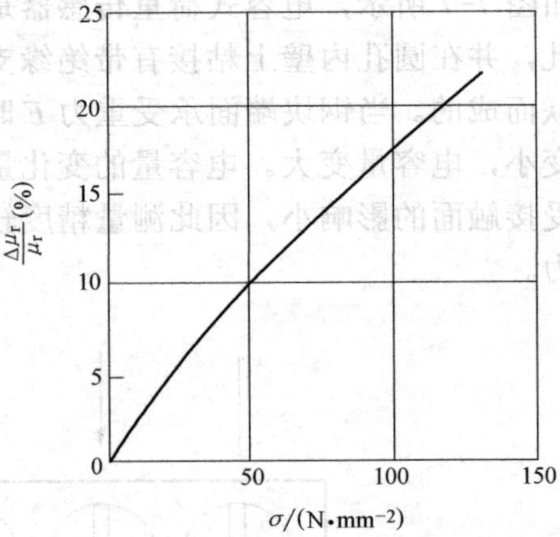

图 7-10 铁镍合金磁导率随所受法向力的变化情况

图 7-11 所示的传感器结构来说，当不考虑磁路的铁损且当气隙 δ 较小时，该磁路的总磁阻为

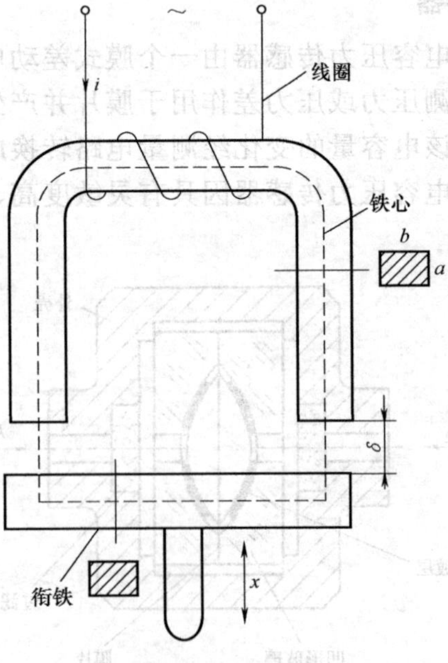

图 7-11 磁弹性力传感器结构图

$$R_m = \frac{l}{\mu A} + \frac{2\sigma}{\mu_0 A_0} \tag{7-7}$$

式中　l——铁心的导磁长度（m）；

μ——铁心的磁导率（H/m）；

A——铁心的导磁截面积（m^2），$A = ab$；

σ——气隙宽（m）；

μ_0——空气磁导率，$\mu_0 = 4\pi \times 10^{-7}$ H/m；

A_0——空气隙导磁横截面积（m^2）。

对于不存在气隙的磁弹性测力传感器，磁路总磁阻为 $R = l/(\mu A)$。根据 $L=W^2/R_m$，该传感器的自感公式变为

$$L = \frac{W^2 \mu A}{l} \tag{7-8}$$

磁弹性测力传感器的绕组匝数 W、截面积 A 和导磁长度 l，均不变化，而在外力作用下，其铁磁体将产生弹性变形，使材料的磁导率发生相应变化。

由式（7-8）可知传感器的自感 L 是磁导率的单一函数，由此便可利用 L 的变化来测量应力的变化。

这种传感器的 $\Delta l / l$ 变化为 10^{-6}～10^{-5} 之间，其测量范围为 10^3～10^6 N。

7.3.6　压电式力传感器

压电式力传感器应用压电效应，将力转换成电量。压电式力传感器的工作原理是基于某些晶体受力后在其表面产生电荷的压电效应。

作为测力传感器，它具有以下特点：静态特性良好，即灵敏度高、线性度好、滞后小，因压电式测力传感器中的敏感元件自身的刚度很高，而受力后，产生的电荷量（输出）仅与力值有关，而与变形元件的位移无直接关系，因而其刚度的提高基本不受灵敏度的限制，可同时获得高刚度和高灵敏度；动态特性亦好，即固有频率高、工作频带宽幅值相对误差和相位误差小、瞬态响应上升时间短，故特别适用于测量动态力和瞬态冲击力；稳定性好、抗干扰能力强；当采用时间常数大的电荷放大器时，可以测量静态力和准静态力，但长时间的连续测量静态力将产生较大的误差。因此压电式测力传感器已成为动态力测量中的十分重要的部件。

1. 压电式测力传感器

如图 7-12 所示，压电式单向测力传感器由石英晶片、绝缘套、电极、上盖及基座组成。传感器的上盖为传力元件，它的外缘壁厚为 0.1～0.5mm，当外力作用时，它将产生弹性变形并将力传递到石英晶片上。石英晶片的尺寸为 ϕ 8mm×1mm，它被绝缘套定位。该传感器的测力范围为 0～50N，最小分辨力为 0.01N，固有频率为 50～60kHz。

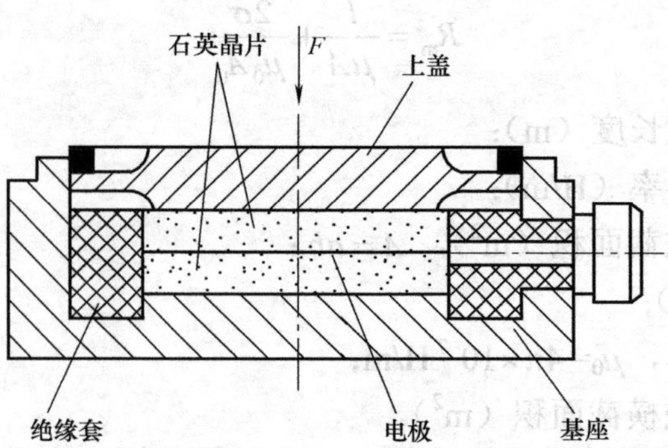

图 7-12　压电式单向测力传感器

2．压电式压力传感器

如图 7-13 所示，压电式压力传感器主要由石英晶片、膜片、薄壁管、外壳等组成。石英晶片由多片叠堆放在薄壁管内并由拉紧的薄壁管对石英晶片施加预载力。感受到外部压力的是位于外壳和薄壁管之间的膜片，它由挠性很好的材料制成。

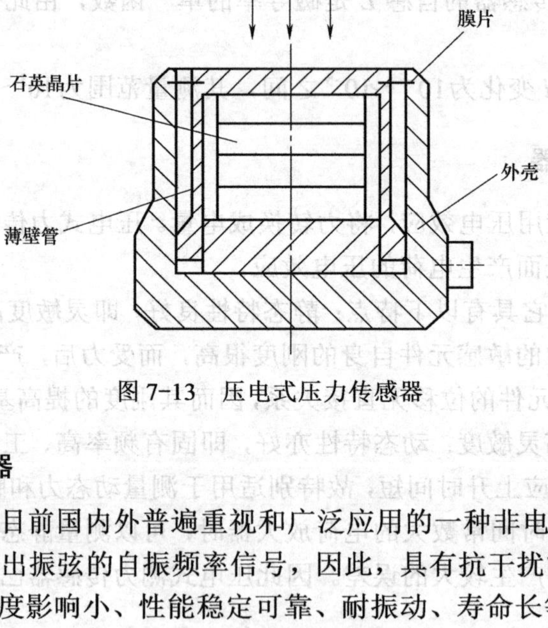

图 7-13　压电式压力传感器

7.3.7　振弦式力传感器

振弦式力传感器是目前国内外普遍重视和广泛应用的一种非电量电测的传感器。由于振弦式力传感器直接输出振弦的自振频率信号，因此，具有抗干扰能力强、受电参数影响小、零点漂移小、受温度影响小、性能稳定可靠、耐振动、寿命长等特点。振弦式力传感器广泛应用于力、压力、转矩、加速度等力学量的测量。

振弦式力传感器的工作原理如图 7-14 所示。图中振弦的位置放置在永磁磁场内。振弦的一端固定在基座上，另一端与力敏元件的运动部分相连并拉紧，给振弦一定的张力 F。振弦的固有频率可由式（7-9）确定，即

$$f_0 = \frac{1}{2L}\sqrt{\frac{F}{m}} \tag{7-9}$$

式中　f_0——振弦的固有频率（Hz）；

L——振弦的有效长度（m）；

m——振弦单位长度的质量（kg/m）；

F——作用于振弦的张力（N）。

由于振弦是放在磁场中的，因此它在振动时会改变磁阻，从而在线圈中感应出电动势 E。电动势 E 的角频率 ω_0 与振弦的固有频率有如下的关系式，即

$$\omega_0 = 2\pi f_0 \tag{7-10}$$

只要测出感应电动势 E 的角频率 ω_0 就可得知振弦的固有频率 f_0，也就知道振弦的张力 F。当力敏元件（图 7-15 中的感压膜）受到压力 p 作用产生变形时，将引起振弦张力 F 的变化；振弦的固有频率 f_0 也随之改变，从而又使感应电动势 E 的角频率 ω_0 改变。这样就可以通过检测 ω_0 得知力的大小。

振弦式压力传感器的结构如图 7-15 所示。这种传感器用于地层压力测量。当地层压力增加时，膜片向内挠曲，固定在它上面的两根振弦支架向两侧拉开，使弦的张力加大，从而使振弦振动频率 f_0 和感应角频率 ω_0 改变，从频率变化的大小可知膜片感受压力的大小。

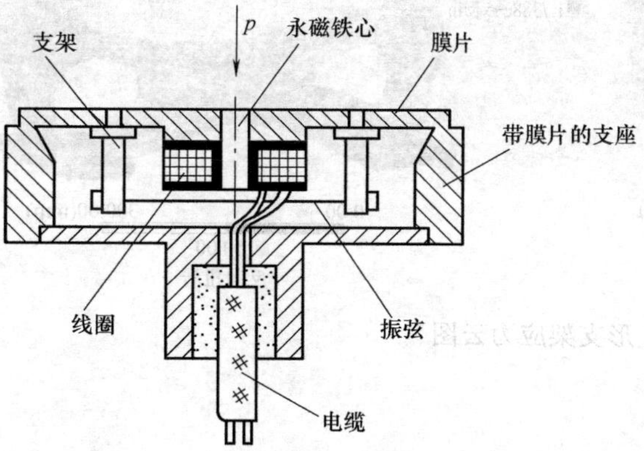

图 7-14　振弦式力传感器的工作原理

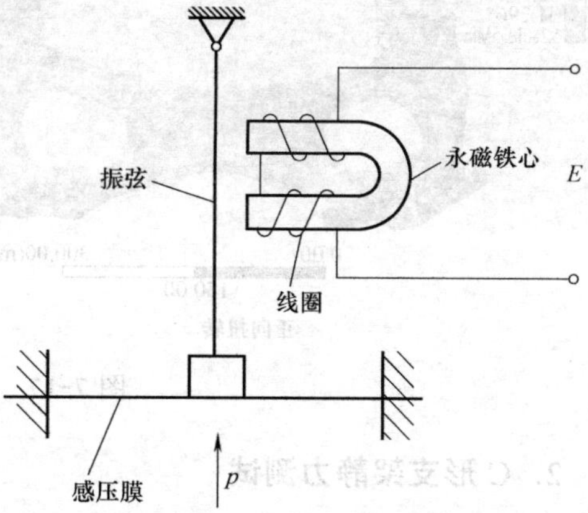

图 7-15　振弦式压力传感器的结构

7.3.8　实例分析——动车组 C 形支架静强度测试

在机车和地铁动力装置中，齿轮传动装置与转向架连接有着不同的结构形式，常见连接装置基本上是吊杆形式的连接，目前新的高速动车组齿轮传动装置与转向架的连接装置为 C 形支架。为了验证某型号 C 形支架的静强度，需要对其进行静强度测试。

1. C 形支架有限元模拟

利用 SolidWorks 软件绘制 C 形支架的三维模型如图 7-16 所示，C 形支架固定在转向架上后，通过弹性连接夹住齿轮箱输入端。当电动机正转或反转时，C 形支架仅一端受压，最大受力为电动机产生短路扭矩时支架承受的反作用力。在有限元分析软件 ANSYS 中进行固定和受力情况的设置后，得到短路扭矩时 C 形支架的应力情况如图 7-17 所示。

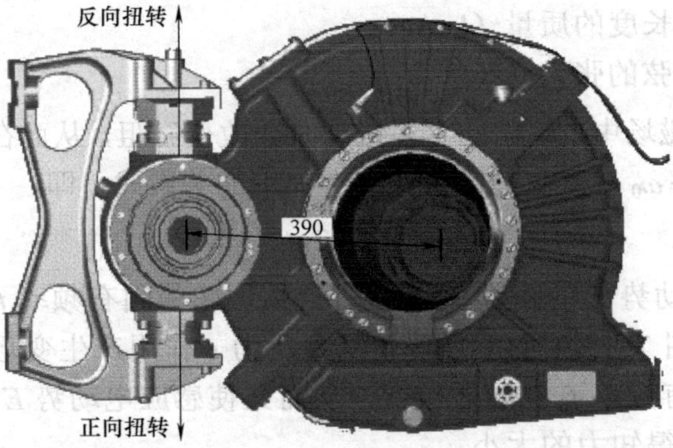

图 7-16　C 形支架所受静力

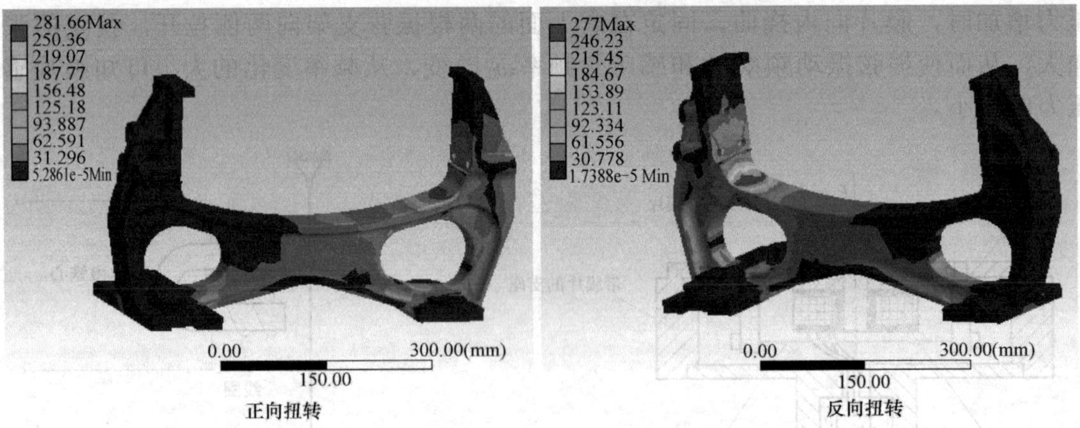

图 7-17　C 形支架应力云图

2．C 形支架静力测试

根据有限元模拟结果，选择 C 形支架的大应力点作为测点，沿受力方向布置 120 Ω 单向通用应变计，灵敏系数为 2.08。C 形支架测试采用专门设计的测试架工装，用液压千斤顶分别模拟两种工况进行加载，最大加载为短路扭矩时支架承受的反作用力，通过柱状力传感器将力测量并传递给 C 形支架，如图 7-18 所示。根据数据采集设备对数据进行记录，将应变数据与材料屈服极限进行对比，确定 C 形支架的静强度是否足够。

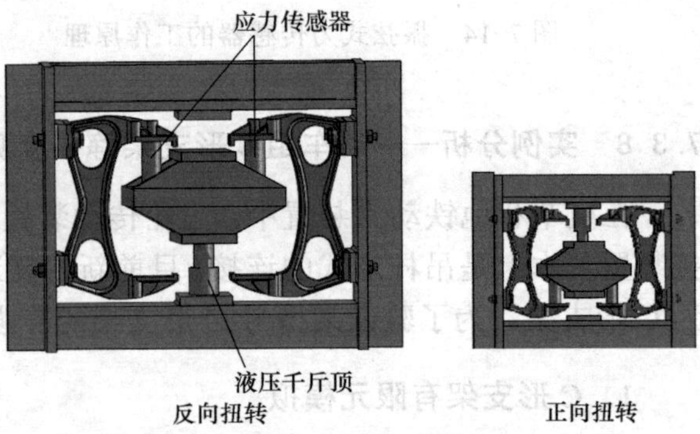

图 7-18　C 形支架静力测试示意图

7.4　转矩测量

使机械元件转动的力矩称为转动力矩，简称转矩。机械元件在转矩作用下都会产生一定程度的扭转变形，故转矩有时又称为扭矩。转矩是各种工作机械传动轴的基本载荷形式，与动力机械的工作能力、能源消耗、效率、运转寿命及安全性能等因素紧密联系，转矩的测量对传动轴载荷的确定与控制、传动系统工作零件的强度设计以及原动机容量的选择等都具有重要的意义。

转矩的大小可表示为

$$M = lF \tag{7-11}$$

式中 M——转矩；

l——转轴与力作用点的距离，即力臂；

F——力。

转矩传感器与力传感器一样，要使用弹性元件，它利用弹性体把转矩转换为角位移，再由角位移转换成电信号输出。

图 7-19 给出了一些用于转矩传感器的扭转轴弹性元件。把这种扭转轴连接在驱动源和负载之间，扭转轴就会产生扭转，所产生的扭转角可用下式表示，即

$$\theta = \frac{32L}{\pi G D^4} T \tag{7-12}$$

式中 θ——扭转轴的扭转角；

L——扭转轴长；

D——扭转轴直径；

T——扭矩；

G——扭转轴材料的弯曲系数。

从式（7-12）可以看出，当扭转轴的参数固定，转矩对扭转轴作用时，产生的扭转角与转矩成正比关系。因此只要测得扭转角，便可知转矩的大小。转矩传感器就是按上述原理工作的。

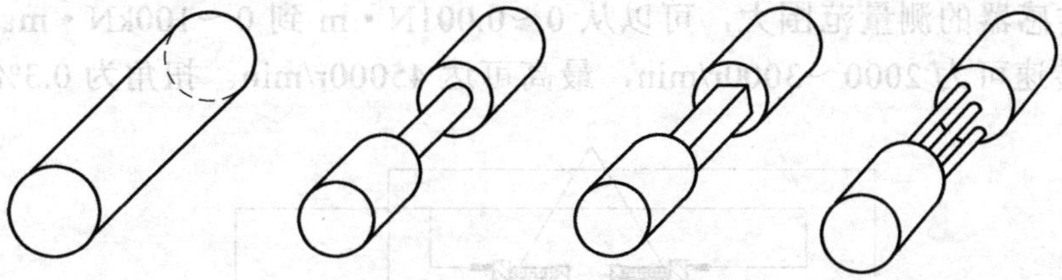

a) 柱形　b) 圆台形　c) 方台阶形　d) 多个小棒形

图 7-19 扭转轴的结构

7.4.1 应变片转矩传感器

转矩传感器的主要部件是一个柱形测量体，它受到传到它上面的转矩的扭曲作用，在外表面上产生的伸长变化则是该转矩的度量，一般用应变片来测量该变化量。应变片粘贴的方向与纵轴成 45° 角，并接入电桥电路。电源电压和测量信号用集电环来传递，也可采用无集电环的传递方式。

图 7-20 为一带集电环的转矩传感器。在测量轴上贴有与轴成 45° 角的应变片轴一端支承于壳体上，通过滚珠轴承来减小因摩擦产生的测量误差。轴上装有风扇起冷却作用。应变片电路与静止壳体的连接是经集电环和可移动电刷组来完成的。

测量轴与驱动和被驱动部分的连接也可采取挠性连接，使它们之间有足够的轴向间隙，以抑止可能产生的卡紧现象所引起的过高应力。为此可采用自对中的齿轮连接方式，这种连接有很好的扭转刚度，能把动态转矩正确地传给测量轴。

由于类型不同，应变片式转矩传感器的最大工作转速一般在 3000～30000r/min 之间，精度为 0.2%～1%。

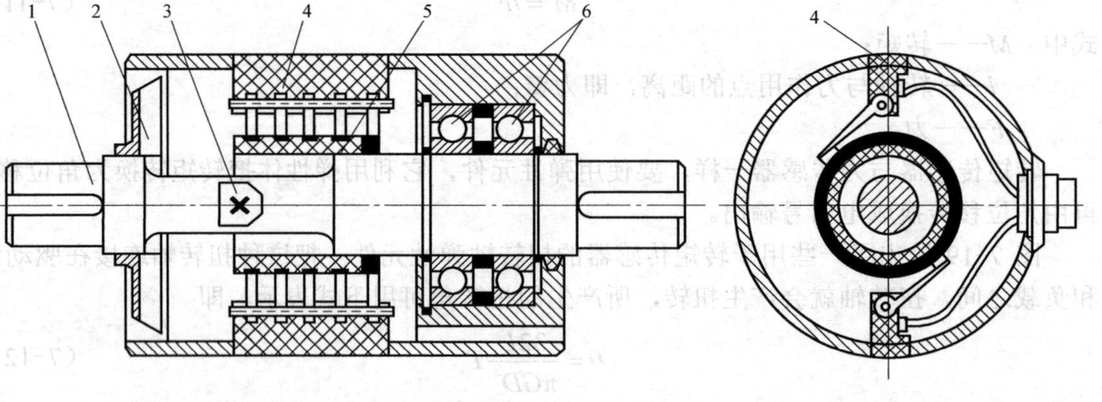

图 7-20　集电环式转矩传感器

1—测量轴　2—风扇　3—应变片　4—可移动电刷组　5—集电环组　6—轴承

7.4.2　电感式转矩传感器

电感式转矩传感器的核心部件是一根扭杆，它的扭转由一个差动式电感线圈系统来获取（图 7-21 中Ⅰ、Ⅱ、Ⅲ、Ⅳ）。通过让线圈中的衔铁产生移动，或者让线圈在一个变压器电路中做相对运动，两者均可在线圈系统中产生一个电压值，该电压值正比于扭杆的扭转量，亦即正比于被测转矩。

电感式传感器的测量范围大，可以从 0～0.001N·m 到 0～100kN·m。根据不同类型，其工作转速可为 2000～3000r/min，最高可达 45000r/min。扭角为 0.3%～0.5%。

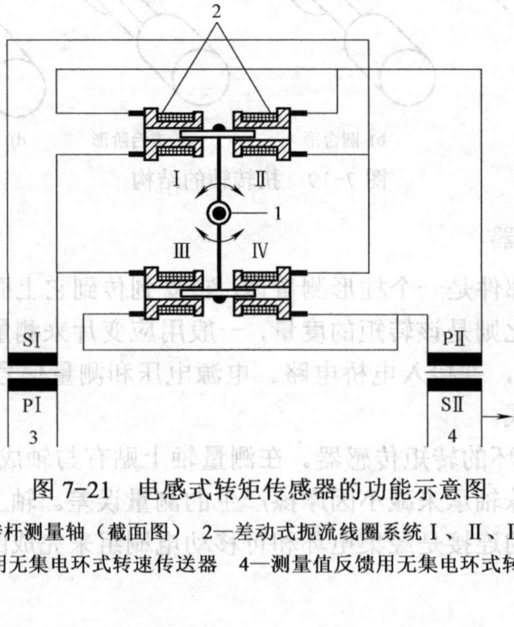

图 7-21　电感式转矩传感器的功能示意图

1—转杆测量轴（截面图）　2—差动式扼流线圈系统Ⅰ、Ⅱ、Ⅲ、Ⅳ
3—馈电用无集电环式转速传送器　4—测量值反馈用无集电环式转速传送器

7.4.3　振弦式扭矩传感器

如图 7-22 所示，振弦式扭矩传感器由两个测量环组成，两环相距 l，安装在轴上。当轴受载时，两测量环朝相反方同发生一微小扭转量，该扭转与施加的扭矩成正比，这样便使一根振弦的机械张力及由此引起的振动频率提高，而另一根的张力及频率减小。所以未受载轴和受载轴之间振弦的频率变化便是所传递的扭矩的度量。

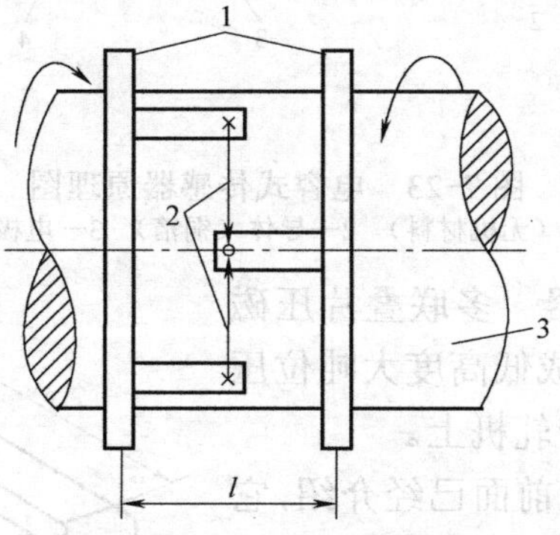

图 7-22　振弦式扭矩传感器

1—测量环　2—振弦　3—受扭轴

这种测量方法主要适用于静态测量，所能获取的动态过程的最大频率为 25Hz。测量扭矩可从 0～100N·m 直至 0～5MN·m；轴径较小时最大转速可达 1500r/min，轴径较大时最大转速可达 150r/min；测量精度为 0.5%～1%。

转矩的测量还有其他多种方法，如压电式、磁弹性式以及陀螺仪等。陀螺仪用于测力和力矩主要是利用其运动的原理，即垂直于转动物体转动轴的力（矩）会使转动轴产生一个与力（矩）作用方向垂直的偏移。陀螺仪进而产生一个旋转运动，该转动的速度正比于所受到的力。由于篇幅的关系，此处也不再对陀螺仪用于测力和力矩的原理详细介绍。

7.5　应用实例

7.5.1　轧制力及轧制张力测试

1. 轧制力测试

日前，测量轧制力的方法有两种：应力测量法和传感器测量法。应力法是利用设备本身受力部件的应变来完成轧制力测量，传感器法则另外选择专门的测力传感器，放在适当位置，承担轧制力，从而完成测量。这里只介绍传感器测量法。

在轧机中的测力传感器简称为压头。它易于更换和标定，但在轧钢机中，安装传感器的高度受到限制，因此对传感器有严格限制，在压下螺钉的同时还要考虑螺钉旋转和偏心力。

测力传感器的种类很多，按其测量原理可分为三大类：电容式、压磁式和电阻应变式。

（1）电容式传感器　图 7-23 为测量轧制力使用的电容式传感器。在轧制力作用下，弹性元件产生变形，因而极板间距发生变化，从而使电容发生变化，经变换后得到轧制力。它的优点是灵敏度高、结构简单、高度小、消耗能量小、误差小；缺点是泄漏电容大、寄生电容和外电场的影响显著、测量电路复杂、加工精度高。

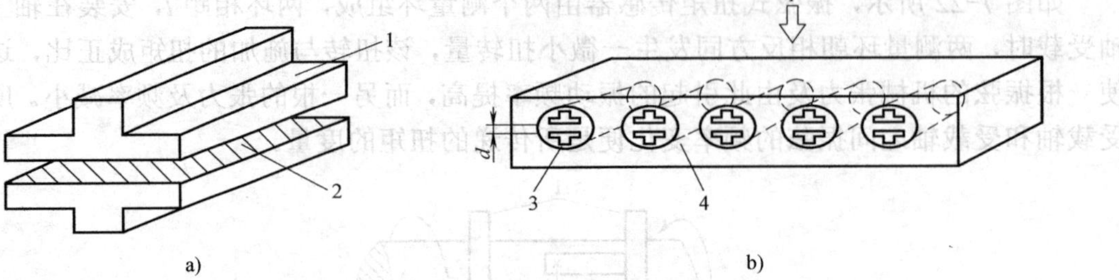

图 7-23　电容式传感器原理图
1—绝缘物（无机材料）　2—导体（铜箔）　3—电极　4—钢件

（2）压磁式大吨位传感器　多联叠片压磁传感器（见图 7-24）可以制成低高度大吨位压力传感器，广泛用于大型宽带轧机上。

压磁式传感器的工作原理前面已经介绍，它具有输出功率大，抗干扰能力强，过载能力强，寿命长，具有防水、防油等优点，因此被广泛用来测量板带轧制力、带钢张力等力参数。现代热带轧机用 2000t 压磁式传感器，其高度仅为 160mm，放在下支撑辊轴承座下面，具有长久的使用寿命。

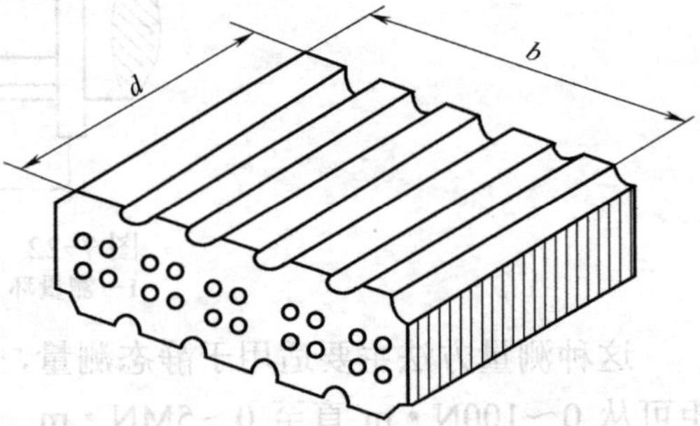

图 7-24　多联叠片压磁传感器

（3）电阻应变式传感器　它主要由弹性元件和应变片构成。外力用在弹性元件上，使其产生弹性变形（应变），由贴在弹性元件面上的应变片将应变转换成电阻变化。再利用电桥将电阻变化转成电压变化，然后送入放大器放大，由记录器记录。最后利用标定曲线将测得的应变值推算出外力大小，或直接由测力计上的刻度盘读出力的大小。由于电阻应变技术的发展，加上二次仪表简单，这种传感器使用也很广。国外 KELK 公司的长寿命压头，较多用在中大型轧机上，价格要低于压磁传感器。

按照变形方式，电阻应变式传感器可分为压缩式、剪切式和弯曲式三种，其中轧制使用最多的是低高度的压缩式传感器，其弹性元件有柱形和环形（筒形）等。

2. 轧制张力测试

张力测量首先是通过张力辊和导向辊将张力转换成对张力辊的压力，然后由张力传感器测出，最后按力三角形计算出张力大小。

（1）单机座可逆式冷轧机张力测量　由图 7-25 可见，带钢 1 经过工作辊 2 轧制后到达张力辊 3，由于带钢转向形成包角 2^{α}（其大小取决于导向辊 4 和张力辊 3 之间的相对位置，而与卷筒 5 的卷取直径变化无关），于是就有一个张力的合力 Q 作用在张力辊上，因此，在张力辊轴承座（或支架）下面安装张力传感器 6，即可测出 Q 值，再由 Q 值推算出张力 T 值。导向辊 4 位置的高低对包角有很大影响，故需要确切数值。

1）用一个张力传感器测量张力。在张力辊（简图见图 7-26a）支架 3 的下面安装一个

张力传感器 4，如图 7-26b 所示，由传感器测出压力 Q，则得张力 T 为

$$T=\frac{Q}{2\cos\alpha} \tag{7-13}$$

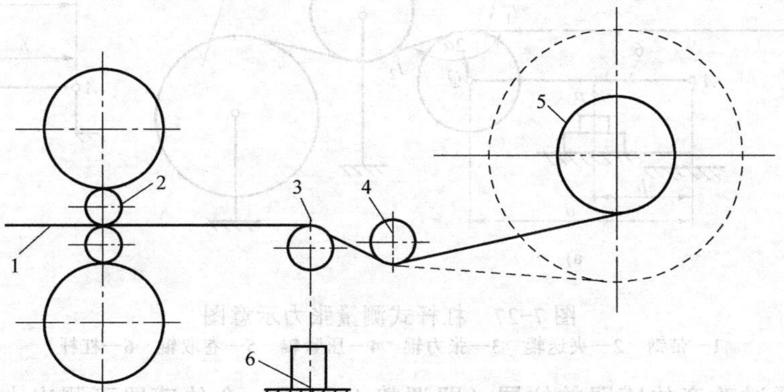

图 7-25　张力测试示意图

1—带钢　2—工作辊　3—张力辊　4—导向辊　5—卷筒　6—传感器

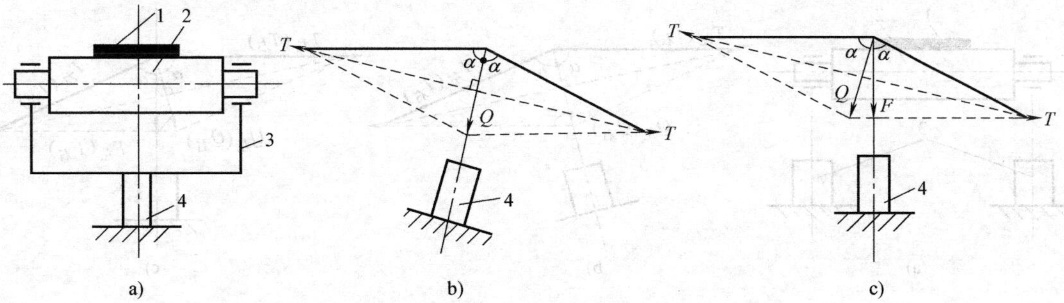

图 7-26　张力辊受力分析之一

1—带钢　2—张力辊　3—支架　4—传感器

若张力传感器垂直安装，如图 7-26c 所示，由张力传感器测出压力 F，则得张力 T 为

$$T=\frac{F}{\sin 2\alpha} \tag{7-14}$$

一些多辊轧机也是利用一根杠杆和张力传感器测量张力的。张力辊轴承装在杠杆 6（见图 7-27）上，由式（7-14）可得

$$F=T\sin 2\alpha \tag{7-15}$$

由图 7-27b 可知，$Fa=pb$，则张力 T 和力 p 之间的关系为

$$T=\frac{b}{a}\frac{p}{\sin 2\alpha} \tag{7-16}$$

式中　a——张力辊 3 的轴线到 A 的距离（mm）；

b——张力传感器的中心线到 A 的距离（mm）；

p——由张力传感器测得的压力（N）。

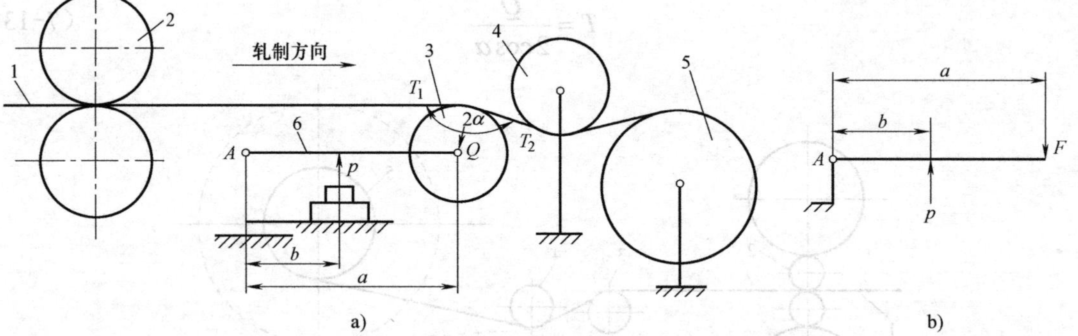

图 7-27　杠杆式测量张力示意图

1—带钢　2—夹送辊　3—张力辊　4—压紧辊　5—卷取辊　6—杠杆

此方法是通过改变传感器的位置（即调整 b），用一个传感器可测出大小不同的张力，以达到扩大传感器量程和提高测量精度之目的。

2）用两个张力传感器测量张力。在张力辊左右两端轴承座下面各装一个张力传感器，如图 7-28 所示，两个传感器测得的压力分别为 $Q_{左}$和 $Q_{右}$。

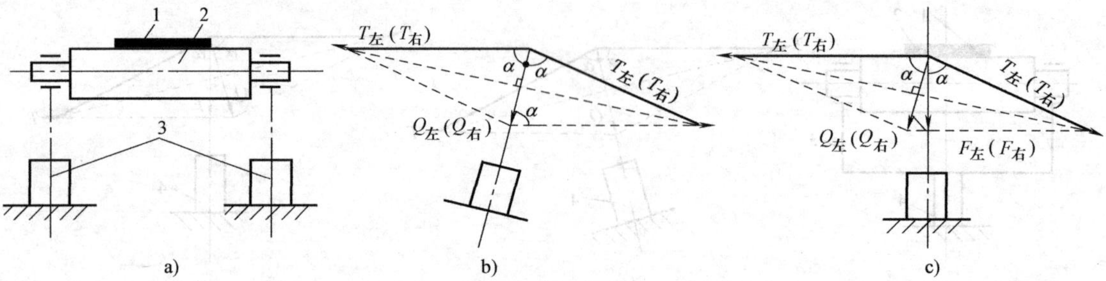

图 7-28　张力辊受力分析之二

1—带钢　2—张力辊　3—传感器

若两个张力传感器倾斜安装，如图 7-28b 所示，则得张力为

$$T = T_{左} + T_{右} = \frac{F_{左} + F_{右}}{\sin 2\alpha} \tag{7-17}$$

（2）连轧机张力测量　热轧带钢连轧机一般要采用微张力轧制，这样在计算不精确或摩擦条件有变化时，轧件不至于堆钢，挤歪出入口上卫板。但运动轧件承受的张力不易测量，故一直是通过在两架连轧机之间安装叫作活套支撑器的抬升板，在咬入后立即把带钢挑起来，使带钢与轧制线形成φ和θ角，活套支撑器自己呈β角（见图 7-29）。

$$\varphi = \arctan\frac{l\sin\beta}{a + l\cos\beta} \quad \theta = \arctan\frac{l\sin\beta}{b - l\cos\beta} \tag{7-18}$$

升降板转轴上的扭矩 M 为

$$M = Nl\cos\beta = Tl(\sin\varphi + \sin\theta)\cos\beta \tag{7-19}$$

式中　β——活套支撑器摆动板与水平线夹角。

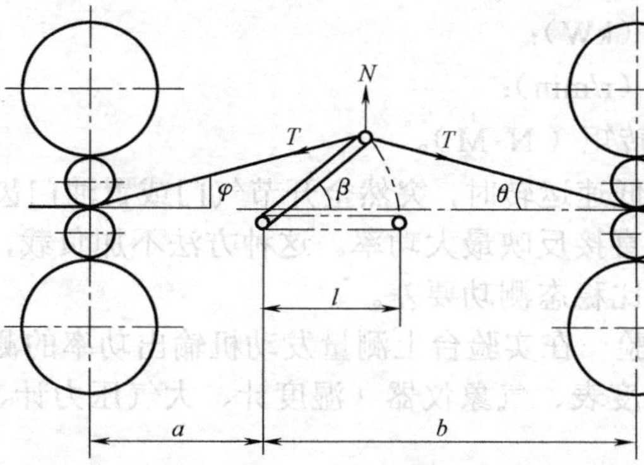

图 7-29　活套支撑器受力简图

如果转动力矩等于常数 M_0（堵转电动机电流为常数），则张力可以计算求得，即

$$T=\frac{M_0}{(\sin\varphi+\sin\theta)l\cos\beta} \tag{7-20}$$

式（7-20）表示，张力小活套挑得高，张力大活套压得低，所以张力 T 只取决于 β，即可用支撑器转角大小来测量张力大小。转角大小可用电位器或自整角机测量。用实测活套角度与设定的工作零位角的差值来控制前后架轧辊转速，间接调节张力，这种方法称为恒转矩控制。因为是间接控制张力，所以过渡阶段振荡幅度大，平衡时间长，张力大幅度的波动严重影响薄板带的尺寸精度。

在实践生产中，国外提出恒张力法。它的控制思想是以恒定张力为直接目标，以任意活套角为参数，用计算机计算需要的力矩 M（$M=C_e$）和电流，控制堵转电动机的输出转矩。即在式（7-19）中用 T_0 计算力矩 M，再换成输出电流，控制两个串联的活套电动机力矩。之后仍然按照工作零位角 β_0 调节轧机转速。所以恒张力法首先是以固定张力大小为出发点，按角度调节电动机力矩，这样调节目标更直接。实践表明，恒张力法可使活套张力快速达到平衡，因而这种方法得到广泛应用。

活套电动机应当轻巧灵活，这样调节响应较快。沉重的支撑板和大速比的减速机都使活动部分的惯性矩增大。采用液压缸支撑活套板，可以做到起动快，贴合柔软，但液压设备配置复杂。新设计采用低速小型双电动机串联，省去减速机的方案也大大减少活套支撑器活动部分的惯性矩。当然，轧件出入口速度预报准确，去掉活套支撑器是最理想的。国外不少板带精轧机已可以在前几架厚板轧制时去掉活套支撑器。

7.5.2　发动机功率、压力测试

1. 发动机功率测试

发动机输出的有效功率是指发动机输出轴上发出的功率，是发动机的一项综合性指标，通过检测有效功率，可掌握发动机的技术状况，确定发动机是否需要大修或鉴定发动机的维修质量。发动机功率的检测可分为稳态测功和动态测功。

稳态测功是指在发动机试验台上由测功器测试功率的方法。通过测量发动机的输出转矩和转速，由下式计算出发动机的有效功率：

$$P_e=\frac{M_e n}{9550} \tag{7-21}$$

式中 P_e—— 发动机的功率（kW）；

n—— 发动机的转速（r/min）；

M_e—— 发动机的输出转矩（N·M）。

动态测功是指发动机在低速运转时，突然全开节气门或置油门齿杆位置为最大，使发动机加速运转，用加速性能直接反映最大功率。这种方法不加负载，可在实验台上进行，也可就车进行，但测量精度比稳态测功要差。

（1）发动机台架测功试验　在实验台上测量发动机输出功率的测试设备有转速仪、水温表、机油压力表、机油温度表、气象仪器（湿度计、大气压力计、温度计）、计时器、燃料测量仪及测功器等。

测功器作为发动机的负载，实现对测定工况的调节，模拟汽车实际行驶时外界负载的变化，同时测量发动机的输出转矩和转速，即可算出发动机的功率。

测功器是发动机性能测试的重要设备，主要的类型有水力式、电力式和电涡流式。水力测功器是利用水作为工作介质，调节制动力矩。电力测功器是利用改变定子磁场的励磁电压产生制动力矩。电涡流测功器是利用电磁感应产生涡电流形成制动作用。这里仅就电涡流测功器的结构和工作原理等做一介绍。

（2）电涡流测功器的结构与工作原理

1）电涡流测功器的结构。电涡流测功器因结构形式不同，分为盘式和感应子式两类。现在应用最多的是感应子式电涡流测功器。

图 7-30 为感应子式电涡流测功器的结构图。制动器由转子和定子组成，制成平衡式结构。转子为铁制的齿状圆盘。定子的结构较为复杂，由励磁绕组、涡流环、铁心组成。电涡流测功器吸收的发动机功率全部转化为热量，测功器工作时，冷却水对测功器进行冷却。

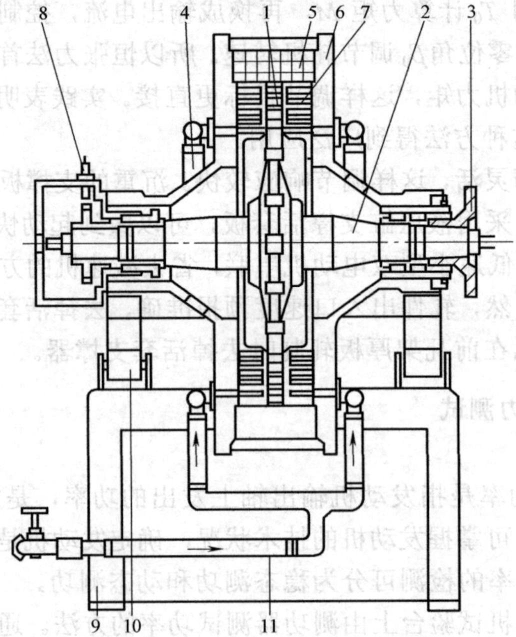

图 7-30　电涡流测功器结构图

1—转子　2—转子轴　3—连接盘　4—冷却水管　5—励磁绕组　6—外壳

7—冷却水腔　8—转速传感器　9—底座　10—轴承座　11—进水管

2）电涡测功器的工作原理。当励磁绕组中有直流电通过时，在由感应子、空气隙、涡流环和铁心形成的闭合磁路中产生磁通，当转子转动时，空气隙发生变化，则磁通密度也发生变化。在转子齿顶处的磁感应强度大，齿根处磁感应强度小，由电磁感应定律可知，此时将产生感应电动势，力图阻止磁通量的变化，于是在涡流环上感应出涡电流，涡电流的产生引起对转子的制动作用，涡流环吸收发动机的功率，产生的热量由冷却水带走。

（3）测试过程

1）将发动机安装在测功器台架上，使发动机曲轴中心线与测功器转轴中心线重合。

2）安装仪表并接上电气线路及接通各种管路。

3）检查调整气门间隙、分电器的断电器触点间隙、火花塞电极间隙及点火提前角，紧固各部螺柱螺母。柴油机要检查调整喷油器的喷油提前角、喷油压力、喷油锥角及喷雾情况。

4）记录当时的气压和气温。

5）起动发动机，操纵试验仪器，观察仪表工作情况，记录下数据，根据记录数据计算并绘制出 P_e、M_e、g_e 曲线。

2．发动机压力测试

在发动机试验中，压力是研究发动机性能所必测的重要参数之一。不但为了解气体的热力状态需要测量压力，在整机及部件试验中测量流量和流速时也要用到压力的测量。

在发动机中，按压力变化的性质可分为两类：一类是稳定的或变化很慢的压力，如润滑油压力、冷却水压力、大气压力等；另一类是随时间变化很快的瞬变压力，如气缸中的气体压力、进排气压力、高压油管中的脉冲压力等。就压力的大小范围来说，有的比大气压力高出几十倍甚至几百倍，如柴油机燃烧室压力最高可达到 5～12MPa，直喷式燃烧室柴油机的燃油喷射压力可达 10～50MPa；有的却比大气压力还低，如发动机进气压力。

以下介绍几种在发动机压力测试中常用的压力表及测压传感器。

（1）弹性式压力计　弹性式压力计是利用弹性元件受压后产生弹性变形作为测量基础的，也是常用的压力测量仪表。由于所用的弹性元件结构形式不同，一般可分为膜片式、弹簧管式和真空盒式等，它们所测压力的范围也有所不同。

1）膜片式压力表。图 7-31 所示为采用小纹膜的膜片式压力表的典型结构。被测介质通过接头进入膜片室，压力作用迫使膜片产生位移，该位移通过连杆、扇形齿轮、小齿轮等传至指针机构，由指针指示出被测介质的压力数值。波纹膜通常用温度系数很小的铍青铜或含锡磷青铜制成，由于它受压后位移较大，适用于测量较低压力，其测量范围为 0～1MPa，灵敏度较高，常用来测量发动机润滑系主油道的油压，准确度等级为 2.5 级。此外，除上述波纹膜片形式外，所采用的膜片形式还有平面膜片等。平面膜片用金属圆板制成膜片，受压力后位移较小，适用于测量较高压力，其测量范围为 0～100MPa。

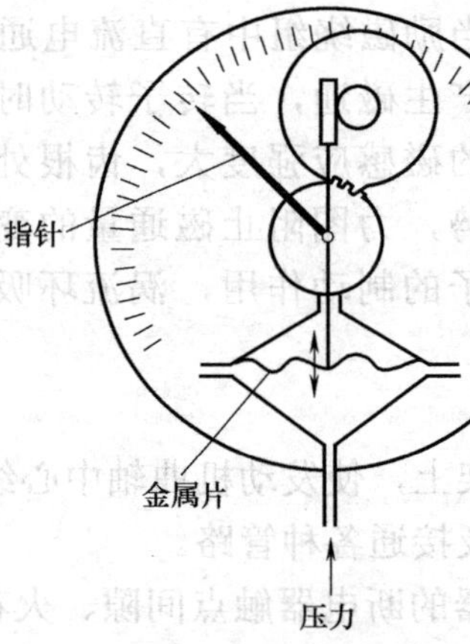

图 7-31　膜片式压力表

2）弹簧管式压力表。图 7-32 所示为单圈弹簧管式压力表的结构图。单圈弹簧管是一根弯成 270° 圆弧的椭圆截面的空心金属管子。管子的自由端 B 封闭，另一端固定在接头 9 上。当通入被测的压力 p 后，由于椭圆形截面在压力 p 的作用下，将趋于圆形，而弯成圆弧形的弹簧管也随之产生扩张变形。同时，使弹簧管的自由端 B 产生位移。输入压力 p 越大，产生的变形也越大。由于输入压力与弹簧管自由端 B 的位移成正比，所以只要测得 B 点的位移量，就能反映压力 p 的大小。

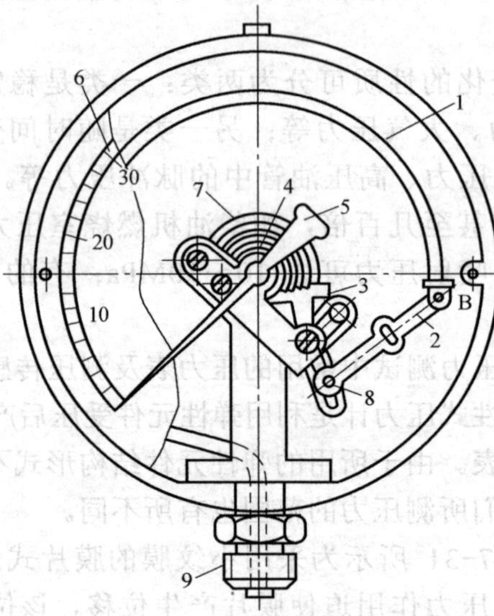

图 7-32　弹簧管式压力表

1—弹簧管　2—拉杆　3—扇形齿轮　4—中心齿轮

5—指针　6—面板　7—游丝　8—调整螺钉　9—接头

（2）测压传感器　测压传感器可以是电阻应变片式、电感式、电容式、压电式、霍尔元件等。限于篇幅，本节仅对发动机试验中用得最多的电阻应变片式和压电式测压传感器举例介绍。

1）电阻应变片式压力传感器。图 7-33 所示为用于测量发动机气缸爆发压力的电阻应变片式压力传感器。使用时将防护罩拧下，将压力传感器旋入气缸被测部位。当压力作用到垂链形膜片 5 上时，将引起薄壁应变筒 4 变形，其应变量被粘贴在筒壁外的应变片 7 所感受。应变片的导线经装在绝缘帽 1 上的接线柱 9 由屏蔽电缆 10 引出，并与桥盒相连。另两片温度补偿片粘贴在垂直于应变筒的轴线方向。两种应变片的阻值均为 120Ω或 350Ω，按桥式线路连接输出。冷却水通过冷却水管 8 可对膜片 5 和应变筒 4 进行直接的强制冷却。6 为丁烯橡胶套管，其主要作用是在应变筒之外形成一密封空间，以保证应变片在通水冷却情况下仍具有良好的绝缘，保证应变片不致受潮，同时也起到对应变筒振动的阻尼作用，有利于消除应变筒的高频振荡。2 为密封垫片，为保证装配时应变筒有合适的预应力，还装有调整垫片 3。由于应变片式传感器输出信号很弱，仅为 2～4mV，不足以推动记录设备，因此需要进行多级放大，常采用动态应变仪作为配套仪器。

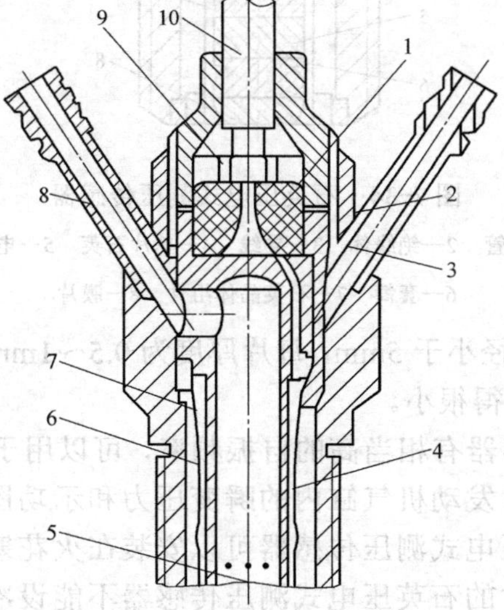

图 7-33　电阻应变片式压力传感器

1—绝缘帽　2—密封垫片　3—调整垫片　4—应变筒　5—垂链形膜片
6—丁烯橡胶套管　7—应变片　8—冷却水管　9—接线柱　10—屏蔽电缆

2）压电式测压传感器。图 7-34 所示为测量发动机气缸内压力变化并做出示功图的石英纵向多晶体组合元件压电式测压传感器。测量时，被测压力通过膜片 8 传递给套筒 6 和石英晶体组件 7，石英晶体组件是将单片石英的各极性面用金属气化法镀上一层金属膜，再将同极性面相对合，最后经加压真空处理制成的。组件无需电极引线，也消除了气隙，从而提高了传感器的固有频率，改善了传感器的线性，提高了传感器的灵敏度。晶体受压时产生负电荷，连同单片石英 4 的负电荷由电荷引出片 5 经导线 3 引出。2 为绝缘体。传感器通冷却水，一方面是使石英片的压电系数保持稳定，另一方面是为了避免由于温度改变造成变形，使石英片预压应力改变，并保护弹性膜片不被烧坏。

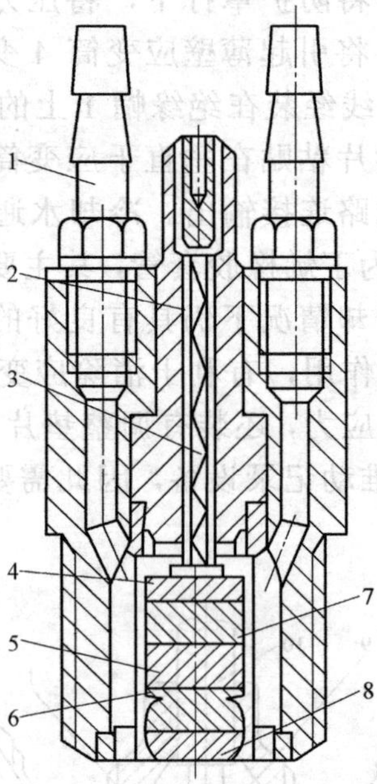

图 7-34　石英压电式测压传感器

1—冷却水管　2—绝缘体　3—导线　4—单片石英　5—电荷引出片

6—套筒　7—石英晶体组件　8—膜片

石英片的尺寸很小，直径小于 5mm，每片厚度为 0.5～1mm，所以尽管晶体片数较多，但传感器的尺寸仍然可以做得很小。

石英片压电式测压传感器有相当高的自振频率，可以用于测量 10～20kHz 的脉冲压力。因此，能够用它来测量发动机气缸内的瞬变压力和示功图。在进行汽油机缸内压力的测量时，小尺寸的石英压电式测压传感器可以安装在火花塞中，而不需要在气缸盖上专门打孔。由于这种小尺寸的石英压电式测压传感器不能设冷却水道，故用压缩空气进行冷却。

压电式压力传感器需要用电荷放大器或电压放大器作为配套放大仪器，与电阻应变式压力传感器相比，压电式压力传感器的动态响应速率高，比较适合进行动压测量，而电阻应变式压力传感器既能够进行频率不高的动压测量，也能够进行静压测量。

7.5.3　制动系统的测试

制动系统技术状况的变化直接影响行车的安全性。因此，对其制动性能的测试尤为重要。

汽车制动系统检测的常用工具为直尺和 TB-A 型汽车制动踏板测力计。

如图 7-35 所示，TB-A 型汽车制动踏板测力计主要由测力传感器和电器仪表显示装置组成。其工作原理是利用固定在制动踏板上的传感器将作用在制动踏板上的力，通过电器仪表来直接读取数据。

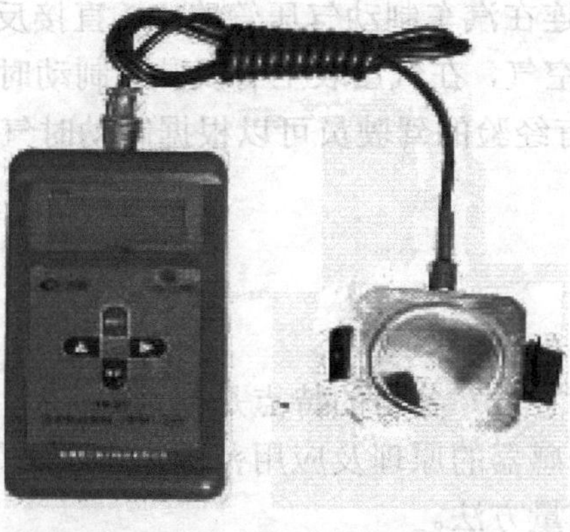

图 7-35　TB-A 型汽车制动踏板测力计

1．制动踏板自由行程的检测

如图 7-36 所示，将有刻度的直尺支在驾驶室的底板上，首先测出制动踏板在完全放松时的高度，再用手轻轻推压踏板，当感觉阻力增大时停止推压，测出踏板的高度。前后两次测出的高度差即为制动踏板自由行程的数值。

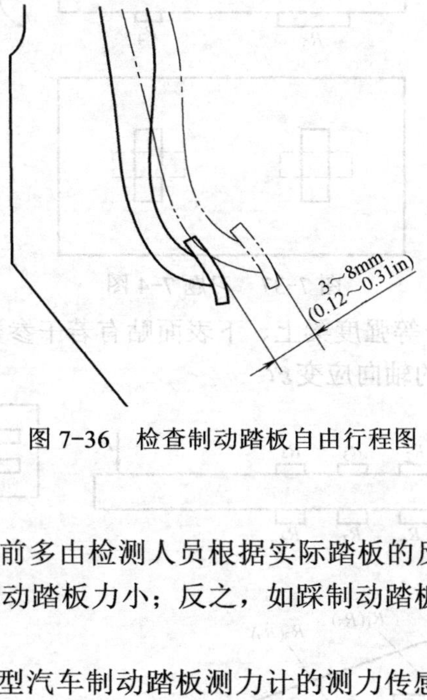

图 7-36　检查制动踏板自由行程图

2．制动踏板力的检测

制动踏板力的大小，目前多由检测人员根据实际踏板的反力感觉检测。如踩制动踏板时的反力感觉小，则表明制动踏板力小；反之，如踩制动踏板时反力感觉大，则说明制动板力大。

精确测量时，将 TB-A 型汽车制动踏板测力计的测力传感器安装在踏板中央，从液晶屏上直接读取踏板力。

3．管路密封性的检测

非制动情况下密封性的检测：对气压制动汽车，当气压升至 590kPa 时，在不使用制动的情况下，空气压缩机停止工作 3min 后，其气压降低值应不超过 9.8kPa。

制动状态下密封性的检测：在气压为 590kPa 的情况下，将制动踏板踩到底，待气压稳定 3min 后，气压降低值，单车不得超过 19.6kPa；列车不得超过 294kPa。

汽车仪表板上的气压表连在汽车制动气压管路中，直接反映制动气压。汽车每制动一次，均要消耗掉一部分压缩空气，在气压表上有反映。制动时压缩空气的消耗量，与汽车的制动力紧密相关。因此，有经验的驾驶员可以根据制动时气压表波动变化大致估测出汽车的制动效能。

习　题

7-1　有哪些基本的测力方法？各自的特点是什么？

7-2　简述各基本测力传感器的原理及应用范围。

7-3　简述转轴扭矩的测量方法。

7-4　如图 7-37 所示，在一受拉弯综合作用的构件上贴有 4 个电阻应变片。试分析应变片的应变，并建立以下桥组：

（1）只测弯矩，消除拉应力影响；

（2）只测拉应力，消除弯矩影响。

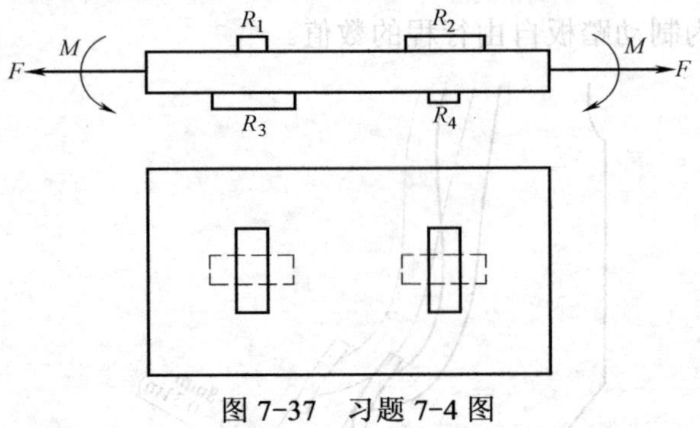

图 7-37　习题 7-4 图

7-5　如图 7-38 所示，一等强度梁上、下表面贴有若干参数相等的应变片，在力 F 的作用下，如何组桥可读出梁的轴向应变ε？

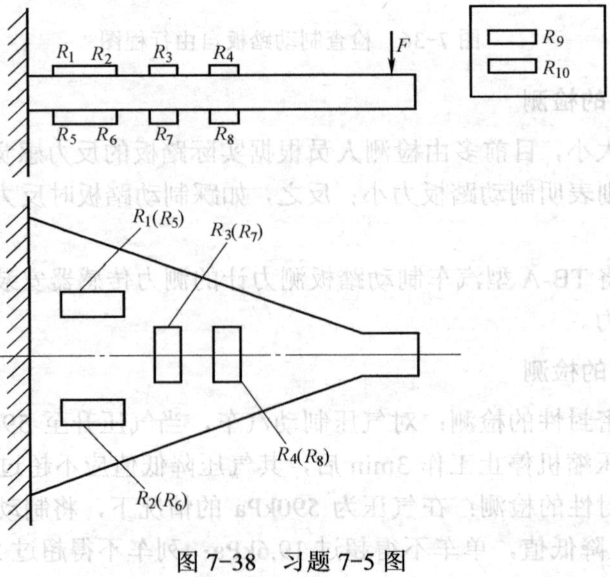

图 7-38　习题 7-5 图

第 8 章 振 动 测 试

8.1 概述

机械振动是工业生产和日常生活中极为常见的现象。很多机械设备和装置内部安装着各种运动的机构和零部件（都是弹性体），在运行时由于负载的不均匀、结构的刚度各向不等、表面质量不够理想等原因，使得工作时不可避免地存在着振动现象。如汽车、火车、飞机、轮船以及各种动力机械在工作时均产生振动。这种振动包括起动时的冲击振动以及平稳工作时的随机振动。在许多情况下，这种振动是有害的。许多设备故障的产生就是由于振动过大，产生有损机械结构的动载荷，而导致系统特性参数发生变化，严重时可能使部件产生裂纹、结构强度下降或使机器设备失灵，其后果严重影响机器设备的工作性能和寿命，甚至使机器破坏。同时，强烈的振动噪声还对人的生理健康产生极大的危害。近年来，具有大功率、高速度、高效率等性能的大型化、复杂化（多为机、电、液综合系统）的机器正在飞速发展，而影响这些设备发展的振动问题已遍及机械制造工程的各个行业，并引起人们的极大重视。因此如何减小振动的影响，将振动量控制在允许的范围内，是当前急需解决的课题。但在某些情况下，振动也有可被利用的一面，例如利用振动原理研制的振动机械用于运输、夯实、捣固、清洗、脱水、时效等方面，只要设计合理，它们有着耗能少、效率高、结构简单的特点。

机械振动测试是现代机械振动学科的重要组成部分，它是研究和解决工程技术中许多动力学问题必不可少的手段。当前，机械结构（尤其那些承受复杂载荷或本身十分复杂的机械结构）的动力学特性参数（阻尼、固有频率、机械阻抗等）求解方面，目前尚无法用理论公式正确计算，振动测试则是唯一的求解方法。在设计阶段为了提高结构的抗振能力，往往需要对结构进行种种振动试验、分析和仿真设计，通过对具体结构或相应模型的振动试验，可以验证理论分析的正确性，找出薄弱环节，改善结构的抗振性能。此外现代的先进工业生产中，除了要求各种机械具备低振动和低噪声的性能外，还随时需对某运行过程进行监测、诊断和对工作环境进行控制，这些技术措施也都离不开振动的测量。由此可见，振动测试在生产和科研的许多方面都占有重要地位。

机械振动测试，用于不同目的，大致可分为两类：

1）寻找振源，减少或消除振动，即消除被测量设备和结构所存在的振动。例如在工作状态下（如切削过程中），对结构及部件进行测量和分析。测量内容通常是振动强度、频谱，亦即测出被测对象某些点的位移、速度或加速度以及振动频率和一些需要做进一步分析的信息，弄清振动状况并寻找振源，为采取有效对策提供依据，使振动得以消除或减小。或将获得的数据进行分析处理后与已有的标准进行比较，用以判断系统内部结构是否存在着如破坏、磨损、松脱等影响系统正常运行的各种故障，确定系统是否能继续运行和确定相应方案以进行预知维修。

2）测定结构或部件的动态特性以便改进结构设计，提高抗振能力。这是对设备或结构施加某种的激振力，使其产生振动，同时测出输入（激振力）和输出（被测件）的振动信号，从而确定被测部件的频率响应，然后进行模态（Mode）分析、谱分析、相关分析等，求得各阶模态的振动参数，进而确定被测对象的固有频率、阻尼比、刚度、振型等振动参数，这类试验称为机械模态试验、激振试验，或称频率响应试验。其目的是为了研究设备或结构的力学动态特性。

8.2 机械振动的电测法及测试系统的构成

机械振动测量主要是测定振动体（或振动体上某一点）的位移、速度、加速度大小以及振动频率、周期、相位、振型、频谱等，在工程实践中有时还要通过试验来测定（或确定）振动系统的动态特性参放，如固有频率、阻尼、动刚度、动质量等。机械振动测试系统组成框图如图 8-1 所示。

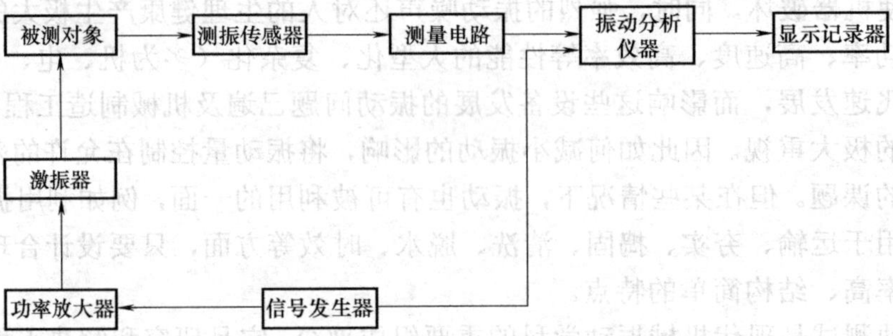

图 8-1　机械振动测试系统组成框图

机械振动的电测方法是将工程振动的参量转换成电信号，经电子线路放大后显示和记录。这是目前应用得最广泛的测量方法，它有以下几方面的优点：

1）具有较宽的频带。

2）具有较高的灵敏度和分辨率。

3）具有较大的动态测量范围。

4）振动传感器可以做得很小，以减小传感器对试验对象的附加影响，还可以做成非接触式的测量系统。

5）可以根据被测参量的不同来选用不同的振动传感器。

6）能进行远距离测量。

7）便于对测得的信号进行存储，以便做进一步分析。

8）适合于多点测量和对信号进行实时分析。

电测方法包括拾振环节、测量线路、显示及记录环节。电测法测量系统示意图如图 8-2 所示。

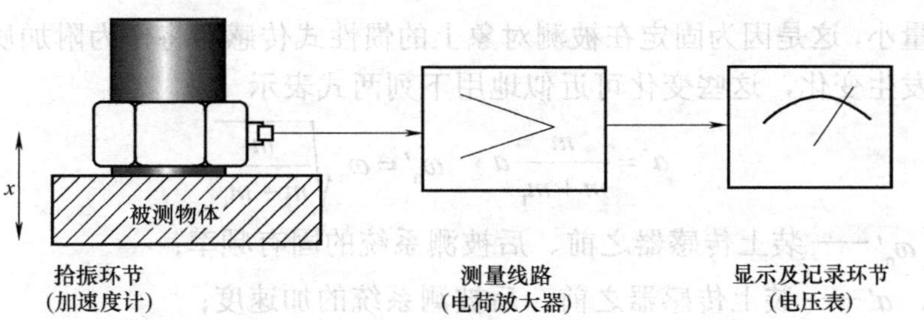

图 8-2　电测法测量系统示意图

（1）拾振环节　把被测的机械振动量转换为机械的、光学的或电的信号，完成这项转换工作的器件叫作传感器或拾振器。

（2）测量线路　测量线路的种类甚多，它们都是针对各种传感器的变换原理而设计的。比如，专配压电式传感器的测量线路有电压放大器和电荷放大器等；专配电阻、电容和电感变换原理的传感器有各种测量电桥和调制线路等；此外，还有积分线路、微分线路、滤波线路和归一化装置等。

（3）显示及记录环节　从测量线路输出的电压信号，可按测量的需要送给显示仪器（如电子电压表、示波器、相位计）、记录设备（如光线示波器、磁带记录仪、*X-Y* 记录仪）及信号分析仪等，也可在必要时重放记录在磁带上的信号，并输入到信号分析仪进行各种分析处理，从而得到最终结果。

8.3　测振传感器

在工程振动测试领域中，所选用的测振传感器按是否与被测件接触可将传感器分为两类：接触式和非接触式。接触式传感器中有磁电式速度传感器和压电式加速度计等，其机电转换较为方便，因而用得最多。而非接触式传感器中的电容传感器、涡流传感器常用于振动位移的非接触测量。

按所测的振动性质可将传感器分为绝对式和相对式。绝对式传感器的输出描述被测物的绝对振动；绝对式传感器的壳体固定在被测件上，其内部利用其弹簧—质量系统来感受振动，其力学模型如图 8-3 所示。测振时，其壳体和被测物固接，壳体的振动视同于被测物的振动，也即传感器的输入。壳体对质量块的相对运动量用来描述被测物体的绝对振动量并作为力学模型的输出，供有关的机电转换元件转换成电量，成为传感器的输出，其频率特性可查得。使用相对式传感器时，其壳体和测量体分别与不同被测件联系，其输出是描述此两试件间的相对振动。

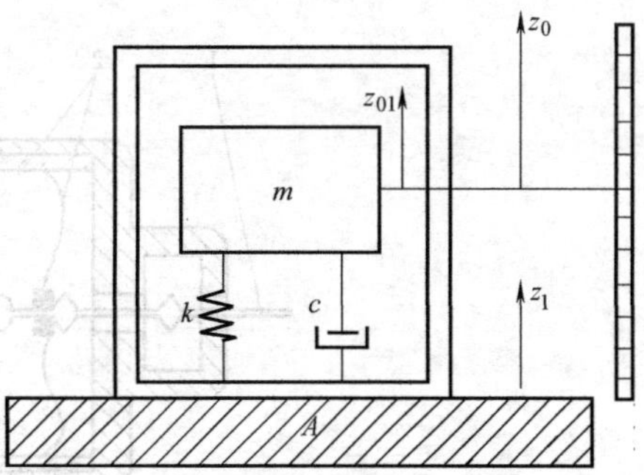

图 8-3　绝对式传感器的力学模型

由于传感器是振动测试中的第一个环节，除了要求它具有较高的灵敏度和在测量的频率范围内有平坦的幅频特性曲线以及与频率呈线性关系的相频特性曲线外，还要求惯性式传感器的质量小，这是因为固定在被测对象上的惯性式传感器将作为附加质量使整个系统的振动特性发生变化，这些变化可近似地用下列两式表示

$$a'=\frac{m}{m+m_t}a,\quad \omega_n'=\omega_n\sqrt{\frac{m}{m+m_t}} \tag{8-1}$$

式中 ω_n、ω_n'——装上传感器之前、后被测系统的固有频率；

a、a'——装上传感器之前、后被测系统的加速度；

m——被测系统的原有质量；

m_t——被测系统的附加质量。

显然，只有当 $m_t<<m$ 时，m_t 的影响才可忽略。在对轻小结构测振或做模态实验时，由于 m_t 占 m 的比例相当大，需要对附加质量加以特别考虑。

振动的位移、速度、加速度之间保持简单的微积分关系，所以在许多测振仪器中往往带有简单的微积分网络，根据需要可做位移、速度、加速度之间的切换。以下是关于这些传感器的介绍。

8.3.1 磁电式速度传感器

磁电式速度传感器是利用电磁感应原理工作的传感器，将传感器中的线圈作为质量块，当传感器运动时，线圈在磁场中做切割磁力线的运动，其产生的电动势大小与输入的速度成正比。

如果将壳体固定在一试件上，通过压缩弹簧片，使顶杆以力顶住另一试件，则线圈在磁场中运动速度就是两试件的相对速度，速度计的输出电压与两试件的相对速度成比例。图 8-4 就是按这种原理工作的磁电式相对速度计的简图。该传感器由固定部分、可动部分以及三组拱形弹性片组成。三组拱形弹性片的安装方向是一致的。在振动测量时，必须先将顶杆压在被测物体上，并且应注意满足传感器的跟随条件。设振动系统的质量为 M，弹性刚度为 K，则当传感器顶杆跟随被测物体运动时，顶杆质量 m 和弹簧刚度 k 附属于被测物上，如图 8-4 所示，它成了被测振动系统的一部分，因此在测量时应注意满足 $M>>m$、$K>>k$ 的条件，这样传感器的可动部分的运动才能主要取决于被测物体系统的运动。

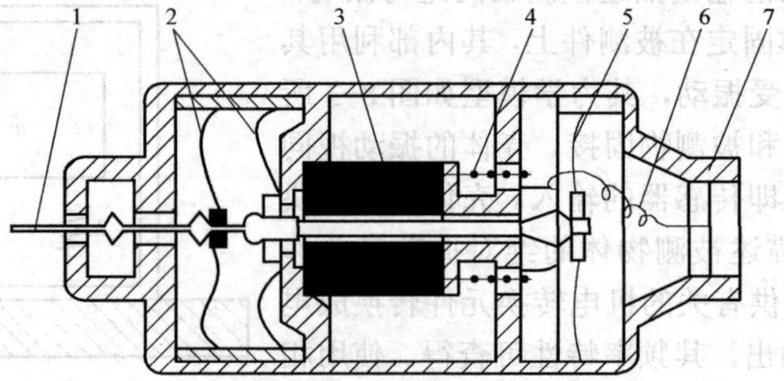

图 8-4　磁电式相对速度仪

1—顶杆　2、5—弹性片　3—磁铁　4—线圈　6—引出线　7—壳体

根据电磁感应定律，磁电式传感器所产生的感应电动势 e 为

$$e = -Bl\dot{x}_r \tag{8-2}$$

式中 B——磁通密度；

l——线圈在磁场内的有效长度；

$\dot{x}_r$——线圈在磁场内的相对速度。

由于在机电变换原理中应用的是电磁感应定律，其产生的电动势同被测振动速度成正比，所以它实际上是一个速度传感器。

磁电式速度传感器结构较简单、使用方便、输出阻抗低，从外部引入的电噪声很小，输出信号较大，灵敏度较大，有时可不加放大器，适用于测量低频信号；其主要缺点是体积大、笨重、不能测量高频信号。

8.3.2 电涡流式位移传感器

电涡流式位移传感器是一种相对式非接触式传感器，它是通过传感器端部与被测物体之间的距离变化来测量物体的振动位移和其幅值的。实验表明，传感器线圈的厚度越小，其灵敏度越高，由于电涡流式位移传感器是由固定在聚四氟乙烯或陶瓷框架中的扁平线圈组成，结构简单，如图 8-5 所示。这种传感器已成系列，测量范围为±（0.5～10）mm，灵敏阈约为测量范围的 0.1%。例如外径 8mm 的传感器与工件安装间隙约 1mm，在±0.5mm 测量范围内有良好的线性，灵敏度为 $8\,\mathrm{mV}/\mu\mathrm{m}$。这类传感器具有线性范围大、灵敏度高、频率范围宽、抗干扰能力强、不受油污等介质影响以及非接触测量等特点。由于该类传感器属于相对式传感器，它能方便地测量运动部件与静止部件之间的间隙变化（例如转轴相对于轴承座的振动等）。实验证明：表面粗糙度对测量几乎无影响，但表面微裂缝和被测材料的电导率和磁导率对灵敏度有影响。所以在测试前最好用和试件材料相同的样件在校准装置上直接校准以取得特性曲线。此外如被测件是小圆柱体则其直径与线圈直径之比对灵敏度也有影响。这类传感器在汽轮机组、空气压缩机组等回转轴系的振动监测、故障诊断中应用甚广。

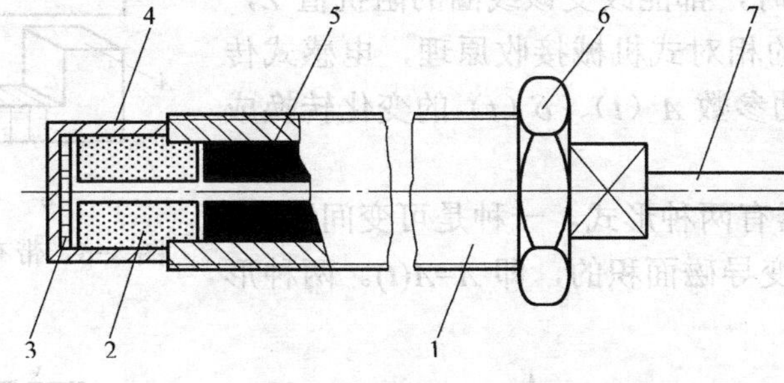

图 8-5　电涡流式位移传感器

1—壳体　2—框架　3—线圈　4—保护套　5—添料　6—螺母　7—电缆

8.3.3 电感式振动传感器

如图 8-6 所示，它是一个带有工作气隙 δ 的电感元件。现在来讨论这个电感元件的电阻抗 Z 的大小。对于任何一个有铁心的线圈，其阻抗都可以表示为

$$Z = R + \mathrm{j}2\pi f \frac{W^2}{Z_{\mathrm{M}}} \tag{8-3}$$

式中 R——线圈的直流电阻；

f——工作电压的频率；

W——线圈的匝数；

Z_{M}——磁回路的磁阻。

如果忽略漏磁通的影响，则

$$Z_{\mathrm{M}} = Z_{\mathrm{MCO}} + Z_{\mathrm{M5}} \tag{8-4}$$

而

$$Z_{\mathrm{MCO}} = \frac{l}{\mu A}, \quad Z_{\mathrm{M\delta}} = \frac{\delta}{\mu_0 A}$$

式中 Z_{MCO}——铁心部分的磁阻；

Z_{M5}——气隙部分的磁阻；

l，δ——铁心和气隙的工作长度；

μ，μ_0——铁心和空气的磁导率；

A——铁心面积。

将式（8-4）代入式（8-3），得

$$Z = R + \mathrm{j}\omega \frac{W^2}{\dfrac{1}{\mu A} + \dfrac{\delta}{\mu_0 A}} \tag{8-5}$$

由此可见，如果式（8-5）的右边诸项中的任何一个参数 $A(t)$、$\delta(t)$ 有变化时，都能改变该线圈的阻抗值 Z，也就是说，依据传感器的相对式机械接收原理，电感式传感器能把被测的机械振动参数 $A(t)$、$\delta(t)$ 的变化转换成为电参量信号 Z 的变化。

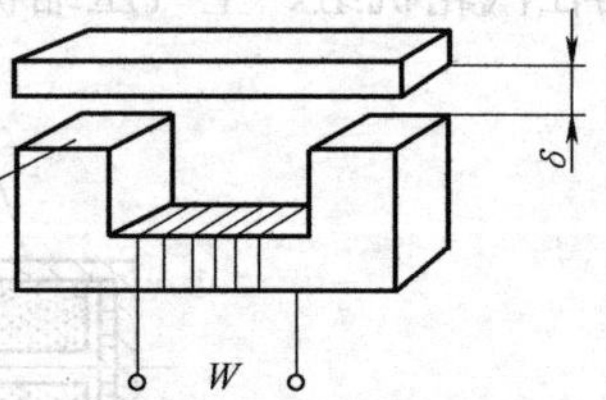

图 8-6 带有气隙的电感元件

因此，电感式传感器有两种形式，一种是可变间隙的，即 $\delta=\delta(t)$；另一种是可变导磁面积的，即 $A=A(t)$。两种形式分别如图 8-7 所示。

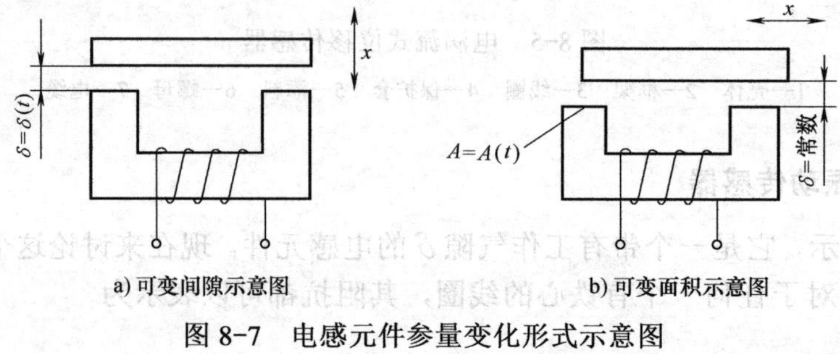

a) 可变间隙示意图　　b) 可变面积示意图

图 8-7 电感元件参量变化形式示意图

下面讨论可变间隙传感器的输出电参数特性。

如果当 $R << \omega L$ 时，$Z = \mathrm{j}\omega L$，同时，在制造时，为了保证更高的变换效率和较好的特性，应当尽量选择高磁导率的材料。所以有 $1/\mu A << \delta/\mu_0 A$，在满足了上述条件之后，式（8-5）可以近似地写成

$$Z = \mathrm{j}\mu_0 AW^2 \frac{1}{\delta} \tag{8-6}$$

由式（8-6）可知，线圈的阻抗 Z 和气隙长度 $\delta(t)$ 成双曲线关系，如图 8-8a 所示。该曲线只有在灵敏度极低或者在间隙极小的时候才会出现接近直线的部分，但是，只要适当地选择 $\delta_0(t)$，就有可能得到在 $\Delta\delta =（0.1\sim0.15）\delta_0$ 的范围内，基本上可以认为工作是线性的。

差动式传感器的简图如图 8-8b、c 所示。由它的特性曲线可看出，只要适当选取 δ_0，在 $\Delta\delta =（0.3\sim0.4）\delta_0$ 的范围内，基本上可以认为工作是线性的。

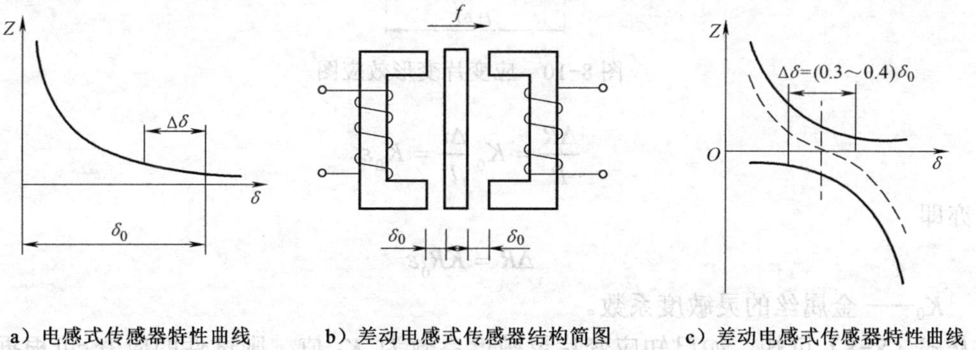

a）电感式传感器特性曲线　b）差动电感式传感器结构简图　c）差动电感式传感器特性曲线

图 8-8　差动电感式传感器特性曲线及结构简图

如果把差动电感式传感器的两个线圈接入交流器电桥中，电桥可以有很大的输出。当把差动式电感传感器的两个线圈放到高速旋转轴的两侧，就构成了非接触式电感传感器。它可测量轴心轨迹。旋转轴的测试如图 8-9 所示。

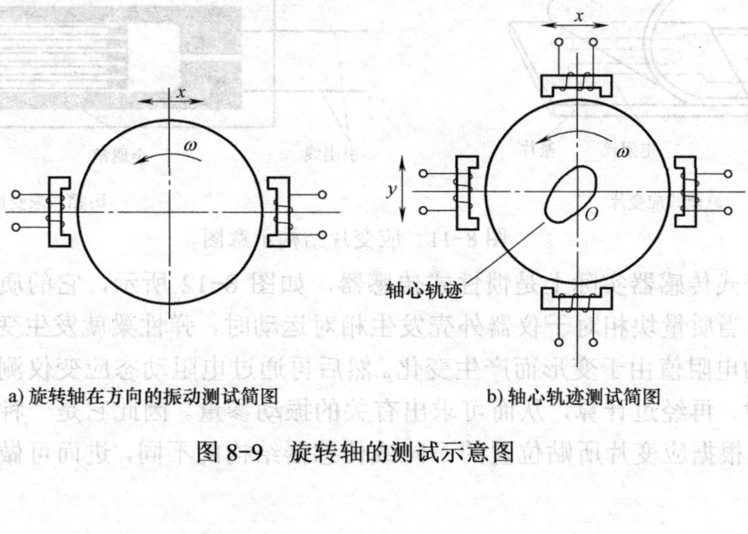

a) 旋转轴在方向的振动测试简图　b) 轴心轨迹测试简图

图 8-9　旋转轴的测试示意图

8.3.4 电阻式振动传感器

电阻应变式传感器是将被测的机械振动量转换成传感元件电阻的变化量。实现这种机电转换的传感元件有多种形式。电阻应变片的工作原理为：长为l、电阻值为R的应变片粘贴在某试件上时，试件受力变形，应变片就由原长l变化到$l+\Delta l$，如图 8-10 所示。应变片阻值则由 R 变化到$R+\Delta R$，实验证明，在试件的弹性变化范围内，应变片电阻的相对变化$\Delta R/R$和其长度的相对变化$\Delta l/l$（即应变ε）成正比，即

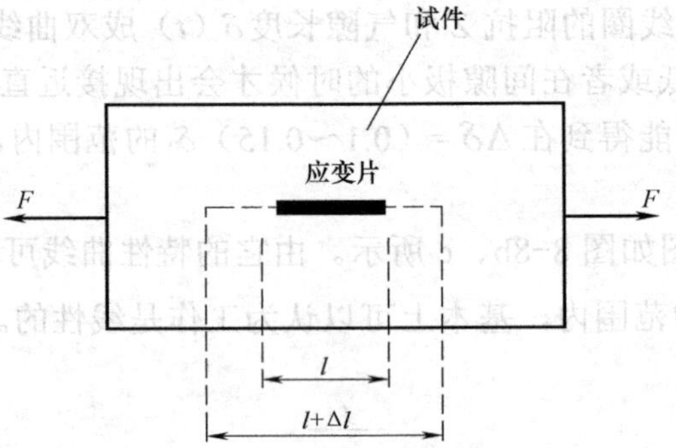

图 8-10　应变片变形效应图

$$\frac{\Delta R}{R}=K_0\frac{\Delta l}{l}=K_0\varepsilon \tag{8-7}$$

亦即

$$\Delta R=KR_0\varepsilon \tag{8-8}$$

式中　K_0——金属丝的灵敏度系数。

从式（8-8）可知，如已知应变片灵敏度系数为 K_0 值，则试件的应变ε可根据金属丝的阻值变化求得。为了增大应变灵敏度和提高测量精度，一般是把具有较大电阻值的细长金属丝盘绕或光刻腐蚀成回线形式的敏感栅构架，并通过黏结剂固定在树脂基底上，再用引出线连接两端点，共同构成电阻应变片。电阻应变片结构示意图如图 8-11 所示。

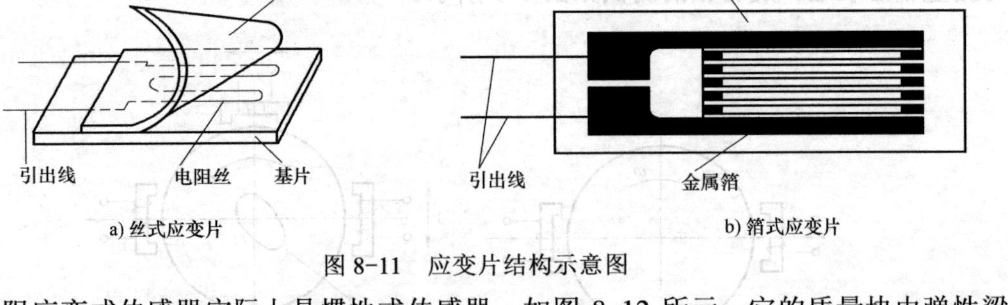

图 8-11　应变片结构示意图

电阻应变式传感器实际上是惯性式传感器，如图 8-12 所示，它的质量块由弹性梁悬挂在外壳上，当质量块相对于仪器外壳发生相对运动时，弹性梁就发生变形，贴在弹性梁上的应变片的电阻值由于变形而产生变化。然后再通过电阻动态应变仪测得电阻值的变化量及变化规律，再经过计算，从而可求出有关的振动参量。因此它是一种惯性式电阻应变传感器。也可根据应变片所贴位置的不同或传感器结构的不同，进而可做成电阻应变式扭

矩传感器、电阻应变式扭振传感器等。

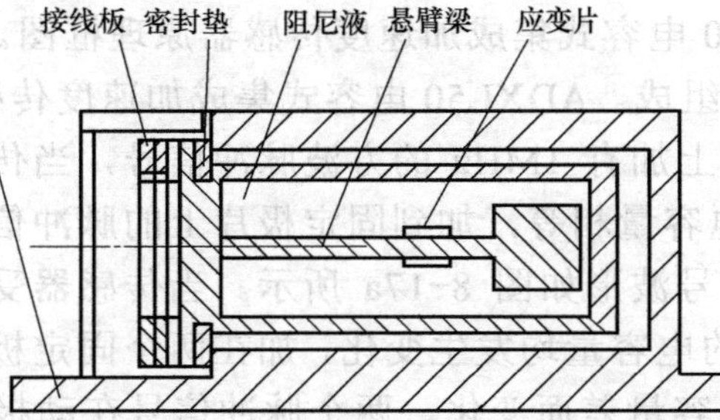

图 8-12　应变片加速度传感器结构示意图

应变式加速度传感器的主要优点是低频响应好，可以测量直流信号（如匀加速度）。此类传感器一般都配有阻尼，用以抑制不需要的高频信号成分，不使波形失真。

8.3.5　电容式加速度传感器

1. 差动电容式加速度传感器

图 8-13 是差动电容式加速度传感器的工作原理图。它由两个差动电容器组成，上极板与悬梁构成电容器 C_1，悬梁与下极板构成电容器 C_2。当加速度为零时，悬梁处在上、下极板的中间位置，$C_1=C_2$。当有加速度存在时，悬梁产生变形并与极板的距离发生变化，于是 $C_1 \neq C_2$。差动式电容加速度传感器多采用表面微加工技术制造。它由三层多晶硅组成差动电容器，第一层和第三层是不动的，第二层是悬梁，它在加速度作用下是可运动的。这种传感器可以和检测电路集成在一起，组成一个加速度检测模块，其灵敏度可达 0.35mV/g。表面微加工的电容式加速度传感器如图 8-14 所示。

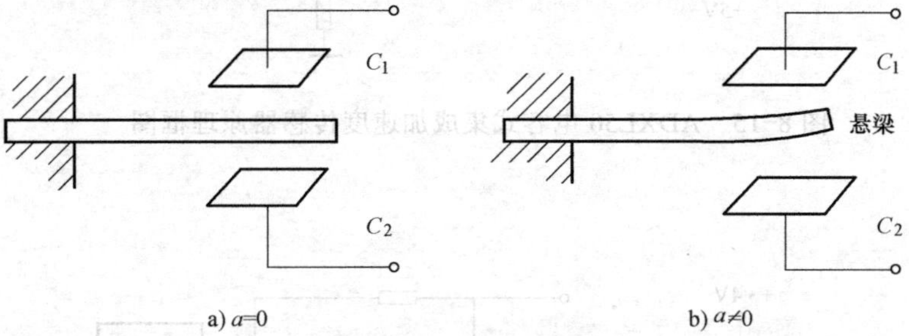

图 8-13　差动电容式加速度传感器的工作原理图

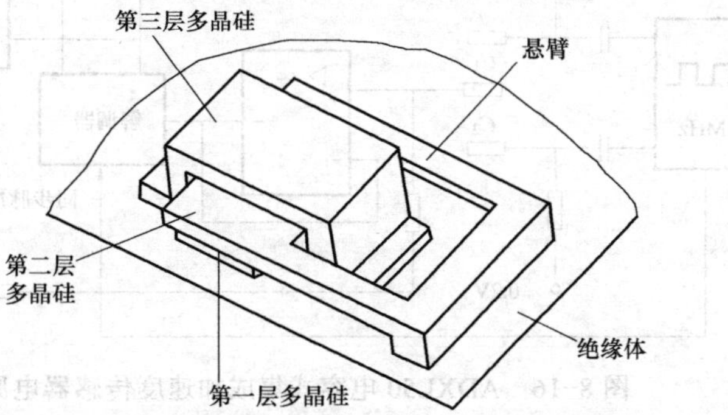

图 8-14　表面微加工的电容式加速度传感器

2. ADXL50电容式集成加速度传感器

图8-15是ADXL50电容式集成加速度传感器原理框图。它由加速度传感器、振荡器、解调器及放大器等组成。ADXL50电容式集成加速度传感器的电原理如图8-16所示。在传感器固定极片上加有1MHz的方波脉冲信号，当传感器没有受到加速度作用时，由于C_1和C_2的电容量相等，加到固定极片上的脉冲信号由于相位相反而互相抵消，输出信号为零，信号波形如图8-17a所示。当传感器受到加速度作用时，由于固定极片位移，C_1和C_2的电容量均发生变化，加在两个固定极片上的两个脉冲信号的相位差将随两个电容器的容量差而变化，两个脉冲信号在动极片上相加后输出波形如图8-17b所示。

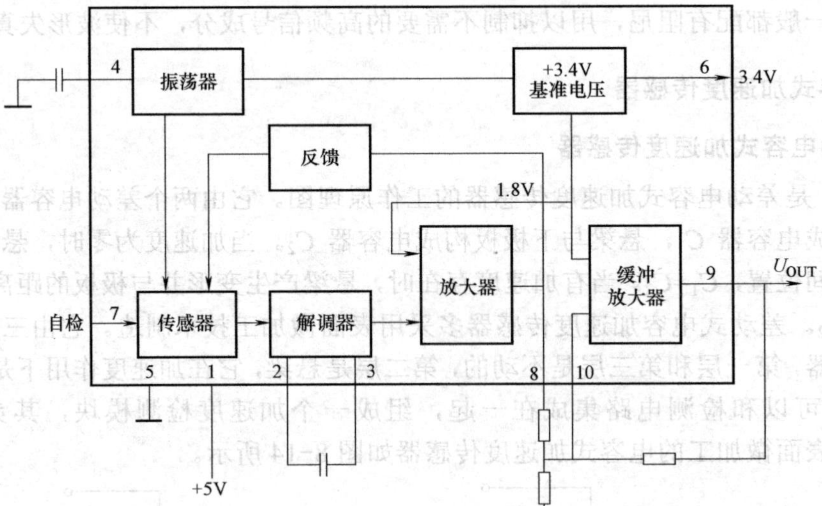

图8-15 ADXL50电容式集成加速度传感器原理框图

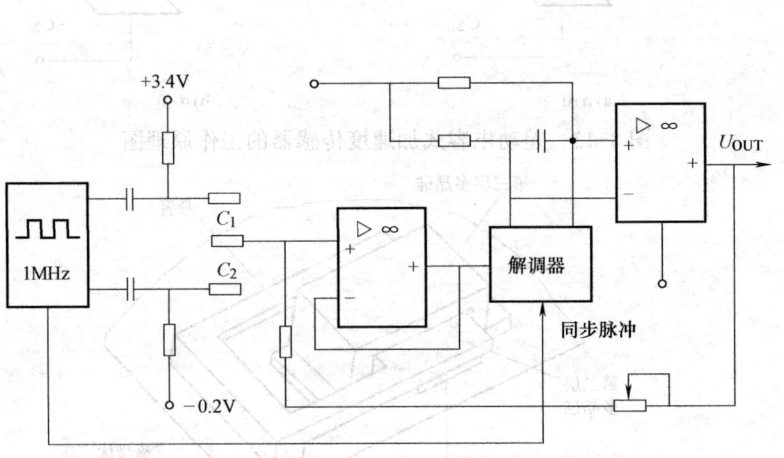

图8-16 ADXL50电容式集成加速度传感器电原理

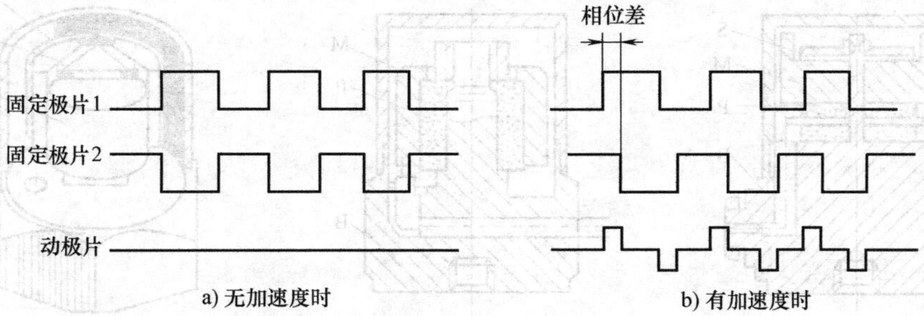

图 8-17　极片的输出信号波形

8.3.6　压电式加速度传感器

压电式加速度传感器又称压电式加速度计。

1. 压电加速度计的结构设计

常用的压电加速度计的结构形式如图 8-18 所示。图中，S 是弹簧，M 是质量块，B 是基座，P 是压敏元件，R 是夹持环。图 8-18a 是中心安装压缩型，压电元件—质量块—弹簧系统装在圆形中心支柱上，支柱与基座连接，这种结构的共振频率高。然而基座 B 与测试对象连接时，如果基座 B 有变形，则将直接影响传感器输出。此外，测试对象和环境温度变化将影响压敏元件，并使预紧力发生变化，易引起温度漂移。图 8-18b 为环形剪切型，结构简单，能做成极小型、高共振频率的加速度计，环形质量块粘到装在中心支柱上的环形压敏元件上。由于黏结剂会随温度增高而变软，因此最高工作温度受到限制。图 8-18c 为三角剪切型，压敏元件由夹持环将其夹牢在三角形中心柱上。加速度计感受轴向振动时，压敏元件承受切应力。这种结构对底座变形和温度变化有极好的隔离作用，有较高的共振频率和良好的线性。其剪切设计使质量块、底座和敏感元件之间的摩擦力产生正比于加速度的输出信号，则温度灵敏度降低，对基座应变也不敏感。压电式加速度计由绝对加速度输入，到压敏元件的电荷输出，实际上经过二次转换。首先按惯性式传感器的力学模型，将加速度输入转换成质量对壳体的相对位移 z_{01}。其次将与 z_{01} 成正比的弹簧力转换成电荷输出。考虑到第二次转换是一种比例转换，因而压电式加速度计的频率响应特性在很大程度上取决于第一次转换的频率响应特性。

如果加速度传感器的固有频率是 ω_n，显然 $\omega_n=\sqrt{k/m}$，式中 k 是弹簧板、压敏元件片和基座螺柱的组合刚度系数，m 是惯性质量块的质量。为了使加速度传感器正常工作，被测振动的频率 ω 应该远低于加速度传感器的固有频率，即 $\omega \ll \omega_n$。很明显，由于输入和惯性质量块与基座之间的相对运动 z_{01} 成比例，加速度传感器的压敏元件片受到交变压力后 z_{01} 将和加速度成正比。所以加速度传感器就能输出与被测振动加速度成比例的电荷。这就是压电式加速度传感器的工作原理。

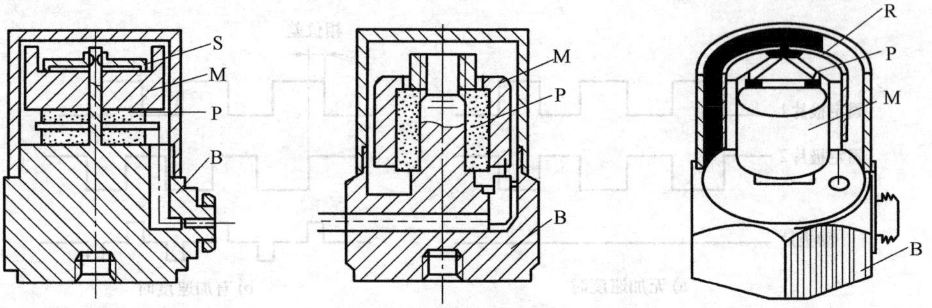

a) 中心安装压缩型　　b) 环形剪切型　　c) 三角剪切型

图 8-18　压电式加速度传感器

2．压电式加速度传感器的灵敏度

压电式加速度传感器的灵敏度有两种表示方法，一个是电压灵敏度 S_V；另一个是电荷灵敏度 S_q。加速度传感器的工作原理及等效电路如图 8-19 所示。

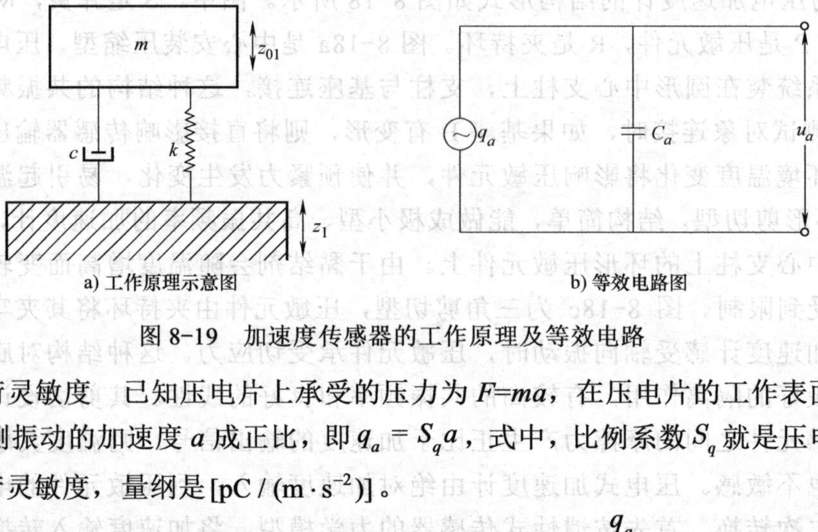

a) 工作原理示意图　　b) 等效电路图

图 8-19　加速度传感器的工作原理及等效电路

（1）电荷灵敏度　已知压电片上承受的压力为 $F=ma$，在压电片的工作表面上产生的电荷 q_a 与被测振动的加速度 a 成正比，即 $q_a = S_q a$，式中，比例系数 S_q 就是压电式加速度传感器的电荷灵敏度，量纲是 $[\mathrm{pC/(m \cdot s^{-2})}]$。

（2）电压灵敏度　由图 8-19 可知，传感器的开路电压 $u_a = \dfrac{q_a}{C_a}$，式中，C_a 为传感器的内部电容量，对于一个特定的传感器来说，C_a 为一个确定值。所以 $u_a = \dfrac{S_q}{C_a} a$，即 $u_a = S_V a$。

也就是说，加速度传感器的开路电压 u_a 也与被测加速度 a 成正比，比例系数 S_V 就是压电式加速度传感器的电压灵敏度，量纲是 $[\mathrm{mV/(m \cdot s^{-2})}]$。对给定的压电材料而言，灵敏度随质量块的增大或压电片的增多而增大。一般来说，加速度计尺寸越大，其固有频率越低。因此选用加速度计时应当权衡灵敏度和结构尺寸、附加质量影响和频率响应特性之间的利弊。

压电晶体加速度计的横向灵敏度表示它对横向（垂直于加速度计轴线）振动的敏感程度。横向灵敏度常以主灵敏度（即加速度计的电压灵敏度或电荷灵敏度）的百分比表示。

一般在壳体上用小红点标出最小横向灵敏度方向，一个优良的加速度计的横向灵敏度应小于主灵敏度的 3%。

3．压电式加速度传感器的频率特性

实际的压电式加速度传感器，由于电荷泄漏，其幅频特性如图 8-20 所示，从图中可以看出，压电式加速度传感器工作频率范围很宽，只有在加速度传感器的固有频率 ω_n 附近灵敏度才发生急剧变化。加速度传感器的使用上限频率取决于幅频曲线中的共振频率。一般小阻尼（$\xi \leqslant 0.1$）的加速度传感器，上限频率若取为共振频率的 1/3，便可保证幅值误差低于 1dB（即 12%）；若取为共振频率的 1/5，则可保证幅值误差小于 0.5dB（即 6%），相移小于 3°。

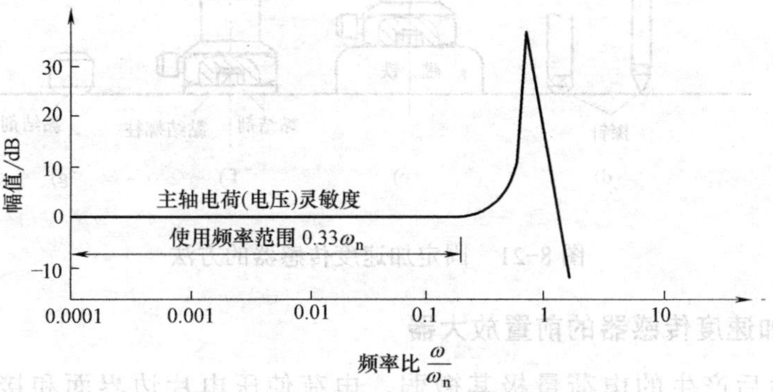

图 8-20 压电式加速度传感器的幅频特性

4．加速度传感器的安装方法

压电式加速度传感器的共振频率与加速度传感器的固定状况有关，加速度传感器出厂时给出的幅频曲线是在刚性联接的固定情况下得到的。实际使用的固定方法往往难于达到刚性联接，因而共振频率和使用的上限频率都会有所下降。加速度传感器与试件的各种固定方法如图 8-21 所示。其中图 8-21a 采用钢螺柱固定，是使共振频率能达到出厂共振频率的最好方法。螺柱不得全部拧入基座螺孔，以免引起基座变形，影响加速度计的输出。在安装面上涂一层硅脂可增加不平整安装表面的联接可靠性。需要绝缘时可用绝缘螺柱和云母垫片来固定加速度传感器（见图 8-21b），但垫圈应尽量薄。用一层薄蜡把加速度传感器粘在试件平整表面上（见图 8-21c），亦可用于低温（40℃以下）的场合。手持探针测振方法（见图 8-21d）在多点测试时使用特别方便，但测量误差较大，重复性差，使用上限频率一般不高于 1000Hz。用专用永久磁铁固定加速度传感器（见图 8-21e），使用方便，多在低频测量中使用。此法也可使加速度传感器与试件绝缘。用硬性黏结螺柱（见图 8-21f）或黏结剂（见图 8-21g）的固定方法也常使用。软性黏结剂会显著降低共振频率，不宜采用。某种典型的加速度传感器采用上述各种固定方法的共振频率分别为：钢螺柱固定法 31kHz、云母垫片法 8kHz、涂薄蜡层法 29kHz、手持法 2kHz、永久磁铁固定法 7kHz。

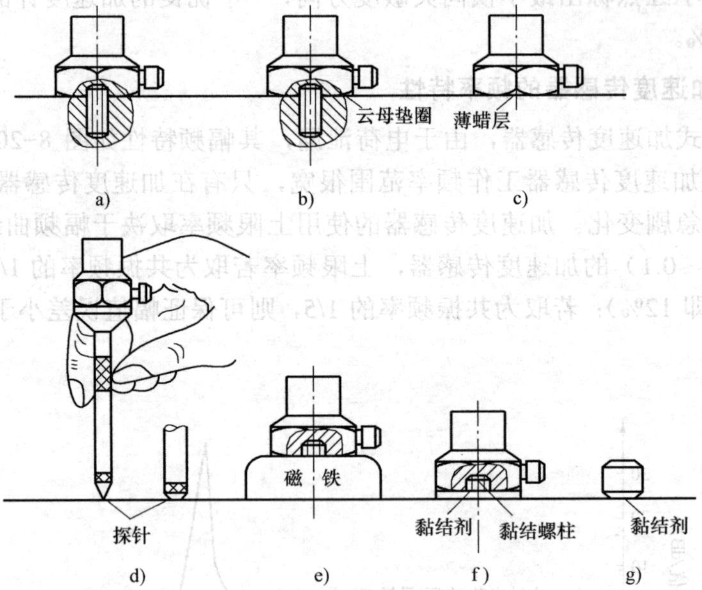

图 8-21　固定加速度传感器的方法

5．压电式加速度传感器的前置放大器

压电片受力后产生的电荷量极其微弱，电荷使压电片边界面和接在边界面上的导体充电到电压 $u = q / C_a$（这里 C_a 是加速度计的内电容）。要测定这样的微弱的电荷（或电压）的关键是防止导线、测量电路和加速度传感器本身的电荷泄漏。换句话讲，压电加速度传感器所用的前置放大器应具有极高的输入阻抗，把泄漏减少到测量准确度所要求的限度以内。

用于压电式传感器的前置放大器有两类：电压放大器和电荷放大器。所用电压放大器就是高输入阻抗的比例放大器。其电路比较简单，但输出受连接电缆对地电容的影响，适用于一般振动测量。电荷放大器以电容作为负反馈，使用中基本不受电缆电容的影响。在电荷放大器中，通常用高质量的元器件，输入阻抗更高，但价格也比较昂贵。

从压电式加速度传感器计的力学模型看，它具有"低通"特性，故可测量极低频的振动。但实际上由于低频，尤其小振幅振动时，加速度值小，传感器的灵敏度有限，因此输出信号将很微弱，信噪比很差；另外电荷的泄漏、积分电路的漂移（用于测振动的速度和位移）、器件的噪声都是不可避免的，所以实际低频端也出现"截止频率"，为 0.1～1Hz。若配用好的电荷放大器则可降到 0.11mHz。

微电子技术的发展，已提供了体积很小、能装在压电式加速度传感器壳体内的集成放大器，由它来完成阻抗变换的功能。这类内装集成放大器的加速度传感器可使用长电缆而无衰减，并可直接与大多数通用的输出仪器（如示波器、记录仪、数字电压表）连接。

8.3.7　磁致伸缩式振动传感器

当一个铁磁材料被磁化时，元磁体（分子磁体）极化方向的改变将会引起其外部尺寸的改变这一现象称磁致伸缩（Magnetostriction）。这种长度的相对变化 dl/l 在饱和磁化时的值为 $10^{-6}\sim10^{-5}$。如果施加的是一种交变的磁场，那么这种现象便会导致一种周期性的形状改变和机械振动。在变压器中这一效应会产生交流噪声，而这一效应也可被用来作为磁致伸缩转换器，用以产生超声波。

这种磁致伸缩现象的逆效应便是磁弹性效应。铁磁材料在受拉或压应力作用时会改变其磁化强度。这一现象可用来制造磁致伸缩或磁弹性振动传感器。图 8-22 示出一种磁致伸缩式传感器。其中探测器的芯子是由一块铁氧体或由一叠铁磁性铁片组成。芯子中间绕制有一线圈。当芯子上作用有一交变压力时，它的磁通密度改变，从而在其周围的线圈中感应出交变电压来。

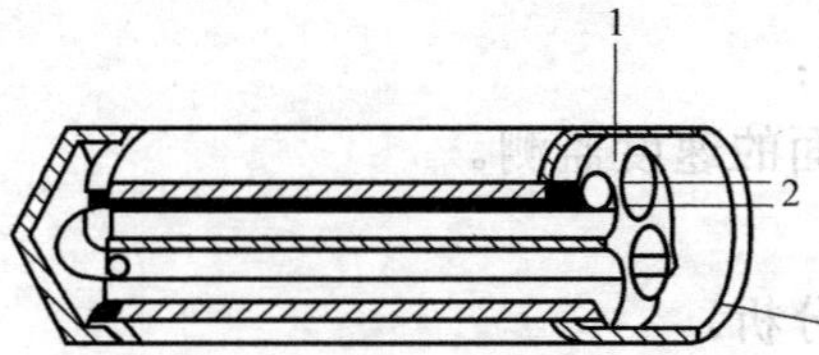

图 8-22　磁致伸缩式传感器

1—芯子　2—线圈　3—保护管

用这种传感器可测量液体中的声压或超声波声压。传感器的灵敏度取决于声音前频率，振动频率为 1kHz 时约为 1μV / Pa 。这种传感器经设计可在高温条件下工作，比如在 1000℃的高温介质中仍能可靠工作。

8.3.8　激光速度传感器

激光干涉法可用于振动测量。图 8-23 为一种麦克尔逊干涉仪的装置原理图。

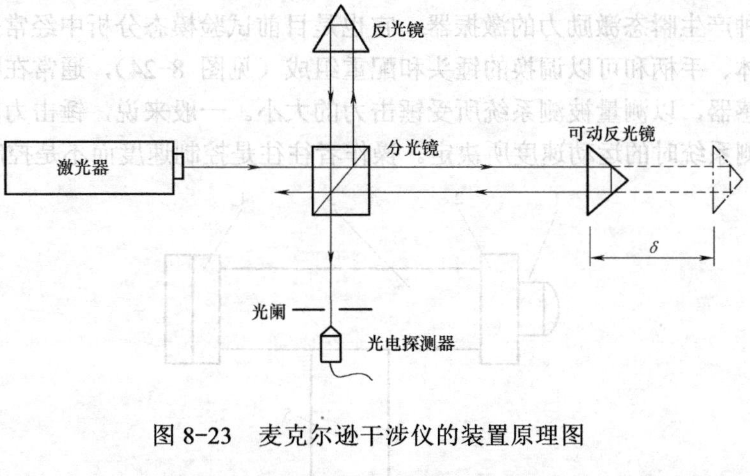

图 8-23　麦克尔逊干涉仪的装置原理图

由图 8-23 可见，激光光束经一分光镜后被分成两束各为 50%光能的光束，分别导致两反光镜上。两束光被反射后返回到分光镜，每束光的一部分穿过光阑到达光电检测器。由于光程差的关系，两束光在光电探测器中发生干涉，从而产生明暗交替的干涉条纹。当图中的可动反光镜移动一距离δ时，光束的光程则增加2δ，那么在光电检测器中所产生的暗条纹数等于在该路程改变中的波长数N，于是有

$$2\delta = N\lambda \tag{8-9}$$

从式（8-9）可来确定移动的距离δ。这种方法的分辨率可达一个条纹的1/100，因此干涉法一般用于测量量级很小（约为10^{-5}mm）的位移。如果将该移动反射镜连接到一个振动表面，反射回来的光束与起始的分光光束结合，在光电检测器中便可看到明暗交替的干涉条纹。每单位时间里的条纹数便代表了振动表面的振动速度。由传感器所敏感到的速度则是可移动反光镜沿激光束方向的速度分量。这种装置的工作距离一般为1m长。由于这是一种非接触式的速度传感器，因此它不影响被测结构的质量，这一点地震式传感器是做不到的。

这种传感器的典型应用有：

1）内燃机进气管道热表面的速度监测。

2）振动膜片的速度监测。

3）旋转机械转轴的轨道分析。

4）对那些不能连接地震式传感器的机器零件的速度监测。

8.4 激振器

激振器是按一种预定的要求对被测对象施加一定形式激振力的装置。测试中要求激振器在其频率范围内能够提供波形良好、强度足够和稳定的交变力；某些情况下还需提供一恒力，以便使被测对象受到一个一定的预加荷载，以消除间隙或模拟某种恒定力。

常用的激振器有电动式、电磁式和电液式三种。

8.4.1 力锤

力锤是一种产生瞬态激励力的激振器，它也是目前试验模态分析中经常采用的一种激励设备。它由锤体、手柄和可以调换的锤头和配重组成（见图8-24），通常在锤体和锤头之间装有一个力传感器，以测量被测系统所受锤击力的大小。一般来说，锤击力的大小是由锤击质量和锤击被测系统时的运动速度所决定。操作者往往是控制速度而不是控制力的大小。

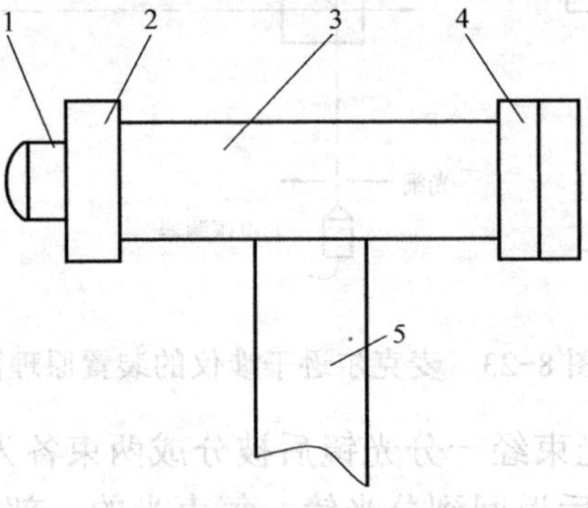

图8-24 力锤

1—锤头 2—力传感器 3—锤体 4—配重 5—手柄

脉冲激振是指在极短的时间内对被测对象施加一作用力使其产生振动的激振方式。工程测试中常用力锤敲击被测对象实现脉冲激振：激励谱的形状由所选锤头材料和锤头总重量决定，使用锤头附加质量可以增加激励能量。它对被测对象作用力的变化近似半正弦波，激振力的频谱在一定频率范围内接近平直谱（见图 8-25）。激振力的大小及有效频率范围取决于脉冲锤的质量及敲击时接触时间的长短。由表 8-1 可见，随着锤头质量增加，激励频宽降低；激励频谱随锤头材料软硬不同而变化。实际测试中，当脉冲锤质量一定时，激励力的有效频率范围就取决于锤头垫（锤头与试件接触部分）材料的软、硬程度，锤头垫越硬，则敲击时接触的时间越短，激振力越大，有效作用频带越宽。反之，锤头垫越软，敲击接触时间越长，激振力越小，有效作用频带越窄。因此，只要选择合适的锤头垫材料就可获得希望的激振频率范围，常用的锤头垫材料有钢、黄铜、铝合金、橡胶等。敲击力的大小可通过调节脉冲锤配重和敲击加速度来改变。其额定频率范围由 f_c 决定。力脉冲宽度 T_c 又由硬度不同的锤头材料控制，锤头材料越硬，T_c 越窄，锤击激振力的波形就越尖，说明它含较高的频率成分。例如 Kistler 振动传感器中，型号为 9912 型的锤头最软，脉冲宽度宽，能量以窄带分布；型号为 9902A 型的锤头最硬，脉冲宽度窄，能量以宽带分布；脉冲激振的主要缺点是：力的大小不易控制，过小会降低信噪比，过大会引起非线性；锤击时间也不易掌握，它影响锤击激振力的频谱形状。

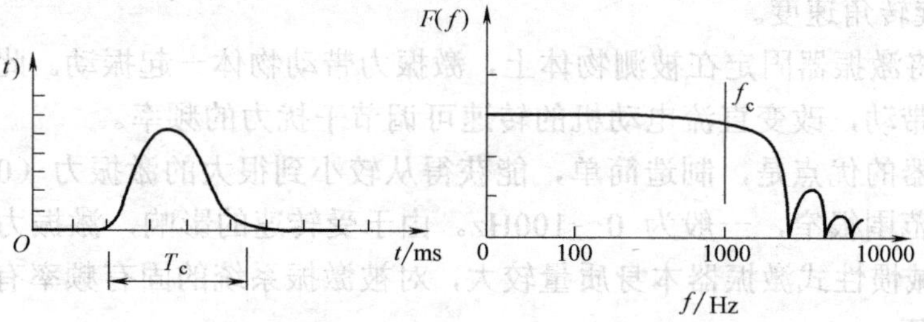

a) 激振力　　b) 激振力频谱

图 8-25　敲击激振力及其频谱

表 8-1　锤击激振力频谱与锤头质量、材料的关系

序　号	型　号	锤头质量/kg	频率范围/kHz	备　注
1	9722A500	0.1	≈8.2	Kistler 振动传感器
2	9722A2000	0.1	≈9.3	
3	9722A2000	0.25	≈6.6	
4	9722A5000	0.25	≈6.9	
5	9722A5000	0.5	≈5.0	
6	9722A20000	0.5	≈5.4	
7	9722A20000	1.5	≈1	

8.4.2　机械惯性式激振器

这种激振器是利用偏心质量的旋转，使之产生周期变化的离心力，以起激振作用。由两个带偏心质量而反向等速旋转的齿轮结构组成的机械惯性式激振器如图 8-26 所示。

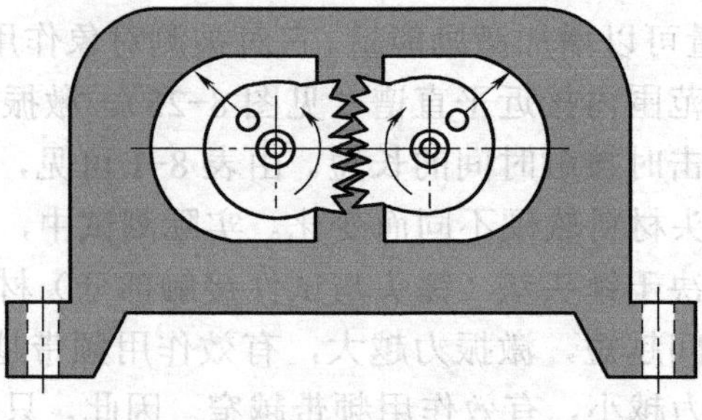

图 8-26 机械惯性式激振器示意图

偏心质量齿轮旋转时，两偏心质量齿轮的惯性力的合力在铅直方向以简谐规律变化，在水平方向合力为零，则激振力的大小为

$$F = 2m\omega^2 e\cos\omega t \tag{8-10}$$

式中 m——偏心块的质量；

e——偏心块的偏心距；

ω——旋转角速度。

使用时，将激振器固定在被测物体上，激振力带动物体一起振动。此类激振器一般都由直流电动机带动，改变直流电动机的转速可调节干扰力的频率。

这种激振器的优点是，制造简单，能获得从较小到很大的激振力（0 至几万牛）；缺点是工作频率范围很窄，一般为 0～100Hz。由于受转速的影响，激振力大小无法单独控制，另外，机械惯性式激振器本身质量较大，对被激振系统的固有频率有一定影响，且安装使用很不方便。

8.4.3 电动式激振器

电动式激振器按其磁场的形成方法有永磁式和励磁式两种。前种多用于小型激振器，而后者多用于较大型的激振器，也即激振台中。

电动式激振器的结构如图 8-27 所示。驱动线圈 6 固装在顶杆 12 上，支承弹簧 11 支承在壳体 8 中，驱动线圈 6 正好位于磁极板 7 与铁心 9 的气隙中，驱动线圈 6 通入经功率放大后的交变电流时，根据磁场中载流体受力的原理，线圈将受到与电流成正比的电动力的作用，此力通过顶杆传到试件上便是所需的激振力。这里要注意，由顶杆施加到试件上的激振力不等于线圈受到的电动力。激振力和激振器运动部件的弹性力、阻尼力及惯性力的矢量和才等于电动力。而传力比（电动力与激振力之比）与激振器运动部分和试件本身的质量、刚度、阻尼等有关，并且是频率的函数。只有当激振器运动部分质量与试件相比可忽略不计时，并且激振器与试件连接刚度好、顶杆系统刚性也很好的情况下，才可认为电动力等于激振力。一般最好使顶杆通过一只力传感器去激励试件，以便精确测出激振力的大小和相位。

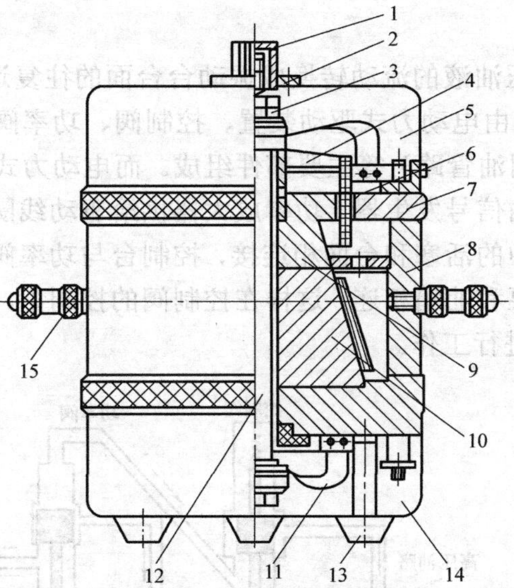

图 8-27　电动式激振器

1—保护罩　2—连接杆　3—螺母　4—连接骨架　5—上罩　6—驱动线圈　7—磁极板　8—壳体　9—铁心　10—磁钢　11—支承弹簧　12—顶杆　13—地脚　14—下罩　15—手柄

电动式激振器主要用于使试验对象产生绝对振动（以大地作为参考坐标，习惯上称为绝对振动），因而激振时应使激振器壳体在空中保持静止，使激振器产生的能量尽量用于试验对象的振动。

为了使激振器的能量尽量用于对试件的激励上，图 8-28 所示的激振器安装方法能满足这一要求。在进行较高频率的激振时，激振器都用软弹簧（如橡胶绳）悬挂起来，如图 8-28a 所示，并可加上必要的配重 1，以尽量降低悬挂系统的固有频率，至少使它低至激振频率的 1/3 以下。试验时，通常是用软弹簧绳 3（例如旧 V 带）套在激振器壳体的两个把手上，将它悬挂在空中对试验对象 2 进行激振。这时因为激振器本身自重大，弹簧绳刚度低，当激振力频率不太低时，激振器壳体在空中近乎静止。激振器悬挂于空中做水平方向激振时，为降低悬挂系统的固有频率，应有足够的悬挂长度和配重，为了产生一定的预加载荷，激振器需要倾斜角悬挂，如图 8-28b 所示，这样一方面可对试验对象 2 施加固定的预加载荷，也可使激振器的弹簧工作于水平段。低频激振时，要维持上述条件的悬挂是办不到的，因而都将激振器刚性地安装在地面，或刚性很好的架子上，如图 8-28c，让安装的激振器的固有频率比激振频率高 3 倍以上。

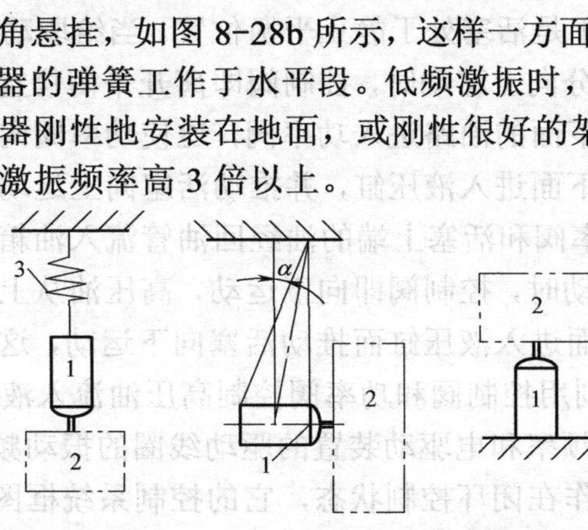

图 8-28　绝对激振时激振器的安装

1—配重　2—试验对象　3—软弹簧绳

8.4.4 液压振动台

液压振动台是将高压油液的流动转换成振动台台面的往复运动的一种机械，其原理如图 8-29 所示。其中台体由电动力式驱动装置、控制阀、功率阀、液压缸、高压油路（供油管路）和低压油路（回油管路）等主要部件组成。而电动力式驱动装置和电磁式振动台的控制系统结构一样，由信号发生器、功率放大器供给驱动线圈驱动电信号，从而驱动控制阀工作。由于液压缸中的活塞和台面相连接，控制台与功率阀有多个进出油孔，分别通过管路与液压缸、液压泵和油箱相连，这样在控制阀的控制下，通过不断改变油路就可使台面按控制系统的要求进行工作。

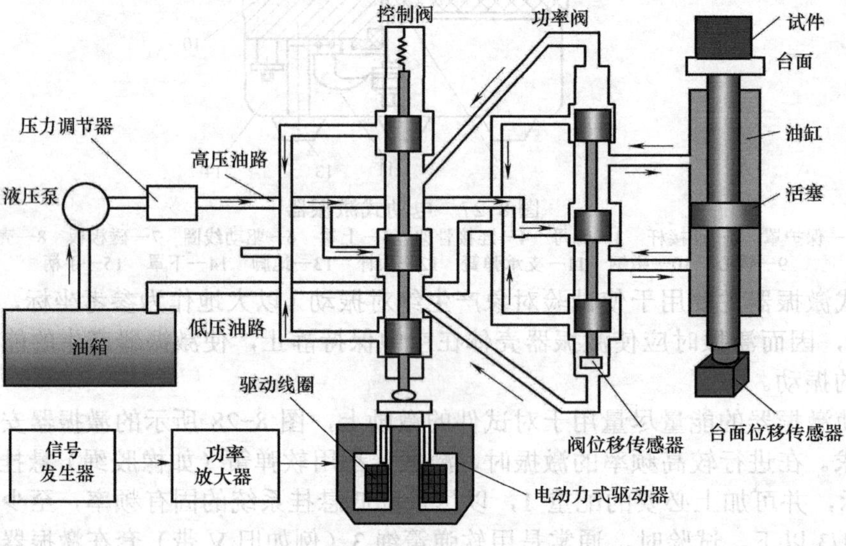

图 8-29　液压振动台原理

振动台处于平衡位置时，即电动力式驱动装置中的驱动线圈未加驱动信号时振动台的平衡位置，控制阀和功率阀的滑阀正好关闭了所有的进出油孔，使高压油不能通过控制阀和功率阀而进入液压缸，于是活塞处于静止平衡位置。当给驱动装置的驱动线圈加一驱动信号使驱动装置的可动部分向上移动时，控制阀即离开平衡位置向上运动，从而打开控制阀的高压油孔，高压油经下面的油路进入功率阀，迫使功率阀向上运动，继而使功率阀的高压油孔打开，高压油从下面进入液压缸，并推动活塞向上运动，这样振动台台面就向上运动，而处在控制阀、功率阀和活塞上端的油经回油管流入油箱中。当外加驱动信号使驱动线圈的可动部分向下运动时，控制阀即向下运动，高压油从上面进入功率阀，迫使功率阀向下运动，高压油从上面进入液压缸而推动活塞向下运动，这样振动台就向下运动。不难看出，液压振动台就是利用控制阀和功率阀控制高压油流入液压缸的流量和方向来实现台面的振动，台面振动的频率和电驱动装置的驱动线圈的振动频率相同。

实际的液压振动台工作在闭环控制状态，它的控制系统框图如图 8-30 所示。信号发生器产生的振动信号与各反馈回路传感器测量得到的阀位移、液压脉动及台面位移信号一起在控制部分进行处理，最后产生误差信号送到电动驱动装置的驱动线圈中，然后经控制阀和功率阀使振动台产生稳定的振动。

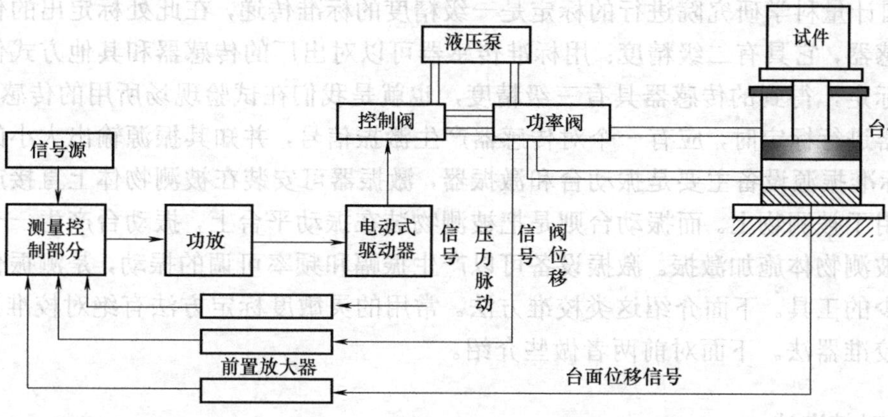

图 8-30 液压振动台的控制系统

由于液压振动台可比较方便地提供大的激振力，台面能承受大的负载，因此一般都做成大型设备，以适应大型结构的模型试验。它的工作频率段下限可低至零赫兹，上限可达几百赫兹。由于台面由高压油推动，国而避免了漏磁对台面的影响。但是，台面的振动波形直接受油压及油的性能的影响。因此，压力的脉动、油液受温度的影响等都将直接影响台面的振动波形。所以，与电磁式振动台相比，它的波形失真度相对来说要大一些。表 8-2 中列出了几种国产液压振动台的主要技术指标。

表 8-2 几种国产液压振动台的主要技术指标

厂　商	型　号	最大负载/N	频率范围/Hz	最大振幅/mm	最大加速度/(m·s^{-2})	振　动	最大推力/N	台面尺寸/mm
苏州试验仪器厂	E—25	4000	0.5～30	±12.4	50（空载）	垂直、水平	25 000	400×600
西北机械厂	Y5910 Ⅱ/ZF	1500	0.5～30	50	50	垂直	10 000	400×600
西北机械厂	Y5925 Ⅱ/ZF	6500	1～120	30	25	垂直、水平	25 000	ϕ700

8.5 测振仪器的校准

为了保证振动测试与试验结果的可靠性与精确度，也即为了保证机械振动测量的统一和传递，国家制定了振动的计量标准和测振传感器的检定标准，并设有标准测振装置和仪器作为量值传递基准。对于新生产的测振传感器都需要对其灵敏度、频率响应、线性度等进行校准，以保证测量数据的可靠性。此外，由于测振传感器的某些电气性能和机械性能会因使用程度和随时间而变化，传感器使用一段时间后灵敏度会有所改变，像压敏材料的老化会使灵敏度每年降低 2%～5%，因此测试仪器必须定期按它的技术指标进行全面严格的标定和校准。使用中还经常碰到各类型的拾振器和放大器、记录设备配套问题，进行重大测试工作之前常常需要进行现场校准或某些特性校准，以保证获得满意的结果。所以灵敏度和使用范围的各项参数指标需要重新确定，也即重新标定。标定的过程一般分为三级精度：中国计量科学研究院进行的标定是一级精度的标准传递，在此处标定出的传感器叫作标准传感器，它具有二级精度；用标准传感器可以对出厂的传感器和其他方式使用的传感器进行标定，得到的传感器具有三级精度，也就是我们在试验现场所用的传感器。

传感器进行标定时，应有一个对传感器产生激振信号，并知其振源输出大小的标准激振设备。标准振源设备主要是振动台和激振器，激振器可安装在被测物体上直接产生一个激振力作用于被测物上。而振动台则是把被测物装在振动平台上，振动台产生一个变化的位移而对被测物体施加激振。激振设备可以产生振幅和频率可调的振动，是测振传感器校准不可缺少的工具。下面介绍这类校准方法。常用的灵敏度标定方法有绝对校准法、相对校准法和校准器法。下面对前两者做些介绍。

8.5.1 绝对校准法

绝对校准法一般是由中国计量科学研究院实行一级标定所用的方法，用来标定二级精度的标准传感器。将被标定的传感器固定在标定振动台上，用激光干涉测振仪直接测量振动台的振幅，再和被标定的传感器的输出比较，以确定被标定传感器的灵敏度。这种用激光干涉仪的绝对校准法，校准误差是0.5%～1%。此法同时也可测量传感器的频率响应。例如用我国的 BZD-1 型中频校准振动台配上 GDZ-1 型光电激光干涉测振仪，在 10～1000Hz 之间有 0.5%～1%的校准误差，在 1～4kHz 之间有 0.5%～1.5%的校准误差。这种方法设备复杂，操作和环境要求高，只适合计量单位和测振仪器制造厂使用。其原理如图 8-31 所示，其中正弦信号发生器的输出，一路经功率放大后去推动振动台，另一路送入频率测量仪作为频率测量的参考信号，被校准的压电加速度计的输出经电荷放大器后用高精确度数字电压表读出。干涉仪的工作台台体移动 $\lambda/2$（常用的氦-氖激光波长：0.6328nm），光程差变化一个波长λ，干涉条纹移动一条。所以根据移动条纹的计数可以测出台面振幅。再根据实测的频率可以算出传感器所经受的速度或加速度。

图 8-31　利用振动台和激光干涉仪的绝对校准法

1—电源　2—光电倍增管　3—放大器　4—频率测量仪　5—参考反射镜　6—参考光束　7—测量光束
8—分束器　9—氦氖激光器　10—数字电压器　11—电荷放大器　12—拾振器　13—振动台
14—测量反射镜　15—功率放大器　16—正弦信号发生器

在进行频率响应测试时，使信号发生器做慢速的频率扫描，同时用反馈电路使振动台的振动速度或加速度幅值保持不变，并测量传感器的输出，便可给出被校速度或加速度传感器的频率响应曲线。在振动台功率受限制时，高频段台面的振幅相应较小，振幅测量的相对误差就会有所增加。

8.5.2　相对校准法

相对校准法又称为背靠背比较标定法。将待标定的传感器和经过国家计量等部门严格标定过的标准传感器背靠背地（或仔细地并排地）安装在振动台上承受相同的振动。将两个传感器的输出进行比较，就可以计算出在该频率点被校准传感器的灵敏度。这时，标准的传感器起着传递“振动标准”的作用。通常称为参考传感器。图 8-32 是这种相对校准加速度计的一个简图。其中 u_a、u_r 分别为被校准传感器和参考传感器的输出。这时被校准传感器的灵敏度为

$$S_a = S_r \frac{u_a}{u_r} \tag{8-11}$$

式中　S_r——参考传感器的灵敏度；

u_a、u_r——被校准传感器和参考传感器的输出或放大器的输出电压（当放大倍数相同时）。

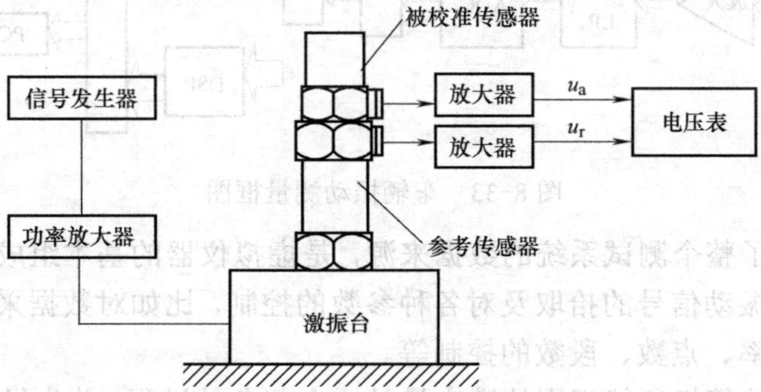

图 8-32　用相对法标定加速度计

振动传感器应定期校准。任何外界干扰，包括地基的振动，都会影响校准工作，带来误差。故高精度的校准工作应在隔振的基座上进行。对于工业现场来说，这是一件很难办到的事。而实际的校准工作却又要求在模拟现场工作环境（温度、湿度、电磁干扰）下进行。考虑到工业中用于振动工况监测的传感器首先追求的是其可靠性，而不是很高的准确度等级，所以一个可行的办法是测量振动台基座的绝对振动，同时再测量台面对基座的相对振动，经过信号叠加处理获得台面的绝对振动值，也就是传感器的振动输入值。

8.6　车辆振动测量

车辆的振动测量大多数情况下需要在道路上进行，首先需要磁带机记录测试的振动信号，然后将试验数据带回实验室进行进一步的处理、分析。

车辆振动测试系统就是利用虚拟仪器完成对车辆行驶过程中振动量的信号测量、数据分析及处理。它完全借助于计算机软件实现对振动信号的采集、显示、存取、分析处理等诸多功能。

车辆测试系统由两大部分组成：①传感器测量系统，它包括加速度传感器、电荷放大器及数据采集卡等，其作用是拾取表征车辆振动状态的各种信号或参数，并使之变成标准的模拟电信号和计算机能够识别的数字信号；②数据采集、显示、处理及分析系统，也就是虚拟仪器的核心部分，其作用是获得信号并显示具体振动值，同时进行相关分析、谱分析等分析处理。系统框架图如图 8-33 所示。车辆振动测试分析系统虽然主要部分为软件完成的数据分析处理，但它仍然需要传感器、信号调理器等硬件设备。这些硬件设备在任何振动测试分析系统中是必不可少的，它们构成了系统的测试前端。

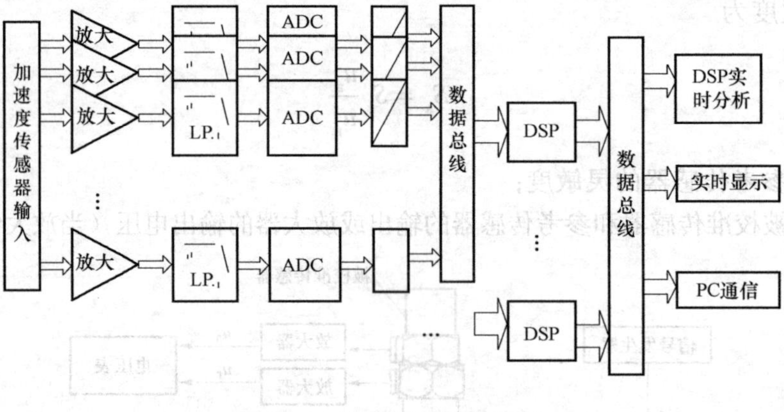

图 8-33　车辆振动测量框图

数据采集提供了整个测试系统的数据来源，是虚拟仪器的基本组成部分。数据采集模块主要是实现车辆振动信号的拾取及对各种参数的控制，比如对数据采集卡、采集通道的选择、以及采样频率、点数、段数的控制等。

振动量转化为计算机所能识别的数字量是一个复杂的过程，首先经过压电式传感器将机械振动量转换为模拟电量，然后通过模拟信号调理设备进行信号放大、隔离、滤波、同步采样及保持等处理，送入数据采集卡完成采样及量化转变为数字量送给计算机做进一步的处理。

信号分析处理系统主要分析幅值谱、功率谱密度、冲击响应谱，通过分析找出振动的来源以及引起振动的原因，从而进行改进或防护。

8.7　动车组齿轮箱箱体模态测试

模态分析是研究结构动力特性一种近代方法，是系统辨别方法在工程振动领域中的应用。模态是机械结构的固有振动特性，每一个模态具有特定的固有频率、阻尼比和模态振型。这些模态参数可以由计算或试验分析取得，这样一个计算或试验分析过程称为模态分析。这个分析过程如果是由有限元计算的方法取得的，则称为计算模态分析；如果通过试验将采集的系统输入与输出信号经过参数识别获得模态参数，称为试验模态分析。通常，模态分析都是指试验模态分析。

振动模态是弹性结构固有的、整体的特性。通过模态分析方法搞清楚了结构物在某一易受影响的频率范围内的各阶主要模态的特性，就可以预言结构在此频段内在外部或内部各种振源作用下产生的实际振动响应。因此，对动车组齿轮箱箱体（见图 8-34）进行模态分析的最终目标是识别出系统的模态参数，为结构系统的振动特性分析、振动故障诊断和预报以及结构动力特性的优化设计提供依据。

图 8-34　动车组齿轮箱箱体

8.7.1　模态分析原理

模态试验时，一般希望将悬挂点选择在振幅较小的位置，最佳悬挂点应该是某阶振型的结点。最佳激励点视待测试的振型而定，若单阶，则应选择最大振幅点，若多阶，则激励点处各阶的振幅都不小于某一值。如果是需要许多能量才能激励的结构，可以考虑多选择几个激励点。模态试验时，测试点所得到的信息要求有尽可能高的信噪比，因此测试点不应该靠近结点。在最佳测试点位置的平均驱动自由度位移（Average Driving DOF Displacement，ADDOF）值应该较大，一般可用有效独立法（Effective Independence，EI）法确定最佳测试点。

试验采用测量频率响应函数的法来识别结构的模态参数，即在敲击激励下，通过测量激励力 $f(t)$和系统的响应输出 $x(t)$，从而得到系统的频率响应函数为

$$H(\omega)=\frac{G_{xf}(\omega)}{G_{ff}(\omega)} \tag{8-12}$$

式中　$H(\omega)$——频率响应函数；

$G_{xf}(\omega)$——力与响应的互功率谱；

$G_{ff}(\omega)$——力激励的自功率谱。

对于任意的黏性阻尼的多自由度系统，其动力学微分方程为

$$M\ddot{x}+C\dot{x}+Kx=f(t) \tag{8-13}$$

进行拉普拉斯变换得

$$X(s)=H(s)F(s) \tag{8-14}$$

式中

$$H(s)=\sum\left(\frac{\psi_i\psi_i^T}{\alpha_i(\mathrm{j}s-\lambda_i)}+\frac{\psi_i^*\psi_i^H}{\alpha_i^*(\mathrm{j}s-\lambda_i^*)}\right) \tag{8-15}$$

当 $s=\mathrm{j}\omega$ 时，系统的频率响应函数可表示为

$$H(\omega)=\sum\left(\frac{\psi_i\psi_i^T}{\alpha_i(\mathrm{j}\omega-\lambda_i)}+\frac{\psi_i^*\psi_i^H}{\alpha_i^*(\mathrm{j}\omega-\lambda_i^*)}\right) \tag{8-16}$$

式中 $\lambda_i=\alpha_i+\mathrm{j}\omega_{ni}\sqrt{1-\xi_i^2}$；

$\alpha_i=-\xi_i\omega_{ni}$；

ξ_i——模态阻尼比；

ω_{ni}——固有频率；

ψ_i——振型。

由式（8-12）得到的实测频率响应函数和式（8-16）频率响应函数的理论公式就可以确定结构的固有频率、阻尼比和振型。

8.7.2 测试过程

测试过程如下：

（1）激励方法　试验模态分析是人为地对结构物施加一定动态激励，采集各点的振动响应信号及激振力信号，根据力及响应信号，用各种参数识别方法获取模态参数。对动车组齿轮箱箱体的模态分析主要采用瞬态激励，即通过力锤敲击产生激励。

（2）数据采集　通过力锤上的力传感器采集激励信号，通过箱体上的 ICP 型加速度传感器同时高速采集响应信号，用不断移动激励点位置或响应点位置的办法取得振形数据，如图 8-35 所示。

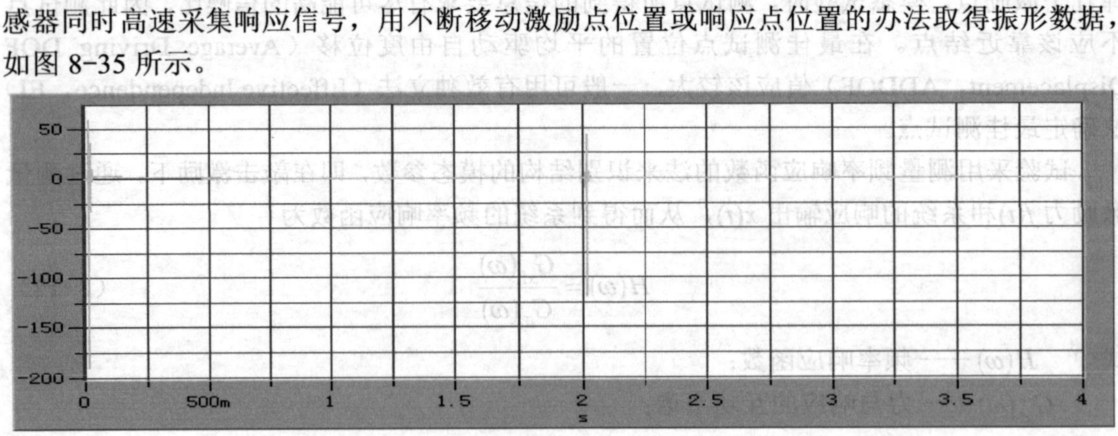

a) 激励信号

图 8-35　激励与响应信号时域历程

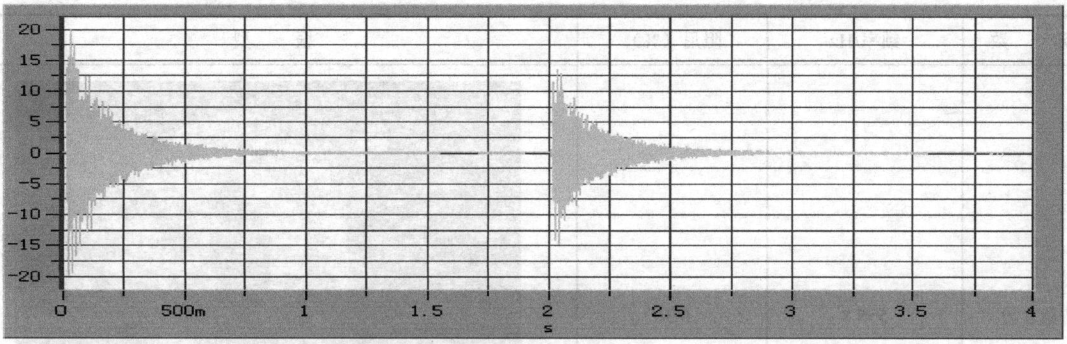

b）响应信号

图 8-35　激励与响应信号时域历程（续）

（3）频响函数　根据激励与响应信号，得到频率响应数据。频率响应函数如图 8-36 所示。

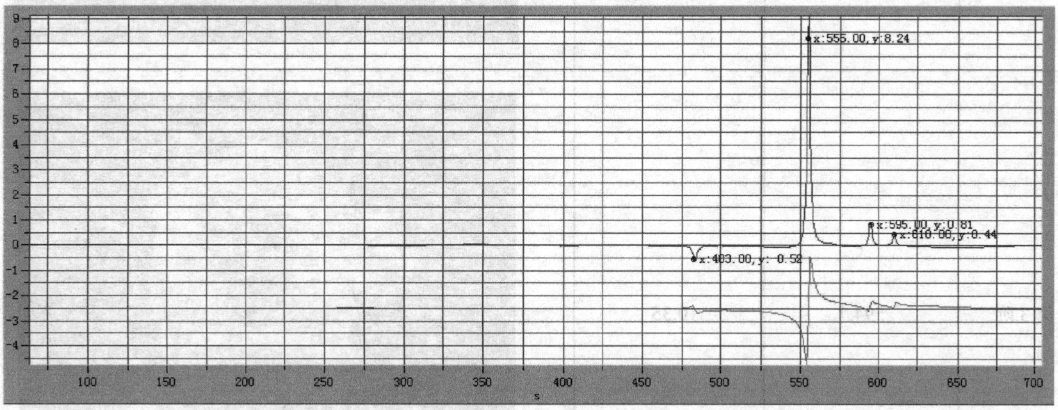

图 8-36　频率响应函数

（4）绘制振形　即一组固有频率、模态阻尼以及相应各阶模态的振形。箱体自由状态模态频率和阻尼见表 8-3。

表 8-3　箱体自由状态模态频率和阻尼

阶　数	频率/Hz	阻尼（%）	振　型
第 1 阶	483.5	0.43	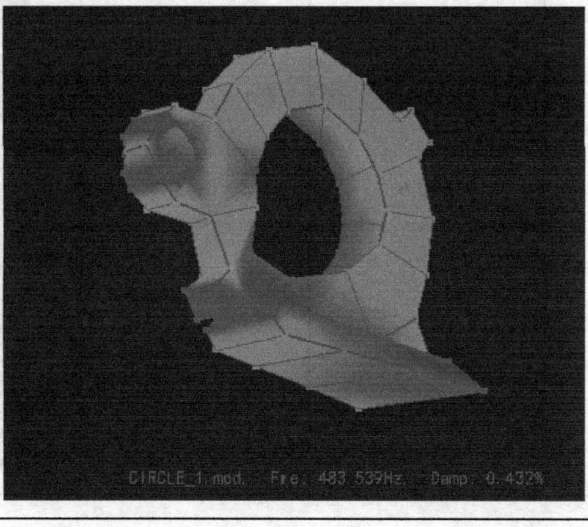

（续）

阶　数	频率/Hz	阻尼（%）	振　型
第 2 阶	555.8	0.36	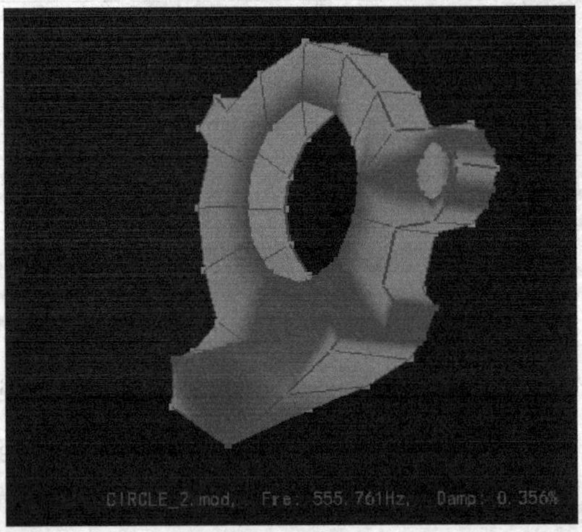
第 3 阶	594.7	0.35	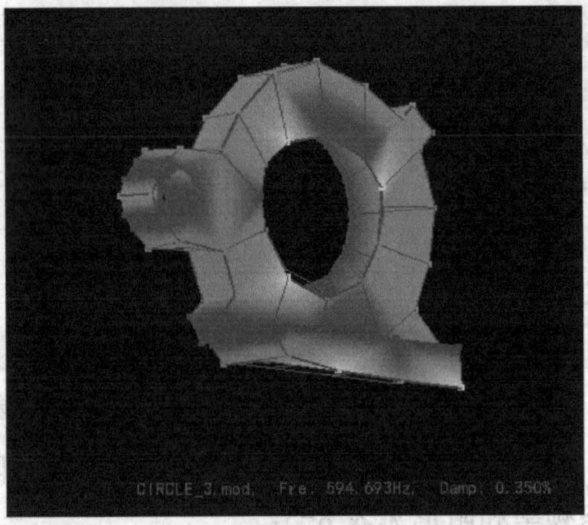
第 4 阶	610.6	0.43	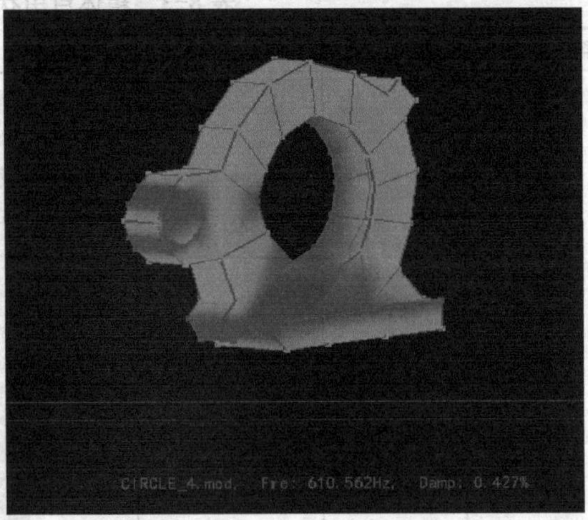

（续）

阶　　数	频率/Hz	阻尼（%）	振　　型
第 5 阶	745.9	0.38	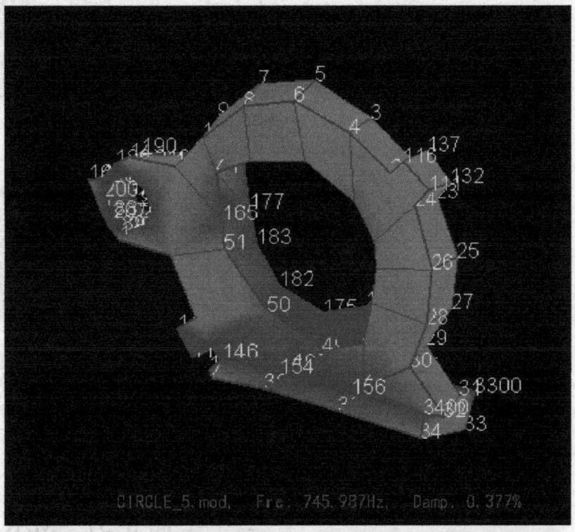
第 6 阶	781.4	0.19	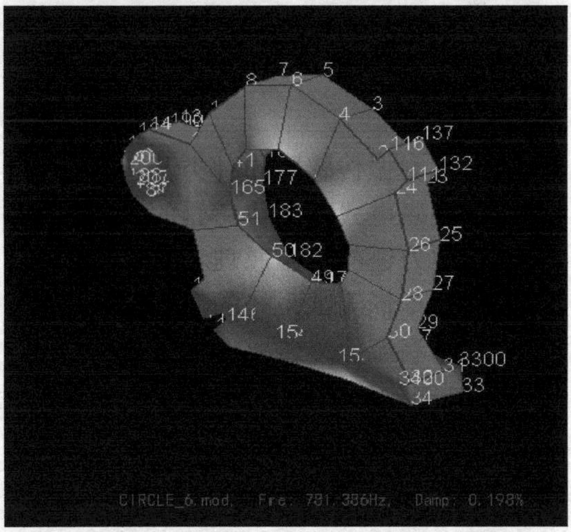

（5）模态置信矩阵（MAC 矩阵） 设模态置信度矩阵 MAC=（mac_{ij}），则 MAC 的元素 mac_{ij} 定义为

$$mac_{ij}=\frac{[\boldsymbol{\phi}_i^{\mathrm{T}}\boldsymbol{\phi}_j]^2}{(\boldsymbol{\phi}_i^{\mathrm{T}}\boldsymbol{\phi}_j)\boldsymbol{\phi}_j^{\mathrm{T}}\boldsymbol{\phi}_i} \tag{8-17}$$

式中　$\boldsymbol{\phi}_i$，$\boldsymbol{\phi}_j$——第 i 阶和第 j 阶计算振型在 n 个传感器所对应的自由度的值。模态置信度矩阵非对角元越小，则说明各阶计算振型独立性越好，传感器配置效果越好；反之则意味着各阶计算振型相关性越大，传感器配置效果越差。MAC 验证矩阵如图 8-37 所示。

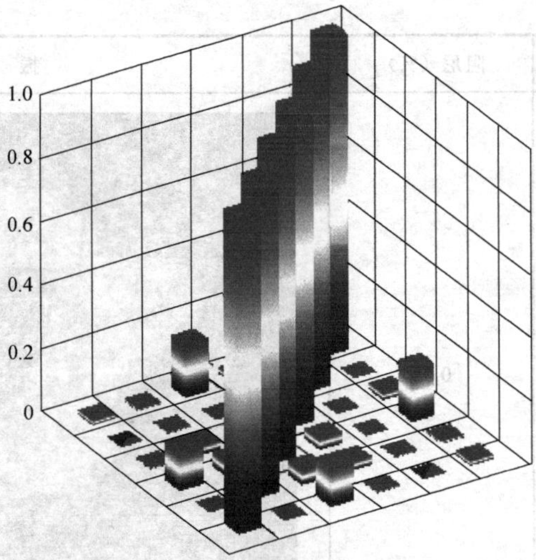

图 8-37　MAC 验证矩阵

习　　题

8-1　简述测振传感器的种类及各自特点。

8-2　简述磁电式速度传感器的工作原理。

8-3　简述力锤的工作原理和特点。

8-4　简述车辆测试系统的两大部分。

8-5　利用涡流位移传感器测量物体位移。试问：

（1）若被测物体由塑料制成，可否成功测量？为什么？

（2）如何提高测量精度？

第9章　温度的测量

温度是国际单位制中七个基本物理量之一。

温度的宏观概念是表示物体的冷热程度，当两个物体互为热平衡时，其温度相等。温度的微观概念是大量分子运动平均强度的表示。分子运动越激烈，其温度表现越高。

自然界中，几乎所有的物理化学过程都与温度紧密相关，因此温度是工农业生产、科学实验以及日常生活中需要普遍进行测量和控制的一个重要物理量。

9.1　温度标准和测量方法

9.1.1　温度的测量方法

按测量时传感器与被测对象的接触方式，温度测量可以划分为接触式和非接触式测量。

接触式的特点是测温元件直接与被测对象接触，两者之间进行充分的热交换，最后达到热平衡，这时，感温元件的某一物理参数的量值就代表了被测对象的温度值。其优点是直观可靠。但因测温元件与被测介质之间的热交换需要一定的时间才能达到热平衡，所以存在测温的延迟现象。另外，受耐高温材料的限制，接触式测温法不能应用于很高的温度测量。感温元件会影响被测温度场的分布，接触不良等也会带来测量误差。而且，腐蚀性介质对感温元件的性能和寿命会产生不利影响。接触式测温仪表包括双金属温度计、压力式温度计、玻璃管液体温度计、热电阻温度计和热电偶温度计等。

非接触测温的特点是感温元件不与被测对象接触，而是通过辐射进行热交换，可避免接触测温法的缺点，具有较高的测温上限。此外，非接触测温法热惯性小，便于测量运动物体的温度和快速变化的温度。但受到物体的发射率、测量距离、烟尘和水气等外界因素的影响，测量误差较大。非接触测温仪表有光学高温计和辐射高温计等。表9-1列出了接触式与非接触式测温方法及其特点。

表9-1　接触式与非接触式测温方法及其特点

测量方式	仪表名称	测温原理	准确度等级范围	特点	温度范围/℃
接触式测温仪表	双金属温度计	固体热膨胀变形量随温度变化	1～2.5	结构简单，指示清楚，读数方便；精度较低，不能远传	−100～600 一般−80～600
	压力式温度计	气（汽）体、液体在定容条件下，压力随温度变化	1～2.5	结构简单可靠，可较远距离（小于50m）传送精度较低，受环境温度影响较大	0～600 一般0～300
	玻璃管液体温度计	液体热膨胀体积量随温度变化	0.1～2.5	结构简单，精度较高；读数不便，不能远传	−200～600 一般−100～600
	热电阻温度计	金属或半导体电阻值随温度变化	0.5～3.0	精度高，便于远传；需外加电源	−258～1200 一般−200～650
	热电偶温度计	热电效应	0.5～1.0	温度范围大，精度高，便于远传；低温测量精度较差	−269～2800 一般−200～1800

（续）

测量方式	仪表名称	测温原理	准确度等级范围	特　点	温度范围/℃
非接触式测温仪表	光学高温计	物体单色辐射强度及亮度随温度变化	1.0～1.5	结构简单，携带方便，不破坏对象温度场；易产生目测主观误差，外界反射辐射会引起测量误差	200～3200 一般 600～2400
	辐射高温计	物体全辐射能随温度变化	1.5	结构简单，稳定性好，光路上环境介质吸收辐射，易产生测量误差	100～3200 一般 700～2000

9.1.2 温标及其传递

温度只能通过物体随温度变化的某些特性来间接测量，而用来度量物体温度数值的标尺叫温标。温标规定了温度的读数起点（零点）和测量温度的基本单位。目前，国际上用得较多的温标有摄氏温标、华氏温标、热力学温标和国际温标等。

1．摄氏温标

摄氏温标规定：在标准大气压下，纯水冰点为 0℃，沸点为 100℃，中间等分成 100 格，每格为 1℃。

2．华氏温标

华氏温标是将纯水的冰点规定为32℉，沸点为212℉，中间等分成180格，每格为1℉。

华氏度与摄氏度之间的转换关系为$t_{℃}=\frac{5}{9}(t_{F}-32)$。

3．热力学温标

热力学温标又称开氏温标，或绝对温标，其单位为开尔文（符号为 K）。它是与测温物质的物理性质无关的一种温标，已被采纳为国际统一的基本温标。

根据热力学的卡诺定理有

$$\frac{Q_1}{Q_2}=\frac{T_1}{T_2} \tag{9-1}$$

式中　Q_1——热源在温度为T_1时放出的热能；

Q_2——温度为T_2的冷源所吸收的热能。

1954 年，国际计量大会决定采用水的三相点作为热力学温标的基本固定点，并定义该点的温度为273.16K，相应的换热量为$Q_{参}$，则有$T_1=\frac{Q}{Q_{参}}273.16\text{K}$。

理想的卡诺循环实际上是不存在的，所以热力学温标是一种理论的温标，不能付诸实用。因此，必须建立一种能够用计算公式表示的、既紧密接近热力学温标，在使用上又简便的温标，这就是国际温标。

4．国际温标

在 1990 年的国际温标中指出，热力学温度是基本物理量。并定义水的三相点热力学温度为273.16K。

在 ITS-90 中同时使用国际开尔文温度（符号为T_{90}）和国际摄氏温度（符号为t_{90}），

其关系为 $t_{90}=T_{90}-273.15$。T_{90} 的单位为 K（开尔文）；t_{90} 的单位为℃（摄氏度）。

在我国，国际温标的复现和保持是由中国计量科学研究院来执行的。为了将各部分标尺中的“度”的正确数值能刻到实用的温度测量器具上，应按标准仪器的传递系统来实行。一等标准仪器是按照国家质量监督检验检疫总局的工作基准仪器来校验的；二等标准仪器则是按一等标准仪器来校验的；三等标准仪器则是按二等标准仪器来校验的；而实用的温度测量仪表则是按照二等或三等标准仪器来校验的。

为了保持温度量值的统一，并与国际实用温标相一致，测温仪器应定期按规定进行检定，温度的最高基准由中国计量科学研究院保存。温度标准的传递系统如图 9-1 所示。

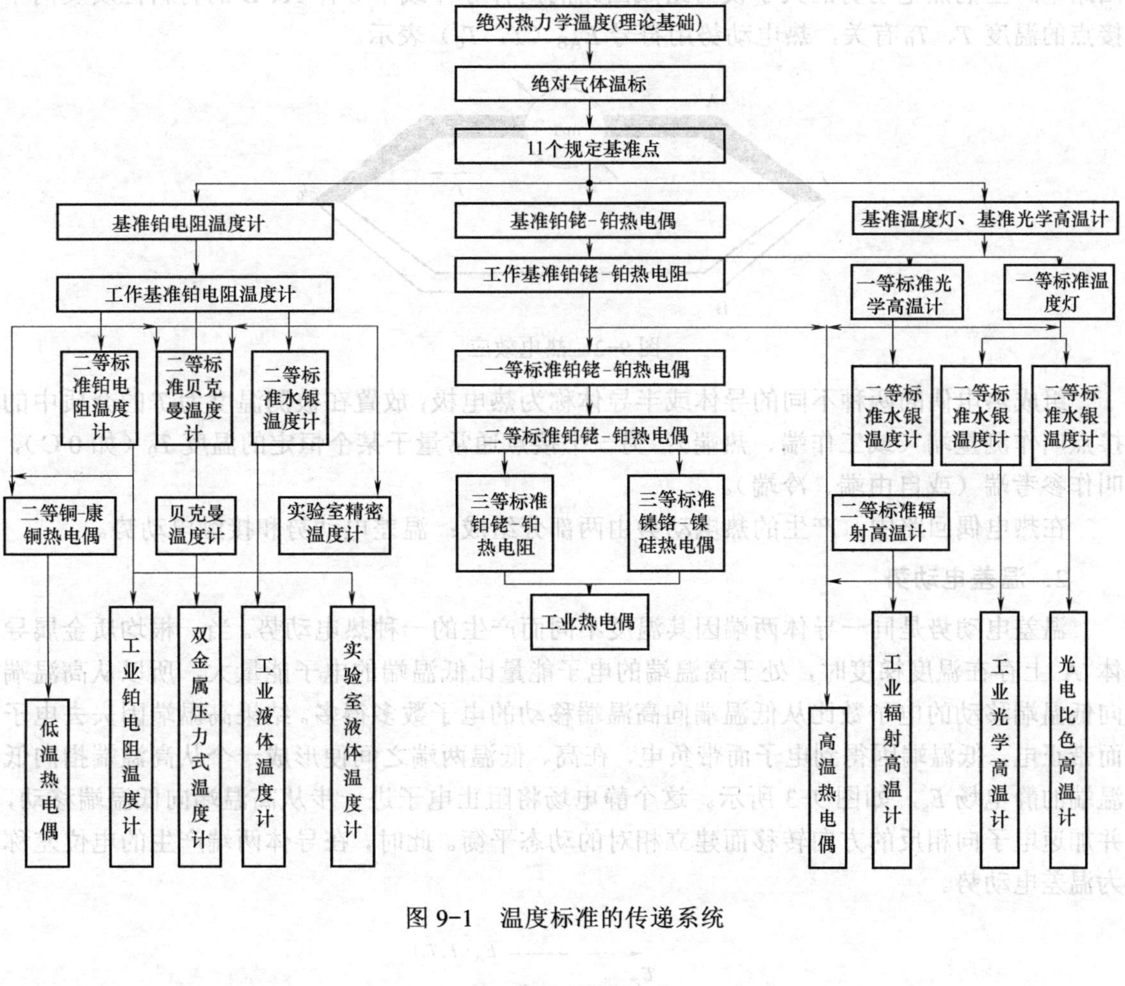

图 9-1　温度标准的传递系统

9.2　热电偶温度计

热电偶是工业上最常用的温度检测元件之一。其优点是：①测量精度高。热电偶直接与被测对象接触，不受中间介质的影响。②测量范围广。常用的热电偶可在−50～+1600℃范围内连续测量，某些特殊热电偶最低可测到−269℃（如金铁镍铬），最高可达+2800℃（如钨-铼）。③构造简单，使用方便。热电偶通常是由两种不同的金属丝组成，外有保护套管，使用起来非常方便。

9.2.1 热电效应和热电偶

1. 热电偶的热电效应

作为温度传感器，热电偶所依据的原理是1821年塞贝克（Thomas Seebeck）发现的热电效应。两种不同的导体或半导体A和B组成的闭合回路中，如果它们的两个接点的温度不同（假定 $T>T_0$），则在回路中会产生电流，如图9-2所示。这表明了该回路中存在电动势，这个物理现象称为热电效应或塞贝克效应，相应的电动势称为塞贝克电动势。回路中产生的热电动势的大小仅与组成回路的两种导体或半导体A、B的材料性质及两个接点的温度 T、T_0 有关，热电动势用符号 $E_{AB}(T, T_0)$ 表示。

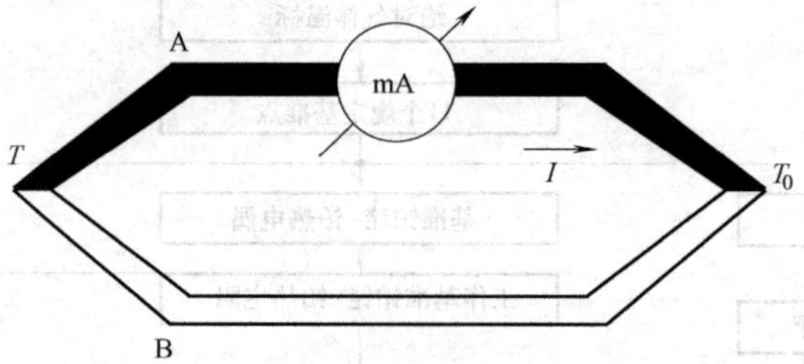

图9-2 热电效应

组成热电偶的两种不同的导体或半导体称为热电极；放置在被测温度为 T 的介质中的接点叫作测量端（或工作端、热端）；另一个接点通常量于某个恒定的温度 T_0（如0℃），叫作参考端（或自由端、冷端）。

在热电偶回路中，产生的热电动势由两部分组成：温差电动势和接触电动势。

2. 温差电动势

温差电动势是同一导体两端因其温度不同而产生的一种热电动势。当一根均质金属导体A上存在温度梯度时，处于高温端的电子能量比低温端的电子能量大，所以从高温端向低温端移动的电子数比从低温端向高温端移动的电子数多得多。结果高温端因失去电子而带正电，低温端因得到电子而带负电，在高、低温两端之间便形成一个从高温端指向低温端的静电场 E_s，如图9-3所示。这个静电场将阻止电子进一步从高温端向低温端移动，并加速电子向相反的方向转移而建立相对的动态平衡。此时，在导体两端产生的电位差称为温差电动势。

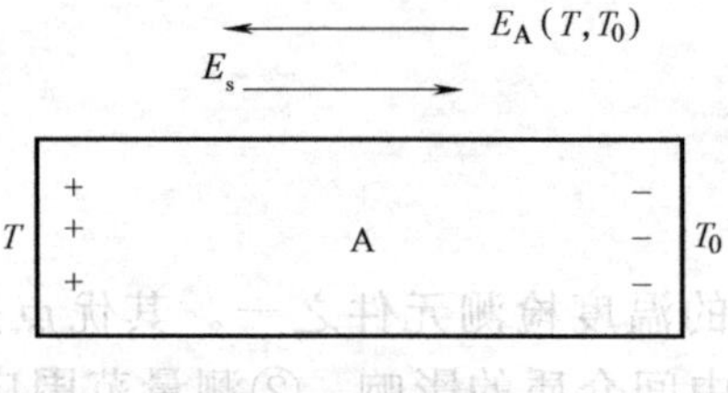

图9-3 温差电动势

用符号 $E_A(T, T_0)$ 表示导体 A 在其两端温度分别为 T 和 T_0 时的温差电动势，括号中温度 T 和 T_0 的顺序决定了电动势的方向，若改变这一顺序，也要相应改变电动势的正负号，即 $E_A(T, T_0)=E_A(T_0, T)$。

温差电动势 $E_A(T, T_0)$ 可表示为

$$E_A(T,T_0)=\frac{K}{e}\int_{T_0}^{T}\frac{1}{N_A(T)}\mathrm{d}\left[N_A(T)\cdot T\right] \tag{9-2}$$

同理，导体 B 在其两端温度为 T 和 T_0 时产生的温差电动势 $E_B(T, T_0)$ 表示为

$$E_B(T,T_0)=\frac{K}{e}\int_{T_0}^{T}\frac{1}{N_B(T)}\mathrm{d}\left[N_B(T)\cdot T\right] \tag{9-3}$$

式中　$E_A(T, T_0)$、$E_B(T, T_0)$ —— 导体 A 和 B 在两端温度分别为 T 和 T_0 时的温差电动势；

e—— 电子电荷量，$e=1.6\times10^{-19}\,\mathrm{C}$；

K——玻尔兹曼常数，$K=1.38\times10^{-23}\,\mathrm{J/K}$；

$N_A(T)$、$N_B(T)$ —— 金属导体 A 和 B 在温度为 T 时的电子密度。

上述两式表明，温差电动势的大小只与导体的种类及导体两端温度 T 和 T_0 有关。

3．接触电动势

当两种不同导体 A、B 接触时，由于材料不同，两者具有不同的电子密度，如 $N_A>N_B$，则在接触面处产生自由电子扩散现象，从 A 到 B 扩散的电子数要比从 B 到 A 的多。于是在导体 A、B 之间就产生了电位差，即在其接触处形成一个由 A 到 B 的静电场 E_s，如图 9-4 所示。这个静电场将阻止电子扩散的继续进行，并加速电子向相反的方向转移。当电子扩散的能力与静电场的阻力相平衡时，接触处的自由电子扩散就达到了动平衡状态。此时 A、B 之间所形成的电位差称为接触电动势，其数值不仅取决于两种不同金属导体的性质，还与接触处的温度有关。用符号 $E_{AB}(T)$ 表示金属导体 A 和 B 的接点在温度为 T 时的接触电动势，其脚注 AB 的顺序代表电位差的方向，如果改变脚注顺序，电动势的正负符号也应改变，即 $E_{AB}(T)=-E_{BA}(T)$。

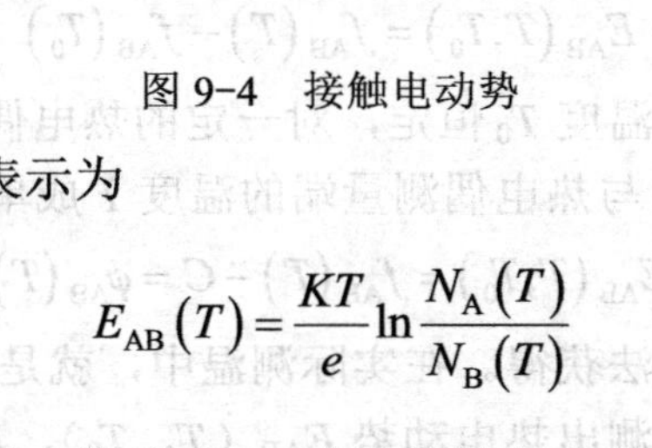

图 9-4　接触电动势

接触电动势 $E_{AB}(T)$ 可表示为

$$E_{AB}(T)=\frac{KT}{e}\ln\frac{N_A(T)}{N_B(T)} \tag{9-4}$$

同理，导体 A 和 B 的接触点温度为 T_0 时的接触电动势 $E_{AB}(T)$ 可表示为

$$E_{AB}\left(T_0\right)=\frac{KT_0}{e}\ln\frac{N_A\left(T_0\right)}{N_B\left(T_0\right)} \tag{9-5}$$

式（9-5）中，T、T_0、N_A（T_0）、N_B（T_0）、K 和 e 的意义与式（9-2）中的相同。

上述两式表明，接触电动势的大小与两种导体的种类及接触处的温度有关。

4．热电偶回路的热电动势

综上所述，当两种不同的均质导体 A 和 B 首尾相接组成闭合回路时，如果 $N_A>N_B$，而且 $T>T_0$，则在这个回路内，将会产生两个接触电动势 E_{AB}（T）、E_{AB}（T_0）和两个温差电动势 E_A（T，T_0）、E_B（T，T_0），如图 9-5 所示。热电偶回路的热电动势 E_{AB}（T，T_0）为

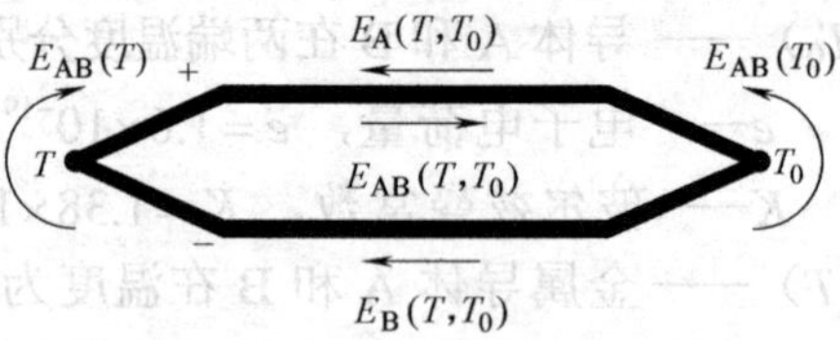

图 9-5　热电偶回路的热电动势

$$\begin{aligned}E_{AB}\left(T,T_0\right)&=E_{AB}\left(T\right)+E_B\left(T,T_0\right)-E_{AB}\left(T\right)-E_A\left(T,T_0\right)\\&=\frac{KT}{e}\ln\frac{N_A\left(T\right)}{N_B\left(T\right)}+\frac{K}{e}\int_{T_0}^{T}\frac{1}{N_B\left(T\right)}\mathrm{d}\left[N_B\left(T\right)\cdot T\right]-\frac{KT}{e}\ln\frac{N_A\left(T_0\right)}{N_B\left(T_0\right)}\\&\quad-\frac{K}{e}\int_{T_0}^{T}\frac{1}{N_A\left(T\right)}\mathrm{d}\left[N_A\left(T\right)\cdot T\right]\end{aligned} \tag{9-6}$$

将式（9-6）整理后得

$$E_{AB}\left(T,T_0\right)=\frac{K}{e}\int_{T_0}^{T}\ln\frac{N_A\left(T\right)}{N_B\left(T\right)}\mathrm{d}T \tag{9-7}$$

由于温差电动势比接触电动势小，而又有 $T>T_0$，所以在总电动势 E_{AB}（T，T_0）中，以导体 A、B 在 T 端的接触电动势 E_{AB}（T）所占的比例最大,总电动势 E_{AB}（T，T_0）的方向将取决于 E_{AB}（T）的方向。在热电偶的回路中，因 $N_A>N_B$，所以导体 A 为正极，B 为负极。

式（9-7）表明，热电动势的大小取决于热电偶两个热电极材料的性质和两端接点的温度。因此，当热电极的材料一定时，热电偶的总电动势 E_{AB}（T，T_0）就仅是两个接点温度 T 和 T_0 的函数差，可表示为

$$E_{AB}\left(T,T_0\right)=f_{AB}\left(T\right)-f_{AB}\left(T_0\right) \tag{9-8}$$

如果能保持热电偶的冷端温度 T_0 恒定，对一定的热电偶材料，则 f（T_0）亦为常数，可用 C 代替，其热电动势就只与热电偶测量端的温度 T 成单值函数关系，即

$$E_{AB}\left(T,T_0\right)=f_{AB}\left(T\right)-C=\phi_{AB}\left(T\right) \tag{9-9}$$

这一关系式可通过试验方法获得。在实际测温中，就是保持热电偶冷端温度 T_0 为恒定的已知温度，再用显示仪表测出热电动势 E_{AB}（T，T_0），从而间接地求得热电偶测量端

的温度，即为被测的温度 T。

通常，热电偶的热电动势与温度的关系，都是规定热电偶冷热端温度为 0℃时。按热电偶的不同分类，分别列成表格形式，这些表格就称为热电偶的分度表。

热电偶温度计由热电偶、连接导线和显示仪表三部分组成。图 9-6 是最简单的热电偶温度计测温系统示意图。

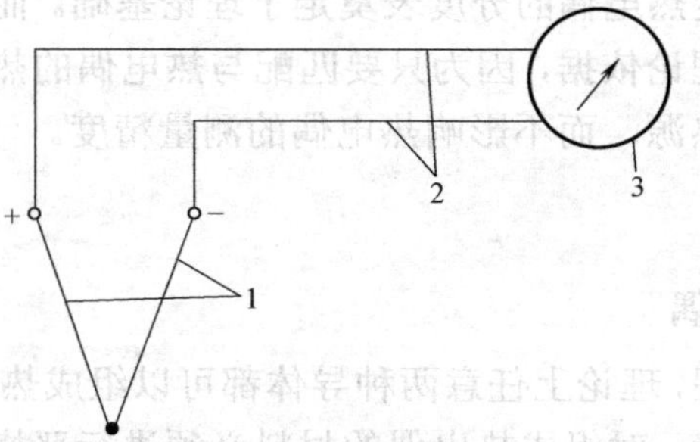

图 9-6　热电偶温度计

1—热电偶　2—导线　3—显示仪表

9.2.2　热电偶的基本定律

1. 均质导体定律

如果只用一种均质导体组成闭合回路，则不论其导体是否存在温差，回路中均不会产生电流（即不产生电动势）；反之，如果回路中出现电流，则恰好证明此导体是非均质的。本定律是校验热电偶的材料是否均匀一致的重要依据。

由均质导体定律可得出推论：①组成热电偶的材料必须是均质导体，否则将会给测量带来附加的误差。因此很有必要根据均质导体定律事先对热电偶进行检测，输出的温差电动势越大，则说明导体材料越不均匀，给测量带来的误差也将越大。②热电偶必须由两种不同性质的导体或半导体 A、B 组成，否则即使两接点的温度不同，在回路中也不会产生温差电动势。

2. 中间导体定律

在热电偶回路中接入第三种均质材料的导体后，只要中间接入的导体两端具有相同的温度，就不会影响热电偶的热电动势。

这条基本定律十分重要，有了这条基本定律，就可以在热电偶回路中引入各种显示仪表和连接导线等，而且也可以采用各种焊接方法来制作热电偶，只要保证引入的中间导体两端的温度相同，就不致影响热电偶回路的热电动势。

3. 中间温度定律

热电偶 AB 在接点温度为 T_1、T_3 时的热电动势 E_{AB}（T_1，T_3）等于热电偶 AB 在接点温度为 T_1、T_2 和 T_2、T_3 时热电动势 E_{AB}（T_1，T_2）和 E_{AB}（T_2，T_3）的代数和。如图 9-7 所示，即

$$E_{AB}(T_1,T_3)=E_{AB}(T_1,T_2)+E_{AB}(T_2,T_3) \tag{9-10}$$

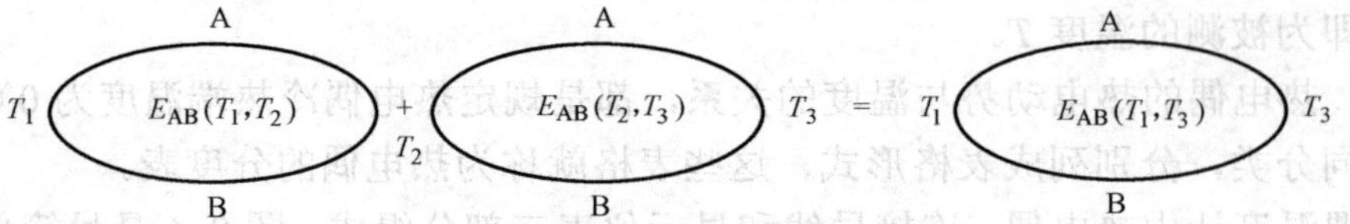

图 9-7　热电偶的中间温度定律

中间温度定律为制定热电偶的分度表奠定了理论基础。而且，这条基本定律也是工业测温中应用补偿导线的理论依据，因为只要匹配与热电偶的热电性质相同的补偿导线，便可使热电偶的冷端远离热源，而不影响热电偶的测量精度。

9.2.3　标准化热电偶

1. 常用标准化热电偶

根据热电偶测温原理，理论上任意两种导体都可以组成热电偶。但实际情况并非如此，为了保证一定的温度精度，对组成热电偶的材料必须进行严格的选择。工业用热电极材料应满足以下要求：

1）物理和化学性质稳定，温差电特性显著，复现性好，同种材料的电极之间具有良好的互换性，且不为测温介质所腐蚀，高温下不被氧化。

2）电阻温度系数小，电导率高，组成电偶对输出的温差电动势大，且与温度呈线性或简单的函数关系，以便于提高仪表的灵敏度和准确度，并便于仪表的刻度和测量。

3）材质均匀，塑性好，易拉丝，成批生产。

在实际生产中，同时具备上述要求的热电极材料是难以找到的。因此，应根据不同的测温范围，选用不同的热电极材料。目前在国际上被公认的比较好的热电极材料只有几种，这些材料是经过精选而且进行标准化的，现将工业上常用的（标准化的）几种热电偶介绍如下：

（1）铂铑$_{30}$—铂铑$_6$热电偶（分度号 B）　也称双铂铑热电偶，是一种典型的高温热电偶。以铂铑$_{30}$（铂 70%，铑 30%）为正极，铂铑$_6$（铂 94%，铑 6%）为负极。由于两个热电极都是铂铑合金，因而提高了抗污染能力和机械强度，在高温下其热电特性较为稳定，宜在氧化性和中性介质中使用。长期使用的最高温度可达 1600℃，短期使用温度可达 1800℃。这种热电偶的热电动势较小，因此冷端温度在 40℃以下使用时，一般不必进行冷端温度的补偿。

（2）铂铑$_{10}$—铂热电偶（分度号 S）　铂铑$_{10}$为正极，纯铂丝为负极。适宜在氧化性及中性介质中长期使用。其测温上限长期使用可达 1300℃，短期可达 1600℃。缺点是：热电动势较小，价格昂贵，机械强度低；不宜在还原性介质中使用。

（3）镍铬—镍铝或镍铬—镍硅热电偶（分度号 K）　以镍铬合金为正极，镍铝（或镍硅）合金为负极，是一种廉价金属热电偶。它具有较好的抗氧化性和抗腐蚀性，复现性较好，热电动势大；热电动势与温度关系近似于线性关系；其成本较低，虽然测量精度不高，但能满足工业测温的要求，是工业上最常用的热电偶；长期使用的最高温度为 1000℃，短期使用温度可达 1600℃。

（4）镍铬—康铜热电偶（分度号 F）　以镍铬合金为正极，康铜（含镍 40%的镍铜合金）为负极。由于康铜在高温下容易氧化，其测温范围为–200～870℃。这种热电偶热电动势大，价格便宜，低温下性能稳定，尤其适宜在 0℃以下使用。

（5）铜—康铜热电偶（分度号 T）以纯铜为正极，康铜为负极，其测温范围为–200～300℃。铜热电极容易氧化，一般在氧化性气体中使用不宜超过 300℃，其热电动势较大，热电特性良好，材料质地均匀，成本低。

2．热电偶的结构

热电偶的结构形式较多，目前应用最广的主要有普通型热电偶及铠装热电偶。如图 9-8 所示，普通型热电偶由热电极、绝缘子、保护套及接线盒等部分组成。常用的有螺纹和法兰两种连接方式，还有卡套等连接方式。

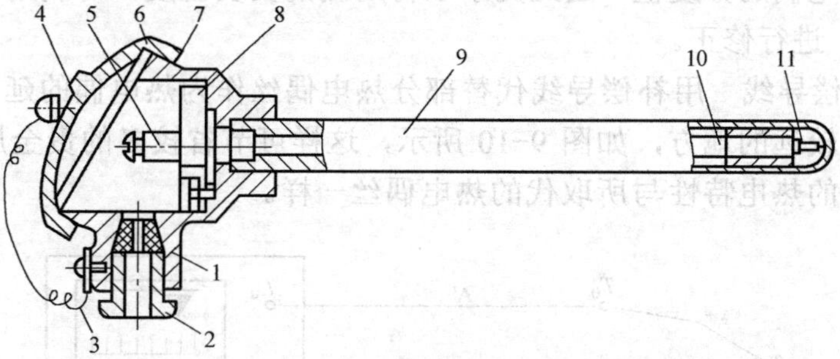

图 9-8 普通型热电偶的基本结构

1—出线孔密封圈 2—出线孔螺母 3—链条 4—面盖 5—接线柱 6—密封圈 7—接线盒 8—接线座 9—保护套 10—绝缘子 11—热电极

铠装热电偶是将热电偶丝与绝缘材料及金属套管经整体复合拉伸工艺加工而成可弯曲的坚实组合体。铠装热电偶较好地解决了普通热电偶体积及热惯性较大，在结构复杂弯曲的对象上不便安装等问题，其结构如图 9-9 所示。

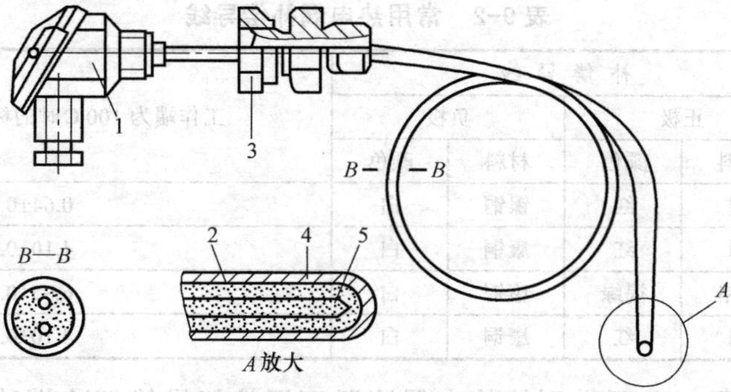

图 9-9 铠装热电偶的结构

1—接线盒 2—金属套管 3—固定装置 4—绝缘材料 5—热电极

与普通型热电偶不同的是：热电偶与金属保护套管之间被氧化镁绝缘材料填实，三者成为一体；具有一定的可弯曲性。

3．热电偶的冷端补偿

从热电效应的原理可知，热电偶产生的热电动势与两端温度有关。只有将冷端的温度恒定，热电动势才是热端温度的单值函数。由于热电偶分度表是以冷端温度为0℃时制成的，因此在使用时要正确反映热端温度（被测温度），最好设法使冷端温度恒为 0℃。但在实际应用中，热电偶的冷端通常靠近被测对象，且受到周围环境温度的影响，其温度不是恒定不变的。为此，必须采取一些相应的措施进行补偿或修正，常用的方法有以下几种：

（1）冰浴法　将热电偶冷端置于冰点恒温槽中，使冷端温度恒定在 0℃时进行测温，这种方法称为冰浴法。这种方法适用于实验室或精密的温度测量。

（2）冷端温度修正　热电偶分度表是以冷端温度为 0℃为基础而制成的，所以如果直接利用分度表，根据显示仪表的读数求得温度必须使冷端温度保持为 0℃。如果冷端温度不为 0℃，则必须对仪表指示值进行修正，例如冷端温度恒定在 T_0>0℃时，则测得的热电动势将小于该热电偶的分度值，因此为了求得所测的真实温度，可利用 $E(T, 0)=E(T, T_0)+E(T_0, 0)$ 进行修正。

（3）冷端补偿导线　用补偿导线代替部分热电偶丝作为热电偶的延长部分，使冷端移到离开被测介质较远的地方，如图 9-10 所示，这样可节省较多的贵金属热电偶材料。必须注意补偿导线的热电特性与所取代的热电偶丝一样。

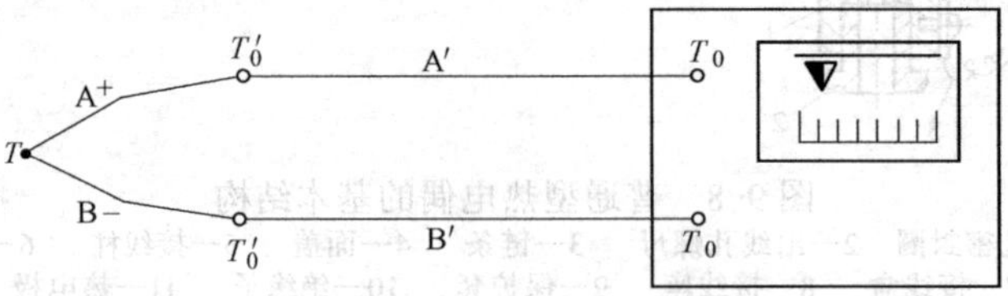

图 9-10　补偿导线在测温回路中的连接

表 9-2 列出了各种热电偶补偿导线的材料，选用时务必不能搞错。同时注意，对于具有补偿导线的热电偶，其冷端温度应该是补偿导线的末端温度。

表 9-2　常用热电偶补偿导线

热电偶名称	补偿导线				工作端为 100℃时的标准热电动势/mV
	正极		负极		
	材料	颜色	材料	颜色	
铂铑—铂	铜	红	镍铜	白	0.64±0.03
镍铬—镍硅	铜	红	康铜	白	4.10±0.15
镍铬—康铜	镍铬	褐绿	康铜	白	6.95±0.30
铜—康铜	铜	红	康铜	白	4.10±0.15

（4）冷端补偿器　上面讲到的热电偶测温可用补偿导线把冷端移到温度较稳定的地方，但不能保持其冷端温度的恒定，用查分度表的方法计算热电动势也不方便，而采用冷端补偿器即可解决矛盾。其原理是利用不平衡电桥所产生的不平衡电压来补偿热电偶参考端温度变化而引起的热电动势的变化。

如图 9-11 所示，虚线圆内的电桥就是冷端补偿器，由 4 个桥臂阻值 R_1、R_2、R_3、R_{Cu} 和桥路稳压源组成。R_1、R_2 和 R_3 是由电阻温度系数很小的锰铜丝绕制的，其电阻值基本不随温度变化。R_{Cu} 是由电阻温度系数很大的铜丝绕制而成的。

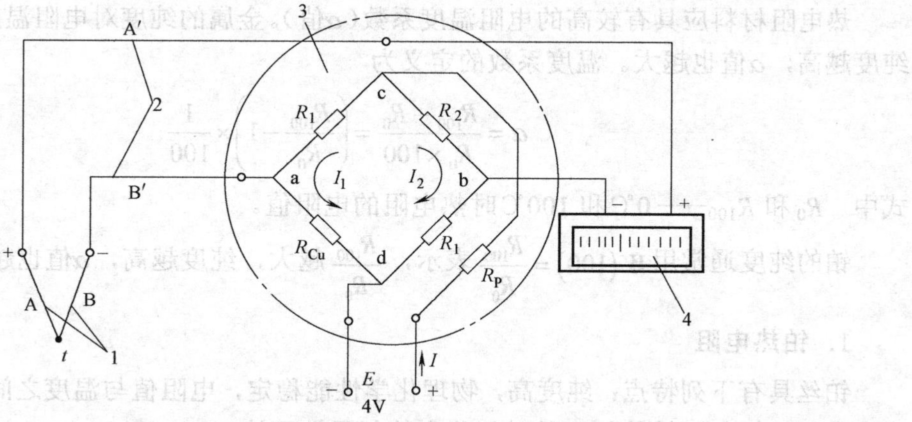

图 9-11　冷端补偿器的应用

1—热电偶　2—补偿导线　3—冷端补偿器　4—显示仪表

设计桥路电压为 4V，由直流稳压电源供电，R_P 为限流电阻，其阻值因热电偶分度号的不同而不同。电桥输出电压 U_{ab} 串联在热电偶测温回路中。热电偶用补偿导线将其冷端连接到冷端补偿器内，是冷端温度与 R_{Cu} 电阻所处的温度一致。

在常温下（取 20℃）电桥平衡，这时电桥的 4 个桥臂阻值 $R_1=R_2=R_3=R_{Cu}=1\Omega$，桥路平衡无输出，$U_{ab}=0$。当冷端温度 t_0 偏离 20℃时，例如 t_0 升高时，R_{Cu} 将随 t_0 升高而增大，则 U_{ab} 也随之增大，而热电偶回路中的总热电动势却随 t_0 的升高而减小。适当选择桥路电流，可使 U_{ab} 的增加与热电动势的减小数值相等，使 U_{ab} 与热电动势叠加后，保持电动势不变，从而起到了冷端温度补偿的作用。

由于电桥是在 20℃时平衡的，所以采用这种温度补偿电桥时，应将显示仪表的零位预先调整到 20℃处。

9.3　热电阻温度计

金属材料或半导体材料的电阻值会随着温度而变化，电阻值和温度之间具有单一的函数关系。利用这一函数关系来测量温度的方法，称为热电阻测温法，而用于测温的材料称为热电阻。热电阻性能稳定，测量精度高。工业上广泛用于测量−200～850℃范围内的温度。

制作电阻的金属和合金应具有以下条件：温度系数较高，电阻温度关系线形良好，材料的化学与物理性能稳定，容易提纯和复制，机械加工性能好等。

按感温元件的材料分，热电阻可分为金属热电阻和半导体热敏电阻两类。

用做热电阻的金属材料通常有铂、铜，此外还有镍、铟、锰等。半导体材料电阻主要有锗电阻、热敏电阻、碳电阻等。

9.3.1　金属电阻温度计

利用纯金属丝，如铂和铜等制成的金属热电阻的最大特点是性能稳定，其中铂热电阻测温精度最高。

热电阻材料应具有较高的电阻温度系数（α值）。金属的纯度对电阻温度系数影响很大，纯度越高，α值也越大。温度系数的定义为

$$\alpha = \frac{R_{100} - R_0}{R_0 \times 100} = \left(\frac{R_{100}}{R_0} - 1\right) \times \frac{1}{100} \tag{9-11}$$

式中　R_0和R_{100}——0℃和100℃时热电阻的电阻值。

铂的纯度通常用$W(100) = \frac{R_{100}}{R_0}$表示，$\frac{R_{100}}{R_0}$越大，纯度越高，$\alpha$值也越大。

1．铂热电阻

铂丝具有下列特点：纯度高，物理化学性能稳定，电阻值与温度之间线性关系好，电阻率高，机械加工性能好，长时间稳定的复现性可达0.0001K。

利用铂的上述特性制成的传感器称为铂电阻温度传感器，通常使用的铂电阻温度传感器零度阻值为100Ω，电阻变化率为0.3851Ω/℃。铂电阻温度传感器精度高，稳定性好，应用温度范围广，是中低温区（–200～850℃）最常用的一种温度检测器，不仅广泛应用于工业测温，而且被制成各种标准温度计（涵盖国家和世界基准温度）供计量和校准使用。

铂电阻温度-电阻特性为

$$\begin{cases} R_t = R_0\left[1 + At + Bt^2 + C(t-100)t^3\right] & (-200℃ < t < 0℃) \\ R_t = R_0\left(1 + At + Bt^2\right) & (0℃ < t < 850℃) \end{cases} \tag{9-12}$$

式中　R_t——t时的电阻值；

R_0——0℃时的电阻值；

A、B、C——与铂纯度有关的分度常数。

国内统一设计的工业用标准铂电阻的W（100）≥1.391。其R_0分别为50Ω和100Ω两种。

选定R_0值，根据式（9-12）即可列出铂电阻的分度表——温度与电阻值的对照关系表，只要测出热电阻R_t。，通过查分度表就可以确定被测温度。

2．铜热电阻

工业用铜热电阻的测温范围为–50～150℃，它的电阻—温度关系可以近似表示为

$$R_t = R_0(1 + \alpha t) \tag{9-13}$$

铜热电阻温度计的优点是价格便宜，容易得到较纯的铜。它具有较高的电阻温度系数仪，而且电阻和温度的关系是线性的。它的缺点是容易氧化，因此只能在较低温度和无水分及无腐蚀性的环境下工作。它的电阻率小，因此铜热电阻的体积大，热惯性也大。

国内工业用铜热电阻的分度号有Cu50和Cu100两种，其R_0分别为50Ω和100Ω。

3．热电阻结构

金属热电阻一般由电阻丝、骨架、引线和保护管等组成，其外形与热电偶相似。热电阻通常也有普通型和铠装型等结构形式。

图9-12和图9-13分别为普通型和铠装型金属热电阻的结构。

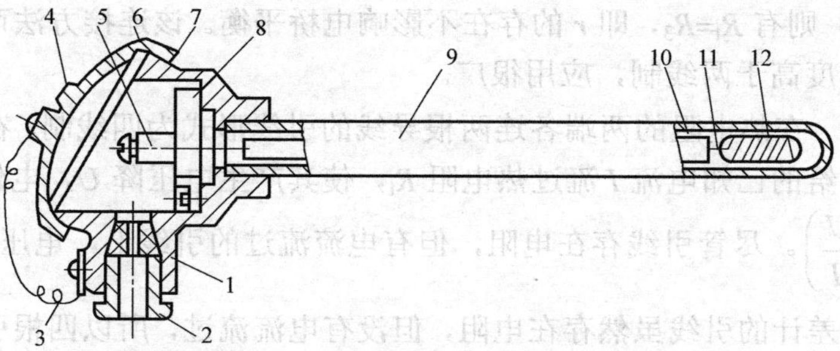

图 9-12　普通型金属热电阻的结构

1—出线孔密封圈　2—出线孔螺母　3—链条　4—面盖　5—接线柱　6—密封圈

7—接线盒　8—接线座　9—保护管　10—绝缘子　11—热电阻　12—骨架

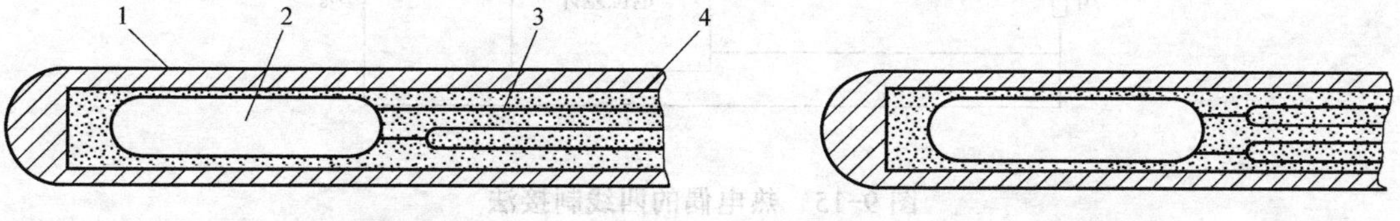

a) 三线制电阻　　b) 四线制电阻

图 9-13　铠装型金属热电阻的结构

1—不锈钢管　2—感温元件　3—内引线　4—氧化镁绝缘材料

需要说明的是，热电阻引线有两线制、三线制和四线制三种。

（1）两线制　在热电阻的两端各连一根导线的引线形式为两线制。这种引线形式配线简单、但要带入引线电阻的附加误差，用于测量精度要求不高的场合，并且导线的长度不宜过长。

（2）三线制　在热电阻的一端连接两根导线的引线，另一端连接一根引线，这种引线形式为三线制。设与热电阻 R_t 连接的三根引线阻值均为 r，如图 9-14 所示。

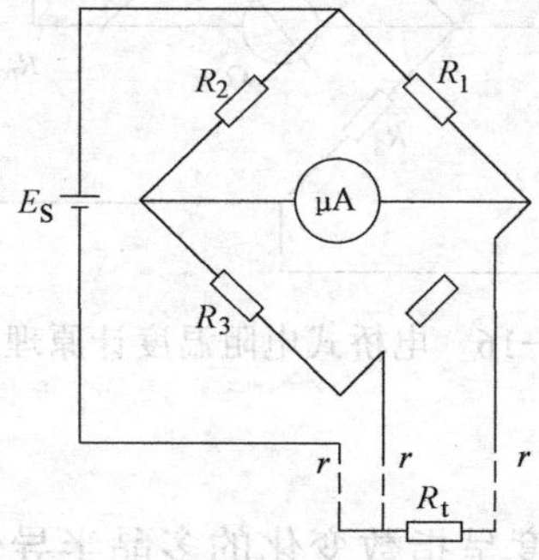

图 9-14　热电偶的三线制接法

当电桥平衡时，有

$$R_2\left(R_t+r\right)=R_1\left(R_3+r\right) \tag{9-14}$$

如果 $R_1=R_2$，则有 $R_t=R_3$，即 r 的存在不影响电桥平衡。该连接方法可以消除引线电阻的附加误差，精度高于两线制，应用很广。

（3）四线制　在热电阻的两端各连两根导线的引线形式为四线制，在高精度测量时采用。由恒流源供给的已知电流 I 流过热电阻 R_t，使其产生电压降 U，电位差计测得 U，便可得到 $R_t\left(R_t=\dfrac{U}{I}\right)$。尽管引线存在电阻，但有电流流过的引线上，电压降 rI 不在测量范围内；连接电位差计的引线虽然存在电阻，但没有电流流过，所以四根引线的电阻对测量均无影响。图 9-15 为热电偶的四线制接法。

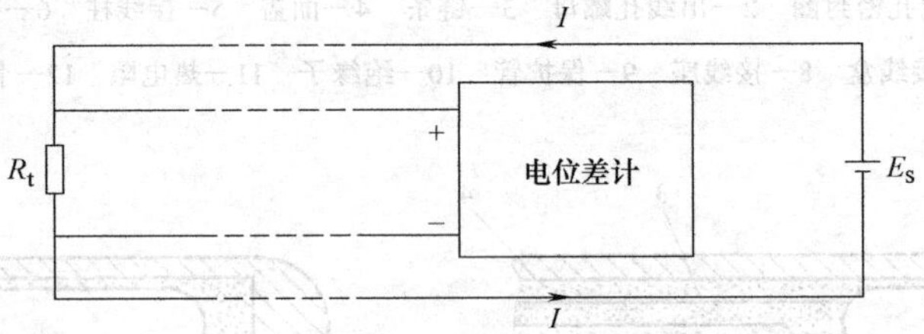

图 9-15　热电偶的四线制接法

4. 热电阻测温电路

图 9-16 是一个电桥式电阻温度计的原理图。R_1、R_2、R_3 和 R_t（R_{ref} 和 R_{FS}）组成电桥的四个臂，R_1、R_2 和 R_3 是固定电阻，R_t 是热电阻，R_{ref} 和 R_{FS} 是锰铜电阻，两者分别等于热电阻 R_t 在起始温度（如 0℃）及满度（如 100℃）时的电阻值。首先将开关 S 接在位置"1"，调节 R_0 使指示仪表指示为零；然后将开关 S 接在位置"3"，调节 R_F 使指示仪表满度偏转；最后将开关 S 接在位置"2"上，就可以正常工作。

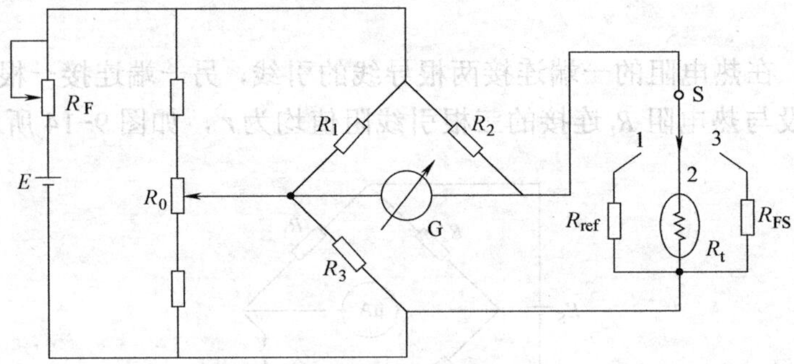

图 9-16　电桥式电阻温度计原理图

9.3.2　半导体热敏电阻

热敏电阻是一种电阻值随温度呈指数变化的多晶半导体感温元件，由过渡金属氧化物的混合物组成。根据热敏电阻的温度特性划分，热敏电阻有负温度系数热敏电阻、正温度系数热敏电阻和临界温度系数热敏电阻。用于低温的元件是由锰、镍、钴、铜、铬、铁等复合氧化物烧结而成，具有负温度系数。用于高温的元件是由氧化钴等稀土元素的氧化物烧结而成，具有正温度系数。用于温度测量的热敏电阻主要是负温度系数热敏电阻，温度测量范围是–100～3000℃。

热敏电阻的形状有珠形和圆片形等多种，如图 9–17 所示。

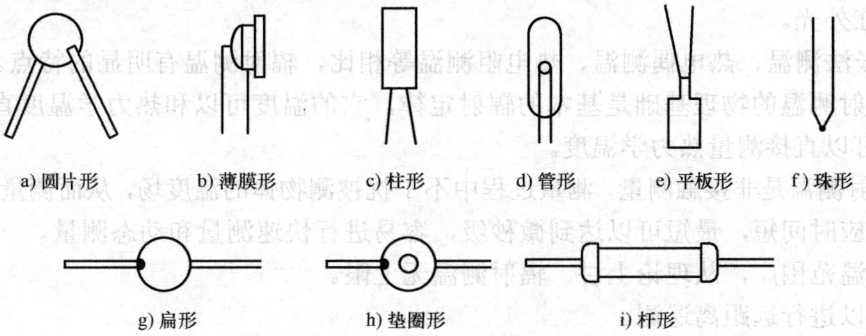

图 9–17 热敏电阻的结构形式

热敏电阻的主要特点有：热敏电阻输出信号大，灵敏度比热电偶和金属热电阻高；体积小、结构简单、便于成形；热容量小，响应时间短；复现性好；互换性好；稳定性好等。

（1）负温度系数热敏电阻（Negative Temperature Coefficient，NTC） 它的电阻值随温度升高而呈指数降低，故称为负温度系数热敏电阻。其电阻温度特性表示为

$$R_T = R_0 e^{B\left(\frac{1}{T}-\frac{1}{T_0}\right)} \tag{9-15}$$

式中 T——被测温度（K）；

T_0——参考温度（K）；

R_T、R_0——温度分别为 T 和 T_0 时的热敏电阻阻值；

B——热敏电阻的材料常数，又称为热敏指数。

热敏电阻的温度系数为

$$\alpha = -\frac{B}{T^2} \tag{9-16}$$

可以看出，电阻温度系数是常数 B 和温度 T 的函数，而与电阻 R 无关。同时，它是随温度的变化而变化的。热敏电阻的温度系数比金属丝的高很多，所以它的灵敏度较高。

（2）正温度系数热敏电阻（Positive Temperature Coefficient，PTC） 它的电阻值随温度升高而呈指数增加，故称为正温度系数热敏电阻。其电阻温度特性表示为

$$R_T = R_0 e^{B(T-T_0)} \tag{9-17}$$

有的正温度系数热敏电阻达到某一温度时，其阻值会突然增大，可以起报警作用。

（3）临界温度系数热敏电阻（Critical Temperature Resistor，CTR） 它的热电性质与 NTC 相似，不同之处是在某一温度下，其阻值急剧下降，因而可用于低温临界温度报警。

9.4 非接触式测温法

非接触测温主要是利用热辐射来测量物体温度。任何物体温度高于绝对零度时，其内

部带电粒子在原子或分子内会始终不断地处于振动状态，并能自发地向外发射能量。这种依赖于物体本身温度向外辐射能量的过程称为热辐射。辐射能以波动形式表现出来，其波长的范围极广，从短波、X 光、紫外光、可见光、红外光到电磁波。在温度测量中主要是可见光和红外光。

与膨胀法测温、热电偶测温、热电阻测温等相比，辐射测温有明显的特点。

1）辐射测温的物理基础是基本的辐射定律，它的温度可以和热力学温度直接联系起来，因此可以直接测量热力学温度。

2）辐射测温是非接触测量，测量过程中不干扰被测物体的温度场，从而测量精度较高。

3）响应时间短，最短可以达到微秒级，容易进行快速测量和动态测量。

4）测温范围广，从理论上讲，辐射测温无上限。

5）可以进行远距离遥测。

辐射测温的缺点是：不能测量物体内部的温度；受发射率的影响较大；受中间环境介质的影响较大；设备复杂，价格较高等。

根据测温的原理不同，辐射测温可以分为全辐射测温法、亮度测温法、红外测温法和光纤测温法等。

9.4.1 全辐射温度计

用全辐射温度计测温的理论基础是斯忒藩—玻尔兹曼定律，它是通过测量辐射物体的全波长的热辐射来确定物体的辐射温度。全辐射温度计测的是被测对象的辐射温度，在实际测量中，需要将辐射温度换算成真实温度。

全辐射温度计的工作原理如图 9-18 所示。透镜 1 将物体发出的辐射能经过光栅 2、3 聚集到受热片 4 上。在受热片上装有热电堆，热电堆由 8～12 只热电偶或更多只热电偶串联而成，如图 9-19 所示。热电偶的热端汇集到中心一点，冷端位于受热片的四周，受热片输出热电动势为所有热电偶输出电动势之和。

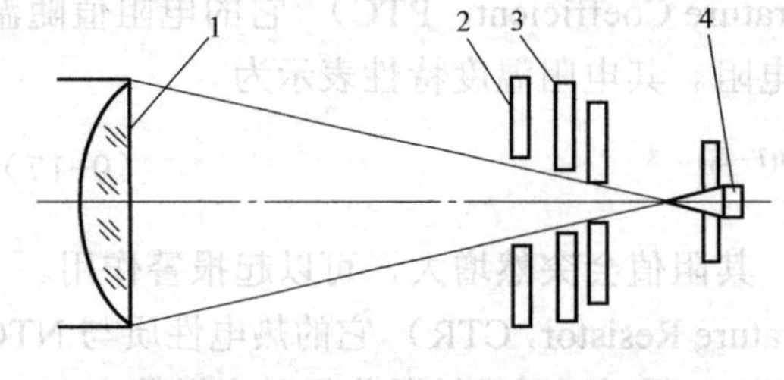

图 9-18　全辐射温度计的工作原理

1—透镜　2—可变光栅　3—固定光栅　4—受热片

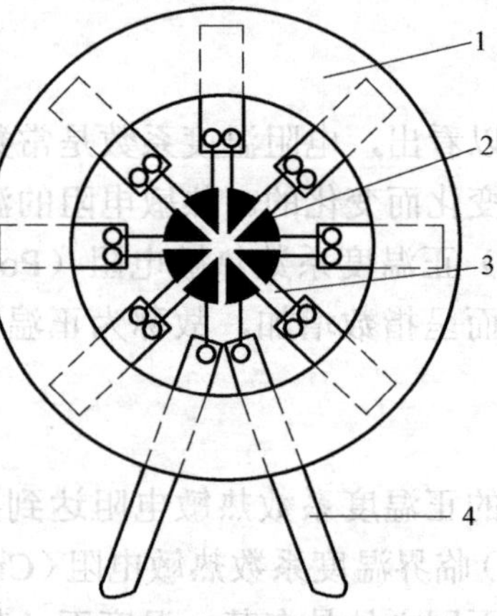

图 9-19　热电堆的结构

1—云母片　2—受热靶面　3—热电偶丝　4—引出线

全辐射温度计能自动测量温度，其输出量为电量，适用于远传和自动控制，是在线温度检测常用的一种仪表。

9.4.2　光学高温计和光电高温计

亮度温度计是根据普朗克定律，通过测量物体在一定波长下的单色辐射亮度来确定它的亮度温度的，又称为单波段温度计。亮度温度计可以分为两类：光学高温计和光电高温计。

（1）光学高温计　它是发展最早、应用最广的非接触式温度计。它的结构简单、使用方便、测温范围广，被广泛用于高温熔体、高温窑炉的温度测量。

光学高温计的工作原理如图 9-20 所示。测温时调整物镜系统，使辐射源或被测物体成像在高温计灯泡的灯丝平面上。然后通过调整目镜系统，使人眼能清晰地看到被测物体和灯丝的成像。再调整电测系统的可变电阻，改变通入灯丝的电流，使被测物体或辐射源的亮度在红色滤光片的光谱范围内处于平衡，即相互间处于相同的亮度温度。由于高温计灯泡在检定时，其亮度温度与通入电流之间的对应关系已知，因而通过上述方法就可以确定被测物体在红色滤光片波长范围内的亮度温度。

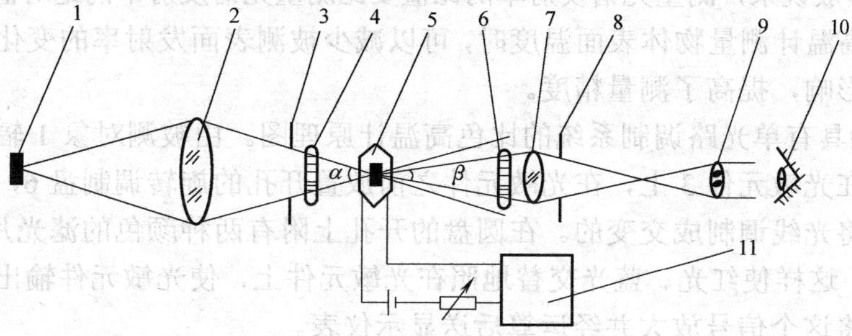

图 9-20　隐丝式光学高温计的工作原理

1—被测物体或辐射源　2—物镜　3—物镜光栅　4—吸收玻璃　5—高温计灯泡　6—红色滤光片　7—显微镜物镜　8—目镜光栅　9—显微镜目镜　10—人眼　11—电测仪器

在使用光学高温计的过程中，最经常的工作是用人眼进行亮度平衡。所谓亮度平衡，是指通过调节电流，用人眼观察的高温计灯丝瞄准区域均匀地消失在辐射源或被测物体的背景上，即“隐丝”或“隐灭”。在“隐丝”时，灯丝与瞄准目标相交的边界无法分辨出来，即它们在高温计视野上具有相同的亮度和亮度温度。高温计电流过高或过低都不能出现“隐丝”，也就是不能产生亮度平衡。由于使用这种高温计测温时，必须使被测物背景与小灯泡灯丝间的亮度达到“隐丝”程度，所以这种光学高温计又称为隐丝式光学高温计。图 9-21 显示了调整亮度时，在高温计视野上灯丝的三种情况。

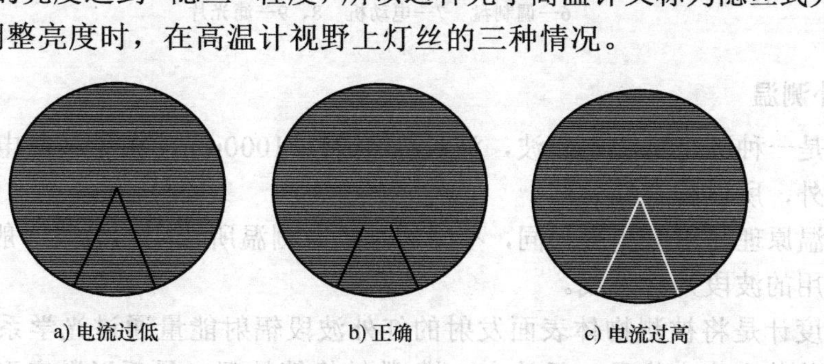

图 9-21　亮度比较情况示意图

（2）光电高温计　用光学高温计测温时，靠手动的办法改变光学高温计小灯泡电流，并用人眼进行观察，实现亮度平衡。该方法受到人为因素影响，可导致测量误差。

光电高温计采用硅光电池作为光敏元件，代替人眼睛感受被测物体辐射亮度的变化，并将此亮度信号转换成电信号，经滤波放大后送检测系统进行后续转换处理，最后显示出被测物体的亮度温度。

与光学高温计相比，光电高温计具有下列特点：灵敏度高，准确度高，使用波长范围宽，测温范围宽，响应时间短，自动化程度高等。

9.4.3 比色高温计

比色高温计利用物体的单色辐射现象来测温，但是，它是利用同一被测物体在两个波长下的单色辐射亮度之比随温度变化这一特性作为测温原理的。因此，在用比色高温计测量物体温度时，没有必要精确地知道被测物体的光谱发射率，而只需知道两个波长下光谱发射率的比值即可。一般说来，测量光谱发射率的比值要比测量光谱发射率的绝对值简便和精确。

采用比色高温计测量物体表面温度时，可以减少被测表面发射率的变化和光路中水蒸气、尘埃等的影响，提高了测量精度。

图 9-22 为具有单光路调制系统的比色高温计原理图。由被测对象 1 辐射来的射线经光学系统聚焦在光敏元件 3 上，在光敏元件之前放置开孔的旋转调制盘 6，这个圆盘由电动机 7 带动，将光线调制成交变的。在圆盘的开孔上附有两种颜色的滤光片 8 和 9，一般多为红、蓝色。这样使红光、蓝光交替地照在光敏元件上，使光敏元件输出相应的红光和蓝光信号，再将这个信号放大并经运算后送显示仪表。

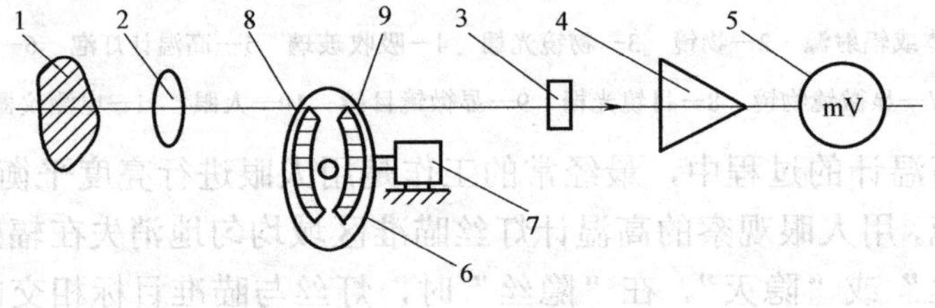

图 9-22　比色高温计

1—被测对象　2—透镜　3—光敏元件　4—运算放大器　5—显示装置

6—调制盘　7—电动机　8、9—滤光片

9.4.4 红外测温

红外线是一种不可见的电磁波，波长为 0.75～1000μm，由于其在电磁波的波谱图中位于红光之外，所以称为红外线。

红外测温原理与辐射测温相同，不同的是辐射测温所选用的波段一般为可见光，而红外测温所选用的波段为红外线。

红外温度计是将被测物体表面发射的红外波段辐射能量通过光学系统汇聚到红外探测元件上，使其产生电信号，经放大、模-数转换等处理，最后以数字形式显示温度值。由此可见，这类温度计与光学高温计或光电高温计相似，由光学系统和电子线路系统两大部分组成。

图 9-23 为红外温度计的工作原理图。物镜是由椭球面—球面组合的反射系统，主镜为椭球反射面，反射面真空镀铝，反射率达 95%以上。由于采用了反射系统，使得光谱能量损失很小。光学系统的焦距可通过改变次镜位置来调整，使最佳成像位置在热敏电阻表面。次镜到热敏电阻的光路之间装有透过波长 2～15μm、倾斜 45° 角的锗单晶滤光片，它使红外辐射透射到热敏电阻上，而可见光反射到目镜系统，以便对目标瞄准。

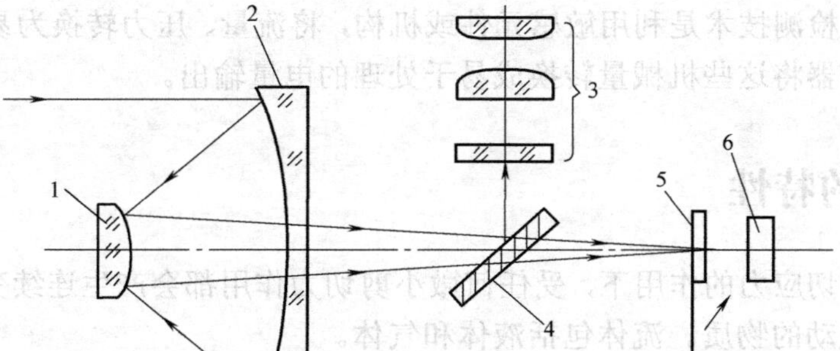

图 9-23　红外温度计的工作原理图

1—次镜　2—主镜　3—目镜系统　4—锗单晶滤光片　5—机械调制片　6—热敏电阻

机械调制片是边缘等距开孔的旋转圆盘，光线通过圆盘小孔照射到热敏电阻上，圆盘由电动机带动旋转，使照射到热敏电阻上光线强度为交变的，再经热敏电阻转换为交流电信号以便进行交流放大。

红外测温方法几乎可在所有温度测量场合使用，例如，各种工业窑炉、热处理炉温度测量、感应加热过程中的温度测量，尤其是钢铁工业中的高速线材、无缝钢管轧制、有色金属连铸、热轧等过程的温度测量等；军事方面的应用，如各种运载工具发动机内部温度测量、导弹红外（测温）制导、夜视仪等；在一般社会生活方面，如快速非接触人体温度测量、防火监测等。

习　题

9-1　接触式测温与非接触式测温各有什么特点？

9-2　在什么温度读数值上摄氏和华氏温标读数一致？

9-3　常用温标有哪几种？

9-4　热电偶测温的工作原理是什么？

9-5　金属温度计和半导体热敏电阻各有什么特点？

9-6　为什么用红外热成像仪仅能检测物体表面或浅层的温度？

第 10 章 流体参量的测量

流量和压力是表征流体状态的重要物理参数，在工程领域中，对流体的流量和压力进行测量具有重要的意义。

流量和压力检测技术是利用敏感元件或机构，将流量、压力转换为易于测取的中间机械量，再用传感器将这些机械量转换成易于处理的电量输出。

10.1 流体的特性

流体是指在切应力的作用下，受任何微小剪切力作用都会产生连续变形的物质。通俗地说，流体即流动的物质。流体包括液体和气体。

在进行流量测量以及流量仪表选型时，往往需要知道反映被测流体属性和流动状态的各种物理参数，通常要考虑的流体物理参数有密度、黏度、热膨胀系数和压缩系数等。流体的这些物性值应根据需要进行测量，或从适当的手册、物理常数表及其他资料中查出。这些数值既可以为流量计的选型提供依据，避免由于对流体参量掌握不足或不准确而使得测量达不到要求，又可以在现场使用和维护中通过分析这些量值对于流量测量仪器的影响来降低测量误差。

1. 密度

流体的密度ρ是流体的重要物性参数之一，它定义为

$$\rho = \frac{m}{V} \tag{10-1}$$

式中 ρ——流体密度（kg/m^3）；

m——流体质量（kg）；

V——流体体积（m^3）。

物质的密度与其所受的温度和压力密切相关，是温度和压力的函数。

（1）密度与温度的函数关系 压力一定的情况下，通常如果温度上升，物质体积增大；温度下降，物质体积减小，由于质量不变，因此密度将发生变化。

当压力不变时，不同温度下液体密度计算式为

$$\rho = \rho_{20}\left[1-\beta\left(\theta-20\right)\right] \tag{10-2}$$

式中 ρ——温度为θ时液体的密度（kg/m^3）；

ρ_{20}——20℃时液体的密度（kg/m^3）；

β——液体的热膨胀系数（1/℃）。

θ——液体的温度（℃）。

（2）密度与压力的函数关系 温度一定的情况下，当作用在物体上的压力增加时，物

体体积将缩小，密度随之发生变化。

温度不变时，不同压力下液体密度计算式为

$$\rho=\rho_0\left[1-\kappa\left(p_c-p_{c0}\right)\right] \tag{10-3}$$

式中　ρ_0——压力为p_0时液体的密度（kg/m^3）；

κ——液体的体积压缩系数（1/Pa）；

p_c，p_{c0}——试验压力和参考压力（Pa）。

通常压力的变化对液体密度的影响甚微，在 5MPa 以下可忽略不计，但是对于碳氢化合物，压力对密度的影响，即使在较低压力下也需要考虑，如原油的计量，一般需要进行压力修正。

对气体而言，如果得到了标准状态下的密度ρ_n，则在其他状态下的介质密度ρ由气体状态方程导出：

$$\rho=\rho_n\frac{\rho}{p_n}\frac{T_n}{T}\frac{z_n}{z} \tag{10-4}$$

式中　ρ_n——标准状态下（293.15K，101 325Pa）干气体的密度（kg/m^3）；

p_n，p——标准状态和工作状态下气体的绝对压力（Pa）；

T_n，T——标准状态和工作状态下气体的热力学温度（K）。

z_n，z——标准状态和工作状态下气体的压缩系数。

环境状态下的空气密度计算公式为

$$\rho=\frac{\rho_a}{R_m}\frac{M_a}{Tz}\left[1-x_v\left(1-\frac{M_v}{M_a}\right)\right] \tag{10-5}$$

式中　ρ_a——环境条件下大气压（Pa）；

T——环境温度（K）；

R_m——通用气体常数[8.31441J/（mol·K）]；

M_a——干空气摩尔质量（0.028963kg/mol）；

M_v——水蒸气摩尔质量（0.018015kg/mol）；

x_v——湿空气中水蒸气的摩尔分数；

z——空气的压缩系数。

在工业测量中，有时还用比体积（俗称比容）v 这一参数，单位为 m^3/kg，表示单位流体的质量所占的体积。

在实用中还常遇到相对密度 d，其意义为：在标准条件下物质密度ρ_1与参考物质密度ρ_2的比值，其定义式为

$$d=\rho_1/\rho_2 \tag{10-6}$$

密度参考物质一般是指易获得、纯度高、性能稳定且密度已知的物质，如纯水、干空气等。关于相对密度，过去常叫作“比重”，实际上，比重一词不但不确切，而且存在严重概念混乱和单位不统一的问题。现在一律采用相对密度代替它。

2．黏度

不同流体的流动性能不同，这主要是因为流体内部质点间作相对运动时存在不同的内摩擦力。这种表明流体流动时产生内摩擦力的特性称为黏性。流体的黏性越大，其流动性越小。

牛顿经过大量实验研究，在 1686 年提出了确定流体内摩擦力的公式即牛顿内摩擦定律。实验如图 10-1 所示，设有两块相距为 h 的平板，两板间充满均匀的真实流体，平板面积 A 足够大，可忽略平板四周边界的影响。下板固定不动，上板在切向力 F'的作用下，以速度 u_0 做匀速直线运动。

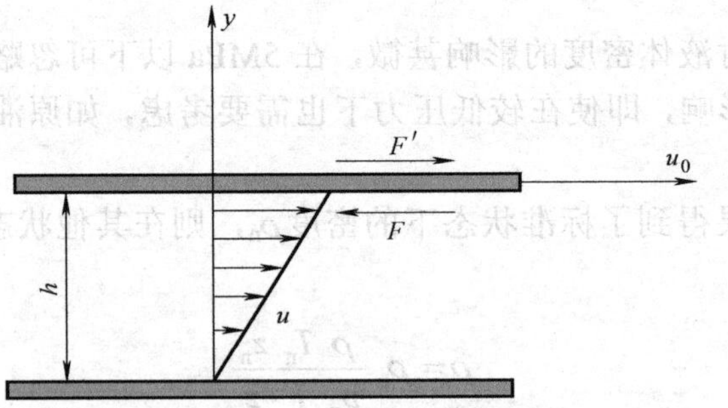

图 10-1　牛顿黏性定律实验

实验证明，对于一定的流体，有以下特性：

1）与上板接触的流体粘在上板上，并以速度 u_0 随上板运动，以下各层流体的速度依次降低；与下板接触的流体粘在下板上，速度为零，两板间的流体速度呈线性分布。对任意相邻两层流体来说，上层速度较大，下层速度较小，前者对后者起带动作用，而后者对前者起拖曳作用。流体层之间的这种相互作用，是由内摩擦力引起的，而流体的黏性正是这种内摩擦的表现，由此可得 u 是 y 的一次函数，即

$$u=\frac{u_0}{h}y \tag{10-7}$$

2）内摩擦力 F 与两流体层的速度差 $\mathrm{d}u$ 和两层间的接触面积 A 成正比，与两层之间的垂直距离 $\mathrm{d}h$ 成反比，即

$$F=\mu A\frac{\mathrm{d}u}{\mathrm{d}h} \tag{10-8}$$

式中　F——内摩擦力（N）；

$\frac{\mathrm{d}u}{\mathrm{d}h}$——法向速度梯度，即在与流体流动方向相垂直的 y 方向上流体速度的变化率（1/s）；

μ——比例系数，称为流体的黏度或动力黏度（Pa·s）。

一般，单位面积上的内摩擦力称为剪应力，以 τ 表示，单位为 Pa，则式（10-8）变为

$$\tau=\mu\frac{\mathrm{d}u}{\mathrm{d}y} \tag{10-9}$$

式（10-9）称为牛顿黏性定律，表明流体层间的内摩擦力或剪应力与法向速度梯度成正比。剪应力与速度梯度的关系符合牛顿黏性定律的流体，称为牛顿型流体，包括所有气体和大多数液体；不符合牛顿黏性定律的流体称为非牛顿型流体，如高分子溶液、胶体溶

液及悬浮液等。

对于液体，产生黏性的原因主要是分子吸引力，温度升高，分子间距加大，分子间吸引力减小，μ 减小。

对于气体，产生黏性的原因主要是分子热运动，温度升高，运动加强，分子运动阻力加大，μ 升高。

流体力学中还经常应用运动黏度（单位为 m^2/s），其定义为

$$\nu = \frac{\mu}{\rho} \tag{10-10}$$

3．热膨胀系数

物体具有热胀冷缩的性质，流体也不例外，这称为流体的膨胀性，流体的膨胀性用体积膨胀系数 β_t 表示（单位为 1/K），即

$$\beta_t = -\frac{1}{V}\frac{\Delta V}{\Delta T} \tag{10-11}$$

式（10-11）表示温度升高 1 ℃或 1 K 时，单位体积流体的体积变化量。

4．压缩系数

流体受到压缩体积就要变小的特性称为流体的压缩性，在等温条件下，我们用 β_p（单位为 m^2/N）来表示流体受到压缩时体积缩小的程度。

$$\beta_p = \frac{1}{V}\frac{\Delta V}{\Delta p} \tag{10-12}$$

β_p 为体积压缩系数，表示压力每增加一个单位，单位体积流体的体积变化量。由于压力与体积的变化方向相反，为使 β_p 为正值，等号右边带一负号。需要注意的是，β_p 不会出现负值。

要使水的体积改变 1%，需要在原有压力的基础上再加上 204 个大气压。而在一般工程中，压力不可能达到这么高，所以，可以将水近似地作为不可压流体来对待，但在高压锅炉以及水锤现象中，必须要考虑水的压缩性。

通常把气体作为可压缩流体来处理，但在流速不高的情况下，也可作为不可压流体来处理。例如，空气在标准大气压下，流速为 68m/s 时，不考虑压缩性带来的相对误差为 1%，一般情况下，这样的近似误差在工程上是允许的。

流体的体积压缩系数的倒数为体积弹性模量，即

$$E = \frac{1}{\beta_p} = -V\frac{\Delta p}{\Delta V} \tag{10-13}$$

10.2　不同的流量测量方法及仪器

测量流体流量的仪表统称为流量计或流量表。流量测量的发展可追溯到古代的水利工程和城市供水系统。如古罗马恺撒时代已采用孔板测量居民的饮用水水量；公元前 1000 年左右，古埃及用堰法测量尼罗河的流量；我国著名的都江堰水利工程应用宝瓶口的水位观测水

量大小等。17 世纪，托里拆利（Torricelli）奠定了差压式流量计的理论基础，这是流量测量的里程碑。18、19 世纪，流量测量的许多类型仪表的雏形开始形成，如示踪法，皮托管，文丘里管，容积式、涡轮式、靶式流量计等。20 世纪由于过程工业、能量计量、城市公用事业对流量测量的需求急剧增长，加之微电子技术和计算机技术的飞速发展促使流量检测仪表迅速发展，至今已有上百种流量计产品。流量计有不同的分类方法，常用的方法有两种，一种是按流量计采用的测量原理进行分类，另一种是按流量计的结构原理进行分类。

1．按测量原理分类

根据流量计的测量原理，大致可以按照以下几种原理分类：

（1）力学原理　属于此类原理的仪表有利用伯努利定理的差压式、转子式流量计；利用动量定理的冲量式、可动管式流量计；利用牛顿第二定律的直接质量式流量计；利用流体动量原理的靶式流量计；利用角动量定理的涡轮式流量计；利用流体振荡原理的旋涡式、涡衔式流量计；利用总静压力差的皮托管式流量计以及容积式流量计和堰、槽式流量计等。

（2）电学原理　用于此类原理的仪表有电磁式流量计、差动电容式流量计、电感式流量计、应变电阻式流量计等。

（3）声学原理　利用此类原理的仪表有超声波式流量计、声学式（冲击波式）流量计等。

（4）热学原理　利用此类原理的仪表有热量式流量计、直接量热式流量计、间接量热式流量计等。

（5）光学原理　利用此类原理的仪表有激光式流量计、光电式流量计等。

（6）原子物理原理　利用此类原理的仪表有核磁共振式流量计、核辐射式流量计等。

2．按流量计结构原理分类

根据流量计的结构原理，大致可以分为以下几种类型：

（1）容积式流量计　容积式流量计相当于一个标准容积的容器，它接连不断地对流动介质进行度量。流量越大，度量的次数越多，输出的频率越高。容积式流量计的原理比较简单，适于测量高黏度、低雷诺数的流体。根据回转体形状不同，目前生产的产品分：适于测量液体流量的椭圆齿轮流量计、腰轮流量计（罗茨流量计）、旋转活塞和刮板式流量计；适于测量气体流量的伺服式容积流量计、皮膜式和转筒流量计等。

（2）叶轮式流量计　叶轮式流量计的工作原理是将叶轮置于被测流体中，受流体流动的冲击而旋转，以叶轮旋转的快慢来反映流量的大小。典型的叶轮式流量计是水表和涡轮流量计，其结构可以是机械传动输出式或电脉冲输出式。一般机械式传动输出的水表准确度较低，误差约 ±2%，但结构简单、造价低，国内已批量生产，并标准化、通用化和系列化。电脉冲信号输出的涡轮流量计的准确度较高，一般误差为±（0.2%～0.5%）。

（3）差压式流量计（变压降式流量计）　差压式流量计由一次装置和二次装置组成．一次装置称流量测量元件，它安装在被测流体的管道中，产生与流量（流速）成比例的压力差，供二次装置进行流量显示。二次装置称显示仪表。它接收测量元件产生的差压信号，并将其转换为相应的流量进行显示。差压流量计的一次装置常为节流装置或动压测定装置

（皮托管、均速管等）。二次装置为各种机械式、电子式、组合式差压计配以流量显示仪表。差压计的差压敏感元件多为弹性元件。由于差压和流量成二次方根关系，故流量显示仪表都配有开二次方装置，以使流量刻度线性化。多数仪表还设有流量积算装置，以显示累积流量，以便经济核算。这种利用差压测量流量的方法历史悠久，比较成熟，世界各国一般都用在比较重要的场合，约占各种流量测量方式的 70%。发电厂主蒸汽、给水、凝结水等的流量测量都采用这种表计。

（4）变面积式流量计（等压降式流量计）　放在上大下小的锥形流道中的浮子受到自下而上流动的流体的作用力而移动。当此作用力与浮子的“显示重量”（浮子本身的重量减去它所受流体的浮力）相平衡时，浮子即静止。浮子静止的高度可作为流量大小的量度。由于流量计的通流截面积随浮子高度不同而异，而浮子稳定不动时上下部分的压力差相等，因此该型流量计称为变面积式流量计或等压降式流量计。该式流量计的典型仪表是转子（浮子）流量计。

（5）动量式流量计　利用测量流体的动量来反映流量大小的流量计称为动量式流量计。由于流动流体的动量 P 与流体的密度及流速 v 的二次方成正比，因此测得 P，即可反映流量 Q。这种型式的流量计，大多利用检测元件把动量转换为压力、位移或力等，然后测量流量。这种流量计的典型仪表是靶式和转动翼板式流量计。

（6）冲量式流量计　利用冲量定理测量流量的流量计称为冲量式流量计，多用于测量颗粒状固体介质的流量，还用来测泥浆、结晶型液体和研磨料等的流量。流量测量范围从每小时几千克到近万吨。典型的仪表是水平分力式冲量流量计，其测量原理是当被测介质从一定高度 h 自由下落到有倾斜角的检测板上产生一个冲力，冲力的水平分力与质量流量成正比，故测量这个水平分力即可反映质量流量的大小。按信号的检测方式分类，该型流量计分位移检测型和直接测力型。

（7）电磁流量计　电磁流量计是应用导电体在磁场中运动产生感应电动势，而感应电动势又和流量大小成正比，通过测电动势来反映管道流量的原理而制成的。其测量精度和灵敏度都较高。工业上多用以测量水、矿浆等介质的流量，可测最大管径达 2m，而且压损极小。但电导率低的介质，如气体、蒸汽等则不能应用。

电磁流量计造价较高，且信号易受外磁场干扰，影响了在工业管流测量中的广泛应用。为此，产品在不断改进更新，向微机化发展。

（8）超声波流量计　超声波流量计是基于超声波在流动介质中传播的速度等于被测介质的平均流速和声波本身速度的几何和的原理而设计的。它也是由测流速来反映流量大小的。超声波流量计虽然在 20 世纪 70 年代才出现，但由于它可以制成非接触式，并可与超声波水位计联动进行开口流量测量，对流体又不产生扰动和阻力，所以很受欢迎，是一种很有发展前途的流量计。

利用多普勒效应制造的超声多普勒流量计近年来得到广泛的关注，被认为是非接触测量双相流的理想仪表。

（9）流体振荡式流量计　流体振荡式流量计是利用流体在特定流道条件下流动时将产生振荡，且振荡的频率与流速成比例这一原理设计的。当通流截面积一定时，流速与导容积流量成正比。因此，测量振荡频率即可测得流量。这种流量计是 20 世纪 70 年代开发和发展起来的，由于它兼有无转动部件和脉冲数字输出的优点，很有发展前途。目前典型的产品有涡流流量计、旋进旋涡流量计。

（10）质量流量计　由于流体的容积受温度、压力等参数的影响，用容积流量表示流量大小时需给出介质的参数。在介质参数不断变化的情况下，往往难以达到这一要求，而造成仪表显示值失真。因此，质量流量计就得到广泛的应用和重视。质量流量计分为直接式和间接式两种。直接式质量流量计利用与质量流量直接有关的原理进行测量，目前常用的有量热式、角动量式、振动陀螺式、马格努斯效应式和科里奥利力式等质量流量计。间接式质量流量计是用密度计与容积流量直接相乘求得质量流量的。

10.2.1　节流式流量计

节流式流量汁是一种差压式流量计。在管道中安装一个通流面积比管径小的节流装置，则流体通过该节流装置时就会形成局部收缩。在收缩处，流速增加，动能增大，静压降低，因此，在节流装置前后将产生与流量成一定函数关系的压力差，可以测出压力差从而求出通过管路的流量。

以图 10-2 所示的流量计为例，分析流体通过孔板时其流动参数的变化情况，根据伯努利方程以及流体流动连续性方程可知，流体体积流量为

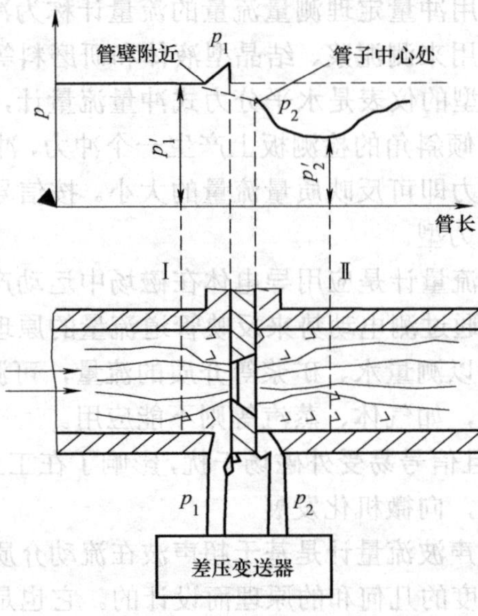

图 10-2　节流式流量计原理图

$$q_V = \alpha\varepsilon A_0\sqrt{\frac{2}{\rho}(p_1 - p_2)} \tag{10-14}$$

式中　q_V——体积流量（m^3/s）；

α——流量系数，与流道尺寸、流体流动的雷诺数、取压方式、管壁粗糙度等有关；

ε——流体压缩系数，对于不可压缩流体，ε=1，对于可压缩流体，ε<1；

A_0——节流装置开孔面积（m^2）；

ρ——液体密度（kg/m^3）；

p_1、p_2——节流装置前后端面处的静压力（N）。

常见的节流装置有孔板、喷嘴、文杜里管，如图 10-3 所示。其各自的特点是：

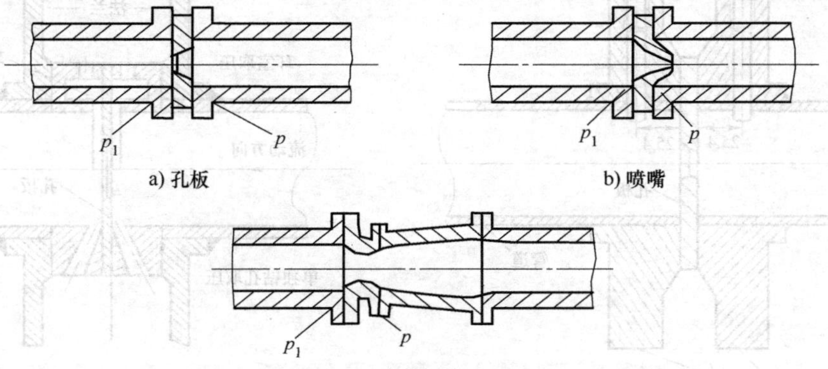

图 10-3　节流装置

1）标准孔板：加工方便、安装容易、省料和造价低，但压力损失较大。此外，测量大管径高温高压介质时，孔板容易变形。

2）喷嘴：加工成本比不上孔板但是优于文杜里管，对于介质污脏和冲刷的敏感性低，使用寿命长。

3）文杜里管：压损最低，上下游直观段要求最短，对流体中的悬浮物不敏感，但是外形尺寸大、价格昂贵。

选择节流装置，应综合考虑流体条件、管道条件和压损等。从流体条件看，测量易沉淀或有腐蚀性的流体宜采用喷嘴或文杜里管。从管道条件看，在管道内壁比较粗糙的情况下，选用喷嘴比孔板更为合适。从运行准确度看，在高参数、大流量的生产管线上，一般不选用孔板。因为经过长期运行，其锐角冲刷磨损严重，易发生形变，影响准确度，所以通常采用喷嘴。

根据节流装置取压口位置可将取压方式分为理论取压、角接取压、法兰取压、径距取压与损失取压五种，如图 10-4 所示。

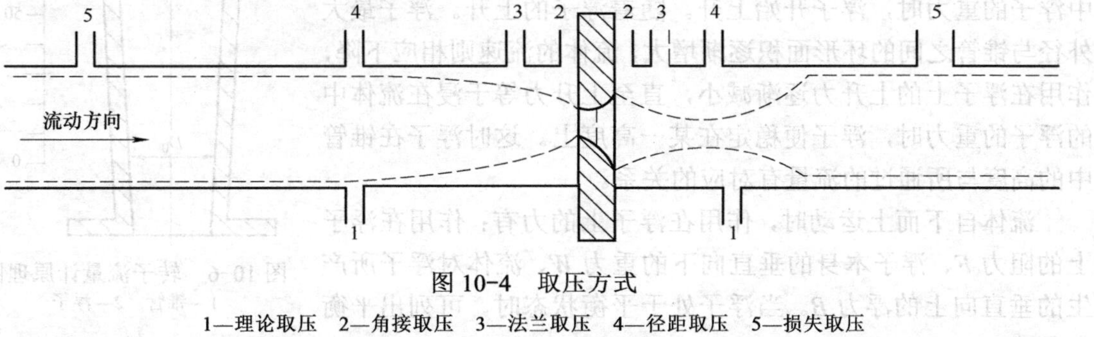

图 10-4　取压方式

1—理论取压　2—角接取压　3—法兰取压　4—径距取压　5—损失取压

目前广泛采用的是角接取压法，其次是法兰取压法，其取压装置如图 10-5 所示。角接取压法比较简便，容易实现环室取压，测量精度较高。法兰取压法结构较简单，容易装配，计算也方便，但精度比角接取压法低些。

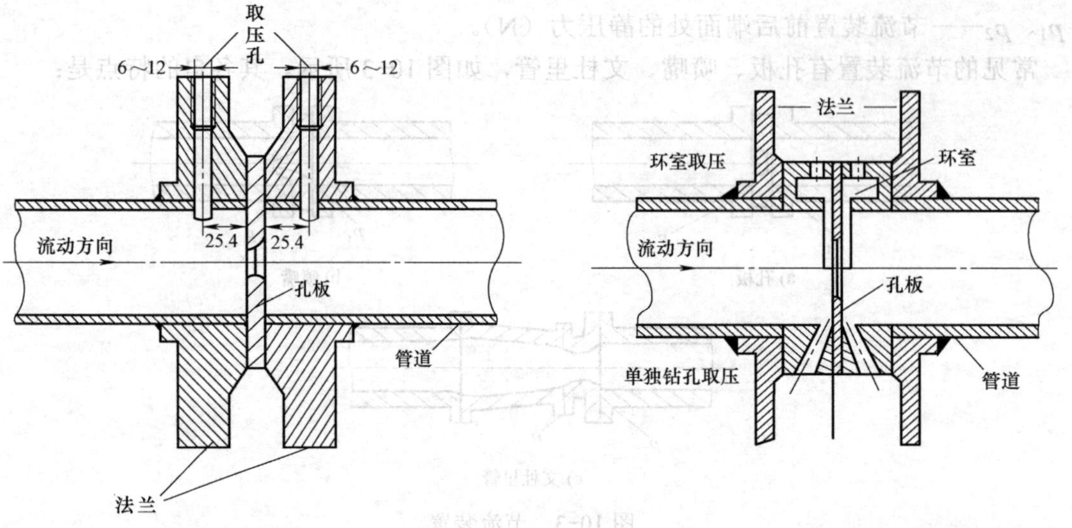

a) 法兰取压装置　　b) 角接取压装置

图 10-5　取压装置

10.2.2　转子流量计

转子流量计也称浮子流量计或面积流量计。与节流式流量计不同，转子流量计在测量过程中，始终保持节流件前后的差压不变，通过改变流通面积来改变流量，所以转子流量计也叫恒压降变截面流量计。

在工业生产和科研测试中，为了保证小流量、低雷诺数的流量测量准确度，要求仪表有较高的灵敏度。转子流量计由于其灵敏度高、结构简单、直观、压损小、测量范围大、维修方便而且价格比较便宜等优点，被广泛应用。

转子流量计由一根自下向上扩大的垂直锥管和一只可以沿着锥管的轴向自由移动的浮子组成，如图 10-6 所示。当被测流体自锥管下端流入流量计时，由于流体的作用，浮子上下端面产生差压，该差压即为浮子的上升力。当差压值大于浸在流体中浮子的重力时，浮子开始上升。随着浮子的上升。浮子最大外径与锥管之间的环形面积逐渐增大，流体的流速则相应下降，作用在浮子上的上升力逐渐减小，直至上升力等于浸在流体中的浮子的重力时，浮子便稳定在某一高度上。这时浮子在锥管中的高度与所通过的流量有对应的关系。

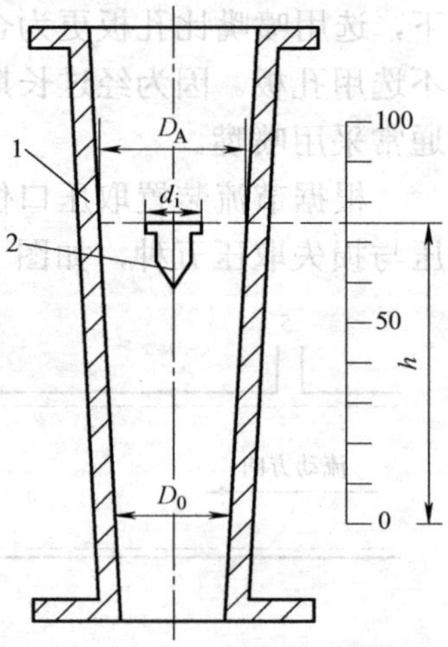

图 10-6　转子流量计原理图
1—锥管　2—浮子

流体自下而上运动时，作用在浮子上的力有：作用在浮子上的阻力 F、浮子本身的垂直向下的重力 W、流体对浮子所产生的垂直向上的浮力 B。当浮子处于平衡状态时，可列出平衡方程式

$$W = B + F \tag{10-15}$$

$$F = \frac{1}{2}\rho_0 v^2 c_d A_f \tag{10-16}$$

$$W=\gamma_f V_f \tag{10-17}$$

$$B=\gamma_0 V_f \tag{10-18}$$

式中　c_d——浮子的阻力系数；

ρ_0——流体密度；

v——环形流通面积的平均流速；

A_f——浮子的最大迎流面积；

γ_f——浮子材料的重度；

V_f——浮子的体积；

γ_0——流体的重度。

若环形流通面积为 A_0，则体积流量为

$$q_V=A_0 v=\sqrt{\frac{1}{c_d}}A_0\sqrt{\frac{2V_f(\gamma_f-\gamma_0)}{A_f\rho_0}}=\alpha A_0\sqrt{\frac{2V_f(\gamma_f-\gamma_0)}{A_f\rho_0}}=\alpha A_0\sqrt{\frac{2\Delta p}{\rho_0}} \tag{10-19}$$

式中　α——流量系数 $\alpha=\sqrt{\frac{1}{c_d}}$。

只要保持流量系数α为常数，则流量与浮子高度 h 之间就存在一一对应的近似线性关系。我们可以将这种对应关系直接刻度在流量计的锥管上。显然，对于不同的流体，由于密度发生变化，所以 q_V 与 h 之间的对应关系也将发生变化，原来的流量刻度将不再适用。所以原则上，转子流量计应该用实际介质进行标定。大部分结构的转子流量计只能用于自下而上垂直流的管道安装。

浮子的形状常见的有三种，如图 10-7 所示。Ⅰ型多用于气体、小流量且流量系数比较小的地方。Ⅱ型多用于液体、大流量并且流量系数比较大的地方，对于大流量的流量计为了使转子在锥形管的中心线上下移动时不碰到管壁，往往带有中心导杆。Ⅲ型使用得较少，其特点是受黏度变化影响小。

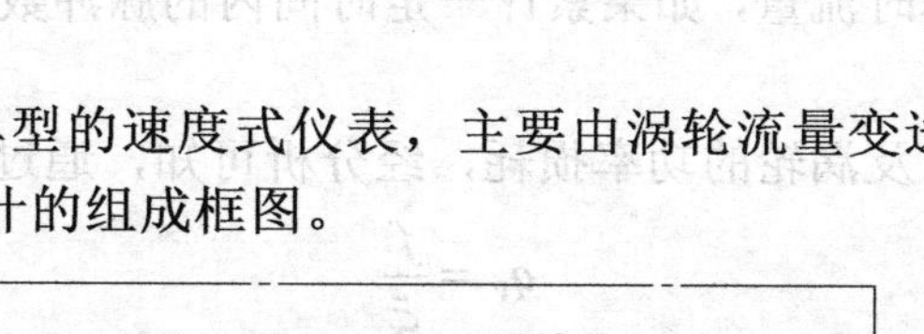

图 10-7　常见的浮子形状

10.2.3　涡轮流量计

涡轮流量计是一种典型的速度式仪表，主要由涡轮流量变送器和流量指示积算仪组成。图 10-8 是涡轮流量计的组成框图。

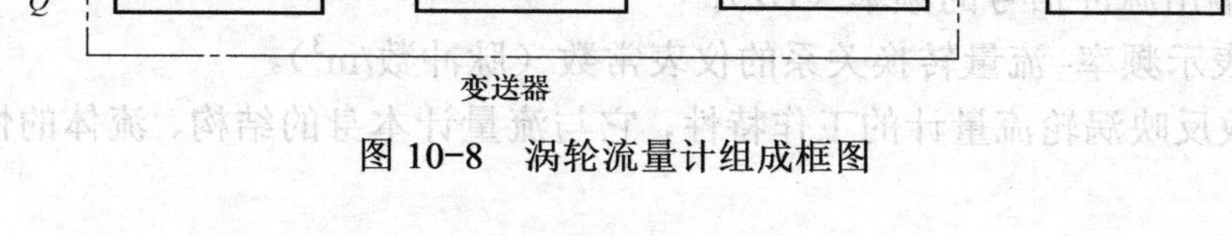

图 10-8　涡轮流量计组成框图

图 10-9 所示的涡轮流量计结构中，壳体由不导磁的不锈钢制成。涡轮流量计的敏感检测工件是安装在管道内的涡轮，由导磁的不锈钢制成，叶片数量根据直径变化而不同，2～24 片不等。一般在叶轮的前方，还设置一个称为导流器的束流装置，保证流体的流速以一定方向冲击涡轮叶片，当流体流过叶轮时，以一定速度冲击叶片，而产生旋转力矩，它克服流体摩擦力和电磁力等阻力矩使叶轮转动，当转动力矩与阻力矩相等时，叶轮保持恒定转速，流量越大，则转速成比例地增大，根据叶轮转速判断流量大小，测量原理称为动量矩原理。

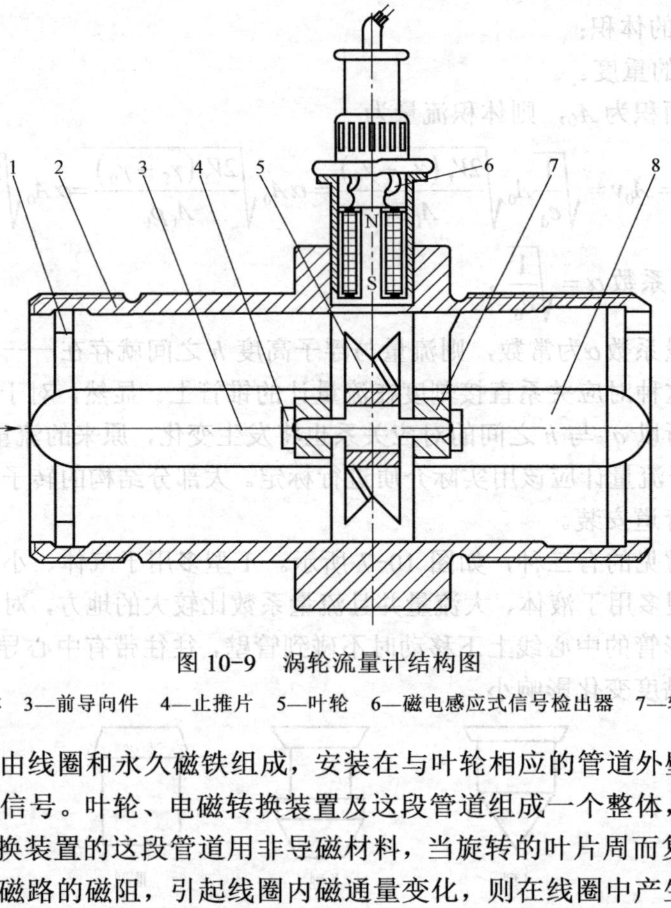

图 10-9　涡轮流量计结构图

1—紧固件　2—壳体　3—前导向件　4—止推片　5—叶轮　6—磁电感应式信号检出器　7—轴承　8—后导向件

磁电转换装置由线圈和永久磁铁组成，安装在与叶轮相应的管道外壁上，它把叶轮的转速转换为电脉冲信号。叶轮、电磁转换装置及这段管道组成一个整体，称为涡轮流量变送器。安装磁电转换装置的这段管道用非导磁材料，当旋转的叶片周而复始地经过永久磁铁处，交替地改变磁路的磁阻，引起线圈内磁通量变化，则在线圈中产生电压脉冲，通过前置放大器对脉冲信号进行整形放大后输出方波脉冲。输出脉冲的频率与转速成正比，测量脉冲频率就可以确定瞬时流量，如果累计一定时间内的脉冲数，就可以获得这段时间内的累计流量。

若忽略轴承的摩擦以及涡轮的功率损耗，经分析可知，通过流量计的流体流量为

$$q_V = \frac{f}{\xi} \tag{10-20}$$

式中　f——输出脉冲信号的频率（Hz）；

ξ——表示频率-流量转换关系的仪表常数（脉冲数/m^3）。

仪表常数反映涡轮流量计的工作特性，它与流量计本身的结构、流体的性质和流体在

涡轮周围的流动状态有密切关系。

涡轮流量计的优点是：

（1）准确度等级高　一般为 0.5 级左右，在小范围内可以达到 0.1 级，因此在某些场合可以作为标准流量计使用。

（2）反应快　介质为水时，时间常数为几十毫秒，因此，它可以用来检测脉动流体的流量。

（3）量程比宽　一般为 6:1。

（4）抗干扰能力强　信号便于远传及与计算机相连。

但是它在使用中也有一些局限性：

1）涡轮流量变送器的磁电感应线圈不能承受高温，在高温时，漆包线的绝缘层会遭到破坏，因此它不能测量温度高于 120℃的流体，但工业生产中很多流体温度都超过这个温度。

2）涡轮流量计不能测量带有杂质的流体，尽管可以采取过滤措施，但管道加过滤器后会增加流体阻力，增大流体压力损失；另外，杂质过多也容易堵塞过滤器，一旦过滤器堵塞，还要从管道中拆出来清洗，这将增大对仪表的维护量。

3）涡轮变送器出厂前标定的仪表常数ξ是用常温常压水标定的，工业生产中需要计量的流体并不都是常温常压水。如果将仪表用来计量其他流体，可能会产生很大测量误差。例如：液体温度升高时，ξ值会减小；液体黏度增大时，ξ值也会减小。

10.2.4　电磁流量计

1．原理

电磁流量计是根据法拉第电磁感应定律制成的一种测量导电液体体积流量的仪表。如图 10-10 所示，将一个直径为 D 的管道放在一个均匀磁场中，并使之垂直于磁力线方向。管道由非导磁材料制成，如果是金属管道，内壁上要装有绝缘衬里。当导电液体在管道中流动时，便会切割磁力线。如果在管道两侧各插入一根电极，则电极间产生和流速成比例的电位差，即

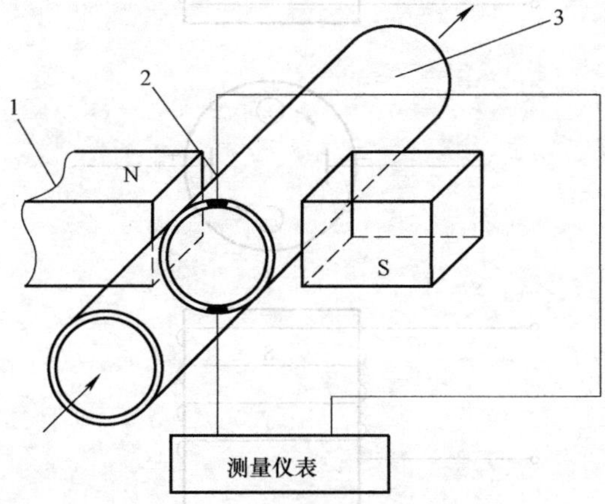

图 10-10　电磁流量计原理图

1—磁铁　2—电极　3—管道

$$E = BDv \tag{10-21}$$

式中 E——感应电动势（V）；

B——磁感应强度（T）；

D——管道内径（m）；

v——液体在管道内平均流速（m/s）。

如果测量条件满足下列假定：① 磁场是均匀分布的恒定磁场；② 被测流体的流速轴对称分布；③ 被测液体是非磁性的；④ 被测液体的电导率均匀且各向同性，则流过圆形导管的体积流量为被测流体的平均流速和导管通流面积的乘积，即

$$q_V = \frac{\pi}{4}D^2 v = \frac{\pi DE}{4B} \tag{10-22}$$

可以将式（10-22）改写为

$$E = \frac{4Bq_V}{\pi D} = kq_V \tag{10-23}$$

式中 k——仪表的比例常数。

2．分类

电磁流量计通常使用的励磁方式有三种：直流励磁、交流励磁和低频方波励磁。

（1）直流励磁 直流励磁方式用直流电或永久磁铁产生磁场，它能产生一个恒定的均匀磁场。它的最大优点是受交流电磁场干扰影响很小。但是，使用直流磁场易使通过测量管道的电解质液体被极化，即电解质在电场中被电解，产生正负离子。在电场力的作用下，负离子跑向正极，正离子跑向负极，如图 10-11 所示。这样，将导致正负电极分别被相反极性的离子所包围，严重影响仪表的正常工作。所以，直流励磁一般只用于测量非电解质液体，如液态金属等。

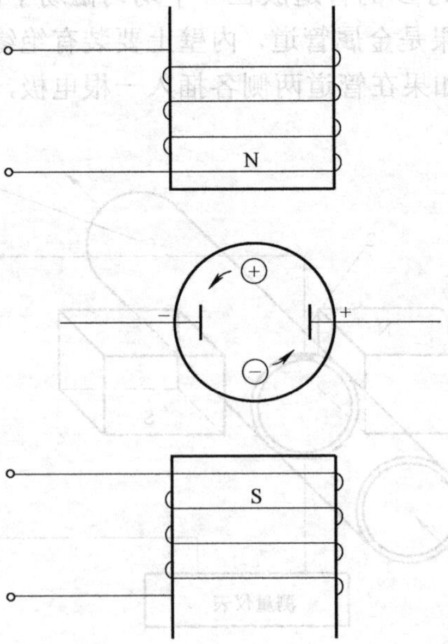

图 10-11 直流励磁方式

（2）交流励磁 目前，工业上使用的电磁流量计，大都采用工频（50Hz）电源交流

励磁方式，即它的磁场是由正弦交变电流产生的，所以产生的磁场也是一个交变磁场。交变磁场变送器的主要优点是消除了电极表面的极化干扰。另外，由于磁场是交变的，所以输出信号也是交变信号，放大和转换低电平的交流信号要比直流信号容易得多。值得注意的是，用交流磁场会带来一系列的电磁干扰问题，例如正交干扰、同相干扰等。

（3）低频方波励磁　直流励磁方式和交流励滋方式各有优缺点，为了充分发挥它们的优点，尽量避免它们的缺点，20 世纪 70 年代以来，人们开始采用低频方波励磁方式。它的励磁电流波形如图 10-12 所示，其频率通常为工频的 1/10～1/4。

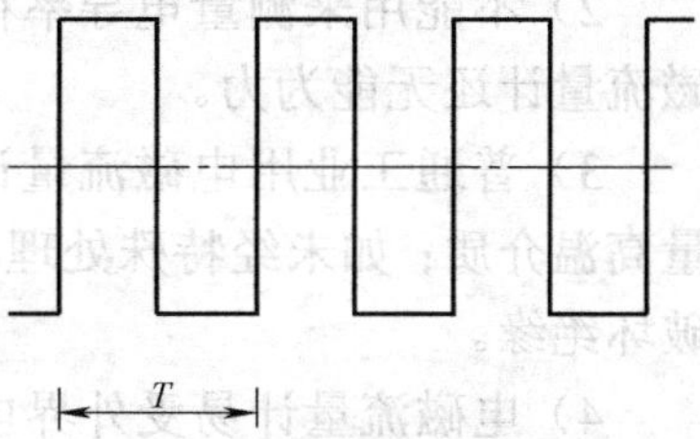

图 10-12　方波励磁电流波形

从图 10-12 中可见，在半个周期内，磁场是恒稳的直流磁场，它具有直流励磁的特点，受电磁干扰影响很小。从整个时间过程看，方波信号又是一个交变的信号，所以它能克服直流励磁易产生的极化现象。因此，低频方波励磁是一种比较好的励磁方式，目前已在电磁流量计上广泛地应用。概括一下，它具有如下优点：

1）能避免交流磁场的正交电磁干扰。

2）消除由分布电容引起的工频干扰。

3）抑制交流磁场在管壁和流体内部引起的电涡流。

4）排除直流励磁的极化现象。

3．特点

电磁流量计具有如下优点：

1）电磁流量计的传感器结构简单，测量管内没有可动部件，也没有任何阻碍流体流动的节流部件。所以当流体通过流量计时不会引起任何附加的压力损失，是流量计中运行能耗最低的流量仪表之一。

2）可测量脏污介质、腐蚀性介质及悬浊性液固两相流的流量。这是由于仪表测量管内部无阻碍流动部件，与被测流体接触的只是测量管内衬和电极，其材料可根据被测流体的性质来选择。例如，用聚三氟乙烯或聚四氟乙烯作内衬，可测量各种酸、碱、盐等腐蚀性介质；采用耐磨橡胶作内衬，就特别适合于测量带有固体颗粒的、磨损较大的矿浆、水泥浆等液固两相流以及各种带纤维液体和纸浆等悬浊液体。

3）电磁流量计是一种体积流量测量仪表，在测量过程中，它不受被测介质的温度、黏度、密度以电导率（在一定范围）的影响。因此，电磁流量计只需经水标定后，就可以用来测量其他导电性液体的流量。

4）电磁流量计的输出只与被测介质的平均流速成正比，而与对称分布下的流动状态（层流或湍流）无关。所以电磁流量计的量程范围极宽，其测量范围度可达 100:1，有的甚至达 1000:1。

5）电磁流量计无机械惯性，反应灵敏，可以测量瞬时脉动流量，也可测量正反两个方向的流量。

6）工业用电磁流量计的口径范围极宽，从几毫米一直到几米，而且国内已有口径达

3m 的实流校验设备，为电磁流量计的应用和发展奠定了基础。

电磁流量计目前仍然存在的主要不足如下：

1）不能用来测量气体、蒸汽以及含有大量气体的液体。

2）不能用来测量电导率很低的液体介质，如对石油制品或有机溶剂等介质，目前电磁流量计还无能为力。

3）普通工业用电磁流量计由于测量管内衬材料和电气绝缘材料的限制，不能用于测量高温介质；如未经特殊处理，也不能用于低温介质的测量，以防止测量管外结露（结霜）破坏绝缘。

4）电磁流量计易受外界电磁干扰的影响。

10.2.5 椭圆齿轮流量计

椭圆齿轮流量计是一种容积式流量测量仪表，其工作原理如图 10-13 所示。在金属壳体内，有一对相互啮合的椭圆齿轮，当流体从左至右通过流量计时，由于有摩擦阻力存在，就有压力损失，使进口侧流体压力 p_1 大于出口侧流体压力 p_2，在进出口压力差 $\Delta p = p_1 - p_2$ 的作用下产生转矩，驱动齿轮旋转。当齿轮处于图 10-13a 所示位置时，由于 $p_1 > p_2$，B 轮虽然受到流入流体的压力，但不产生旋转力，而 A 轮左侧受到的压力比右侧大，在压差的作用下沿逆时针方向旋转。

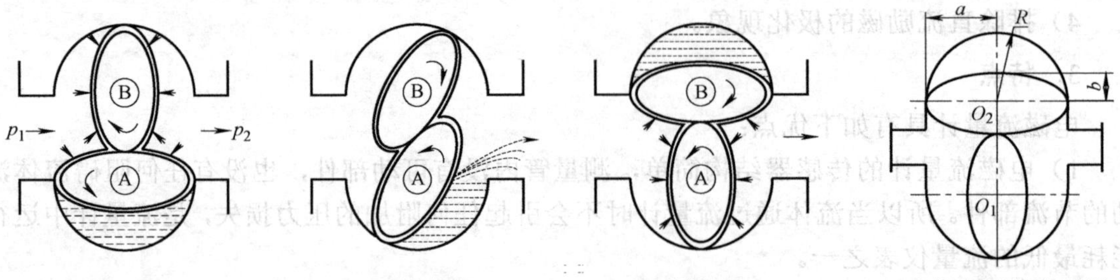

图 10-13 椭圆齿轮流量计原理图

这时由于两个转子相互啮合，因此 A 轮带动 B 轮旋转，同时 A 轮将它与壳体所形成的计量空间内的液体排至出口。此时 A 为主动轮，B 为从动轮；在图 10-13b 的位置上 A 轮和 B 轮都产生转矩，于是继续转动，并逐渐将流体封入 B 轮和壳体所形成的月牙形空间内；当继续转动到图 10-13c 所示的位置时，作用在 A 轮上的转矩为零，而 B 轮左侧受到的压力大于右侧，产生转矩，使 B 轮成为主动轮，带动 A 轮旋转，并且将 B 轮与壳体所形成的月牙形空间内的流体排至出口。这样周而复始，椭圆齿轮每转一周，向出口排出四个月牙形容积的液体，因而可以从齿轮的转数计算出排出流体的总量为

$$Q = 4V_0 n = 4n\left(\frac{1}{2}\pi R^2 - \frac{1}{2}\pi ab\right)\delta = 2\pi n\left(R^2 - ab\right)\delta \tag{10-24}$$

式中 Q——累计流量（L）；

n——椭圆齿轮的旋转次数；

V_0——椭圆齿轮与壳体之间形成的半月形体积；

R——壳体与椭圆齿轮构成半月形体积时壳体部分的圆弧半径；

a、b——椭圆齿轮的长半轴和短半轴的长度；

δ——椭圆齿轮的厚度。

椭圆齿轮流量计是借助于固定的容积来计量流量的，与流体的流动状态及黏度无关，特别适用于高黏度介质的流量测量。只要保证加工精度和各运动部件的紧密配合，保证使用中不腐蚀和磨损，便可得到很高的测量精度，一般情况下为 0.5%～1%，较好时可达 0.2%。

在使用时要特别注意被测介质中不能含有固体颗粒，更不能夹杂有机械物，否则会引起齿轮磨损以至损坏。为此，椭圆齿轮流量计的入口端必须加装过滤器。另外，椭圆齿轮流量计的使用温度有一定范围，温度过高，就有使齿轮发生卡死的可能。

椭圆齿轮流量计通常需要水平安装，倾斜或垂直安装时，齿轮之间的摩擦力增大，会影响仪表的灵敏度。

值得注意的是，当通过流量计的流量为恒定时，椭圆齿轮在一周的转速是变化的，但每周的平均角速度是不变的。在椭圆齿轮的短轴与长轴半径之比为 0.5 的情况下，转动角速度的脉动率接近 0.65。由于角速度的脉动，测量瞬时转速并不能表示瞬时流量，而只能测量整数圈的平均转速来确定平均流量。

椭圆齿轮流量计的外伸轴一般带有机械计数器，由它的读数便可确定流量计的总流量。这种流量计同秒表配合，可测出平均流量。但由于用秒表测量的人为误差大，因此测量精度较低。现在大多数椭圆齿轮流量计的外伸轴都带有测速装置。将测速装置与二次仪表相连，可准确地显示出平均流量和累积流量。

10.2.6 旋转活塞流量计

旋转活塞流量计又称环形活塞或摆动活塞流量计，是容积式流量计的一种，它除有容积式流量计的一般特点外，还具有结构简单，受计量介质的物理特性、流动状态的影响小，能对大黏度的流体精确计量等特点。

其工作原理如图 10-14 所示。

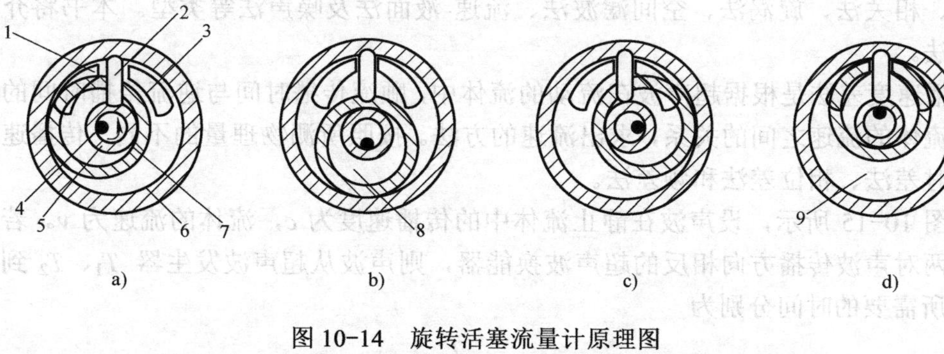

图 10-14　旋转活塞流量计原理图

1—流量计进口　2—隔板　3—流量计出口　4—旋转活塞中心轴　5—内圆筒
6—外圆筒　7—旋转活塞　8—内侧计量室　9—外侧计量室

将一个开口的旋转活塞 7 插入外圆筒 6 的内壁和内圆筒 5 的外壁所形成的环形区间中。内外筒壁之间有一固定隔板 2，在流体作用下由于旋转活塞 7 的中心轴 4 只能绕着内圆筒 5 顺着箭头方向旋转，因此旋转活塞 7 在环行区间中只能摆动旋转。隔板左边是流量计进口 1，右边是流量计出口 3。在流体压力的作用下，流体由入口进入旋转活塞并使之摆动旋转，在旋转活塞内壁与内圆筒的外壁以及外圆筒的下底与盖板之间形成计量室，当旋转活塞的中心轴绕内圆筒 5 内壁旋转一周时，流出一个环形体积的流体。知道旋转活塞中心轴的转数，就能测出流过流体的体积。其动作过程分析如下：

图 10-14a 所示状态时，由 7 的外侧、6 的内侧、上下壳体构成一封闭空间，即为计量室，当 7 的外侧计量室充满流体，旋转活塞 7 由于受从流量计进口流入的流体压力的作用，使 7 的轴绕 5 的内壁沿所示箭头的方向旋转。旋转过程中，7 的内部空间充入流体；到图 10-14b 所示状态时，7 的内侧计量室充满流体。7 的内腔形成另一封闭空间，7 的外侧计量室内的流体从流量计出口排出，与此同时，处在流量计进口位置的 7 的外部充入流体，并推动 7 继续旋转；图 10-14c 所示状态时，7 的外侧计量室的流体继续流出，7 内侧的流体开始流出。处在流量计进口位置的 7 的外侧不断流入的流体，推动 7 继续旋转；达到 10-14d 所示的位置时、7 的外侧计量室内的流体全部流出，7 的内侧计量室的流体从流量计出口继续流出。轴 4 旋转一周，7 的两侧计量室各排出一次与计量室等容积的流体，轴 4 的旋转通过齿轮机构与指示机构实现流量计量。

旋转活塞式流量计测量元件结构简单，易于拆卸清洗，常被制成卫生型仪表，测量乳类等食品，也可以用于水和石油制品的流量计量。由于旋转活塞式流量计在工作过程中会有一定的泄漏，因此测量准确度较低。

10.2.7 超声波流量测量

超声波在流体中传播时，会载上流体流速的信息。因此，通过接收穿过流体的超声波就可以检测出流体的流速，从而换算成流量。超声波流量计由超声波换能器、电子电路和流量显示积算系统三个部分组成。其中，超声波换能器将电能转换为超声波能量，将其发射并穿过被测流体，接收器接收到超声波信号，经过电子电路放大并且转换为代表流量的电信号，供显示积算仪显示和积算以实现流量的检测显示。

根据对信号检测的原理，目前超声波流量计大致可分传播速度差法、多普勒法、波束偏移法、相关法、旋涡法、空间滤波法、流速-液面法及噪声法等类型。本书将介绍传播速度差法。

传播速度差法是根据超声波在流动的流体中，顺流传播时间与逆流传播时间的时间差与被测流体的流速之间的关系，求出流速的方法。按照所测物理量的不同，传播速度法可以分为时差法、相位差法和频差法。

如图 10-15 所示，设声波在静止流体中的传播速度为 c，流体的流速为 v。若在管道中安装两对声波传播方向相反的超声波换能器，则声波从超声波发生器 T_1、T_2 到接收器 R_1、R_2 所需要的时间分别为

$$t_1=\frac{L}{c+v} \tag{10-25}$$

$$t_2=\frac{L}{c-v} \tag{10-26}$$

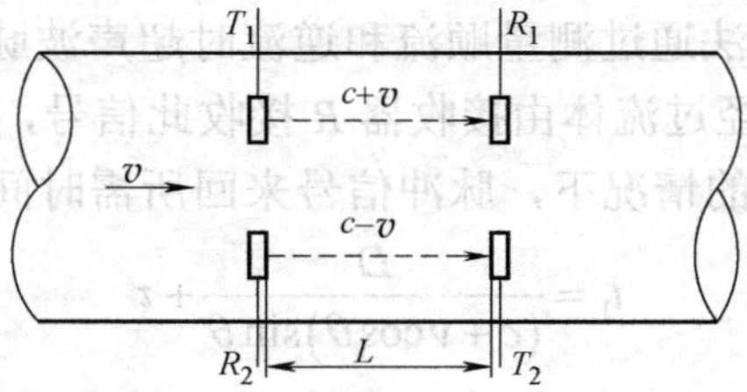

图 10-15　超声波流量计原理图

通常情况下，液体中的声速 c 在 1000m/s 以上，因而，大多数工业系统中的流速远小于声速，即 $v^2 << c^2$，所以两者的时间差为

$$\Delta t = t_2 - t_1 = \frac{2Lv}{c^2 - v^2} \approx \frac{2Lv}{c^2} \tag{10-27}$$

超声波流量计的超声换能器一般斜置在管壁外侧，如图 10-16 所示，图中采用了两对换能器。

（1）时差法　通过测量超声波脉冲顺流和逆流时传播的时间差得到流体的流速。参照式（10-25）～式（10-27）的推导过程，当超声波传播方向与管道的轴线成θ角时，可以得到流速 v 与时间差Δt之间的关系为

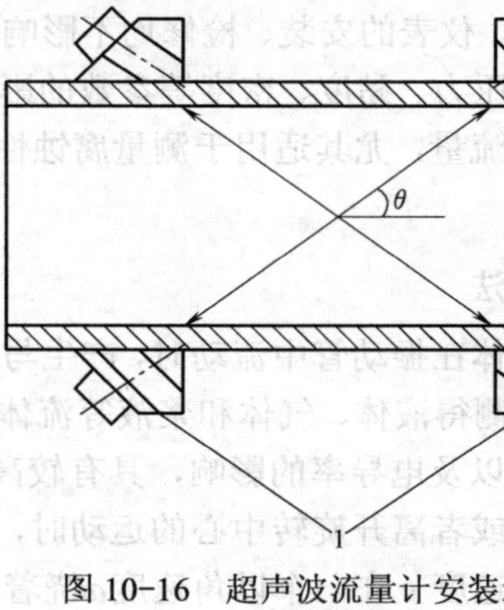

图 10-16　超声波流量计安装示意图
1—超声波换能器

$$v = \frac{c^2 \tan\theta}{2D} \Delta t \tag{10-28}$$

这种方法由于计算中涉及声速 c，它受温度影响较大，另外时差Δt 的数值很小，一般小于 1μs，所以对电子电路的要求较高，同时限制了测量流速的下限。

（2）相位差法　如果超声换能器发射的是连续正弦波，则上、下游等距离处接收到超声波的相位差为

$$\Delta\varphi = \omega\Delta t = \frac{2\omega Lv}{c^2} \tag{10-29}$$

式中　ω——超声波的角频率。

这种方法所测量的相位差与时差法中的时间差相比，数值相对较大，有利于提高测量准确度。但是方程中仍然包括声速 c，测量精度会受到温度的影响。

（3）频率差法　这种方法通过测量顺流和逆流时超声波脉冲的重复频率来测量流量。发射器发出一个超声脉冲，经过流体由接收器 R 接收此信号，放大后送到发射器产生第二个脉冲。这样，顺流和逆流的情况下，脉冲信号来回所需时间分别为

$$t_1=\frac{D}{(c+v\cos\theta)\sin\theta}+\tau \tag{10-30}$$

$$t_2=\frac{D}{(c-v\cos\theta)\sin\theta}+\tau \tag{10-31}$$

式中　τ——信号在一个循环中除在流体中传播外所需的时间。

因为 $f_1=\frac{1}{t_1}$、$f_2=\frac{1}{t_2}$，则频率差为

$$\Delta f=f_1-f_2=\frac{\sin 2\theta}{D(1+\frac{\tau c\sin\theta}{D})^2}v \tag{10-32}$$

由式（10-32）可见，测出频率差就可以求出流速。虽然在式中包含了声速 c，但是 $\tau c\sin\theta<1$，声速产生的误差影响较小。

超声波流量计的优点是可以将检测元件置于管壁外，而不与被测流体直接接触，并且不破坏流体的流场，没有压力损失，仪表的安装、检修均不影响管路系统及设备的正常运行，测量精度几乎不受被测流体的压力、黏度、密度等参数的影响。只要能传播超声波的流体都能使用这一方法检测流速和流量，尤其适用于测量腐蚀性液体、高黏度液体、非导电性液体或气体的流量。

10.2.8　科里奥利质量流量计测量法

科里奥利质量流量计是利用流体在振动管中流动时，产生与质量流量成正比的科里奥利力的原理而制成的。它能够直接测得液体、气体和浆液等流体的质量流量，并且不受被测流体的温度、压力、密度、黏度以及电导率的影响，具有较高的测量准确度。

当一个旋转系内的质点做朝向或者离开旋转中心的运动时，将产生一个惯性力，如图 10-17 所示，当质量为 δ_m 的质点以速度 v 在一个以角速度 ω 绕着转轴 P 旋转的管道内轴向移动时，质点会受到两个分量的加速度：

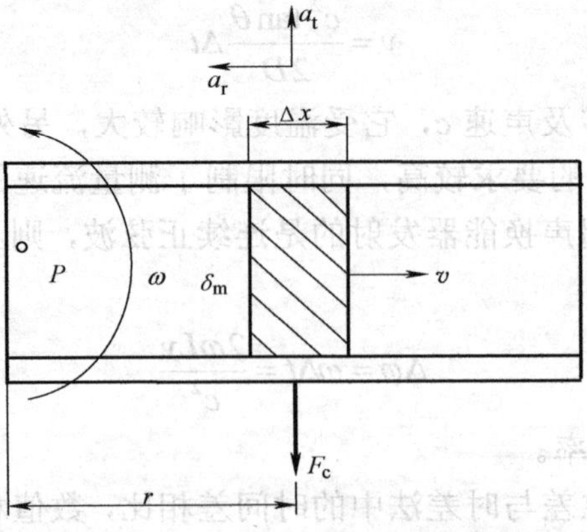

图 10-17　科里奥利力的产生原理

1）法向加速度 a_r　即向心力加速度，其量值等于 $\omega^2 r$，方向指向 P 轴。

2）切向加速度 a_t　即科里奥利加速度，其量值等于 $2\omega v$，方向与 a_r 垂直，正方向符合右手定则。

为了使质点具有科里奥利加速度 a_t，需要在 a_t 的方向上施加一个大小等于 $2\omega u\delta_m$ 的力，这个力来自管道壁面。反作用于管道壁面上的力就是流体施加于管道上的科里奥利力 F_c，即

$$F_c = 2\omega u\delta_m \tag{10-33}$$

由图 10-16 可见，当密度为ρ的流体在旋转管道中以恒定速度 u 流动时，任何一段长度为Δx 的管道都会受到一个ΔF_c 的切向科里奥利力

$$\Delta F_c = 2\omega u\rho A\Delta x \tag{10-34}$$

式中　A——管道的通流面积（m^2）；

由于质量流量 $q_m = \rho u A$，所以

$$\Delta F_c = 2\omega q_m \Delta x \tag{10-35}$$

由此可以直接或间接测量出在旋转管道中流动液体所产生的科里奥利力，从而测得质量流量。

10.3　不同的压力测量方法及仪器

在现代工业生产过程中，压力是一个非常重要的参数，它决定了生产过程能否正常进行。例如在合成氨生产中，氢气与氮气在合成塔内合成，压力是决定这个化学反应的主要因素之一，它既影响物料平衡关系，也影响化学反应速度，所以必须严格遵守工艺操作条件保持一定的压力，才能确保生产正常进行。又如发电厂的高温高压鼓形锅炉，若没有汽锅压力计和水位计连续监视压力和水位的变化情况，就很难正确控制给水量，对这类锅炉只要停止半分钟给水，就会使压力突增，如无压力计监视报警，将会发生重大爆炸事故。又如化肥厂多台高压机在运行中需用机油来润滑活动部位，当油泵输出压力下降而未检测到，设备不能及时得到润滑，将使活动部位温度上升而损坏设备。

1．压力的定义

物理学中将单位面积上受到的作用力定义为压强，而在工程中一般将它称为压力。流体参量测量中，将液体、气体等连续介质垂直作用在单位面积上的力称为压力，用符号 p 表示。

2．压力的单位

在国际单位制中，压力的单位是一个导出单位，其基本单位为帕斯卡，简称帕，记为 Pa。其物理意义为在每平方米的面积上垂直且均匀地作用着一牛顿的力，即 $1\text{Pa} = 1\text{N}/\text{m}^2$。

工程上使用的压力单位还有工程大气压、物理大气压、巴、毫米汞柱和毫米水柱等。各种单位之间的换算见表 10-1。

表 10-1 压力单位换算表

单　位	帕（Pa）	巴（bar）	毫米水柱（mmH_2O）	毫米汞柱（mmHg）	标准大气压（atm）	工程大气压（kgf/cm^2）
帕（Pa）	1	1×10^{-5}	1.01978×10^{-1}	7.5006×10^{-3}	9.86923×10^{-6}	1.01972×10^{-5}
巴（bar）	1×10^{5}	1	1.01978×10^{4}	7.5006×10^{2}	9.86923×10^{-1}	1.01972
毫米水柱（mmH_2O）	9.80665	9.80665×10^{-5}	1	7.5006×10^{-2}	9.67841×10^{-5}	1×10^{-4}
毫米汞柱（mmHg）	1.333224×10^{2}	1.333224×10^{-3}	1.35951×10	1	1.3158×10^{-3}	1.3595×10^{-3}
标准大气压（atm）	1.013250×10^{5}	1.01325	1.01332×10^{4}	7.69999×10^{2}	1	1.01332
工程大气压（kgf/cm^2）	9.80665×10^{4}	9.80665×10^{-1}	1×10^{4}	7.3555×10^{2}	9.6784×10^{-1}	1

3．压力的表示方法

压力的表示方法有五种，分别为大气压力、绝对压力、表压力、真空度和差压。它们之间的关系如图 10-18 所示。

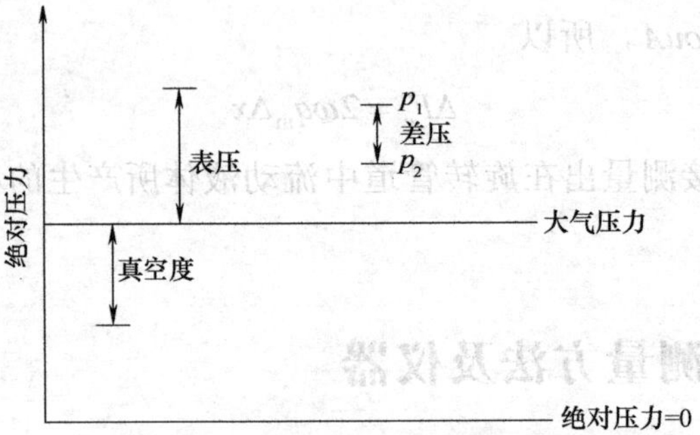

图 10-18　各压力之间的相互关系

各种表示方法的定义为：

（1）大气压力　地球表面上的空气因自重所产生的压力，大气压力随测定点的海拔、纬度和气象情况的不同而异，一般用 p_b 表示。

（2）绝对压力　又称总压力或全压力，是相对于零压力（绝对真空）所测得的压力，一般用 p_a 表示。

（3）表压力　简称表压，是指处于大气压力下的测压仪表所显示的压力，也即超过大气压力以上的压力数值，一般用 p 来表示，即

$$p = p_a - p_b \tag{10-36}$$

（4）真空度　当绝对压力低于大气压力时，大气压力与绝对压力之差，也称为负压，一般用 p_h 表示，即

$$p_h = p_b - p_a \tag{10-37}$$

（5）差压　指某两个压力之差，用Δp 表示。设某个压力为 p_1，另一个压力为 p_2，则它们之间的差压为

$$\Delta p = p_2 - p_1 \tag{10-38}$$

4．压力计量仪器的分类

压力测量仪器可以按照仪器工作原理、准确度等级、压力量值的大小进行分类。

（1）按照仪器的工作原理分类

1）液体式压力计。液体式压力计是基于流体静力学原理而制作的。被测压力或差压被转换为液体高度。常用的液体式压力计有汞气压计、U 形管、杯形压力计、倾斜式压力计、环天平式压力计、钟罩式压力计和浮标式压力计等。

2）弹性式压力计。弹性式压力计是利用弹性敏感元件（如弹簧管）受力变形的原理，将被测压力转换成弹性元件的位移，并通过放大机构和传动机构将变形量加以放大，并转换成被测量的指针位移。因使用的弹性元件的形状及放大作用形式不同，相应地有 C 形弹簧管、螺旋弹簧管、膜片、膜盒和波纹管等形式的弹性式压力仪表。

3）活塞式压力计。在活塞式压力计中，压力是由所用在已知活塞有效面积上的已知砝码质量通过计算来求得的。因为活塞的面积和砝码的质量都可以精确地测量出来，所以活塞式压力计在制造上可以制作得比较精确，常用来作为压力量值的传递器具和压力计量标准。从结构上可以分为单活塞式压力计、双活塞式压力计、可控间隙式压力计、带液柱平衡活塞式压力计、带滚珠轴承和滑动轴承的活塞式压力计等。

4）电测式压力计。电测式压力计的工作原理是某些物质在压力作用下，其电气性能发生变化，其变化量与外加的压力大小成正比。常见的有应变式压力传感器、压阻式压力传感器和压电式压力传感器等，这类传感器都具有电远传功能。

（2）按照仪器的准确度等级分类

按照仪器的准确度等级，可分为以下几类：

国家基准：0.002%；

工作基准：0.005%；

一等标准：0.02%；

二等标准：0.05%；

三等标准：0.2%；

工作用仪表>0.2%。

（3）按照仪器压力量值的大小可以分为

按照仪器的压力量值的大小，可分为以下几类：

超高真空：177.32×10^{-7}Pa 以下；

高真空：177.32×10^{-3}～1.7732×10^{-7}Pa；

低真空：177.32～177.32×10^{-3}Pa；

微压：1×10^{4}Pa；

低压：1×10^{4}～2.5×10^{5}Pa；

中压：2.5×10^{5}～1×10^{8}Pa；

高压：1×10^{8}～1×10^{9}Pa；

超高压：1×10^{9}Pa 以上。

10.3.1　弹性式压力检测仪表

弹性式压力计是利用各种形式的弹性元件，在被测介质压力的作用下，使弹性元件受压后产生弹性变形的原理而制成的测压仪表。这种仪表具有结构简单、使用可靠、读数清晰、牢固可靠、价格低廉、测量范围广以及有足够的精度等优点。若增加附加装置，如记录机构、电气变换装置、控制元件等，则可以实现压力的记录、远传、信号报警、自动控制等。弹性式压力计可以用来测量几百帕到数千兆帕范围内的压力，因此在工业上是应用最为广泛的一种测压仪表。

1．弹性元件

弹性元件是一种简易可靠的测压敏感元件。它不仅是弹性式压力计的测压元件，也经常用来作为气动单元组合仪表的基本组成元件。当测压范围不同时，所用的弹性元件也不一样。

常用的几种弹性元件的结构如图 10-19 所示。

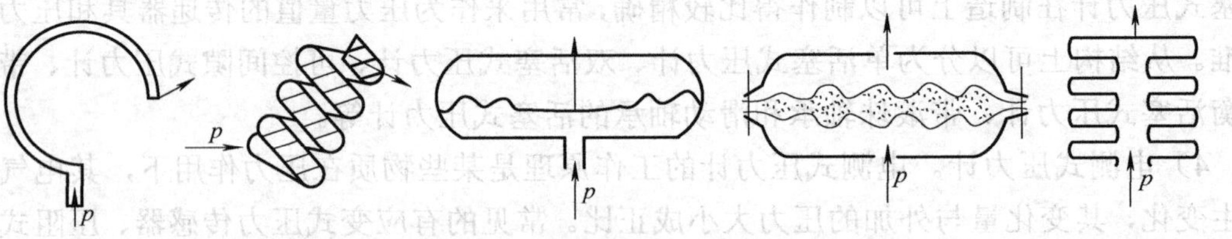

a) 弹簧管式　b) 多圈弹簧管　c) 膜片式　d) 膜盒　e) 波纹管式

图 10-19　常用的弹性元件

（1）弹簧管式弹性元件　弹簧管式弹性元件的测压范围较宽，可测量高达 1000MPa 的压力。单圈弹簧管是弯成圆弧形的金属管子，它的截面做成扁圆形或椭圆形，如图 10-19a 所示。当通入压力 p 后，它的自由端就会产生位移。这种单圈弹簧管自由端位移较小，因此能测量较高的压力。为了增加自由端的位移，可以制成多圈弹簧管，如图 10-19b 所示。

（2）薄膜式弹性元件　薄膜式弹性元件根据其结构不同还可以分为膜片与膜盒等。它比弹簧管式的测压范围低。图 10-19c 为膜片式弹性元件，它是由金属或非金属材料做成的具有弹性的一张膜片（有平膜片与波纹膜片两种形式），在压力作用下能产生变形。有时也可以由两张金属膜片沿周口对焊成薄壁盒子，内充液体（如硅油），称为膜盒，如图 10-19d 所示。

（3）波纹管式弹性元件　波纹管式弹性元件是一个周围为波纹状的薄壁金属筒体，如图 10-19e 所示，这种弹性元件易于变形，而且位移很大，常用于微压与低压的测量（一般不超过 1MPa）。

2．弹簧管压力计

弹簧管压力计的测量范围极广，品种规格繁多。按其所使用的测压元件不同，可有单圈弹簧管压力计与多圈弹簧管压力计。按其用途不同，除普通弹簧管压力计外，还有耐腐蚀的氨用压力计、禁油的氧气压力计等。它们的外形与结构基本上是相同的，只是所用的材料有所不同。

弹簧管压力计的结构示意图如图 10-20 所示。

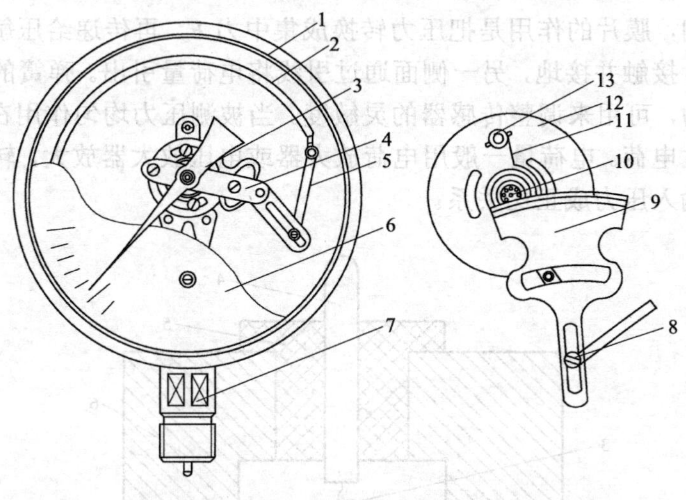

a）内部结构　　　　　　　　　　　　b）外部结构

图 10-20　弹簧管压力计的结构示意图

1—表壳　2—弹簧管　3—指针　4—上夹板　5—连杆　6—刻度盘
7—接头　8—示值调节螺钉　9—扇形齿轮　10—中心齿轮
11—游丝　12—下夹板　13—固定游丝螺钉

弹簧管 2 是压力计的测量元件。图中所示为单圈弹簧管，它是一根弯成 270° 圆弧的椭圆截面的空心金属管子。管子的自由端封闭，另一端固定在接头 7 上当通入被测的压力 p 后，由于椭圆形截面在压力 p 的作用下，将趋于圆形，弯成圆弧形的弹簧管随之产生向外挺直的扩张变形。由于变形，使弹簧管的自由端产生位移。自由端的位移带动连杆 5 一起动作，使扇形齿轮 9 和中心齿轮 10 所组成的传动机构把自由端的线性位移变为中心齿轮轴的转动，从而带动装在齿轮轴上的指针 3 做顺时针转动，在刻度盘 6 的刻度标尺上显示出被测压力 p 的数值。由于弹簧管自由端的位移与被测压力之间具有正比关系，因此弹簧管压力计的刻度标尺是线性的。

游丝 11 用来克服因扇形齿轮和中心齿轮间的传动间隙而产生的仪表变差。改变示值调节螺钉 8 的位置（即改变机械传动的放大系数），可以实现压力计量程的调整。

10.3.2　电测式压力计

电测式压力计是利用压力敏感元件将被测压力转换成各种电量，如电阻、频率、电荷量等来实现测量的。该方法具有较好的静态和动态性能，量程范围大、线性好，便于进行压力的自动控制，尤其适用于压力变化快和高真空、超高压的测量。电测式压力计主要有压电式压力计、压阻式压力计、振频式压力计等。

1. 压电式压力计

压电式压力计是基于某些电介质的压电效应制成的，主要用于测量内燃机气缸、进排气管的压力，航空领域的高超音速风洞中的冲击波压力，枪、炮膛中击发瞬间的膛压变化和炮口冲击波压力，以及瞬间压力峰值等。

图 10-21 是一种压电式压力传感器的结构示意图，压敏元件被夹在两块性能相同的弹性元件和膜片之间，膜片的作用是把压力转换成集中力 F，再传递给压敏元件。压敏元件的一个侧面与膜片接触并接地，另一侧面通过引线将电荷量引出。弹簧的作用是使压敏元件产生一个预紧力，可用来调整传感器的灵敏度。当被测压力均匀作用在膜片上，压敏元件就在其表面产生电荷。电荷量一般用电荷放大器或电压放大器放大，转换为电压或电流输出，其大小与输入压力成正比关系。

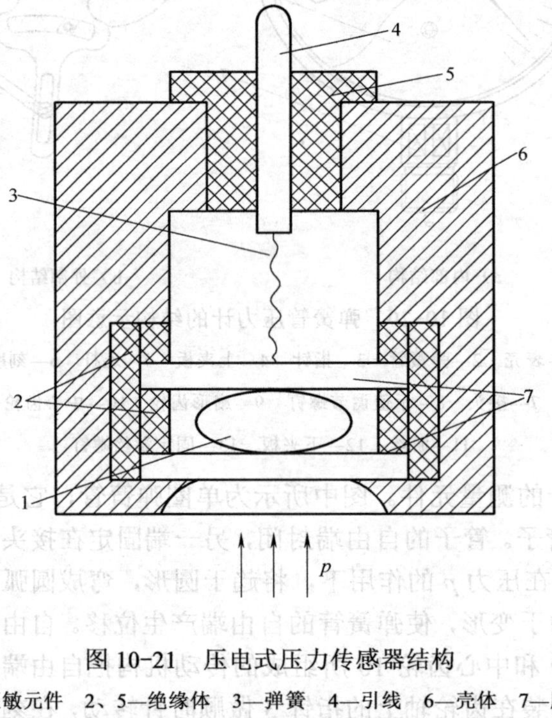

图 10-21　压电式压力传感器结构

1—压敏元件　2、5—绝缘体　3—弹簧　4—引线　6—壳体　7—膜片

除了标准压力传感器或高精度压力传感器采用石英晶体作压电元件外，一般压电式压力传感器的压敏元件材料多为压电陶瓷，也合用半导体材料的。

更换压敏元件可以改变压力的测量范围。在配用电荷放大器时，可以用将多个压敏元件并联的方式提高传感器的灵敏度。在配用电压放大器时，可以用将多个压敏元件串联的方式提高传感器的灵敏度。

压电式压力计具有如下特点：

1）体积小、质量小、结构简单、工作可靠，工作温度可在 250℃以上。

2）灵敏度高、线性度好，测量准确度等级多为 0.5 级和 1.0 级。

3）测量范围宽，可测 0～100MPa 的压力。

4）动态响应频带宽，可达 30kHz，动态误差小，是动态压力检测中常用的仪表。

5）由于压电晶体产生的电荷量很微小，一般为皮库仑级，这样，即使在绝缘非常好的情况下，电荷也会在极短的时间内消失，所以由压电晶体制成的压力计只能用于测量脉冲压力。

6）由于压电式传感器是一种有源传感器，无需外加电源，因此可避免电源带来的噪声影响。

7）压敏元件本身的内阻非常高，因此要求二次仪表的输入阻抗也要很高，且连接时需用低电容、低噪声的电缆。

8）由于在晶体边界上存在漏电现象，故这类压力计不适宜测量缓慢变化的压力和静态压力。

2．压阻式压力计

可以将具有压阻效应的半导体材料做成粘贴式的半导体应变片进行压力检测。随着半导体集成电路制造工艺的不断发展。人们利用半导体制造工艺的扩散技术，将敏感元件和应变材料合二为一制成扩散型压阻式传感器。由于这类传感器的应变电阻和基底都是用半导体硅制成，所以又称为扩散硅压阻式传感器。在半导体基片上可以很方便地将温度补偿、信号处理和放大电路等集成制造在一起，构成传感器或变送器。

图 10-22a 是扩散硅压阻式压力计的结构示意图。它的核心部分是一块圆形的单晶硅膜片 6，既是压敏元件，又是弹性元件。在硅膜上，用半导体制造工艺中的扩散掺杂法做成四个阻值相等的扩散电阻 5，构成平衡电桥，相对的桥臂电阻是对称布置的，再用压焊法与外引线 4 相连。膜片用一个圆形硅杯 3 固定，将两个气腔隔开。膜片的一侧是高压腔 2，与被测对象相连接；另一侧是低压腔 1，如果测表压，低压腔和大气相连通，如果测差压，低压腔与被测对象的低压端相连。当膜片两边存在压力差时，膜片发生变形，产生应力，从而使扩散电阻的阻值发生变化，电桥失去平衡，输出相应电压。如果忽略材料几何尺寸变化对阻值的影响，则该不平衡电压大小与膜片两边的压力差成正比。为了补偿温度效应的影响，一般还可在膜片上沿对压力不敏感的径向生成一个电阻。这个电阻只感受温度变化．不承受压力，可接入桥路作为温度补偿电阻，以提高测量精度。

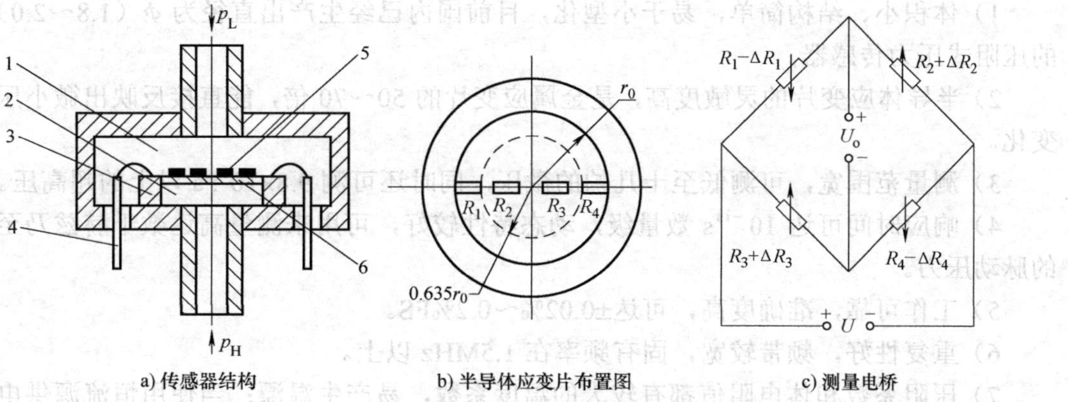

a) 传感器结构　　b) 半导体应变片布置图　　c) 测量电桥

图 10-22　扩散硅压阻式压力计

1—低压腔　2—高压腔　3—硅杯　4—引线　5—扩散电阻　6—硅膜片

由于硅膜片是各向异性材料，它的压阻效应大小与作用力方向有关，所以在硅膜片承受外力时，必须同时考虑其纵向（扩散电阻长度方向）压阻效应和横向（扩散电阻宽度方向）压阻效应。由于硅膜片在受压时的形变非常微小，其弯曲的挠度远小于硅膜片厚度，而膜片一般是圆形的，因而其压力分布，可近似为弹件力学中的小挠度圆形板。

设均匀分布在硅膜片上的压力为p，则膜片上各点的应力与其半径r的关系为

$$\sigma_r = \frac{3p}{8h^2}\left[r_0^2(1+\mu) - r^2(3+\mu)\right] \tag{10-39}$$

$$\sigma_\tau = \frac{3p}{8h^2}\left[r_0^2(1+\mu) - r^2(1+3\mu)\right] \tag{10-40}$$

式中 σ_r、σ_τ——导体应变片所承受的径向、切向应力（Pa）；

h——硅膜片厚度（m）；

r_0——膜片工作面半径（m）；

r——应力作用半径，即电阻距硅膜片中心的距离（m）；

μ——泊松比，硅的μ=0.35。

由式（10-39）和式（10-40）可见，当r=0时，应力σ_r和σ_τ达到最大值，随着r的增加，σ_r和σ_τ逐渐减小。当r=0.63r_0和r=0.812r_0时，σ_r和σ_τ分别为零。此后随着r的进一步增加，σ_r和σ_τ进入负值，直至r=r_0时，r和r_0均分别达到最大负值。这说明均匀分布压力p产生的应力是不均匀的，且存在正应力区和负应力区。利用这一特性，在硅膜片上选择适当的位置布置电阻，如图10-22c所示，使R_1和R_4布置在负应力区，R_2和R_3布置在正应力区，让这些电阻在受力时其阻值有增有减，并且在接入电桥的四臂中，使阻值增加的两个电阻与阻值减小的两个电阻分别相对，如图10-22c所示。这样不但提高了输出信号的灵敏度，又在一定程度上消除了阻值随温度变化带来的不良影响。

压阻式压力计目前已广泛用于工业过程检测、汽车、微机械加工、医疗等领域，其特点如下：

1）体积小、结构简单，易于小型化，目前国内已经生产出直径为ϕ（1.8～2.0）mm的压阻式压力传感器。

2）半导体应变片的灵敏度高，是金属应变片的50～70倍，能直接反映出微小压力的变化。

3）测量范围宽，可测低至十几帕的微压，同时还可测9.8×10^6Pa以上的超高压。

4）响应时间可达10^{-11}s数量级，动态特性较好，可用来测量高达数千赫兹乃至更高的脉动压力。

5）工作可靠，准确度高，可达±0.02%～0.2%FS。

6）重复性好，频带较宽，固有频率在1.5MHz以上。

7）压阻系数和体电阻值都有较大的温度系数，易产生温漂：当使用恒流源供电后，可以减小温漂。通常压阻式压力计的被测介质的温度不应超过150℃。

3. 振频式压力计

振频式压力计是利用谐振原理，即振动物体受压后其固有振动频率发生变化这一原理制成的。测量时，将振动物体置于磁场中，物体振动时会产生感应电动势，其感

应电动势的频率与物体的振动频率相等，则可通过测量感应电动势的频率，再根据振荡频率与压力的关系确定被测压力。振频式压力计包括振弦式压力计、振筒式压力计和振膜式压力计等。

（1）振弦式压力计　振弦式压力计除具有一般振频式压力计的优点外，还有结构简单、工作可靠、便于传输等优点，已广泛用于石油钻井中的深井压力检测。

振弦式压力计的原理如图 10-23 所示。钢弦（振弦）的一端固定在支撑上，另一端固定在膜片上，整个钢弦位于永久磁铁形成的磁场中。首先激振钢弦，使其按固有频率振动，并切割它周围永久磁铁形成的磁场，从而在振弦上产生交变的感应电动势，此电动势的频率即为钢弦的固有频率。一般在膜片上没有施加被测压力时，振弦仅承受一定的初始张力。当膜片的下部接触到被测压力时，钢弦的原始张力发生变化并引起其固有频率的变化，感应电动势的频率也随之发生变化，因此测量这个感应电动势的频率即可计算出压力，计算公式为

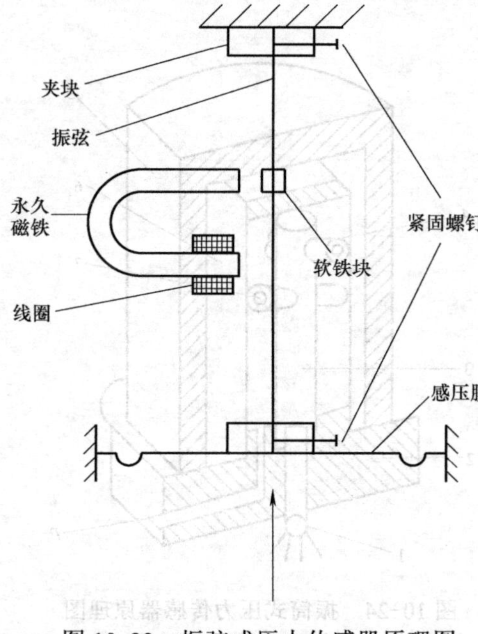

图 10-23　振弦式压力传感器原理图

$$f = \frac{1}{2l}\sqrt{\frac{T}{\rho'}} \tag{10-41}$$

式中　f——钢弦的固有频率（1/s）；

l——钢弦的长度（m）；

T——钢弦所承受的张力（N）；

ρ'——钢弦的线密度，即单位弦长的质量（kg/m）。

由于弦长、固定支撑和支架的尺寸、弦的密度、弦的弹性模量、膜片的弹性模量等均受温度影响，因而在设计和使用时应采取措施进行补偿。

（2）振筒式压力计　振筒式压力计由振筒组件和激振电路组成，如图 10-24 所示。感压元件是一个薄壁金属圆筒，圆柱筒本身具有一定的固有频率。振筒 6 用低温度系数的弹性材料制成一端封闭为自由端，开口端固定在底座 2 上，压力由内侧引入。绝缘支架 3 上固定着激振线圈 4 和检测线圈 7。二者空间位置互相垂直，以减小电磁耦合，激振线圈使振筒按固有的频率振动。当筒壁受压张紧后，其刚度发生变化，固有频率相应改变。在一定的压力作用下，变化后的振筒振动频率可以近似表示为

$$f = f_0\sqrt{1+\alpha p} \tag{10-42}$$

式中　f——振筒受压后的振动频率（1/s）；

f_0——振筒初始时的固有频率（1/s）；

α——结构系数（Pa^{-1}）；

p——被测压力（Pa）。

此种仪表具有如下特点：体积小、重复性好、耐振、准确度高，可达±0.01%，适用于气体压力测量。

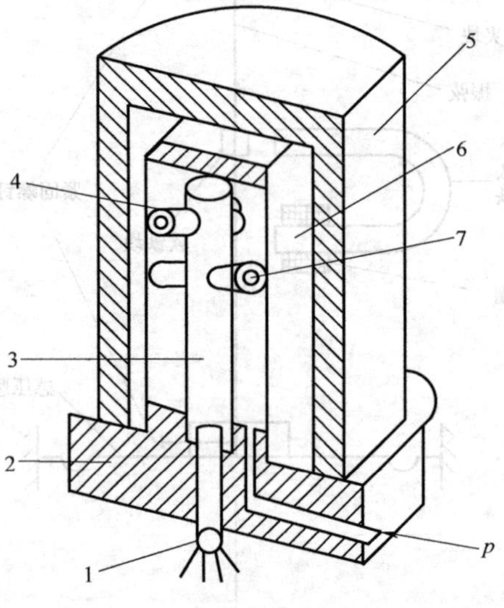

图 10-24　振筒式压力传感器原理图

1—引线　2—底座　3—绝缘支架　4—激振线圈　5—外壳　6—振筒　7—检测线圈

（3）振膜式压力计　振膜式压力计结构如图 10-25 所示，振膜 2 为一个平膜片，且与环形壳体 4 做成整体结构。该结构和基座构成密封的压力测量室，和外壳构成参考压力室 6。被测压力 p 经过导压管进入压力测量室 5。参考压力可以接通大气用于测量表压，也可以抽成真空测量负压。装于基座 7 顶部的电磁线圈 3 作为激振源给膜片提供激振力，当激振频率与膜片固有频率一致时，膜片产生谐振。没有压力时，膜片是平的，其谐振频率为 f_0；当有压力作用时，膜片受力变形，其张紧力增加，则相应的谐振频率也随之增加，频率随压力变化为单值函数关系。

在膜片上粘贴有应变片 1，它可以输出一个与谐振频率相同的信号。此信号经放大器放大后，再反馈给激振线圈以维持膜片的连续振动，构成一个闭环正反馈自激振荡系统。

振频式压力计具有下列特点：

1）振频式压力计是将被测压力转换成频率信号加以输出，所以抗干扰能力强，且具有较高的准确度，其准确度等级可以达到 0.01 级，既可以用于压力的精密测量，又适合与计算机配套使用，组成高准确度的测量控制系统。

2）零漂小、重复性好、性能稳定。

3）结构简单，容易实现仪表的数字化和智能化。

4）分辨率高，只要提高敏感元件的固有频率就可以提高测量的分辨率。

5）线性度差，需进行线性处理。

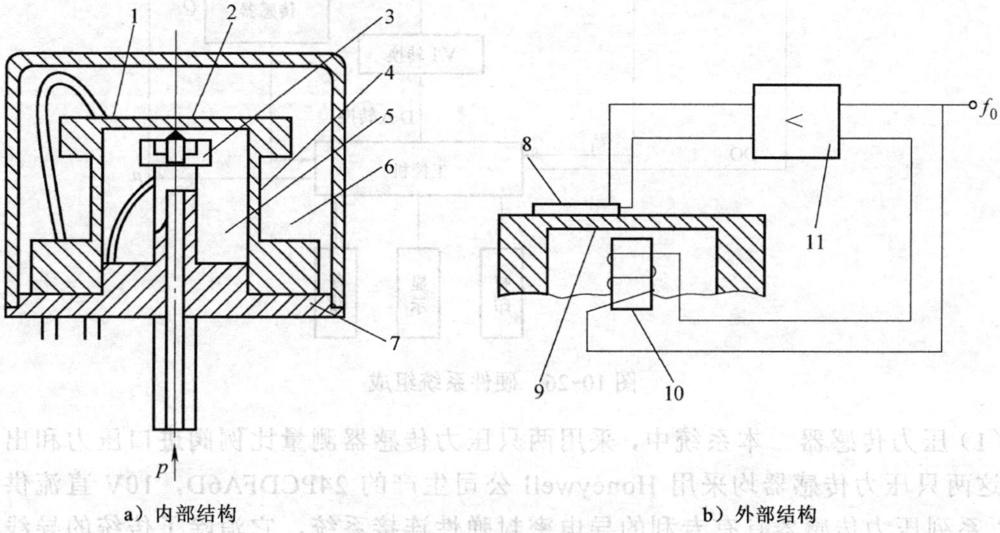

图 10-25　振膜式压力传感器原理图

1、8—应变片　2、9—振膜　3、10—电磁线圈　4—环形壳体

5—压力测量室　6—参考压力室　7—基座　11—放大器

10.4　应用实例

在液压元件试验中，常规的比例阀测试过程如下：用信号发生器根据试验要求产生斜波、三角波等控制信号将其接入比例阀，比例阀发生工况移动。受控的压力、流量等工况参量通过相应传感器记录到 *X-Y* 记录仪上。这样就可以得到受控参量（压力、流量等）与控制信号（电流等）之间的反映比例阀性能的特性曲线。

随着计算机技术的发展，比例阀计算机辅助测试系统开始出现，采用微机、数据采集卡及相应传感器、变换电路组成信号发生和采集系统，结合编制的专用软件组成比例阀测试系统，以替代信号发生器和 *X-Y* 记录仪。系统组成如下：

1．硬件系统

硬件系统组成如图 10-26 所示。

流体经过电磁阀、压力传感器送至比例阀入口，入口压力为 p_1，比例阀出口压力为

p_2，出口流量为 Q。数据采集卡分别采集来自传感器送来的 p_1、p_2 和 Q 信号值，送至工控机进行数据处理。工控机/采集卡经过 D-A 转换、V/I 转换，输出电流信号，对比例阀进行控制，然后绘制比例阀性能曲线，并进行打印、存储和显示。

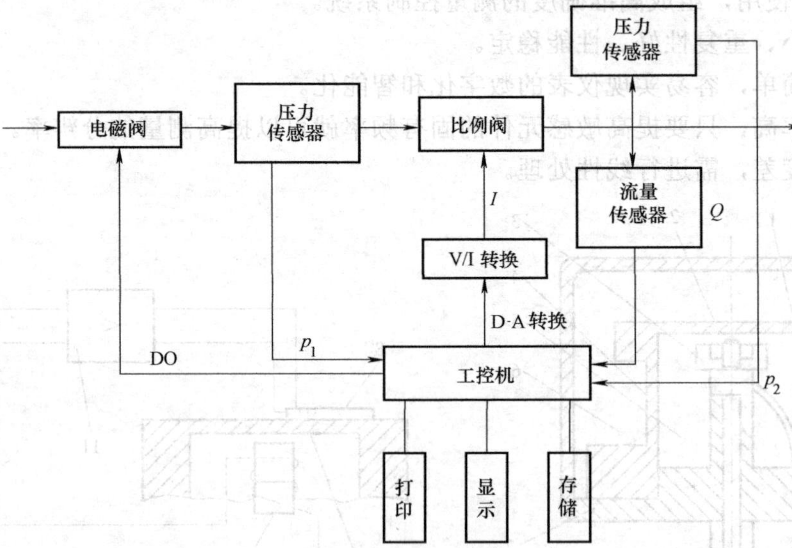

图 10-26　硬件系统组成

（1）压力传感器　本系统中，采用两只压力传感器测量比例阀进口压力和出口压力。这两只压力传感器均采用 Honeywell 公司生产的 24PCDFA6D，10V 直流供电。24PC 系列压力传感器具有专利的导电密封弹性连接系统，它消除了传统的导线黏结和带状连接，增加了介质的测量兼容性；同时，它还有专利的 Snap-together 结构，这使得测量孔形式多样化；2mA 恒流供电可以显著地改善灵敏度温漂；可以测量负压、正压、绝压；低功率、不带放大和补偿的惠斯顿桥式电路设计提供固有的稳定的毫伏级输出。

（2）流量传感器　流量传感器采用 AWM720P1，实现了小封装下的大流量范围，AWM720P1 的反应时间为 6ms，10V 直流供电，耗电仅 60mW。传感器的 AMP 兼容连接件提供了可靠的电气连接。AWM700 系列传感器具有高可靠性、高精度的特性，其电路具有放大作用和温度补偿。

（3）数据采集卡　采用研华公司的 PCI-1710 数据采集卡，PCI-1710 是一款 PCI 总线的多功能数据采集卡，包含五种最常用的测量和控制功能：12 位 A-D 转换、D-A 转换、数字量输入、数字量输出及计数器/定时器功能，其采样速度可以达到 10 万次/s。

PCI-1710 支持即插即用。在安装插卡时，用户不需要设置任何跳线和 DIP 拨码开关，所有与总线相关的配置，比如基地址、中断，均由即插即用功能完成。卡上有一个 FIFO 缓冲器，它能存储 4KB 的 A-D 采样值。当 FIFO 半满时，PCI-1710 会产生一个中断。该特性提供了连续高速的数据输入及 Windows 下更可靠的性能。

（4）比例阀控制系统　比例阀控制系统采用直接数字控制（DDC）系统来实现。DDC

系统用一台计算机取代模拟控制器，对生产过程中多种被控变量进行巡回检测，并按预先规定的控制算法进行运算，然后，发出控制信号，通过输出通道，直接作用在控制阀上，实现对过程的闭环控制。

输入通道 A-D 转换器将传感器送来的压力和流量信号转换为数字信号送往工控机，工控机/数据采集卡将采集到的电信号与设定值进行比较、分析，输出通道 D-A 转换器把经过计算机计算输出的数字信号转换为控制比例阀工作的电流信号。工控机的程序流程如图 10-27 所示。

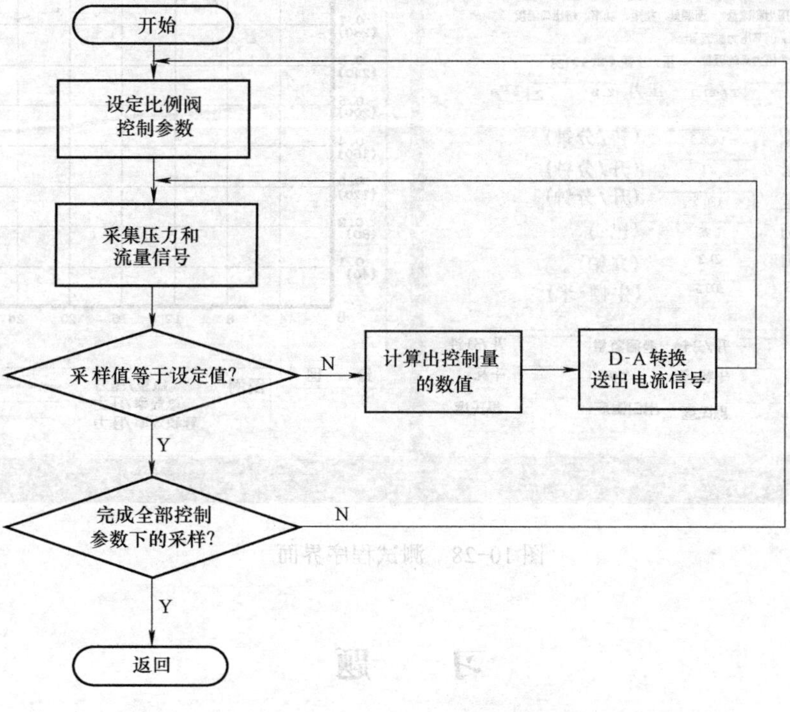

图 10-27　工控机的程序流程图

2. 软件系统

软件设计是采用 Microsoft Visual Basic 6.0 来控制实现的。Visual Basic 6.0 是运行于 Windows 平台的交互式可视化开发环境。它集程序的代码编辑、编译、调试于一体，给编程人员提供了一个完整、快速、方便的开发环境。软件部分分为程序初始化、数据采集、数据处理和特性曲线绘制四大部分。其中，初始化模块完成对 PCI-1710 数据采集卡功能的参数设置、硬件的初始化；数据采集部分数据采集模块通过函数调用完成对数据采集卡各个通道数据的读取，包括进口压力采集、出口压力采集和出口流量采集等；数据处理模块主要是运用检测算法对数据采集卡采集到的数据进行数字滤波处理，以提高系统的测试精度和可靠性；特性曲线绘制部分完成对 p_2-p_1，p_2-I，Q-I 关系曲线的绘制、保存和打印等功能。图 10-28 为测试程序界面。

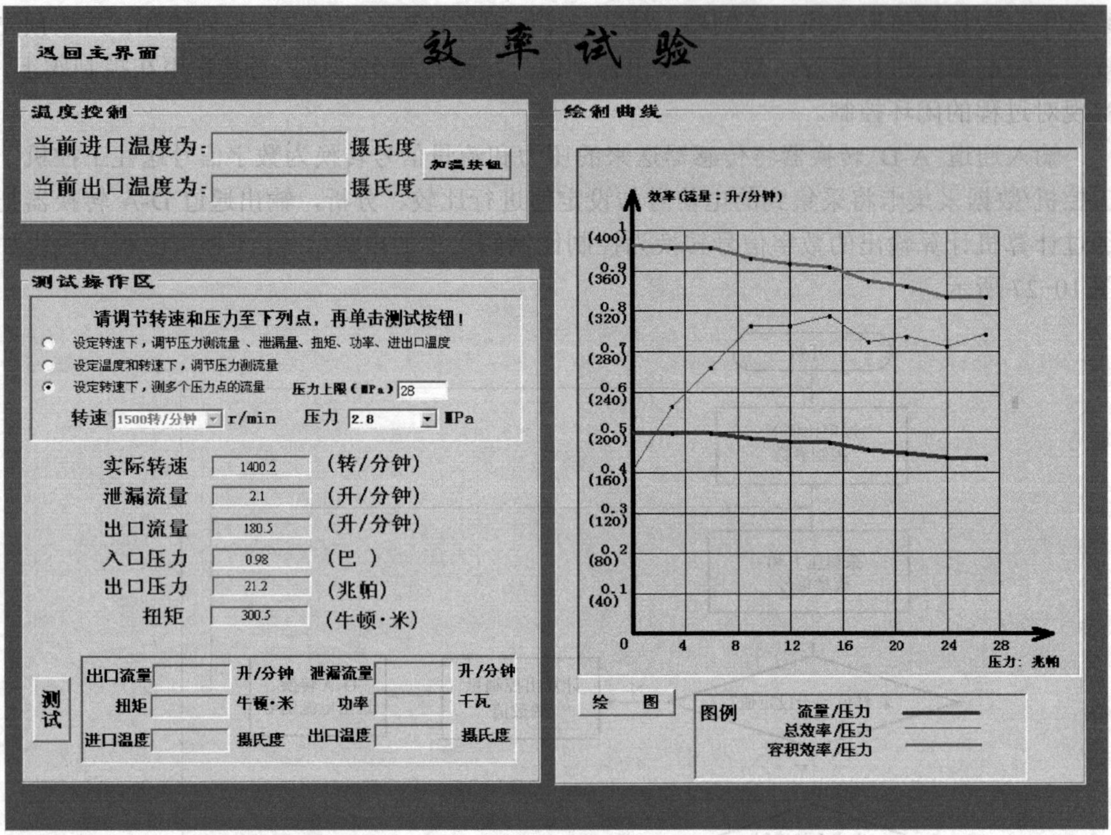

图 10-28　测试程序界面

习　　题

10-1　简述电磁流量计的工作原理及各自适用范围。

10-2　超声波流量计测量速度差的方法有哪几种？分别说明基本原理。

10-3　科里奥利力质量流量测量法的基本理论是什么？

10-4　已知椭圆齿轮与壳体之间形成的半月形体积 $V_0 = 8\times10^{-5}\ \mathrm{m}^3$，齿轮转速 $n = 80\ \mathrm{r/s}$，求每小时流量。

第 11 章 噪 声 测 量

当机械振动系统在弹性介质（气体、液体、固体）中振动时，其周围的介质也会振动起来，且将振动向四周传播开去。声音就是弹性介质中的一种振动过程，当产生振动的振源频率在 20～20kHz 时，人的耳朵可以听到它，称为声波。低于 20Hz 的波动称为次声波，高于 20kHz 的波动称为超声波，人的耳朵无法听到次声波和超声波。

振动在弹性介质中引起波动，振动和波动的区别在于：振动是指质量在一定的位置附近做来回往复运动，亦称为振荡；波动是振动的传播过程，即振动状态的传播。各质点的振动方向与波的传播方向相同，这种波称为纵波。声音是声波以纵波形式在空气介质中的传播。声源的振动形成了声压，噪声测量就是将声压信号变换为相应的电信号。

声音有乐音和噪声之分，在人类生活中起着非常重要的作用。根据物理学的观点，称协调音为乐音，不协调音为噪声。就这个意义而言，噪声是由许多频率不同和强弱程度各异的声波无规则地杂乱组合而成，它给人以烦躁、不安和厌恶的感觉。随着现代工业的高速发展，工业和交通运输业的机械设备都向着大型、高速、大动力方向发展，所引起的噪声越来越大，已成为环境污染的主要公害之一。噪声对人体的危害也很大，长期受噪声刺激可导致耳鸣、耳聋，引起心血管系统、神经系统和内分泌系统的疾病，甚至会引起操作事故。此外，一定频率和声压级的噪声还会影响高精度机电产品的工作性能。

噪声的起源很多，就工业噪声而言，主要有机械性噪声、空气动力性噪声及电磁性噪声等。因此，对噪声进行正确的测试、分析，以便进行产品质量的控制和监测、故障诊断和可靠性分析、军事上用于寻找军事目标等。总之，防治噪声和利用噪声是噪声研究与测试的两大课题。

11.1 噪声评价指标

噪声是振动能量在空气中的传播，是声波的一种，具有声波的一切特性。和声音一样，噪声的强弱采用声压级、声强级和声功率级来评价；由于人耳对声音的感受不仅和声压有关，而且还与频率有关，一般对高频声音感觉灵敏，而对低频声音感觉迟钝。换言之，声压级相同而频率不同的声音，人们听起来是不一样响的；而两声压级不同、频率也不同的声音，有时听起来却一样响。为了使测量结果能与人们的主观感觉相一致，因此对声音的高低与强弱还必须有主观评价的量。噪声一般含有多种频率成分并占据相当宽的频带，即所谓宽带噪声。对它的评价要比纯音的评价复杂得多，常用的主观评价方法有 A 声级、等效连续 A 声级、噪声评价数（NR）等。工程中还常常做噪声的频谱分析，用占有的频率成分和频谱表示其高低，并据此寻找噪声源和设法控制噪声。

11.1.1 噪声的物理度量

1．声压和声压级

物体的振动使其周围的空气质点也在它们各自的平衡位置附近振动，从而使空气的密度出现疏密相间的变化，造成空气压力的波动。质点密集的地方的压力大于静态大气压，质点稀疏的地方的压力小于静态大气压。空气中有声波传播时的波动压强与没有声波传播时的静压强之差值称为声压强，简称声压，用 p 表示，单位为 Pa。由于声音是波动的，故声压也是波动的，通常以方均根值（有效值）来衡量一段时间内波动声压的大小，即有效声压。

$$p = \sqrt{\frac{1}{T}\int_0^T p(t)\mathrm{d}t} \tag{11-1}$$

式中 $p(t)$——瞬时声压（Pa）；

t——时间；

T——一段时间。

一般正常人双耳刚能听到的 1000Hz 纯音的声压为 2×10^{-5}Pa，称之为听阈声压，此值常用作为基准声压，记为 p_0；使人耳刚刚产生疼痛感觉的声压为 20Pa，并称之为痛阈声压。由此可知，人耳能感觉出来的声压的变化幅度为 10^6 倍。

声压随声源距离而变化，只有那些无明显来源的环境噪声的声压可视为与距离无关。

声音的强弱变化和人的听觉范围非常宽广，用声压的绝对值来衡量声音的强弱很不方便。工程中为了评价的方便，常采用一种相对量值来衡量声压，即声压级，以符号 L_p 表示。声压级的数值等于声压 p 与基准声压力 p_0 比值的常用对数乘以 20，单位为分贝（dB），即

$$L_\mathrm{p} = 20\lg(p / p_0) \tag{11-2}$$

2．声强和声强级

声波是一种波动形式，具有一定的能量，因此也常用能量的大小来表征其强弱，即用声强和声功率来表示。声强是在传播方向上单位时间内通过单位面积的声能量，用 I 表示，单位为 $\mathrm{W/m^2}$。

声压和声强有着内在的联系。当声波在自由场中传播时，在传播方向上声强 I 与声压 p 关系见式（11-3）：

$$I = \frac{p^2}{\rho_0 c} \tag{11-3}$$

式中 p——有效声压（Pa）；

I——声强（$\mathrm{W/m^2}$）；

ρ_0——空气密度（$\mathrm{kg/m^3}$）；

c——声音速度（m/s）。

相应于听阈声压的声强为 $10^{-12}\mathrm{W/m^2}$，此值常用作基准声强，记为 I_0；而相应于痛阈

声压的声强值为 $1W/m^2$。

声强级 L_I 也是一种相对量值，等于实际声强 I 与基准声强 I_0 比值的常用对数的 10 倍，以 dB 为单位，即

$$L_I = 10\lg(I / I_0) \tag{11-4}$$

对于球形声源，假设声源在传播过程中没有受到任何阻碍，也不存在能量损失，当声压 p_a 为常数时两个任意距离 r_1 和 r_2 处的声强为 I_1 和 I_2，则有

$$p_a = I_1 \times 4\pi r_1^2 = I_2 \times 4\pi r_2^2 \tag{11-5}$$

即

$$I_1 / I_2 = r_2^2 / r_1^2 \tag{11-6}$$

这表明：在声场中，不同点处的声强是不同的，它与离开声源距离的二次方成反比。

3. 声功率和声功率级

声功率也是用来评价声波能量的。与声强不同，它是声源在单位时间内辐射出来的总能量，用 W 表示，单位为 W。对声源来说，声功率是恒量，与测量环境无关。

一般声功率不能直接测量，而要根据测量的声压级来换算确定。表 11-1 列出了一些具有实际价值的声源输出功率的峰值，可作为实测的参考。如果把这些声源的声功率与一些常用的小型设备所消耗的能量进行比较，如 40W 荧光灯、500W 烘炉、60W 台式电风扇、100W 小搅拌器、1W 小手电筒等，显然可以看出，人的耳朵是一种灵敏度特别高的声音探测器。

表 11-1 通用语言与若干乐器输出声功率值的近似值

声 源	峰值功率/W
男生会话	2×10^{-3}
女生会话	4×10^{-3}
单簧管	5×10^{-2}
低音提琴	0.16
钢琴	0.27
管乐器	0.31
37in×36in 的低音鼓	25.0
75 件乐器的交响乐	70～100

声功率级 L_W 是声功率 W 与基准声功率 W_0 的比值取常用对数再乘以 10 的值，单位仍为 dB，即

$$L_W = 10\lg(W / W_0) \tag{11-7}$$

式中 W_0——基准声功率，$W_0=10^{-12}W$。

4. 响度和响度级

声压级相同而频率不同的声音听起来不一样响。为了用人的主观感觉来评价噪声的强

弱，引出了一个与声强、频率和波形都有关的物理量，称作响度，以字母 N 表示，单位是宋（sone）。规定频率为 1kHz、声压级比听阈声压级大 40dB 的纯音所产生的响度为 1 宋（亦即 1kHz 的纯音其声压级为 40dB 时的响度为 1 宋），且声压级每增加 10dB，响度增加 1 宋。

响度的相对度量是响度级，以符号 L_N 表示，单位为方（phon）。以 1000Hz 的纯音作为基准声音，若某噪声听起来与该纯音一样响，则该噪声响度级的方值就等于该纯音声压级的分贝值。例如，某内燃机的噪声听起来与频率为 1kHz、声压级为 70dB 的基准声音一样响，则该内燃机的响度级为 70 方。响度级是表示声音响度的主观量，它把声压级和频率用一个单位联系了起来，既考虑了声音的物理效应，又考虑了人听觉的生理效应，是人对声音主观评价的一个基本量。

响度和响度级都是人们通过纯音对噪声的主观反应，两者之间的换算关系为

$$\begin{cases} N = 2^{(L_N - 40)/10} \\ L_N = 40 + 33.3\lg N \end{cases} \tag{11-8}$$

式中　N——响度（sone）；

L_N——响度级（phon）。

响度与响度级之间的关系也可用图 11-1 表示。

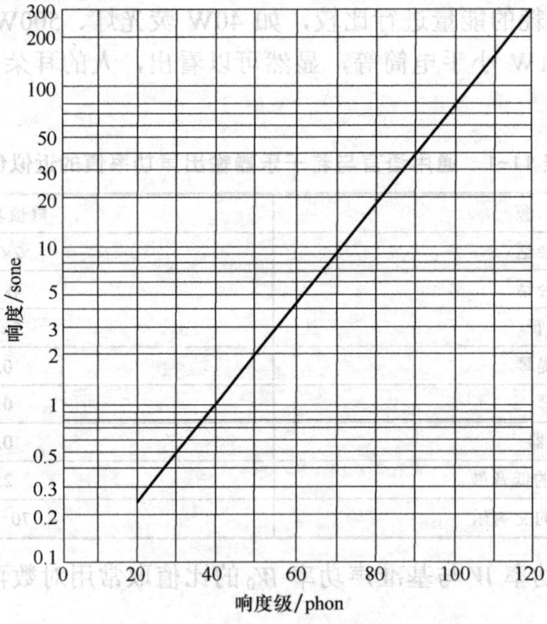

图 11-1　响度与响度级之间的关系

5．等响曲线

声音客观存在的物理量和人耳感觉的主观量的差异主要是由声波频率的不同而引起的，与波形也有一定的关系。为使在任何频率条件下主客观量都能统一起来，通过人耳的听力试验，根据大量典型听者认为响度相同而得到的纯音的声压级与频率关系曲线称为等

响曲线，如图 11-2 所示。

由于人耳对不同频率声波的主观感觉不同，所以不同频率的纯音都有各自不同的听阈声压级和痛阈声压级。把它们各自连接起来便是听阈等响曲线和痛阈等响曲线。等响曲线已被国际标准化了，在听阈曲线和痛阈曲线之间按响度级的不同，规定划分为 13 个响度级，单位为方。听阈曲线为零方响度曲线，痛阈曲线为 120 方响度曲线。凡在同一条曲线上的各点，虽然它们代表着不同频率和声压级，但其响度级是相同的，故称等响曲线。每条等响曲线所代表的响度级（方）的大小，是由该曲线在 1kHz 时的声压级的分贝值而命名的，即习惯上选取 1kHz 的纯音作为基准音，如某等响曲线的响度级为 1kHz 纯音的声压级为 40dB，则该等响曲线序号为 40 方等响曲线。相邻两条等响曲线的声压级相差 10dB。

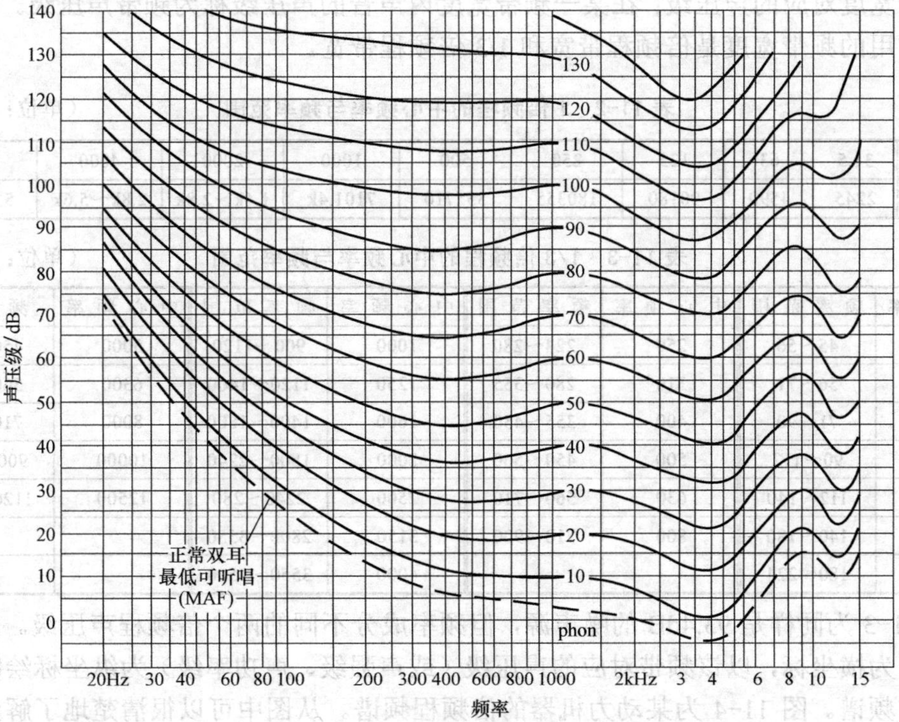

图 11-2　纯音的等响曲线

等响曲线的变化起伏反映了人耳对各种频率的声音的敏感程度。可以看出，人耳听觉最敏感的声音频率范围为 2～5kHz，而对低频声音反应较为迟钝。例如同样的响度级 60 方，对于 3～4kHz 的声音而言，其声压级为 52dB，对于 100Hz 的声音，其声压级为 67dB，而对于 30Hz 的声音，则声压级就要高达 87dB。

从曲线还可发现，当声音的声压级为 100dB 左右时，其相应的 100 方等响曲线近似呈水平线，此时频率变化对响度级影响不太明显，也说明了此时声压级的分贝值和响度级的方值相一致。

等响曲线是许多声学测量仪器设计的依据。

6. 频带声压级与声压谱级

声音的高低主要与其频率有关，而噪声往往包含有复杂的频率结构。因此，对工程噪声的测量，不仅要测得总声压级，而且还要弄清噪声的频率成分、产生原因及其影响，即要对噪声做频谱分析。一般没有必要对每个频率逐个测量声压级，而是把声频的变化范围划分成若干较小段落，即频程，测量这些段落上的声压级。频程是一段频率范围，也称为频段或频带。频程中最高频率为上限截止频率 f_H，最低频率为下限截止频率 f_L。两者之差 $B=f_H-f_L$ 称为频带宽度，简称带宽。若 $f_H/f_L=2^n$ 时称此频程为倍频程。$n=1$ 时称为 1 倍频程（通常也简称倍频程），$n=1/3$ 时称为 1/3 倍频程。倍频程的中心频率是上、下限截止频率的几何平均值，即 $f_0=(f_H/f_L)^{1/2}$，称该频带的中心频率；1 倍频程和 1/3 倍频程的中心频率和频率范围见表 11-2 和表 11-3。噪声的频谱分析一般是按一定频带宽度进行的，即分析各频带宽度对应的声压级；在某一频带宽度内声音的声压级称为频带声压级。在噪声测量中，常用的频带宽度是倍频程带宽和 1/3 倍频程带宽。

表 11-2　1 倍频程的中心频率与频率范围　（单位：Hz）

中心频率	31.5	63	125	250	500	1000	2000	4000	8000
频率范围	2245	4590	90180	180355	355710	7101.4k	1.4k～2.8k	2.8k～5.6k	5.6k～11.2k

表 11-3　1/3 倍频程的中心频率与频率范围　（单位：Hz）

中心频率	频率范围	中心频率	频率范围	中心频率	频率范围	中心频率	频率范围
50	45～56	250	224～280	1000	900～1120	5000	4500～5600
63	56～71	310	280～355	1250	1120～1400	6300	5600～7100
80	71～90	400	355～450	1600	1400～1800	8000	7100～9000
100	90～112	500	450～560	2000	1800～2240	10000	9000～11200
125	112～140	630	560～710	2500	2240～280	12500	11200～14000
160	140～180	800	710～900	3150	2800～3550		
200	180～224			4000	3550～4500		

图 11-3 为同样是 93.4dB 的噪声源，但频率成分不同的两个倍频程声压级。以各频带中心频率为横坐标，以该频带对应的声压级（或声强级、声功率级）为纵坐标绘制出的图形称噪声频谱。图 11-4 为某动力机器的倍频程频谱。从图中可以很清楚地了解到占主导地位的噪声频率成分，从而为噪声分析和噪声控制提供重要依据。为了准确地寻找噪声源，有时需要采用更窄的频带宽度来分析噪声的频谱。

在寻找噪声源时，常采用更窄的恒定带宽声压级，其频带宽度可以有 2Hz、4Hz、10Hz 及 100Hz 等。若噪声在所考虑的频率范围内有连续频谱，为了比较不同的频带声压级，则可采用声压谱级。噪声的声压谱级是指某一频带噪声所对应带宽 B 的平均声压级。声压谱级 L_{ps} 可以通过式（11-9）计算求得

$$L_{ps}=L_{pB}-10\lg B \tag{11-9}$$

式中　L_{pB}——某一频率为中心频率、带宽为 B 的频带声压级；

B——频带宽度。

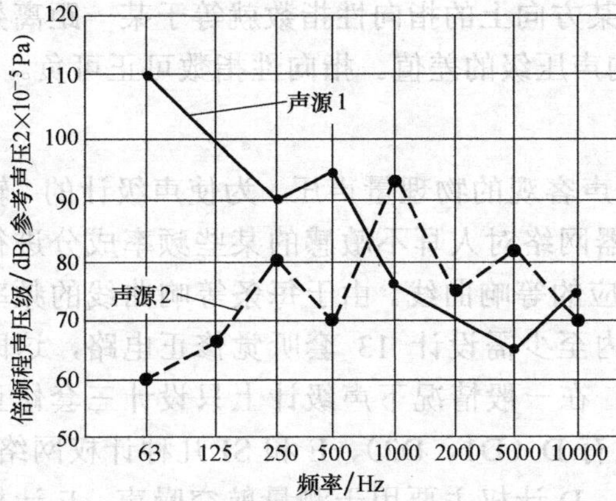

图 11-3 两个具有同样 93.4dB(A) 噪声的倍频程声压级

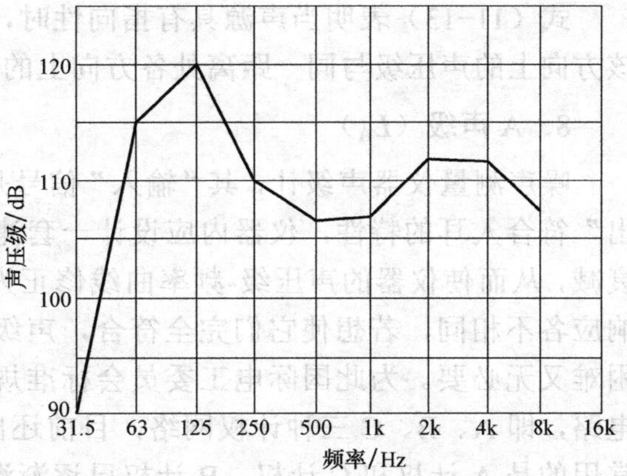

图 11-4 某动力机的倍频程噪声频谱

7. 指向性

实际上声源向四周辐射声音，在同一距离但不同方向上其强弱通常是不一样的，某一方向上可能强一些，另外的方向上可能弱一些，这就是声源具有指向性的概念。与此类似，在测量噪声时所用的传声器（通常为自由场响应传声器）对同一距离但来自不同方向上的声波的响应也是不一样的，这说明传声器也具有指向性。进行噪声测量与噪声控制时都应注意指向性这一因素。

某一方向的指向性用指向性因数或指向性指数来评价。声音的频率越高，则指向性越强。

（1）指向性因数（Q） 对声源

$$Q = p_{\mathrm{d}}^2 / \overline{p^2} \tag{11-10}$$

式中 p_{d}^2——距声源某一距离处某一方向上的声压的二次方值；

$\overline{p^2}$——同一距离各方向上声压二次方的平均值。

需要指出的是，距离一定要足够大，使声源可视为点声源。Q 可以是某一频率或某一有限频带内的指向性因数，Q 值无量纲、无单位。对传声器

$$Q = e_{\mathrm{d}}^2 / \overline{e^2} \tag{11-11}$$

式中 e_{d}^2——传声器对某一方向入射声波的响应电动势的二次方值；

$\overline{e^2}$——传声器对各方向入射声波的响应电动势的二次方平均值。

（2）指向性指数（DI） 指向性指数是指向性因数以 10 为底的对数乘以 10，即

$$DI=10\lg Q \tag{11-12}$$

由式（11-10）及式（11-12）得声源的指向性指数为

$$DI = L_{\mathrm{pd}} - \overline{L_{\mathrm{p}}} \tag{11-13}$$

式中 L_{pd}——某一方向上某一距离处的声压级，其值为 $L_{\mathrm{pd}} = 10\lg(p_{\mathrm{d}}^2 / p_0^2)$；

$\overline{L_{\mathrm{p}}}$——同一距离处各方向上的平均声压级，$\overline{L_{\mathrm{p}}} = 10\lg(\overline{p^2} / p_0^2)$。

式（11-13）表明当声源具有指向性时，其某方向上的指向性指数就等于某一距离处该方向上的声压级与同一距离处各方向上的平均声压级的差值。指向性指数可正可负。

8．A 声级（L_A）

噪声测量仪器声级计，其“输入”信号是噪声客观的物理量声压，为使声级计的“输出”符合人耳的特性，仪器内应设计一套滤波器网络对人耳不敏感的某些频率成分进行衰减，从而使仪器的声压级-频率曲线修正为相应的等响曲线。由于每条等响曲线的频率响应各不相同，若想使它们完全符合，声级计内至少需设计 13 套听觉修正电路，这既困难又无必要。为此国际电工委员会标准规定，在一般情况下声级计上只设计三套修正电路，即 A、B、C 三种计权网络，目前还出现有 D（D1、D2）、E 和 SI 几种计权网络。常用的是 A 计权和 C 计权，B 计权已逐渐淘汰，D 计权主要用于测量航空噪声，E 计权是最近出现的，SI 计权是用于衡量语言干扰的。有的声级计还设有“线性”开关，用来测量非计权声压级。

A 计权网络是模拟人耳对 40 方纯音的响应（仿效倍频程等响曲线中的 40 方曲线）而设计的，它较好地模仿了人耳对低频段（1000Hz 以下）不敏感，而对 1～5kHz 的声音较敏感的特点，这样，声级计的读数能表达人耳对噪声的感觉。用 A 计权网络测量的声级代表噪声的强弱，称为 A 声级，以 L_A 表示，单位为 dB（A）。由于 A 声级是单一的数值，容易直接测量，并且是噪声的所有频率成分的综合反映，与人主观反映接近，故目前在噪声测量中得到最为广泛的应用，并用来作为评价噪声的标准。

B 计权网络是模拟人耳对 70 方纯音的响应（仿效 70 方等响曲线），低频有一定的衰减。

C 计权网络是模拟人耳对 100 方纯音的响应（仿效 100 方等响曲线），在整个可听频率范围内，具有近乎平直的特点，它让所有频率的声音近乎一样程度地通过，基本未予以衰减。由于 B 声级和 C 声级不能表征人耳对噪声的主观感觉，故一般不用来评定噪声的声压级。但在传声器的校准，粗略判断噪声的频率成分时，需测量 B 声级和 C 声级。C 声级还用于噪声的频谱分析。

A、B、C 三种计权网络的计权特性如图 11-5 所示。

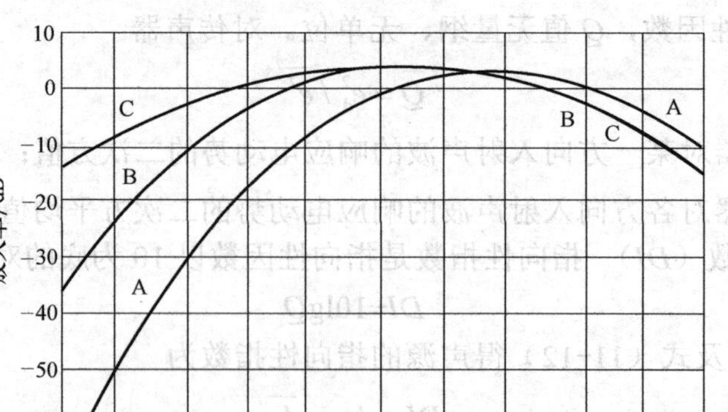

图 11-5　A、B、C 计权网络的计权特性曲线

必须指出，声级计的读数虽然均为分贝值，但由于计权网络对声压级已有修正，故它们的读数已不再是声压级的分贝值，且只模仿了 40 方和 70 方两条特定等响度曲线的频响，故也不是响度级。所以一般把 A 和 B 计权网络的读数称为“声级的分贝数”。显然，由于 C 计权网络基本上未对声压级做衰减（修正），所以 C 声级的分贝值读数仍可视为声压级的分贝值。

9．等效连续 A 声级（L_{eq}）

A 声级仅适用于对稳态连续噪声的评价，对于噪声级随时间变化的非稳态连续噪声，则应采用“等效连续 A 声级”。

在声场中的某一定点位置上，对某段时间内暴露的几个不同 A 声级，采用能量平均的方法，以一个在相同的时间内能量与之相等的稳定连续的 A 声级来表示该段时间内噪声的大小。这个声级即为等效连续 A 声级，常用符号为 L_{eq}，单位为 dB（A），其数学表达式为

$$L_{eq}=10\lg\left(\frac{1}{T}\int_0^T 10^{0.1L_A}\,dt\right) \tag{11-14}$$

式中 T——噪声暴露时间；

L_A——在 T 时间内 A 声级变化的瞬时值。

对于噪声的 A 声级测量值为非连续离散值时，式（11-14）变为

$$L_{eq}=10\lg\left(\sum_i 10^{0.1L_{Ai}}\Delta t_i \Big/ \sum_i \Delta t_i\right) \tag{11-15}$$

式中 L_{Ai}——第 i 个 A 声级；

Δt_i——第 i 个 A 声级所占用的时间。

对于等时间间隔抽样（抽样个数为 N）的情况，式（11-15）变为

$$L_{eq}=10\lg\left(\frac{1}{N}\sum_i 10^{0.1L_{Ai}}\right)=10\lg\sum_i 10^{0.1L_{Ai}}-10\lg N \tag{11-16}$$

对于时间间隔不相等的抽样的情况，式（11-15）变为

$$L_{eq}=10\lg\left(\frac{1}{T}\sum_i 10^{0.1L_{Ai}}\Delta t_i\right)=10\lg\frac{1}{T}\sum_i 10^{0.1(L_{Ai}-80)}\Delta t_i+80 \tag{11-17}$$

在实际问题中，噪声往往随时间做阶梯性的变化，即在一段时间间隔内噪声近似为稳态，A 声级变化不大，但是在不同的时间间隔内，A 声级往往有较明显的变化。例如车床运转台数不同，车间内 A 声级的分贝值就会有较明显的差异。

若每个工作日按 8h 计算，低于 78dB 的噪声不予考虑，则一天的等效连续 A 声级可近似按式（11-18）计算：

$$L_{eq}=80+10\lg\left(\frac{1}{480}\sum_{n}10^{\frac{n-1}{2}}T_n\right) \quad (11-18)$$

式中　n——段数；

T_n——噪声暴露时间（min）。

具体做法是：根据测量数据，按 A 声级的大小及暴露时间进行整理。将 80～120dB（A）的声级从小到大分成 8 段，每段相差 5dB，每段以中心声级表示，各段的中心声级为：80dB（A）、85dB（A）、90dB（A）、95dB（A）、100dB（A）、105dB（A）、110dB（A）、115dB（A）。80dB（A）表示 78～82dB（A）的声级范围，85dB（A）表示 83～87dB（A）的声级范围，以此类推。把一个工作日内各段声级的总暴露时间（T_1～T_8）统计出来，并填入表 11-4，然后将已知的数据代入式（11-18），即可求出一天的等效连续 A 声级。

表 11-4　各段中心声级和相应的暴露时间

n（段）	1	2	3	4	5	6	7	8
中心声级 L_n/dB（A）	80	85	90	95	100	105	110	115
暴露时间 T_n/min	T_1	T_2	T_3	T_4	T_5	T_6	T_7	T_8

10．噪声评价数（NR）

利用噪声评价数评价噪声，是同时考虑了噪声的强度和频率两个主要因素，故比用单一的 A 声级作评价指标更为严格。这一评价指标主要用于评定噪声对听觉的损伤，语言干扰和周围环境的影响。NR 数可由式（11-19）决定：

$$\mathrm{NR}=\frac{(L_{pB}-a)}{b} \quad (11-19)$$

式中　L_{pB}——倍频程声压级（dB）；

a、b——与各倍频程中心频率有关的常数，见表 11-5。

表 11-5　与各倍频程中心频率有关的 a、b 常数值

中心频率/Hz	63	125	250	500	1000	2000	4000	8000
a	35.5	22.0	12.0	4.8	0.0	−3.5	−6.1	−3.0
b	0.790	0.870	0.930	0.974	1.000	1.015	1.025	1.030

为便于实际使用，已将式（11-19）绘制成噪声评价曲线（NR 曲线），如图 11-6 所示。

这是一组 NR 值从 0～115 的噪声评价曲线，NR 值为噪声评价曲线的序号，它是中心频率为 1kHz 处倍频程声压级的分贝数。NR 曲线的特点是考虑了高频噪声比低频噪声对人的影响更为严重些，因此同一曲线上的各倍频程噪声级对人的干扰程度相同。

噪声评价曲线 NR 值与 A 声级的换算关系为：NR=A 声级−5。

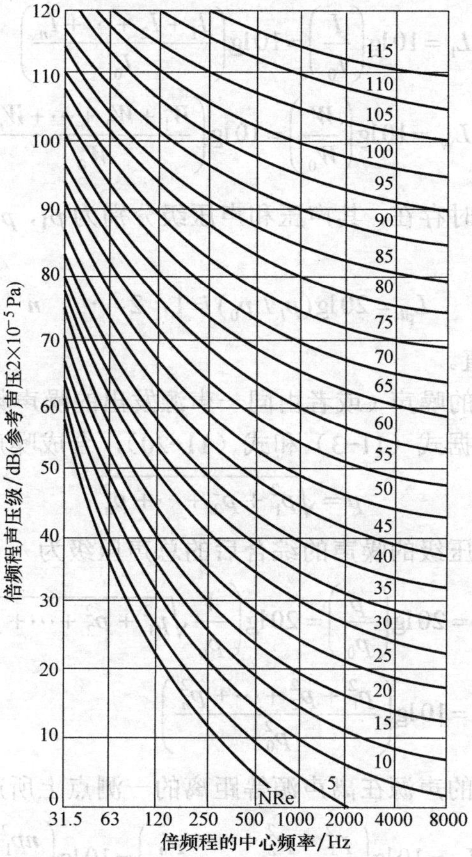

图 11-6 噪声评价曲线

11.1.2 噪声测量中的有关分贝运算

在噪声测量的实践中，噪声源往往不止一个，有时即使是一个噪声源，其噪声级也常常随其频率和时间而变化。因此，经常需要进行有关的分贝运算。

在处理分贝量值时，必须牢牢掌握一个重要的概念和事实，即分贝是对数的单位，分贝量值不可以直接地进行一般的加减，且零分贝并不意味着没有噪声，它只是说明所讨论的噪声级等于基准声级。

1. 噪声的综合运算（分贝的合成）

在某一测点处由两个以上互相独立的声源同时发出来的声功率和声强，可以将它们作代数相加。例如在声场某测点处有声强 I_1，I_2，…，I_n 和声功率 W_1，W_2，…，W_n 分别为声源 1，2，…，n 发出的相应的声强和声功率，则在该测点处的总的声强 I 和声功率 W 为

$$\begin{cases} I = I_1 + I_2 + \cdots + I_n \\ W = W_1 + W_2 + \cdots + W_n \end{cases} \tag{11-20}$$

由此可得总的声强级和总的声功率级为

$$\begin{cases} L_I = 10\lg\left(\dfrac{I}{I_0}\right) = 10\lg\left(\dfrac{I_1 + I_2 + \cdots + I_n}{I_0}\right) \\ L_W = 10\lg\left(\dfrac{W}{W_0}\right) = 10\lg\left(\dfrac{W_1 + W_2 + \cdots + W_n}{W_0}\right) \end{cases} \tag{11-21}$$

设两个以上的噪声同时存在，其声压和声压级分别为 p_1，p_2，…，p_n 和 L_{p1}，L_{p1}，，…，L_{pn}，则

$$L_{pi} = 20\lg(p_i / p_0)\ i=1，2，\cdots，n \tag{11-22}$$

式中　p_i——声压的有效值。

如果由几个声源发出的噪声（或者由同一声源发出的噪声频谱中的各频率成分）各自随机变化，互不干涉，根据式（11-3）和式（11-20），合成噪声的总声压为

$$p = \sqrt{p_1^2 + p_2^2 + \cdots + p_n^2}$$

由此可得几个不同声压级的噪声的综合后的总声压级为

$$\begin{aligned} L_p &= 20\lg\left(\frac{p}{p_0}\right) = 20\lg\left(\frac{1}{p_0}\sqrt{p_1^2 + p_2^2 + \cdots + p_n^2}\right) \\ &= 10\lg\left(\frac{p_1^2 + p_2^2 + \cdots + p_n^2}{p_0^2}\right) \end{aligned} \tag{11-23}$$

而由几个相同噪声级的声源在离声源等距离的一测点上所产生的总噪声级为

$$\begin{aligned} L_p &= 10\lg\left(\frac{p_1^2 + p_2^2 + \cdots + p_n^2}{p_0^2}\right) = 10\lg\left(\frac{np_1^2}{p_0^2}\right) \\ &= 10\lg n + 20\lg(p_1 / p_0) = L_1 + 10\lg n \end{aligned} \tag{11-24}$$

式中　L_1——其中一个声源的噪声级。

当有两个噪声级相同的机械设备同时工作时，由于 $10\lg2 \approx 3$，所以它们的总噪声级 $L=L_1+3$，只比一台机械设备的噪声增加 3dB。

当有两个不同噪声级 L_1 和 L_2 同时作用时，且 $L_1 > L_2$，则从噪声级 L_1 到总噪声级 L 的增加量为

$$\begin{aligned} L - L_1 &= 10\lg\left(\frac{p_1^2 + p_2^2}{p_0^2}\right) - 10\lg\left(\frac{p_1^2}{p_0^2}\right) = 10\lg\left(\frac{p_1^2 + p_2^2}{p_1^2}\right) \\ &= 10\lg\left(1 + p_2^2 / p_1^2\right) \end{aligned} \tag{11-25}$$

又　$$10\lg\left(p_2^2 / p_1^2\right) = 10\lg\left(p_2^2 / p_0^2\right) - 10\lg\left(p_1^2 / p_0^2\right) = L_2 - L_1$$

即　$$p_2^2 / p_1^2 = 10^{\frac{-(L_1 - L_2)}{10}}$$

代入式（11-25）得

$$L - L_1 = \Delta L = 10\lg[1 + 10^{\frac{-(L_1 - L_2)}{10}}]$$

故

$$L = L_1 + \Delta L \qquad (11\text{-}26)$$

式中　ΔL—— 附加值，$\Delta L = 10\lg[1+10^{\frac{-(L_1-L_2)}{10}}]$ 它是两噪声级差的函数，其值可由表 11-6 查得或由图 11-7 和图 11-8 查出。

表 11-6　噪声合成时声级的附加值　　（单位：dB）

噪声级差 (L_1-L_2)	0	1	2	3	4	5	6	7	8	9	10	11	12	13	14	>15
附加值 ΔL	3	2.5	2.1	1.8	1.5	1.2	1.0	0.8	0.6	0.5	0.4	0.3		0.2		0.1

由式（11-26）可知，欲求两个不同噪声级合成后的总噪声级 L，应是由两噪声中噪声级较大的值 L_1 再加上一个附加值 ΔL。

由此可归纳出以分贝为单位的噪声综合运算法则如下：

当有几个不同噪声级的噪声同时作用时，首先应找出其中两个声级的分贝差 $\Delta=L_1-L_2$，再由表 11-6 或从图 11-8 中查出对应的附加值 ΔL，然后把它加到分贝数较大的级值 L_1 上，就得两者合成后的级值 L。顺次进行，重复该法则进行合成运算就可求出两个以上的级值合成后的总声级值，直至两个噪声级差为 10dB 以上时为止。

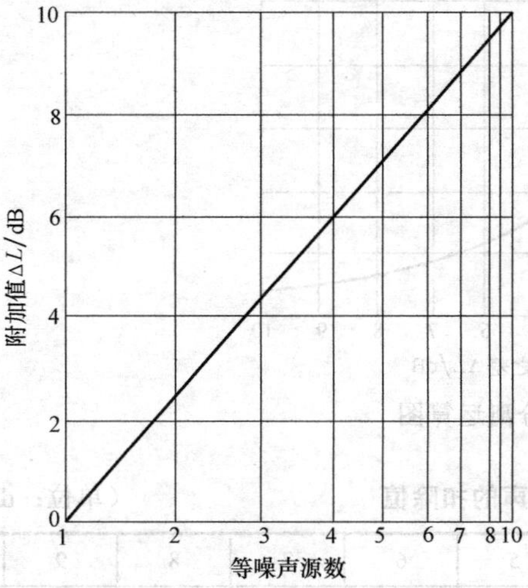

图 11-7　等声压级噪声综合运算图

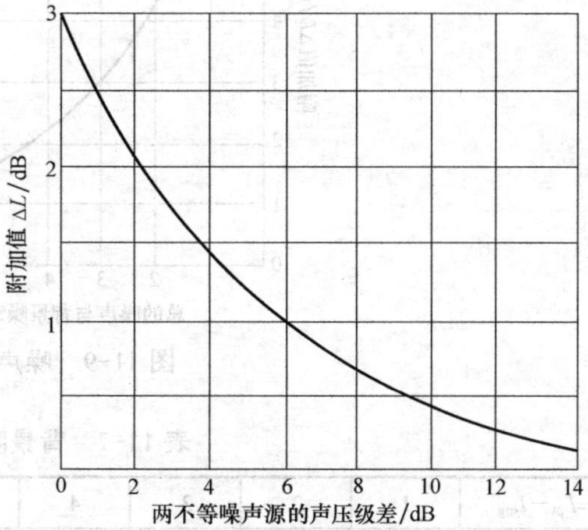

图 11-8　不等声压级噪声综合运算图

2．噪声的分离运算（分贝的相减）

在噪声的实际测量中，除了被测声源发出的噪声外，还会有其他声源的噪声存在。通常把某一噪声列为被测对象时，与该被测对象存在与否无关的干扰噪声的总和称为相对于被测对象的背景噪声。背景噪声会影响噪声测量的准确性，为单独测得被测声源的声压级，就必须从总噪声中排除背景噪声的影响，即把被测噪声从总噪声中分离出来。求噪声级差应按能量相减的原则，这种噪声运算称为噪声的分离运算。

为要测量某一噪声源的声压级，应先测出该噪声源未发出噪声时的背景噪声的声压级L_{pg}和该噪声源发出噪声时包括背景噪声在内的总噪声声压级L_{pt}。

因为 $L_{pt}=10\lg(p_t/p_0)^2$，$L_{pg}=10\lg(p_g/p_0)^2$

所以 $(p_t/p_0)^2=10^{(L_{pt}/10)}$，$(p_g/p_0)^2=10^{(L_{pg}/10)}$

被测声源的声压级为

$$L_{pd}=10\lg[(p_t/p_0)^2-(p_g/p_0)^2] \tag{11-27}$$

或

$$L_{pd}=10\lg[10^{(L_{pt}/10)}-10^{(L_{pg}/10)}] \tag{11-28}$$

在实际测试中，首先要分别测量L_{pt}和L_{pg}，然后由式（11-29）求得被测对象的声压级

$$L_{pd}=L_{pt}-\Delta L'=L_{pt}-10\lg[1+\frac{1}{10^{(L_{pt}-L_{pg})/10}-1}] \tag{11-29}$$

式中 $\Delta L'$——背景噪声的扣除值，背景噪声的扣除值是总噪声级和背景噪声级之差（$\Delta L=L_{pt}-L_{pg}$）的函数，可按表 11-7 或由图 11-9 查得。

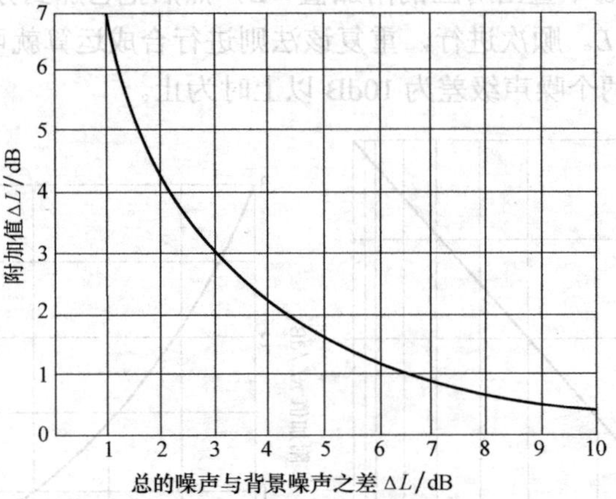

图 11-9 噪声分离运算图

表 11-7 背景噪声的扣除值 （单位：dB）

$\Delta L=L_{pt}-L_{pg}$	1	2	3	4	5	6	7	8	9	10
扣除值 $\Delta L'$	6.90	4.40	3.00	2.30	1.70	1.25	0.95	0.75	0.60	0.45

3．噪声的平均运算

在噪声测量的某些场合往往要求进行噪声的平均运算。例如，有时要求测定距噪声源等距离而不同测点处噪声的平均声压级；有时希望计算某一测点处多次连续测得的噪声的平均声压级。噪声的平均运算方法如下：

设 n 次（或 n 个测点）所测得的声源的声压级分别为L_{p1}，L_{p2}，…，L_{pn}，则由分贝求和公式可得

$$L_{pt}=10\lg\left(\sum_{i=1}^{n}\frac{p_i^2}{p_0^2}\right)=10\lg\left(\sum_{i=1}^{n}10^{L_{pi}/10}\right) \tag{11-30}$$

将式（11-30）括号中的和除以声压级的数目 n，即得 n 次测得的声压级的平均值 $\overline{L_p}$ 为

$$\overline{L_p}=10\lg\left(\frac{1}{n}\sum_{i=1}^{n}10^{L_{pi}/10}\right) \tag{11-31}$$

为方便起见，在工程上当逐点（或多次）测得的声压级的离散分布范围在 10dB 以内时，平均声压级可做如下近似运算：

1）若逐点（或多次）测得的声压级的波动分布范围小于或等于 5dB，即 $L_{pimax}-L_{pimin}\leqslant 5\text{dB}$，则平均声压级 $\overline{L_p}$ 可近似取算术平均值：

$$\overline{L_p}=\frac{1}{n}\sum_{i=1}^{n}L_{pi} \tag{11-32}$$

式中　n——测点数（或次数）；

L_{pi}——第 i 点（或次数）测得的声压级（dB）。

2）若逐点（或次数）测得的声压级的波动分布范围在 5～10dB 之间，即 $5\text{dB}<L_{pimax}-L_{pimin}\leqslant 10\text{dB}$，平均声压级 $\overline{L_p}$ 可近似为

$$\overline{L_p}=\frac{1}{n}\sum_{i=1}^{n}L_{pi}+1 \tag{11-33}$$

11.2　噪声测量仪器

声压信号是空气或其他媒质的振动信号，一般要先用传声器将其转换为电压信号，然后送入声级计就可以进行声级的测量。若再配一组带通滤波器就可以进行噪声的频谱分析。测量和分析的结果可用电平记录仪或磁带记录仪记录下来。

噪声的测量主要是声压级、声功率级及其噪声频谱的测量。一套声压级测量仪器包括传声器、声级计、校准器、频率分析仪、频谱分析仪、自动记录仪和磁带记录仪等。声功率级不是直接由仪器测量出来的，而是在特定的条件下由测量的声压级计算出来的。噪声的分析除利用声级计的滤波器进行简易频率分析外，还可以将声级计的输出接电平记录仪、示波器、磁带记录器进行波形分析，或接信号分析仪进行精密的频率分析。

11.2.1　传声器

传声器是一种声-电转换装置，将声波信号转换为相应的电信号，其原理是由声造成的空气压力推动传声器的振动膜振动，进而经变换器将此机械振动变成电参数的变化。

噪声测量仪器的频率响应特性、灵敏度、测量精度等一般都取决于传声器，因此，传

声器的性能对噪声测量结果起着重要的作用。根据交换器的形式不同，常用传声器有电容式、动圈式、压电式和永电体式。其中，电容式传声器的性能最好，常与精密声级计配套使用。压电式和动圈式传声器的性能次之，适合与普通声级计配套使用。

1．电容式传声器

在各种传声器中，这种传声器的稳定性、可靠性、耐振性以及频率特性均较好，是精密测量中最常用的一种传声器。图 11-10 为电容式传声器的结构。振膜是一张拉紧的金属薄膜，其厚度在 0.0025～0.05mm 之间，它在声压的作用下发生变形位移，起着可变电容器动片的作用。可变电容器的定片是背极，背极上有若干个经过特殊设计的阻尼孔。振膜运动时所造成的气流将通过这些小孔产生阻尼效应，以抑制振膜的共振振幅。壳体上开有毛细孔，用来平衡振膜两侧的静压力，以防止振膜破裂。然而动态的应力变化（声压）很难通过毛细孔而作用于内腔，从而保证仅有振膜的外侧受到声压的作用。如图 11-10 所示，将传声器的可变电容和一个高阻值的电阻 R 与极化电压 e_0 串联，e_0 为电压源，e_t 为输出电压。当振膜受到声压作用而发生变形时，传声器的电容量发生变化，从而使通过电阻 R 的电流随之变化，其输出电压 e_t 也随之变化。根据需要对 e_t 进行必要的中间变换。电容式传声器幅频特性平直部分的频率范围为 10Hz～20kHz。

2．动圈式传声器

动圈式传声器的结构如图 11-11 所示，轻质振膜的中部有一个线圈，线圈放在永久磁场的气隙中，在声压的作用下，振膜和线圈移动并切割磁力线，产生感应电动势 e_t。e_t 与线圈移动速度成正比。

这种扬声器精度较低，灵敏度也较低，体积大，其突出特点是输出阻抗小，所以接较长的电缆也不降低其灵敏度。此外，温度和湿度的变化对其灵敏度也无大的影响。

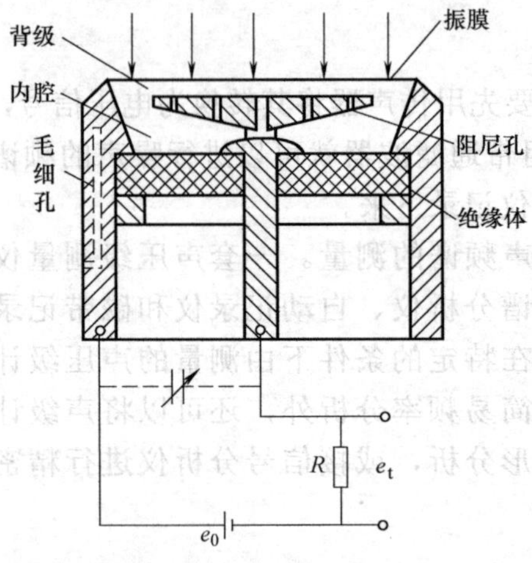

图 11-10　电容式传声器

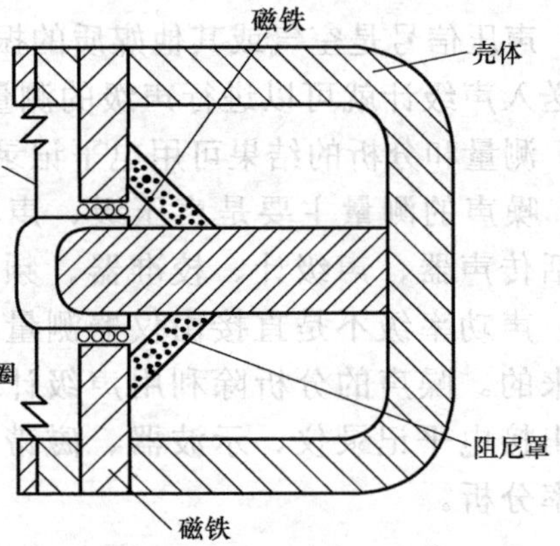

图 11-11　动圈式传声器

3．压电式传声器

图 11-12 为压电式传声器的原理图。图中，金属箔形膜片与双压电晶体弯曲梁相连，膜片收到声压作用而变位时双压电元件产生变形，在压电元件梁端面出现电荷，通过变换

电路便可以输出电信号。压电式传声器膜片较厚，其固有频率较低，灵敏度较高，频率响应曲线平坦，结构简单，价格便宜，广泛用于普通声级计中。

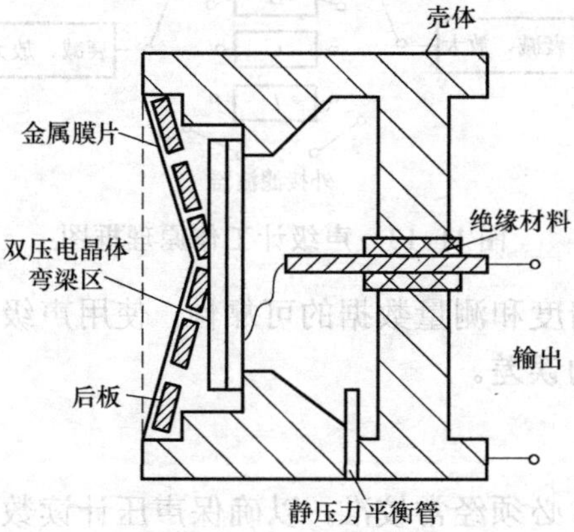

图 11-12 压电式传声器

此外，还有永电体式传声器（又称驻极体式），工作原理与电容式传声器相似，其特点是尺寸小、价格便宜，可用于高湿度的测量环境，也可用于精密测量。

11.2.2 声级计

传声器输出的交变电压信号要经过放大、衰减、计权、检波等处理。将上述处理电路与传声器、指示器、电源结合在一起，即组成测量声压的声级计。

声级计是噪声测量中测量声压级的主要仪器，是用一定频率和时间计权来测量噪声的一套仪器，是噪声测量中最常用、最简便的测试仪器，体积小、质量小、便于携带，可应用于环境噪声、机械噪声、车辆噪声等测量，也可用于建筑声学、电声等测量。如果把电容传声器换成加速度计，还可以用来测量振动的加速度、速度和振幅。声级计还可以配合倍频程和 1/3 倍频程滤波器，进行噪声的倍频程频谱分析。声级计的工作原理是：被测的声压信号通过传声器转换成电压信号，该电压信号经衰减器、放大器以及相应的计权网络、滤波器，或者输入记录仪器，或者经过方均根值检波器直接推动以分贝标定的指示表头。

声级计的种类很多，如调查用的声级计（三级）只有 A 计权网络；普通声级计（二级）具有 A、B、C 计权网络；精密声级计（一级）除了具有 A、B、C 计权网络外，还有外接滤波器插口，可进行倍频程或 1/3 倍频程滤波分析。此外，还有脉冲声级计等。常用的声级计分普通声级计和精密声级计两种。

精密声级计的工作频率范围为 20～12500Hz，整机灵敏度小于 ldB，其工作原理如图 11-13 所示。传声器输出的电压信号先经过适当衰减和输入电压放大后，送入具有一定频率响应的计权网络；然后再经过输出衰减和放大，送入方均根值检波器得到相应的声压级，转换成分贝值后由表头显示。对信号进行两级衰减和放大处理，是为了适应不同量级信号的测量，同时也能提高信噪比。输出放大器的交流信号还可以直接送入其他记录器或频谱分析设备。有的声级计还备有外接滤波器插孔，便于用其他滤波器来进行频谱分析。如果增加一个 A-D 转换器，则测量结果可以用数字显示出来。

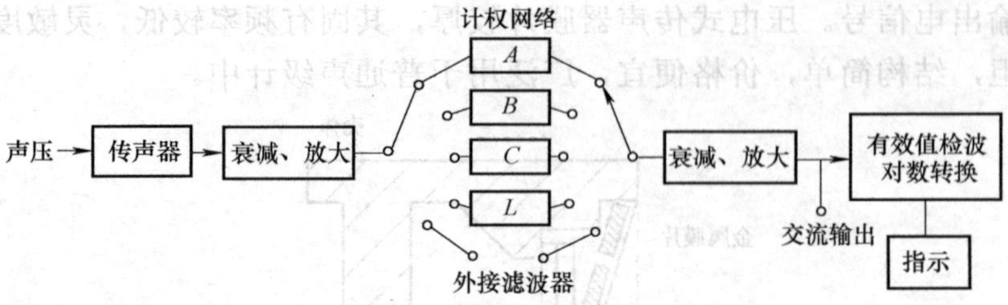

图 11-13　声级计工作原理框图

为了保证噪声的测量精度和测量数据的可靠性，使用声级计测量声级时，必须经常校准，否则将带来不同程度的误差。

11.2.3　声级计的校准

使用声级计测量声压时必须经常校准，以确保声压计读数的精确度。某些行业的标准规定，每次测量开始和结束都必须进行校准，两次差值不得大于 ldB。目前常用的校准方法有以下几种。

1．活塞发生器校准法

活塞发生器校准法是一种现场常用的精确、可靠且简便的方法，它主要适用于低频校准（几赫兹到几十赫兹）。其原理是：由电池供电的电动机通过凸轮使两个对称的活塞做正弦移动，造成空腔中气体体积的变化，使腔内产生标准的正弦变化的声压，被校准的传声器置于空腔的一端。

2．扬声器校准法

这是一种更加简单、便宜的校准方法。这种方法是用一个精确标定过的扬声器，在一个声耦合空腔中产生 1000Hz 的精确给定声压级的声压，作为作用在传声器振膜上的标准信号。

3．互易校准法

互易校准法适用于中频范围可听声的传声器校准，因该方法准确度高，被声学测量实验室普遍采用。互易校准法既可测定传声器的压力响应，也可以测定其自由场响应。

4．静电激励校准法

该方法适用于较高频率的扬声器校准。该方法是将一个绝缘的栅状金属板置于传声器振膜之前，并使两者之间的距离尽量小。在栅状金属板和振膜之间加上高达 800V 的直流电压使两金属板极化，从而使两者之间互相作用着一个稳定的静电力。另外，再加上 30V 左右的交流电压使相互作用一个交变力，其值等于 1Pa 的声压。和电磁激振器一样，若没有直流电压，所产生的交变压力的频率就是交变电压频率的两倍。静电激振器产生的力和频率无关，因此可用来测量电容传声器的响应。

5．置换法

置换法是用一个已知频率响应的精确基准声级计来校准使用的声级计。校准时，将两个声级计分别测量同一声压，从两个声级计的测量结果的差别，可以确定待校声级计的频率响应。

11.2.4　频谱分析仪

频谱分析仪是用来分析噪声频谱的仪器，它主要由测量放大器和滤波器构成。若噪声通过一组 1 倍频程带通滤波器，则得到 1 倍频程噪声频谱；若通过一组 1/3 倍频程带通滤波器，则得到 1/3 倍频程噪声频谱；若通过一组窄带滤波器，则得到窄带噪声频谱。

倍频程分析常用来评价机械设备的噪声容许标准和噪声控制标准，根据倍频程分析的不同要求及场合，可供选择的频谱分析仪还有恒定百分比带宽的窄带连续扫描分析仪、外差式连续扫描分析仪以及实时分析仪。

11.2.5　自动记录仪和磁带记录仪

在现场测量中，为了迅速而准确地测量、分析和记录噪声频谱，将分析仪与会动记录仪联用，进行噪声级和频谱的自动测量和记录工作。

在现场测量中，如果没有频谱分析仪和自动记录仪，可先用磁带记录仪把测试的噪声记录下来，然后在实验室用适当的仪器进行频谱分析。所选用的磁带记录仪应具有良好的频率响应、较宽的动态范围和较大的信噪比，并有良好的稳定性，以免失真。进行频谱分析时，应根据测试目的和噪声频谱特性，选择合适的通道和带速。

11.3　噪声测量方法

噪声测量结果与测量方法密切相关，如测试环境的声响特性、测量点的选择、机械的安装方法和运行状态、所用的测试仪器及其应用条件等。为了得到可靠的可以进行比较的数据，必须按统一的测试方法进行噪声检查和标定。我国已制定了城市环境噪声测量方法和各种机电产品的噪声测量方法的国家标准，为噪声测量提供了规范和标准。

噪声测量项目视测量目的而定。例如，为调查、监视和控制城市环境的噪声污染，需对城市和工矿企业的环境噪声进行测量，这时主要测量一定时间间隔的 A 声级瞬时值和倍频程的声压级；又如，有关机械设备噪声的测量项目主要是声压级和噪声频谱。机械设备的噪声的声功率则只能在规定的测量条件下，由实测到的声压级换算得到，不能直接测得。

11.3.1　噪声测量应注意的问题

测量环境对噪声测量结果的影响很大。噪声的产生原因是各种各样的，噪声测量的环境和要求也不相同。精确的噪声性能数据，不但与测量方法、仪器有关，而且与测量过程中的时间、环境、部位等也有关，为使测量准确、可靠，这里提出以下几点注意的问题。

1. 测点的选取

传声器与被测机械噪声源的相对位置对测量结果有显著影响，在进行数据比较时，必须标明传声器离开噪声源的距离。测点一般按下列原则选取：

1）根据我国噪声测量规范，一般测点选在距机械表面 1.5m，并离地面 1.5m 的位置。

若机械本身尺寸很小（如小于 0.25m），则测点应距所测机械表面较近，如 0.5m 处，但应注意测点与测点周围反射面相距 2～3m。

2）机械噪声大时，测点宜取在相距 5～10m 处；对于行驶的机动车辆，测点应距车体 7.5m，并高出地面 1.2m 处。

3）当机械的各个噪声源相距较近时，如小型液压系统的液压泵及其驱动电动机是两个相距很近的噪声源，测点应很接近所需测量的噪声源，如相距 0.2m 或 0.1m。

4）如果研究机械噪声对操作人员的影响，可把测点选在工作人员经常所在的位置。传声器放在操作人员的耳位，以人耳的高度（平均取 1.5m）为准，选择数个测点，如工作台、机器旁等位置。

5）作为一般噪声源，测点应在所测机械规定表面的四周均布，且不少于四点。如相邻测点测出声级相差 5dB 以上，应在其间增加测点，机械的噪声级应取各测点的算术平均值。如果机械噪声不是均匀地向各个方向辐射，除了找出 A 声级最大的一点作为评价该机械噪声的主要依据外，同时还应当测量若干点（一般多于五点）作为评价的参考。

2．测量时间的选取

当测量城市街道的环境噪声时，白天的理想测定时间为 16h，即从早上 6 点至晚上 10 点。测夜间的噪声，取 8h 为宜，即从晚上 10 点至第二天早上 6 点。有的国家也选取一天中最吵闹的 5h 作为测量的参考时间，有的进一步简化，确定高交通密度（即每小时通过机动车数目超过 1000 辆），测 15min 的平均值即可代表交通噪声值；如果交通密度整天都很小，取 0.5h 的测量值也是可靠的。

测量各种动态设备的噪声，当测量最大值时应取起动开始时或工作条件变动时的噪声；当测量平均正常噪声时应取平稳工作时的噪声；当周围环境的噪声很大时，应选择环境噪声最小时（比如深夜）测量。

3．背景噪声的修正

所谓背景噪声，是指被测定的噪声源停止发声时周围环境的噪声。测量时应当避免背景噪声对测量的影响。

对被测对象进行噪声测量，所测得的总噪声级是被测对象噪声和背景噪声的合成。在存在背景噪声的环境里，被测对象的噪声无法直接测出，可由测到的合成噪声减去背景噪声得到。背景噪声应低于所测机器噪声 10dB 以上，否则应在所测机器噪声中扣除环境噪声修正值 $\Delta L'$，见表 11-7。

4．干扰的排除

噪声测量所用电子仪器的灵敏度与供电电压有直接关系。电源电压如达不到规定范围，或者工作不稳定，将直接影响测量的准确性，这时应当使用稳压器或者更换电源。

进行噪声测量时要避免气流的影响。若在室外测量，最好选择无风天气，风速超过 4 级以上时可在传声器上戴上防风罩或包上一层绸布。在管道中测量时，在气流大的部位（如管壁口）也应采取以上措施。在空气动力设备排气口测量时，应避开风口和气流。

测量时，还应注重反射所造成的影响，应尽可能地减少或排除噪声源周围的障碍物，不能排除时要注意选择测点的位置。

用声级计进行测量时，其传声器取向不同，测量结果也有一定的误差，因而各测点都要保持同样的入射方向。

5．试验室的修正

当选取一般生产车间或其他建筑物作为机械噪声现场测量的场所时，需使声音的混响小于 3dB（A）。为此，要求现场测量的试验室容积 V（m^3）与机器规定表面积 A（m^2）之比足够大。所谓规定表面就是布置测点的假想表面，其表面积 A 按式（11-34）计算：

$$A=2ac+2bc+ab \tag{11-34}$$

式中 a——有效长度，即机器长度加两倍的测点距离（m）；

b——有效宽度，即机器宽度加两倍的测点距离（m）；

c——有效高度，即机器高度加测点距离（m）。

为修正试验室对机械噪声测量的影响，即需在实测值中减去试验室的修正值 L_2。L_2 值与试验室内壁吸声效果以及 V/A 值有关，见表 11-8。

表 11-8 机械噪声试验室修正值 L_2 与 V/A 值的关系 （单位：dB）

试验室声学特性	试验室容积与规定表面积之比（V/A）									
	32	50	80	125	200	320	500	800	1250	
	25	40	62	100	160	250	400	630	1000	
容积大，并带有强反射壁面，如砖砌墙、平滑的混凝土、瓷砖、打蜡地面等					$L_2=3$		$L_2=2$		$L_2=1$	$L_2=0$
一般性房间，既无强反射壁面，也未经吸声处理			$L_2=3$		$L_2=2$			$L_2=1$		$L_2=0$
四周全部或部分经简易的吸声处理		$L_2=3$		$L_2=2$		$L_2=1$			$L_2=0$	

11.3.2 A 声级的测量

A 声级的测量现场一般声源多，空间有限，很难达到自由声场条件而多为混响声场。为了尽量减小周围反射声的干扰，对工业产品噪声的测量一般多采用近声场测量法，即传声器应尽量接近被测声源，以获取足够大的直射声音，但传声器也不能距被测声源太近，以免声场不稳定。一般而言，对于放置在地面上的机器设备，若其轮廓尺寸大于 1m，则传声器与机器轮廓之间的距离取为 1m；若轮廓尺寸小于 1m，则测量距离可取为 0.5m；传声器距地面高度约为 1.5m。机器周围的测点不应太少，应能表征机器噪声在各方向上的分布情况，即声源的指向性。

若为了解噪声对人体健康的影响，则应在操作者操作位置或经常操作活动的范围内，以人耳高度（平均取 1.5m）为准选择数个测点；若需要了解机器噪声对周围环境的污染，则测点应选在需要了解的地点处。

在我国的一些产品噪声标准中，常以噪声最大方向上所取测点的 A 声级值作为对该产品的噪声评价，对于有噪声检测规范规定的某些产品，其噪声测量应按相应检测规范进行。

11.3.3 声功率级的测量和计算

为了克服声级或声压级测量受测量距离和测量环境影响较大的缺点，人们提出了声功率参量的测量。在一定的条件下，机器辐射的声功率是一个恒定的量，从本质上来说和测点的距离无关，能够客观地表征机械噪声源的特性。但声功率参量不能直接测出，而是在特定条件下，由测得的声压级计算而得。声功率级的测量和计算常用方法有自由场法、混响场法和标准声源法三种。

1. 自由场法

把被测机器放置在室外空旷没有噪声干扰的地方或在消声室内，即自由声场中，测量以机械为中心的半球面上（机器基本上是各向同性时）（见图 11-14）或半圆柱面上（长机械）若干均匀分布的点上的声压级 L_{p1}、L_{p2}、…、L_{pn}，此时机械的噪声功率级 L_W 为

$$L_W = \overline{L_p} - 10\lg S \tag{11-35}$$

式中　S——测试半球面或半圆柱面的面积（m^2）；

$\overline{L_p}$——n 个测点的平均声压级，其值为

$$\overline{L_p} = 10\lg\left[\frac{1}{n}(10^{0.1L_{p1}} + 10^{0.1L_{p2}} + \cdots + 10^{0.1L_{pn}})\right]$$

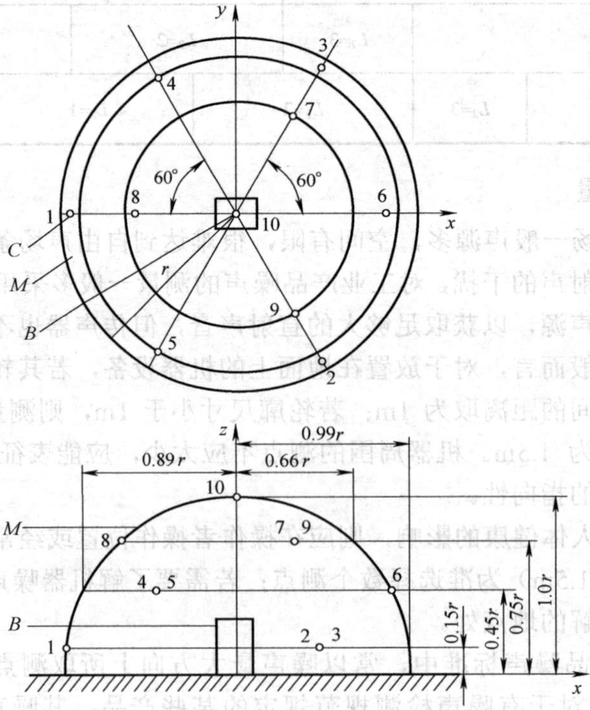

图 11-14　以机器为中心半球面上的噪声测点布置

r—球半径　*M*—测量面　*B*—基准面　*C*—主测面

如果 L_{p1}、L_{p2} 等的差异在 6dB 以内，$\overline{L_p}$ 可以简单地取其各声压级分贝数算术平均值。

如机器在消声室或其他较理想的自由声场中，声源以球面波发射，则式（11-35）化成

$$L_W = \overline{L_p} + 10\lg(4\pi r^2) = \overline{L_p} + 20\lg r + 11 \tag{11-36}$$

式中　$\overline{L_p}$——以 r 为半径的球面上数个测量点测得的平均声压级。

如机器放置在室外坚硬的地面上，周围无反射，这时透声面积为 $2\pi r^2$，则式（11-35）化成

$$L_W = \overline{L_p} + 10\lg(2\pi r^2) = \overline{L_p} + 20\lg r + 8 \tag{11-37}$$

式中　$\overline{L_p}$——以 r 为半径的半球面上数个测点测得的平均声压级。

相应地，距离中心为 r_1 和 r_2 两点的声压级满足

$$L_1 = L_2 + 20\lg(r_2 / r_1)$$

2．混响场法

此方法是将机器放置在混响室内，测量室内的平均声压级。已知室内声强

$$I = 4W / A \tag{11-38}$$

式中　I——声强（W/m^2）；

W——机器的声功率（W）；

A——室内总吸收量（m^2），A 和室内混响时间 T 有关，即 $T = 0.16V / A$，V 是混响室体积（m^3）。由上式及式（11-38）消去 A，得

$$W = 0.04IV / T$$

取对数

$$L_W = L_p + 10\lg(V / T) - 14 \tag{11-39}$$

或

$$L_W = L_p + 10(\lg V - \lg T) - 14$$

测量得 L_p 和 T 就可以算出声功率级 L_W。式（11-39）适用于各频带。而测 L_p 和 T 须用几个不同位置的声源和传声器，并加以平均。

以上两个方法都是在特殊实验室内进行，一般不能在现场应用。

3．标准声源法

标准声源是在一定的频带内辐射足够均匀的声功率谱的专门声源。在有限吸声的房间（如工厂、车间）内测量噪声，自由场法要求的条件很难得到满足。这时，可采用一个已知声功率级 L_p 的标准声源与被测噪声源相比较来测定机器的声功率。在相同的条件下，噪声源的声功率级 L_W 可表示为

$$L_W = L_p + \overline{L} - \overline{L_r} \tag{11-40}$$

式中 $\bar{L}$——以机器为中心，半径为 r 的半球面上测出的噪声源的平均声压级；

$\bar{L}_r$——关掉噪声源，标准声源置于噪声源的位置，在同样测点上测得的平均声压级。

这种测量方法的特点是测量可能在直达声场内进行，或在混响场内进行，但可能性最大的是既有直达声也有混响声，但因测点相同，故式（11-40）对任何声场，或有任何反射面时都是对的。

测点的选择和自由场相同，在半球面或半圆柱面上平均分布若干测点。

标准声源的使用方法有下列几种：

（1）替代法　把被测机器移开，用标准声源代替它进行测量。标准声源的位置最好是在机器的声源中心，测点相同。

（2）并摆法　被测机器如不便移动，可把标准声源放置在机器旁边或上面，这样两种声源的位置不完全相同，但由于测点相对地较远，影响就不大。

（3）比较法　被测机器若不便移动，采取并摆法又可能引起较大误差，也可以选择比较法。比较法就是把标准声源放在厂房的另一点，周围反射面的位置和机器旁相似，而没有机器。就这样做相似点的测量，用式（11-40）算出功率级。

近年来，国际标准化组织（ISO）发布了一系列关于测定机器声功率的不同方法的国际标准。我国也已制定了电机声功率级的测量方法标准。由于国内多数工厂没有专门声学试验室，因而参考了 ISO3746《确定噪声源声功率级的粗测法》标准，由中国计量科学研究院等单位拟订了确定机械或设备的“机器噪声声功率级测量方法（简测法）”，可供在实际工作中加以应用。

11.4　噪声测量应用——发动机的安装和噪声测量工况

噪声的测试与诊断在机械工程、航空航天、国防爆破、城市建设、房屋建筑、环境保护等方面都有很大的应用价值，随着工业技术的发展，越来越占有更重要的地位。现以发动机噪声的确定，简单说明其应用情况。在研究柴油发动机的作用力和所发出噪声之间的关系时，考虑柴油机气缸内形成的两种极端情况：①突然的压力升高；②平稳的压力升高。

频谱分析的结果表明，在这两种情况中气体的频谱有明显的不同。对于故障性的压力升高，在 800～2000Hz 的范围内，声压增高了 15～20dB，整个频率范围都被燃气作用力所控制。对于平稳压力升高曲线，占优势的作用力分布在不同的频率范围内，即：

1）整个低频和中频范围内（800Hz 以下），燃气作用力占优势。

2）在 800Hz 以上，主要的噪声激发是由于在活塞间隙中的活塞冲击所造成的。由活塞撞击所引起的噪声，不受燃气和活塞冲击力的影响。

对于各式各样的发动机部件，从不同的噪声频谱可以判别气缸内的压力变化是否正常，其作用力和噪声之间的关系示于图 11-15，图中，v 为发动机的速度。

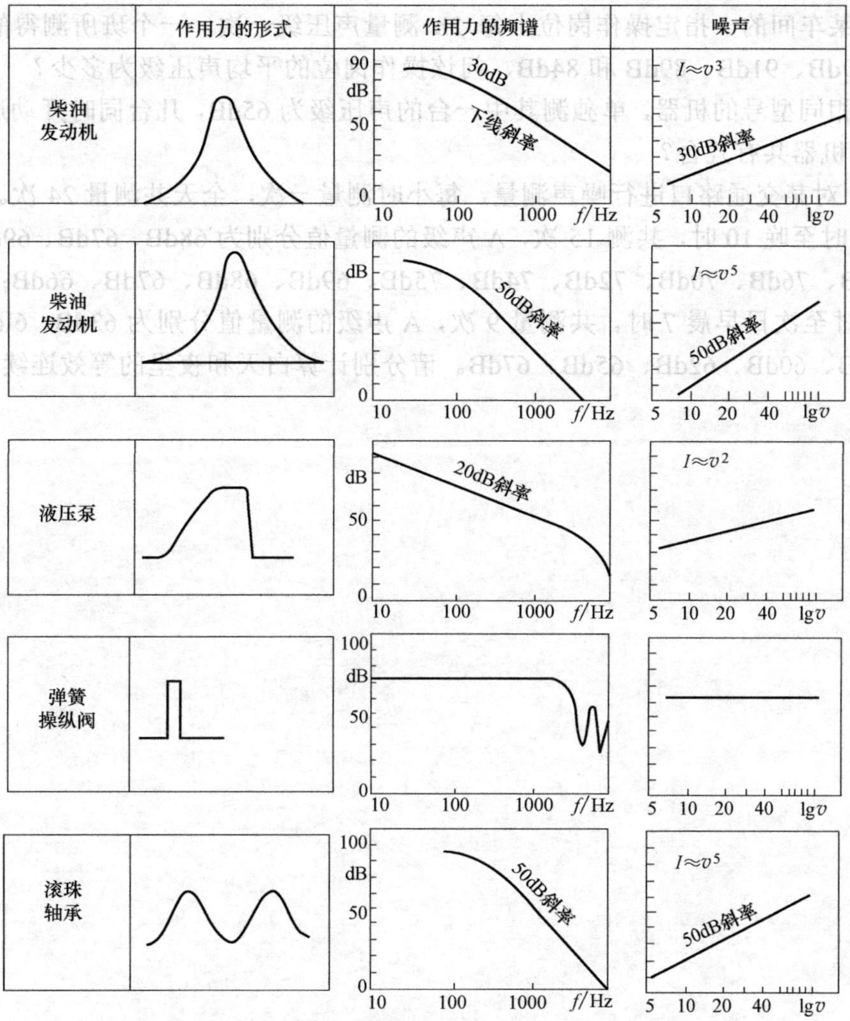

图 11-15 作用力的形式、作用力的频谱和噪声之间的关系

习 题

11-1 评价噪声的主要技术参数是什么？各代表什么物理意义？

11-2 举例说明如何确定宽带噪声的总响度。

11-3 A、B、C 三种不同计权网络在测试噪声中各有什么用途？

11-4 噪声测试中主要用哪些仪器、仪表？

11-5 噪声测试中应注意哪些具体问题？

11-6 在车间的某一特定位置，三台机器所产生的声压级分别为 90dB、93dB 和 95dB，如果三台机器同时工作，问总的声压级是多少分贝？

11-7 某一车间内测量某一机床开动时的声压级为 101dB，停车后测量的背景噪声为 93dB，问机床本身的声压级是多少？

11-8　某车间的一指定操作岗位上每 2h 测量声压级一次，一个班所测得的四个声压级分别为 79dB、91dB、89dB 和 84dB，问该操作岗位的平均声压级为多少？

11-9　相同型号的机器，单独测其中一台的声压级为 65dB，几台同时开动后为 72dB，试求开动的机器共有几台？

11-10　对某交通路口进行噪声测量，每小时测量一次，全天共测量 24 次。白天规定为从早晨 7 时至晚 10 时，共测 15 次，A 声级的测量值分别为 68dB、67dB、69dB、71dB、73dB、75dB、76dB、70dB、72dB、74dB、75dB、69dB、68dB、67dB、66dB；夜间规定为从晚 10 时至次日早晨 7 时，共测量 9 次，A 声级的测量值分别为 63dB、6ldB、60dB、58dB、58dB、60dB、62dB、65dB、67dB。请分别计算白天和夜里的等效连续 A 声级。

第 12 章　测试系统实例

12.1　建筑机械、材料及设备的性能测试系统

12.1.1　尾矿库在线监测系统

1．概述

尾矿库是具有高位势能的危险源，一旦失事，会给尾矿库下游人民的生命财产造成巨大的损失。尾矿库在线检测系统的实施，可以及时掌握尾矿库各项技术参数和运行状况，为治理决策提供可靠的依据，提高尾矿库的安全度，保障下游人民群众的生命财产安全。

尾矿库在线监测系统采用分布式监测网络平台，根据尾矿库在线监测的要求，在尾矿库的不同位置，分别设置坝体位移监测子系统，坝体浸润在线监测子系统、干滩监测子系统、库水位及库区降水量监测子系统、实时监测尾矿库干滩长度、坝体浸润线位置、坝体位移等物理参数。同时在尾矿库值班房和公司中控室内设置监测主机，各监测子系统通过光纤数据传输方式与值班室主机之间实现数据传输，并根据各监测子系统所检测的数据对尾矿库的安全进行系统检测和分析。这里以神岩沟尾矿库为例，介绍尾矿库在线监测系统的组成及其可实现的功能。

2．测试系统的组成和工作原理

尾矿库在线检测系统主要检测项目有：①坝体表面位移检测；②坝体内部位移检测；③浸润线检测；④库水位检测；⑤库区降水量检测；⑥干滩检测。

在实际系统检测设计中，不同的检测项目需要不同类型的传感器以及不同的布置方式。下面对神岩沟尾矿库在线检测系统中的传感器方案进行介绍。

（1）坝体表面位移检测　坝体表面位移是尾矿库变形的直接原因，但由于坝体表面位移变化不易于人工观察，故通常采用 GPS（RTK）或北斗卫星导航测量法、定角激光位移计+静力水准仪结合法、水平拉伸位移计+静力水准仪结合法等方法。在神岩沟尾矿坝体表面位移检测中，选用第一种方法，利用一体化智能动态 SM01-GPS 为测量传感器，利用坝面监测点与基点相对位置比对，确定监测点位移。此型号 GPS 传感器平面精度和高程精度分别为±3mm+$10^{-6}D$、±5mm+$10^{-6}D$（D 为测量距离），可以有效获得坝体表面的位移和形变数值。坝体表面位移形变监测点布置见表 12-1。

表 12-1　坝体表面位移形变监测点布置

	标　高	监测点数量	监测点布置位置	每个监测点传感器数量
总 体 设 计	堆积坝顶靠拦沙坝一边	3 个	堆积坝顶靠拦沙坝一边均匀布置	1 个
	堆积坝顶靠坝体内侧	2 个	堆积坝顶靠坝体内侧均匀布置	1 个
	拦沙坝	2 个	拦沙坝坝顶	1 个
	靠开阔山顶安装基准点	1 个	靠开阔山顶安装	1 个

（2）坝体内部位移检测　坝体内部位移采用固定测斜仪来进行测量。固定式测斜仪串联装在测斜管内，被测物即大坝内部发生变形时，通过装在不同高程上的倾斜传感器同步感受其变形，测量出被测结构物的倾斜角度，以此得到坝体内部位移量 S_i，具体原理如图 12-1 和式（12-1）所示。

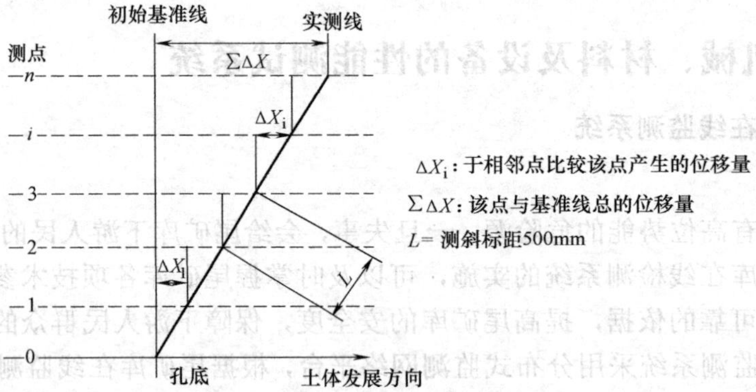

图 12-1　测斜仪工作原理

$$S_i=L_i\sin(a+bF_i+cF_i+dF_i) \tag{12-1}$$

式中　S_i——被测物在第 i 点与铅垂线（水平线）的倾斜变形量（mm）；

L_i——第 i 支固定测斜仪两轮距间的标距（mm）；

F_i——第 i 支固定测斜仪的实时测量值（N）；

a、b、c、d——第 i 支测斜仪的标定系数。

在神岩沟尾矿坝体内部位移检测中，选用 WZ-X500 系列固定式测斜仪，其使用量程为 0°～±30°，精度为±0.04°。坝体内部位移形变监测点布置见表 12-2。

表 12-2　坝体内部位移形变监测点布置

总体设计	标　高	监 测 垂 线	监测点布置位置	每条监测垂线传感器数量	埋设深度	传感器间距
	堆积坝顶靠拦沙坝一边	3 个	堆积坝顶靠拦沙坝一边处均匀布置	5	45m	9m
	合计	总体安装 15 个固定式测斜仪				

（3）浸润线检测　尾矿坝坝坡浸润线监测是指在坝体设置多个横向监测断面，布置测压管，采集断面的渗压计数据，计算出每断面的水位高度，并将所有点位连接起来形成坝体浸润线，系统分析软件以图形化的形式显示出浸润线的监测系统。

浸润线监测传感器有很多种，例如振弦式、差动电阻式、压阻式、光纤式等。在神岩沟尾矿坝体浸润线检测中，采用 WZ-X07 型孔隙水压计作为监测传感器。该型号传感器量程为 0.001～10m，精度为±0.5mm。坝体浸润线监测点布置见表 12-3。

（4）库水位检测　库水位检测常用的有人工监测水尺和水位计监测两种方式。在本例中，采用水位计监测。选取 WZ-X08 型水位计，其量程为 0.001～30m，精度为±0.5mm。布置方式为按照库内排水构筑物排水井位置布置，确保布置方案能够准确迅速地获得水位数据。

表 12-3　坝体浸润线监测点布置

	标　　高	监测点数量	监测点布置位置	每个监测点传感器个数	打孔深度	埋设深度
总体设计	堆积坝顶靠拦沙坝一边	3 个	中轴线两边相距 60m 处各设置一个监测点，尽量与排渗管在一个横断面	1 个	30m	28m
	堆积坝顶靠坝体内侧	3 个	中轴线两边相距 60m 处各设置一个监测点，尽量与排渗管在一个横断面	1 个	30m	28m
合计			总体安装 6 个空隙水压计			

（5）库区降水量检测　降水量监测采用雨量计监测。本例中，采用 WZ-Y500 型雨量计，该雨量计承雨口直径为 ϕ（200+0.60）mm，当降水量<10mm 时，测量误差为±0.2mm；当降水量≥10mm 时，测量误差为±(0.2mm+1%FS)。布置方式为布置在库区附近地形开阔处。

（6）干滩检测　干滩检测采用激光测距仪进行监测。本例中采用 GLS-B70 型激光测距仪对干滩进行测量。改进型激光测距仪量程为 70m，精度为±1.0mm。布置时，在堆积坝顶均匀布置三个监测点。

12.1.2　塔式起重机结构强度测试系统

1．概述

塔式起重机简称塔机，也被叫作塔吊，如图 12-2 所示。它的工作高度可提升，便于在狭小空间水平运输与垂直运输，所以是目前高层建筑施工中必不可少的工程机械设备之一。它的安全性能测试是在塔式起重机出厂和使用过程中都需加以重点注意的。针对塔式起重机的测试分为结构强度、传动设备和电气设备的测试，在本节中，我们介绍结构强度测试部分。

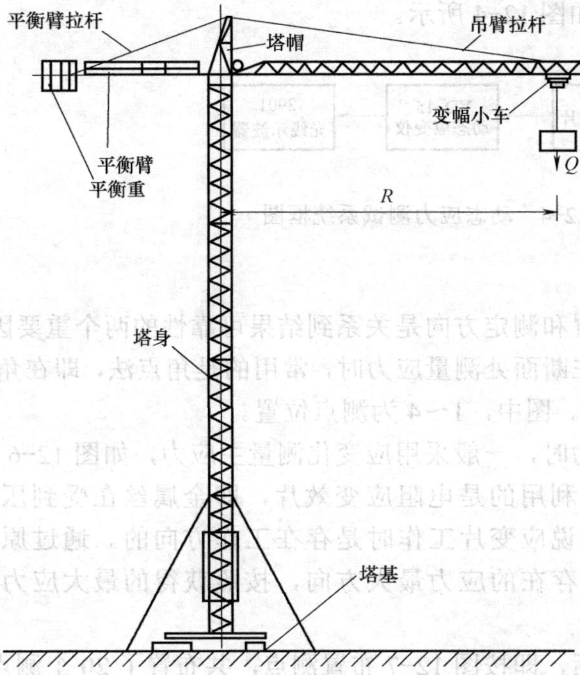

图 12-2　塔式起重机示意图

2．测试方法选择

根据原始设计资料并且通过软件进行模拟，选择在应力应变最大处粘贴应变片进行测量。根据两种不同破坏情况，按照 GB/T 5031—2008《塔式起重机》测试静态、动态应力应变。

应变测量方法主要包括电测法、光测法、应变机械测量法等。其中电测法包括电阻、电容、电感测试法，电阻法较常用，具有高灵敏度和精度。因是电信号测量，易于实现数字化、自动化；可用于不同环境下的测量；成本低廉。缺点是只能点测量固定方向应变，不能全域测量。

光测法包括光弹性、全息干涉、激光散斑干涉、云纹法等。光弹性法应用广泛，是利用偏振光通过具有双折射效应的透明受力模型从而获得干涉条纹图，可观察全域应力分布情况；快速测定应力集中系数；内外部边界应力测量；但周期长、成本高。

机械测试法是利用引伸仪测定试件变形需经过放大，有杠杆式和齿轮式两种。

在本例中，我们采用电阻应变片加电桥的测试方法。

静态测量时由于有多个测点，通常配用预调平衡箱，利用外加电阻对电桥调平衡，以便于与应变仪连接。系统框图如图 12-3 所示。

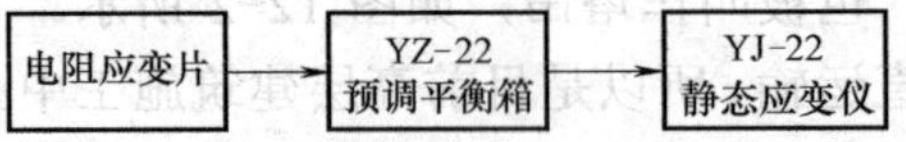

图 12-3　静态应力测试系统框图

动态测量由于测点少不需要配用预调平衡箱，直接调应变仪即可，使用光线示波器作为动态应变记录装置。系统框图如图 12-4 所示。

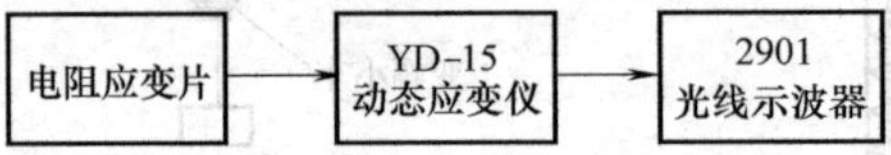

图 12-4　动态应力测试系统框图

3．测试方案

在强度结构测试中，测点位置和测定方向是关系到结果可靠性的两个重要因素。

（1）测点位置　当我们需要在断面处测量应力时，常用的是角点法，即在角点处沿棱线方向布置应变，如图 12-5 所示。图中，1～4 为测点位置。

当我们需要在平面上测量应力时，一般采用应变化测量主应力，如图 12-6 所示。

（2）测点方向　因为应变片利用的是电阻应变效片，即金属丝在受到压缩或拉伸时电阻值会增大或减小，也就是说应变片工作时是存在工作方向的。通过原始设计资料和软件仿真结果，得到测点处存在的应力最大方向，按照获得的最大应力方向布置应变片。

确定好测点位置和测点方向后，即按图 12-7 布置测点，共布置了 20 个测点。

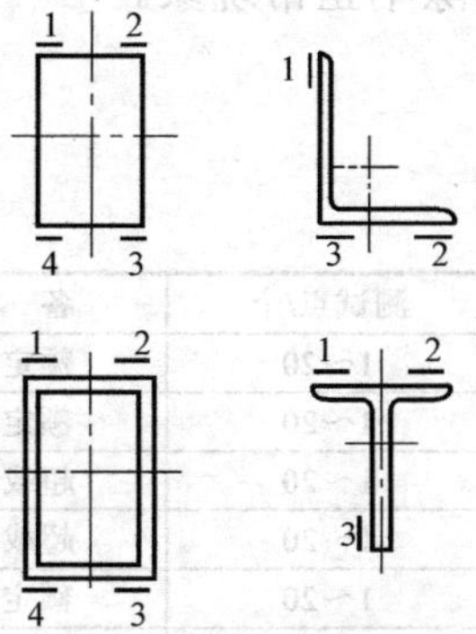

图 12-5　测量型材断面正应力布置方案

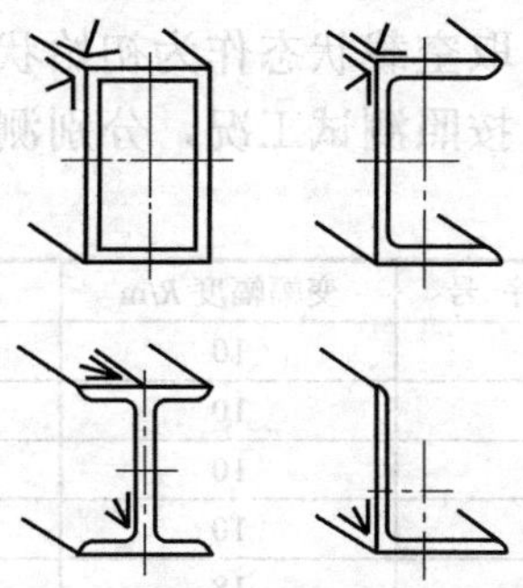

图 12-6　测量平面应力应变化布置方案

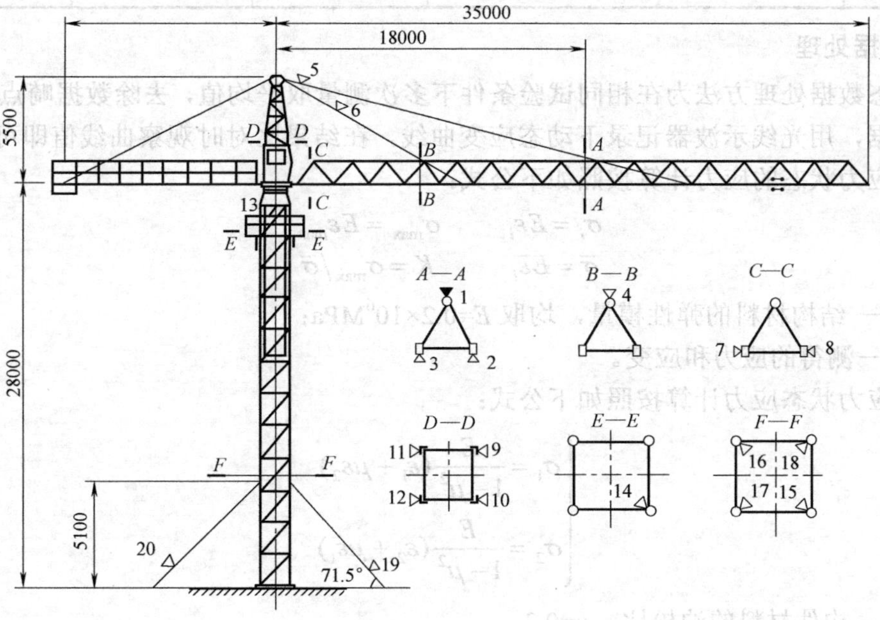

图 12-7　测点方案

4．测试过程

在实际的测试中，通常都要对测试条件进行理想化处理，以保证测试过程顺利进行。在本次测试过程中，假设条件如下：载荷不包括吊钩重量，载荷误差应小于 1%；各工况皆是处于空钩离地状态时进行仪器调零；测试数据均为吊重引起的应力，不应包括自重和风阻应力。

测试过程中需要在一定的环境条件下进行，本次测试环境条件如下：测试温度为 10～25℃，湿度为 50%～70%，风力为 1 级。

测试工况选择如下：测试选取四种不同起重重力 Q、两种变幅幅度 R、两种方位角 α 进行组合变化，分别测试各种工况下最大应力，见表 12-4。

5．测试步骤

1）检查和调整试验样机。

2）粘贴应变片并干燥、密封、检查绝缘。

3）接好应变测试系统，调试仪器，合理选择灵敏度，消除不正常现象。

4）取空载状态作为初始状态，将应变仪调零。

5）按照测试工况，分别测试各种情况下的最大应力。

表 12-4　测试工况

工 况 序 号	变幅幅度 R/m	起重重力 Q/kN	方位角 α/（°）	测试点/个	备　注
1	10	29.4	0	1～20	额定载荷
2	10	29.4	45	1～20	额定载荷
3	10	36.75	0	1～20	超载 25%
4	10	36.75	45	1～20	超载 25%
5	18	17.15	0	1～20	额定载荷
6	18	17.15	45	1～20	额定载荷
7	18	21.4	0	1～20	超载 25%
8	18	21.4	45	1～20	超载 25%

6．数据处理

对静态数据处理方法为在相同试验条件下多次测量取平均值，去除数据畸点即可。对于动态数据，用光线示波器记录下动态应变曲线，在结果比对时观察曲线值即可。

单向应力状态的应力计算按照如下公式：

$$\sigma_i = E\varepsilon_i \qquad \sigma_{\max} = E\varepsilon_{\max}$$
$$\bar{\sigma} = E\bar{\varepsilon}_i \qquad K = \sigma_{\max}/\bar{\sigma}$$

式中　E—— 结构材料的弹性模量，均取 E=0.2×10^{6}MPa；

δ—— 测得的应力和应变。

平面应力状态应力计算按照如下公式：

$$\begin{cases} \sigma_1 = \dfrac{E}{1-\mu^2}(\varepsilon_1 + \mu\varepsilon_2) \\ \sigma_2 = \dfrac{E}{1-\mu^2}(\varepsilon_2 + \mu\varepsilon_1) \end{cases}$$

式中　μ—— 构件材料的泊松比，μ=0.3。

ε_1、ε_2—— 测点应变。

7．结果分析

获得静态和动态最大应力后，将结果与指标进行对比。

对比分为两种情况：

1）与设计目标比较，看获得结果是否满足设计目标，即 $\delta_{\max} \leqslant [\delta]_{设计}$。

2）与国标比较，看结果是否满足国标要求 $\delta_{\max} \leqslant [\delta]_{国标}$。

12.2　车辆综合性能测试系统—— 铁路隧道提速列车的振动测试

列车在轨道上行驶时，作用于轨道结构的轮轨作用力主要由两部分组成，一部分是车辆自重构成的静载，另一部分是由于列车在运行时轮轨系统相互激扰产生的振动荷载。列车振动所产生的动荷载可能给铁路构筑物的稳定性造成影响，因此，国内外学者在列车振动荷载对铁路构筑物的影响方面做了大量的研究工作，取得了一定的研究成果。但随着运行速度不断提高，列车振动所产生的振动荷载将大大提高，对铁路结构的影响也将进一步加剧，对提速列车荷载进行更深入的研究十分必要。因此，通过以提速列车为研究背景，对京广线株洲区段朱亭隧道进行现场测试试验研究，依据轨道加速度测试数据与车辆体系振动分析，得到提速列车振动荷载的数学表达式，为进一步研究提速列车荷载作用下铁路隧道结构的稳定性提供基础。

1．振动对结构安全和正常使用的影响

城市轨道交通引起的环境振动振幅和能量都比较小，基本上不会像地震那样对新建建筑物的安全造成严重的影响。但是城市轨道交通引起的环境振动作用时间长且反复发生，这样的小幅振动的反复作用同样会对处在振动环境中的结构造成损害，使建筑物结构的强度降低，出现裂缝或者引起结构变形，影响结构物的安全和正常使用。

城市轨道交通引起的环境振动主要会对一些古建筑物和长期处于近距离振动环境中的结构物的安全造成严重影响。例如，中央电视台《今日说法》曾报道云南某处寺庙由于长期的交通荷载引起的振动使得庙内的泥塑发生断裂。

20 世纪 80 年代，北京地铁 2 号线结合当地历史文化特色，在西直门、东四十条、建国门三座车站内修建了 6 幅瓷砖壁画。壁画由当时著名画家绘制，并放大于瓷砖上。瓷砖贴于车站墙壁，但由于长年列车近距离运行引起的结构振动，使得部分瓷砖与墙壁间的结合松动，以致脱落。图 12-8 为建国门车站壁画瓷砖的脱落情况。瓷砖脱落不仅影响站容站貌，一定程度还影响行车安全。

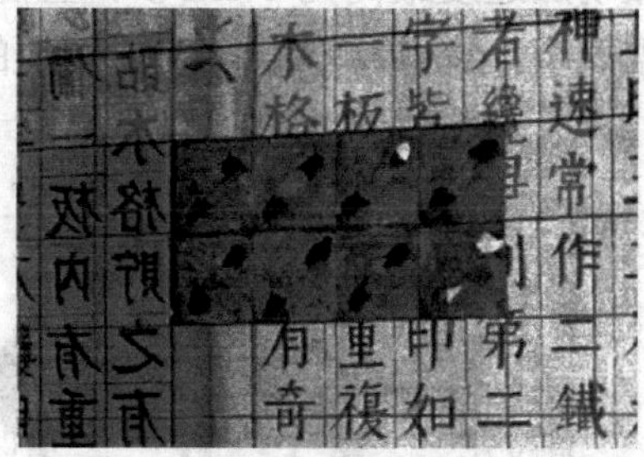

图 12-8　列车运动引起的振动导致墙面瓷砖脱落

2．现场振动测试实验

（1）测试地点的地理位置及行车条件　朱亭隧道位于湖南省株洲县黄龙镇朱亭境内，桩号 DIIK1678+971～DIIK1647+860 间的施工里程全长为 889m，属双线铁路隧道，是京广线武昌至广州电气化技术改造项目，同时也是京广线电气化改造第一长隧道，采用复合式衬砌，按新奥法设计与施工，碎石道床。隧道进口段曲线半径为 800m，出口段半径为 1500m，线路平面呈 S 形反弯，洞内线路纵坡为人字坡，设计最高时速为 120km/h。

（2）测试实验方法

1）传感器布置。测试断面共布设五个测点，其中，1、2、3 号测点位于隧道侧墙上，分别安装单向压电式加速度传感器与电阻应变片，4 号测点位于轨枕上，5 号测点位于钢轨轨腰上，各测点与轨道及隧道侧墙的相对位置如图 12-9 所示。

2）仪器设备。采用美国尼高力（Nicolet）振动测试系统，北戴河无线厂生产的 YD 系列压电式加速度计，可测频率范围为 0.2～1000Hz，可测加速度范围为（0.2～2000）g。其中钢轨上选用 YD22 及 YD81 型加速度计，轨枕及边墙衬砌上选用 YD62 型加速度计。采用电阻式应变片，型号为 BQ120-50AA。放大器选用电荷放大器，频率范围为 0.3～100kHz，加速度计与电荷放大器之间采用低噪声屏蔽电缆连接，并在电缆两端安装特制的屏蔽插头，以减小外界干扰。

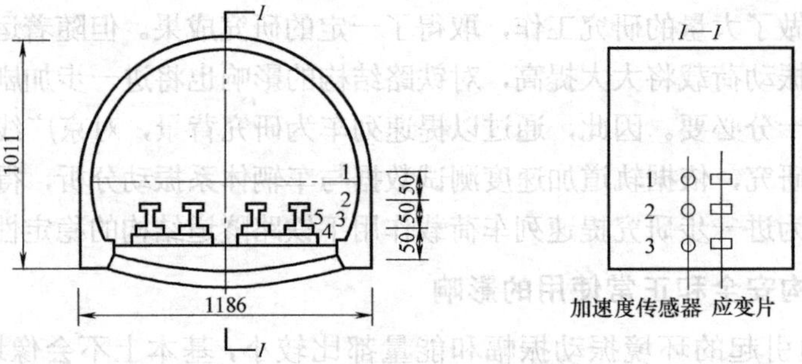

图 12-9　测试断面传感器布置

3．现场测试成果

测试过程中采样频率为 5000Hz，故采样的时间间隙 Δt=0.0002s。钢轨竖向、横向及隧道衬砌竖向典型的加速度时程曲线如图 12-10 所示（列车运行时速为 90km/h）。钢轨竖向振动加速度最高可达 300m/s^2（约 30g）；由于测试断面位于半径为 800m 的弯道上，轮轨间横向挤压冲击作用加剧，导致轨道横向振动最高可达 1230m/s^2（约 123g）；隧道衬砌结构上的振动加速度最高为 0.1m/s^2，且随其距离轨道水平面高度的增加呈负幂次衰减。同时测试数据表明，轨道及隧道衬砌结构上的振动加速度与列车的运行速度和车辆的载重量成正比。

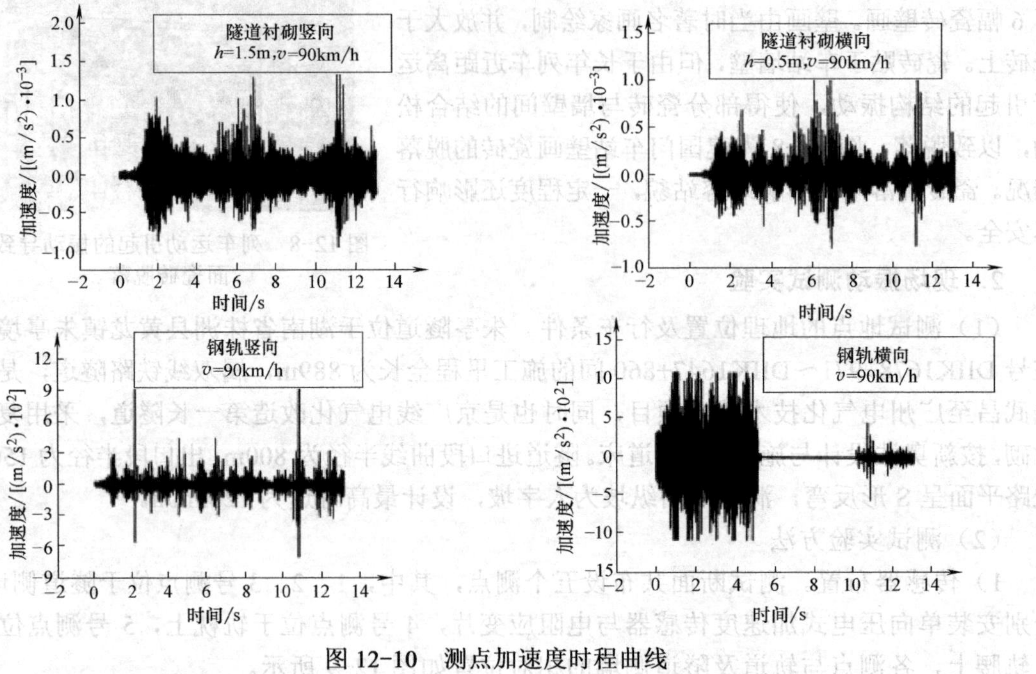

图 12-10　测点加速度时程曲线

4．测试信号谱分析

（1）功率谱密度函数　列车振动荷载可视为各态历经的高斯平稳随机过程，自功率谱密度的计算方法主要有模拟滤波法、傅里叶变换法和自相关函数法三种。本例采用傅里叶变换直接定义法计算测试信号的自功率谱密度。假设 $x(t)$为一平稳各态历经的随信号，$X_{\mathrm{T}}(t)$为该信号的有限长记录，其傅里叶变换为

$$X_{\mathrm{T}}(f)=\int_{-T}^{T}x(t)\mathrm{e}^{-\mathrm{j}2\pi ft}\mathrm{d}t \tag{12-2}$$

则其总体功率谱密度函数为

双边谱

$$s(f)=\lim_{T\to\infty}\frac{1}{T}E\{|X_{\mathrm{T}}(f)|^2\}\quad -\infty<f<+\infty \tag{12-3}$$

单边谱

$$G(f)=\lim_{T\to\infty}\frac{2}{T}E\{|X_{\mathrm{T}}(f)|^2\}\quad f\geqslant 0 \tag{12-4}$$

样本功率谱密度函数为

双边谱

$$s_{\mathrm{T}}(f)=\frac{1}{T}|X_{\mathrm{T}}(f)|^2\quad -\infty<f<+\infty \tag{12-5}$$

$$G_{\mathrm{T}}(f)=\frac{2}{T}|X_{\mathrm{T}}(f)|^2\quad f\geqslant 0 \tag{12-6}$$

以上各式中，下标 T 表示有限长信号的记录长度。

（2）测试信号的谱密度　对隧道断面各测点处的测试信号，利用式（12-6）使用 MATLAB 编制简单的计算程序进行频谱分析即可得到其功率谱密度曲线如图 12-11 所示。由图 12-11 可知，钢轨竖向与横向振动频率在 100～350Hz 之间，两者振动频率基本一致，且中、低频成分占主导地位。而隧道衬砌结构的振动频率较低，一般在 5～40Hz 之间，随着隧道衬砌至轨面距离的不断增大振动信号强度迅速衰减，逐步接近于白噪声，直到全部被白噪声所掩盖。

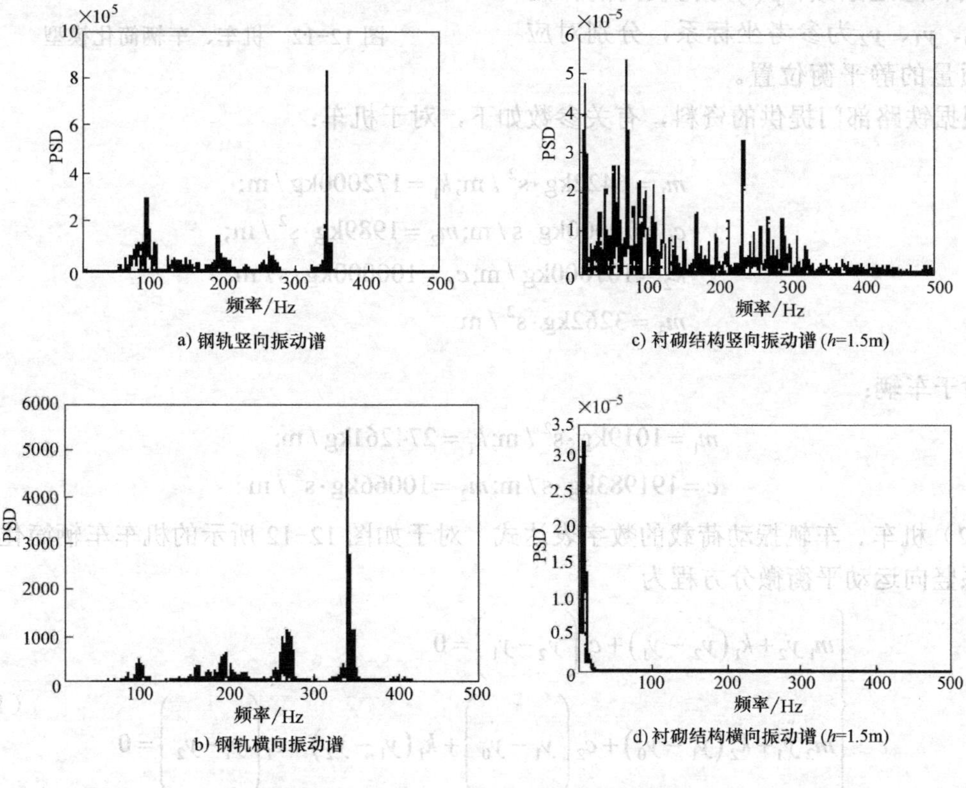

a) 钢轨竖向振动谱

c) 衬砌结构竖向振动谱 (h=1.5m)

b) 钢轨横向振动谱

d) 衬砌结构横向振动谱 (h=1.5m)

图 12-11　钢轨和隧道衬砖结构的功率谱

5．列车振动载荷的确定

（1）机车、车辆简化模型　根据实测线路上运行的货运列车情况，机车为韶山 I 型电力机车，车辆为 C62 型敞车。韶山 I 型电力机车采用二系弹簧悬挂装置，其中轮对、大齿轮、轴箱、部分电动机重量、液压减振动器、销、均衡梁、螺旋弹簧等属于簧下质量部分；车体支承装置、构架、齿轮传动装置、牵引电动机悬挂装置、基础制动装置、部分电动机重量等属于簧间质量部分；车体等属于簧上质量部分。韶山 I 型电力机车采用两套完全相同的三轴转向架，共有六根独立的传动轴。C62 型敞车采用一系弹簧悬挂装置，其转向架为新转 8 型货车转向架，其中轮对、轴箱、弹簧减振装置、构架等属于簧下质量部分；车体、货载（按满载 60t 考虑）、摇枕等属于簧上质量部分。通常车体在纵向和横向都是对称的，忽略轮轨之间的弹跳作用以及车体摇摆和点头作用的影响，假定机车和车辆重量均匀分配给每个轮对，于是对于机车和车辆均只取出一个轮系作为计算模型，如图 12-12 所示。其中，m_i、k_i、c_i 分别表示质量、弹簧刚度系数和阻尼系数；$p(t)$为轮轨间的作用力；y_0、y_1、y_2 为参考坐标系，分别对应于各质量的静平衡位置。

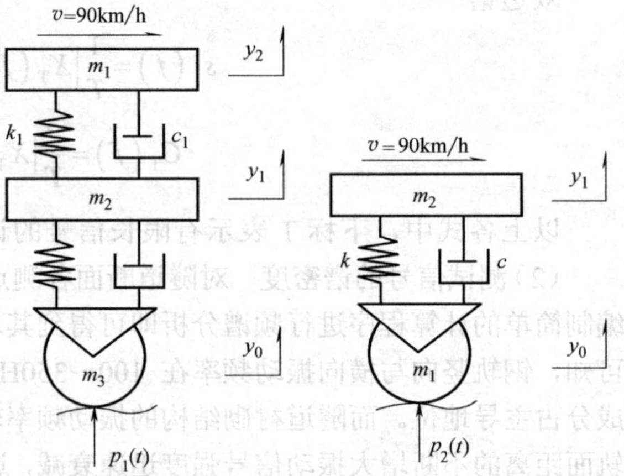

图 12-12　机车、车辆简化模型

根据铁路部门提供的资料，有关参数如下，对于机车：

$$m_1 = 6422\text{kg}\cdot\text{s}^2/\text{m}; k_1 = 172000\text{kg}/\text{m};$$
$$c_1 = 70000\text{kg}\cdot\text{s}/\text{m}; m_2 = 1989\text{kg}\cdot\text{s}^2/\text{m};$$
$$k_2 = 107000\text{kg}/\text{m}; c_2 = 100000\text{kg}\cdot\text{s}/\text{m};$$
$$m_3 = 3262\text{kg}\cdot\text{s}^2/\text{m}$$

对于车辆：

$$m_1 = 1019\text{kg}\cdot\text{s}^2/\text{m}; k_1 = 274261\text{kg}/\text{m};$$
$$c = 191983\text{kg}\cdot\text{s}/\text{m}; m_2 = 10066\text{kg}\cdot\text{s}^2/\text{m}$$

（2）机车、车辆振动荷载的数字表达式　对于如图 12-12 所示的机车车辆简化模型，其轮系竖向运动平衡微分方程为

$$\begin{cases} m_1\ddot{y}_2 + k_1(y_2 - y_1) + c_1(\dot{y}_2 - \dot{y}_1) = 0 \\ m_2\ddot{y}_1 + k_2(y_1 - y_0) + c_2(\dot{y}_1 - \dot{y}_0) + k_1(y_1 - y_2) + c_1(\dot{y}_1 - \dot{y}_2) = 0 \end{cases} \tag{12-7}$$

忽略轮轨间的弹跳作用，轮系竖向加速度 $\ddot{y}_0$ 可看作为轨底振动加速度，即

$$\ddot{y}_0 = \sum_{n=0}^{\frac{N}{2}-1} \left(A_n \cos n\omega t + B_n \sin \omega t \right) \tag{12-8}$$

将式（12-8）代入式（12-7），解式（12-7），并略去瞬态项，即可求出 $\ddot{y}_1$、$\ddot{y}_2$。由图 12-12 所示，根据竖直方向的动力平衡条件可得：

对于机车：

$$P_1(t) = m_1 \ddot{y}_2 + m_2 \ddot{y}_1 + m_3 \ddot{y}_0 + (m_1 + m_2 + m_3) g \tag{12-9}$$

对于车辆：

$$P_2(t) = m_2 \ddot{y}_1 + m_1 \ddot{y}_0 + (m_1 + m_2) g \tag{12-10}$$

假定轮轨作用力 $P_1(t)$、$P_2(t)$ 经钢轨等传递成沿隧道纵向均匀分布在每根钢轨位置处的线荷载为 $F_1(t)$、$F_2(t)$（单位为 kN/m），则

$$F_1(t) = \frac{P_1(t) n_1}{L_1} \tag{12-11}$$

$$F_2(t) = \frac{P_2(t) n_2}{L_2} \tag{12-12}$$

式中　L_1——机车长度；

n_1——机车轮对数；

L_2——车辆长度；

n_2——车辆轮对数。

根据铁路部门提供的资料，$L_1 = 20368\text{m}$，$n_1 = 6$；$L_2 = 13442\text{m}$，$n_2 = 4$。将各参数代入式（12-9）～式（12-12），即可得列车竖向振动荷载的模拟表达式，利用 Origin 软件绘出其时程曲线如图 12-13 所示。

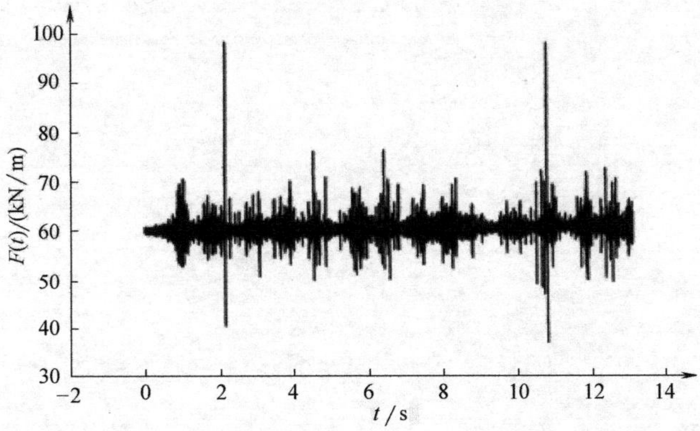

图 12-13　列车竖向振动载荷时程曲线

6．结论

1）通过现场测试试验可知，随着列车运行速度的提高以及列车车辆载重的提高，钢轨及隧道结构上的振动加速度也将不断提高。当列车运行速度为 90km/h，钢轨上的竖向加速度可达 30g；由于测试断面位于半径为 800m 的弯道上，轮轨间横向挤压冲击作用加剧，导致轨道横向振动最高达 123g。

2）钢轨竖向与横向加速度振动频率基本一致，中、低频成分占主导地位，振动频率在 100～350Hz 之间。由于钢轨振动是通过轨枕与碎石道床传递给隧道衬砌结构的，钢轨上的中、高频振动波被轨枕与碎石道床吸引，因此传递至隧道衬砌结构上的振动频率较低，一般在 5～40Hz 之间，且加速度幅值随测试点至振源距离的不断增大而呈幂级数衰减。

3）通过现场测试数据模拟列车振动荷载，对进一步研究列车振动对隧道结构稳定的影响具有重要的参考价值。

习 题

12-1 尾矿库在线检测系统主要检测项目有哪些？试举例说明。

12-2 简述电阻应变片加电桥的测试方法及各自的适用范围。

12-3 列车轨道、隧道应变片的贴片布置应该是怎样的？贴片过程中应注意哪些问题？

参 考 文 献

[1] 熊诗波，黄长艺．机械工程测试技术基础[M]．3 版．北京：机械工业出版社，2006．

[2] 王伯雄．测试技术基础[M]．北京：清华大学出版社，2004．

[3] 谢里阳，孙红春，林贵瑜．机械工程测试技术[M]．北京：机械工业出版社，2012．

[4] 樊尚春，周浩敏．信号与测试技术[M]．北京：北京航空航天大学出版社，2002．

[5] 赵庆海．测试技术与工程应用[M]．北京：化学工业出版社，2005．

[6] 秦树人，等．机械工程测试原理与技术[M]．重庆：重庆大学出版社，2002．

[7] 郝晓剑．动态测试技术与应用[M]．北京：电子工业出版社，2013．

[8] 王仲生，万小朋．无损检测诊断现场实用技术[M]．北京：机械工业出版社，2002．

[9] 孙传友，孙晓斌．感测技术基础[M]．北京：电子工业出版社，2001．

[10] 梁国伟，蔡武昌．流量测量技术及仪表[M]．北京：机械工业出版社，2002．

[11] 杨晓东，施闻明．现代测试技术与应用[M]．北京：国防工业出版社，2013．

[12] 贾民平，张洪亭．测试技术[M]．北京：高等教育出版社，2010．

[13] 杨清梅，孙建民．传感器与测试技术[M]．哈尔滨：哈尔滨工程大学出版社，2004．

[14] 施文康，余晓芬．检测技术[M]．3 版．北京：机械工业出版社，2010．

[15] 陈光军．测试技术[M]．北京：机械工业出版社，2014．

[16] 卢艳军．传感与测试技术[M]．北京：清华大学出版社，2012．

[17] 孔德仁，朱蕴璞，狄长安．工程测试技术[M]．北京：科学出版社，2004．

[18] 何正嘉，陈进，王太勇，等．机械故障诊断理论及应用[M]．北京：高等教育出版社，2010．

[19] 李晓莹．传感器与测试技术[M]．北京：高等教育出版社，2005．

[20] 余新波，胡新宇，赵勇．传感器与自动检测技术[M]．北京：高等教育出版社，2004．

[21] 张晔．信号与系统[M]．哈尔滨：哈尔滨工业大学出版社，2013．

[22] 杨振江，孙占彪，王曙梅，等．智能仪器与数据采集系统中的新器件及应用[M]．西安：西安电子科技大学出版社，2001．

[23] 张德丰．MATLAB 数字信号处理与应用[M]．北京：清华大学出版社，2010．

[24] 张海澜．理论声学[M]．北京：高等教育出版社，2012．

[25] 张春华，肖体兵，李迪．工程测试技术基础[M]．武汉：华中科技大学出版社，2011．

[26] 邱天爽，张旭秀，李小兵，等．统计信号处理——非高斯信号处理及其应用[M]．北京：电子工业出版社，2004．

[27] 黄长艺，卢文祥，熊诗波．机械工程测量与实验技术[M]．北京：机械工业出版社，2000．

[28] 江征风，赵燕，徐汉斌．测试技术基础[M]．北京：北京大学出版社，2007．

[29] 曾光奇，胡均安．工程测试技术基础[M]．武汉：华中科技大学出版社，2002．

[30] 刘习军，贾启芬．工程振动理论与测试技术[M]．北京：高等教育出版社，2004．

[31] 史习智，等．信号处理与软计算[M]．北京：高等教育出版社，2003．